건축기사 실기

원유필 편저

일진사

머리말

건축기사는 건축물의 계획 및 설계에서 시공에 이르기까지 전과정에 관한 공학적 지식과 기술을 갖춘 전문기술인력으로 건설 회사의 건설 현장, 건축사 사무소, 용역 회사, 시공 회사 등으로 다양하게 진출할 수 있다.

최근 저금리 추세의 지속, 민간임대사업의 활성화, 소규모 공동주택 재건축 허용, 대형 호화주택에 대한 중과세 방침 철회 등의 여러 요인에 따라 건축기사에 대한 인력 수요는 앞으로도 지속적으로 증가할 전망이다.

건축기사 시험은 1차 필기(객관식)와 2차 실기(필답형)로 이루어지는데, 이 책은 실기시험에 대비하기 위한 수험서이다.

이 책은 건축기사 실기시험을 준비하는 수험생들의 실력 배양 및 합격을 위하여 다음과 같은 부분에 중점을 두어 구성하였다.

첫째, 한국산업인력공단의 출제기준에 따라 반드시 알아야 하는 기본 이론을 문제 풀이를 통해 이해하고 습득할 수 있도록 하였다.

둘째, 기출문제 중 출제 빈도가 높은 문제를 선별하여 핵심문제로 수록하였으며, 각 문제마다 QR 코드 무료 동영상 강의를 통해 저자의 자세하고 명쾌한 해설을 들을 수 있도록 하였다.

셋째, 최근에 시행된 기출문제를 상세한 해설과 함께 실어 줌으로써 출제 경향을 파악하여 실전에 대비할 수 있도록 하였다.

끝으로 이 책으로 건축기사 실기시험을 준비하는 수험생 여러분께 합격의 영광이 함께 하길 바라며, 대성스마트평생교육원(www.dsok.co.kr)의 질의응답 게시판을 통해 독자 여러분의 충고와 지적을 수렴하여 더 좋은 책이 될 수 있도록 수정 보완할 것을 약속드린다. 또한 이 책이 나오기까지 여러모로 도와주신 모든 분들과 도서출판 **일진사** 직원 여러분께 깊은 감사를 드린다.

저자 씀

건축기사 출제기준(실기)

직무 분야	건설	중직무 분야	건축	자격 종목	건축기사	적용 기간	2020. 1. 1~2024. 12. 31

● 직무내용 : 건축시공 및 구조에 관한 공학적 기술 이론을 활용하여, 건축물 공사의 공정, 품질, 안전, 환경, 공무관리 등을 통해 건축 프로젝트를 전체적으로 관리하고 공종별 공사를 진행하며 시공에 필요한 기술적 지원을 하는 등의 업무 수행

● 수행준거 : 1. 견적, 발주, 설계변경, 원가관리 등 현장 행정업무를 처리할 수 있다.
2. 건축물 공사에서 공사기간, 시공방법, 작업자의 투입규모, 건설기계 및 건설자재 투입량 등을 관리하고 감독할 수 있다.
3. 건축물 공사에서 안전사고 예방, 시공품질관리, 공정관리, 환경관리 업무 등을 수행할 수 있다.
4. 건축 시공에 필요한 기술적인 지원을 할 수 있다.

실기 검정방법	필답형	시험시간	3시간

실기 과목명	주요항목	세부항목
건축시공실무	1. 해당 공사 분석	(1) 계약사항 파악하기 (2) 공사 내용 분석하기 (3) 유사공사 관련 자료 분석하기
	2. 공정표 작성	(1) 공종별 세부공정관리계획서 작성하기 (2) 세부공정 내용 파악하기 (3) 요소작업(activity)별 산출내역서 작성하기 (4) 요소작업(activity) 소요공기 산정하기 (5) 작업순서관계 표시하기 (6) 공정표 작성하기
	3. 진도관리	(1) 투입계획 검토하기 (2) 자원관리 실시하기 (3) 진도관리계획 수립하기 (4) 진도율 모니터링하기 (5) 진도 관리하기 (6) 보고서 작성하기
	4. 품질관리 자료관리	(1) 품질관리 관련 자료 파악하기 (2) 해당공사 품질관리 관련 자료 작성하기
	5. 자재 품질관리	(1) 시공기자재보관계획 수립하기 (2) 시공기자재 검사하기 (3) 검사·측정시험장비 관리하기
	6. 현장환경점검	(1) 환경점검계획 수립하기 (2) 환경점검표 작성하기 (3) 점검실시 및 조치하기
	7. 현장착공관리(6수준)	(1) 현장사무실 개설하기 (2) 공동도급 관리하기 (3) 착공관련인·허가법규 검토하기 (4) 보고서 작성/신고하기 (5) 착공계 (변경)제출하기
	8. 계약관리	(1) 계약 관리하기 (2) 실정 보고하기 (3) 설계 변경하기
	9. 현장자원관리	(1) 노무 관리하기 (2) 자재 관리하기 (3) 장비 관리하기
	10. 하도급관리	(1) 발주하기 (2) 하도급업체 선정하기 (3) 계약/발주처 신고하기 (4) 하도급업체계약 변경하기

실기 과목명	주요항목	세부항목
건축시공실무	11. 현장준공관리	(1) 예비준공 검사하기 (2) 준공하기 (3) 사업종료 보고하기 (4) 현장사무실 철거 및 원상복구하기 (5) 시설물 인수·인계하기
	12. 프로젝트 파악	(1) 건축물의 용도 파악하기
	13. 자료조사	(1) 사례 조사하기 (2) 관련 도서 검토하기 (3) 지중주변환경 조사하기
	14. 하중검토	(1) 수직하중 검토하기 (2) 수평하중 검토하기 (3) 하중조합 검토하기
	15. 도서작성	(1) 도면 작성하기
	16. 구조계획	(1) 부재단면 가정하기
	17. 구조시스템계획	(1) 구조형식 사례 검토하기 (2) 구조시스템 검토하기 (3) 구조형식 결정하기
	18. 철근콘크리트 부재	(1) 철근콘크리트 구조 부재 설계하기
	19. 강구조 부재 설계	(1) 강구조 부재 설계하기
	20. 건축목공시공계획 수립	(1) 설계도면 검토하기 (2) 공정표 작성하기 (3) 인원투입 계획하기 (4) 자재장비투입 계획하기
	21. 검사하자보수	(1) 시공결과 확인하기 (2) 재작업 검토하기 (3) 하자원인 파악하기 (4) 하자보수 계획하기 (5) 보수보강하기
	22. 조적미장공사시공 계획수립	(1) 설계도서 검토하기 (2) 공정관리 계획하기 (3) 품질관리 계획하기 (4) 안전관리 계획하기 (5) 환경관리 계획하기
	23. 방수시공계획수립	(1) 설계도서 검토하기 (2) 내역 검토하기 (3) 가설 계획하기 (4) 공정관리 계획하기 (5) 작업인원투입 계획하기 (6) 자재투입 계획하기 (7) 품질관리 계획하기 (8) 안전관리 계획하기 (9) 환경관리 계획하기
	24. 방수검사	(1) 외관 검사하기 (2) 누수 검사하기 (3) 검사부위 손보기
	25. 타일석공시공계획 수립	(1) 설계도서 검토하기 (2) 현장 실측하기 (3) 시공상세도 작성하기 (4) 시공방법절차 검토하기 (5) 시공물량 산출하기 (6) 작업인원자재투입 계획하기 (7) 안전관리 계획하기
	26. 검사보수	(1) 품질기준 확인하기 (2) 시공품질 확인하기 (3) 보수하기

실기 과목명	주요항목	세부항목
건축시공실무	27. 건축도장시공계획수립	(1) 내역 검토하기 (2) 설계도서 검토하기 (3) 공정표 작성하기 (4) 인원투입 계획하기 (5) 자재투입 계획하기 (6) 장비투입 계획하기 (7) 품질관리 계획하기 (8) 안전관리 계획하기 (9) 환경관리 계획하기
	28. 건축도장시공검사	(1) 도장면의 상태 확인하기 (2) 도장면의 색상 확인하기 (3) 도막 두께 확인하기
	29. 철근콘크리트시공계획수립	(1) 설계도서 검토하기 (2) 내역 검토하기 (3) 공정표 작성하기 (4) 시공계획서 작성하기 (5) 품질관리 계획하기 (6) 안전관리 계획하기 (7) 환경관리 계획하기
	30. 시공 전 준비	(1) 시공상세도 작성하기 (2) 거푸집 설치 계획하기 (3) 철근가공 조립 계획하기 (4) 콘크리트 타설 계획하기
	31. 자재관리	(1) 거푸집 반입·보관하기 (2) 철근 반입·보관하기 (3) 콘크리트 반입 검사하기
	32. 철근가공조립검사	(1) 철근 절단가공하기 (2) 철근 조립하기 (3) 철근조립 검사하기
	33. 콘크리트양생 후 검사보수	(1) 표면상태 확인하기 (2) 균열상태 검사하기 (3) 콘크리트 보수하기
	34. 창호시공계획수립	(1) 사전조사 실측하기 (2) 협의조정하기 (3) 안전관리 계획하기 (4) 환경관리 계획하기 (5) 시공순서 계획하기
	35. 공통가설계획수립	(1) 가설측량하기 (2) 가설건축물 시공하기 (3) 가설동력 및 용수 확보하기 (4) 가설양중시설 설치하기 (5) 가설환경시설 설치하기
	36. 비계시공계획수립	(1) 설계도서 작성 검토하기 (2) 지반상태 확인 보강하기 (3) 공정계획 작성하기 (4) 안전품질환경관리 계획하기 (5) 비계구조 검토하기
	37. 비계검사점검	(1) 받침철물기자재설치 검사하기 (2) 가설기자재조립결속상태 검사하기 (3) 작업발판안전시설재설치 검사하기
	38. 거푸집동바리시공계획수립	(1) 설계도서 작성 검토하기 (2) 공정계획 작성하기 (3) 안전품질환경관리 계획하기 (4) 거푸집동바리구조 검토하기
	39. 거푸집동바리검사점검	(1) 동바리 설치 검사하기 (2) 거푸집 설치 검사하기 (3) 타설 전 중 점검 보정하기

실기 과목명	주요항목	세부항목
건축시공실무	40. 가설안전시설물설치 점검해체	(1) 가설통로 설치 점검 해체하기 (2) 안전난간 설치 점검 해체하기 (3) 방호선반 설치 점검 해체하기 (4) 안전방망 설치 점검 해체하기 (5) 낙하물 방지망 설치 점검 해체하기 (6) 수직보호망 설치 점검 해체하기 (7) 안전시설물 해체 점검 정리하기
	41. 수장시공계획수립	(1) 현장 조사하기 (2) 설계도서 검토하기 (3) 공정관리 계획하기 (4) 품질관리 계획하기 (5) 안전환경관리 계획하기 (6) 자재인력장비투입 계획하기
	42. 검사 마무리	(1) 도배지 검사하기 (2) 바닥재 검사하기 (3) 보수하기
	43. 공정관리계획수립	(1) 공법 검토하기 (2) 공정관리 계획하기 (3) 공정표 작성하기
	44. 단열시공계획수립	(1) 자재투입양중 계획하기 (2) 인원투입 계획하기 (3) 품질관리 계획하기 (4) 안전환경관리 계획하기
	45. 검사	(1) 육안검사하기 (2) 물리적 검사하기 (3) 화학적 검사하기
	46. 지붕시공계획수립	(1) 설계도서 확인하기 (2) 공사여건 분석하기 (3) 공정관리 계획하기 (4) 품질관리 계획하기 (5) 안전관리 계획하기 (6) 환경관리 계획하기
	47. 부재제작	(1) 재료 관리하기 (2) 공장 제작하기 (3) 방청 도장하기
	48. 부재설치	(1) 조립 준비하기 (2) 가조립하기 (3) 조립 검사하기
	49. 용접접합	(1) 용접 준비하기 (2) 용접하기 (3) 용접 후 검사하기
	50. 볼트접합	(1) 재료 검사하기 (2) 접합면 관리하기 (3) 체결하기 (4) 조임 검사하기
	51. 도장	(1) 표면 처리하기 (2) 내화도장하기 (3) 검사보수하기
	52. 내화피복	(1) 재료공법 선정하기 (2) 내화피복 시공하기 (3) 검사보수하기
	53. 공사준비	(1) 설계도서 검토하기 (2) 공작도 작성하기 (3) 품질관리 검토하기 (4) 공정관리 검토하기
	54. 준공관리	(1) 기성검사 준비하기 (2) 준공도서 작성하기 (3) 준공검사하기 (4) 인수·인계하기

차 례

● 핵심문제

기출문제

핵심문제

1 네트워크 공정표 [배점 10]

다음 데이터를 보고 표준 네트워크 공정표를 작성하고, 7일 공기 단축한 상태의 최소 추가비용을 구하는 동시에 네트워크 공정표를 작성하시오.

작업명	작업 일수	선행작업	비용구배 (천원)	비고
A(①→②)	2	없음	50	(1) 결합점 위에는 다음과 같이 표시한다.
B(①→③)	3	없음	40	
C(①→④)	4	없음	30	EST LST / LFT EFT / ⓘ —작업명 / 공사일수→ ⓙ
D(②→⑤)	5	A, B, C	20	
E(②→⑥)	6	A, B, C	10	
F(③→⑤)	4	B, C	15	
G(④→⑥)	3	C	23	(2) 공기 단축은 작업일수의 1/2을 초과할 수 없다.
H(⑤→⑦)	6	D, F	37	
I(⑥→⑦)	7	E, G	45	

해답 (1) 네트워크 공정표

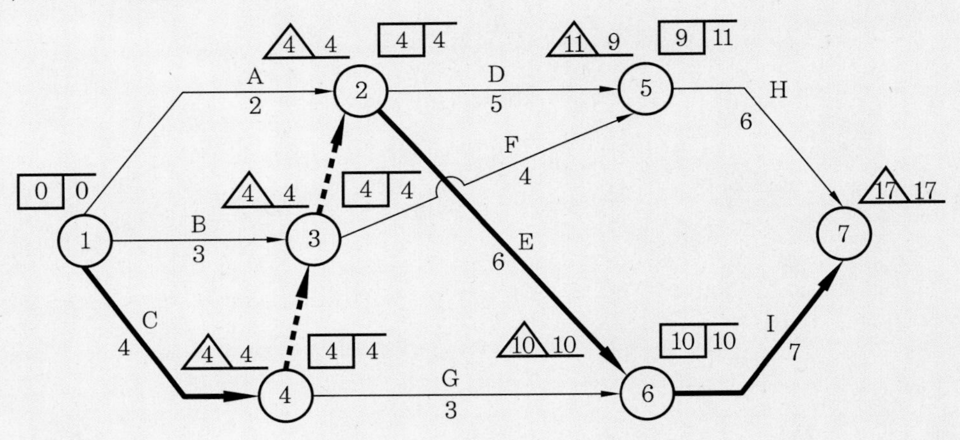

(2) 7일 공기 단축 시 최소 추가비용

① $E(3\times10=30)+C(2\times30=60)+B(1\times40=40)+I(2\times45=90)$
$=220,000$
$D(2\times20=40)+H(1\times37=37)+F(1\times15=15)=92,000$
합계 : 312,000원

② $E(3\times10=30)+C(2\times30=60)+B(1\times40=40)+I(2\times45=90)$
$=220,000$

H(2×37=74)+D(1×20=20)=94,000

합계 : 314,000원

③ E(3×10=30)+C(1×30=30)+I(3×45=135)=195,000

H(3×37=111)+D(1×20=20)=131,000

합계 : 326,000원

④ E(3×10=30)+C(1×30=30)+I(3×45=135)=195,000

H(2×37=74)+F(1×15=15)+D(2×20=40)=129,000

합계 : 324,000원

∴ 최소 추가비용 312,000원

(3) 7일 공기 단축한 네트워크 공정표

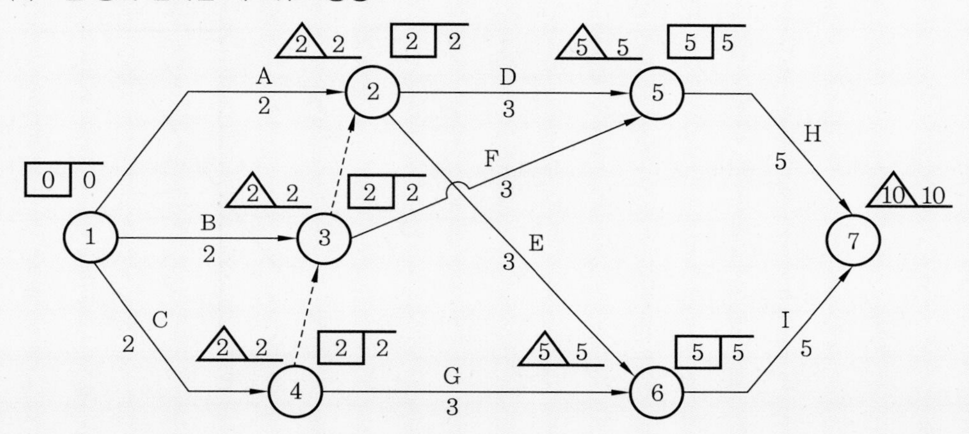

2 철근콘크리트 보 [배점 4]

다음 그림과 같은 철근콘크리트 보에서 최외단 인장철근의 순인장변형률(ε_t)을 구하고, 이 보의 지배단면(인장지배단면, 압축지배단면, 변화구간단면)을 구분하여 적으시오. (단, $A_s=1{,}930\text{mm}^2$, $f_{ck}=24\text{MPa}(\text{N/mm}^2)$, $f_y=400\text{MPa}$, $E_s=2\times10^5\text{MPa}$)

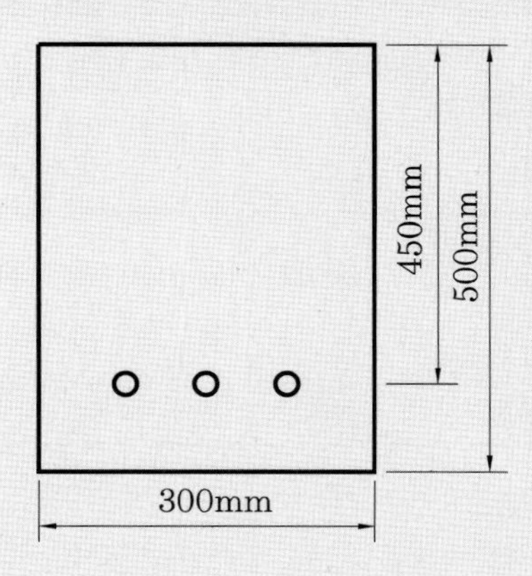

해답 (1) 응력블록깊이

$$a=\frac{A_s \cdot f_y}{0.85f_{ck} \cdot b}=\frac{1,930\times 400}{0.85\times 24\times 300}=126.14\,\mathrm{mm}$$

(2) 중립축거리 C

$f_{ck}=24\,\mathrm{MPa}\leq 28\,\mathrm{MPa}$이므로

$\beta_1=0.85$

중립축거리 $C=\dfrac{a}{\beta_1}=\dfrac{126.14}{0.85}=148.4\,\mathrm{mm}$

(3) 최외단 순인장변형률(ε_t)

$C:\varepsilon_c=(d_t-C):\varepsilon_t$

$$\therefore \varepsilon_t=\frac{\varepsilon_c\times(d_t-C)}{C}$$

$$=\frac{0.003\times(450-148.4)}{148.4}$$

$=0.00609 \fallingdotseq 0.0061$

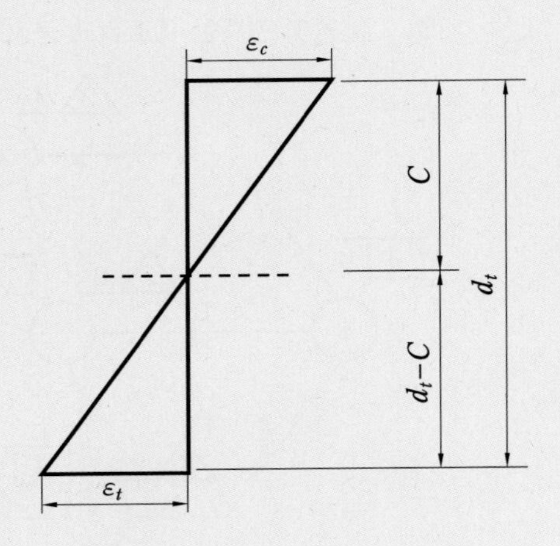

(4) 지배단면의 구분

$\varepsilon_t=0.0061>0.005$

$\therefore$ 인장지배단면

해설 **지배단면의 구분**

(1) 단면의 구분(휨모멘트나 축력을 받는 부재 또는 휨모멘트와 축력을 동시에 받는 부재)

<table>
<tr><th rowspan="2">구분
조건</th><th colspan="4">지배단면의 구분
(압축연단 콘크리트의 변형률이 극한 변형률 0.003에 도달할 때)</th></tr>
<tr><th colspan="2">압축지배단면</th><th>변화구간단면</th><th>인장지배단면</th></tr>
<tr><td rowspan="2">순인장변
형률(ε_t)
조건</td><td colspan="2" rowspan="2">$\varepsilon_t \leq \varepsilon_y$</td><td>SD400 이하
$\varepsilon_y<\varepsilon_t<0.005$</td><td>SD400 이하
$0.005\leq\varepsilon_t$</td></tr>
<tr><td>SD400 초과
$\varepsilon_y<\varepsilon_t<2.5\varepsilon_y$</td><td>SD400 초과
$2.5\varepsilon_y\leq\varepsilon_t$</td></tr>
<tr><td rowspan="2">강도감소
계수(ϕ)</td><td>나선 철근
이외의 부재</td><td>0.65</td><td>0.65~0.85</td><td rowspan="2">0.85</td></tr>
<tr><td>나선 철근의
부재</td><td>0.7</td><td>0.7~0.85</td></tr>
</table>

(2) SD400의 강도감소계수(ϕ)

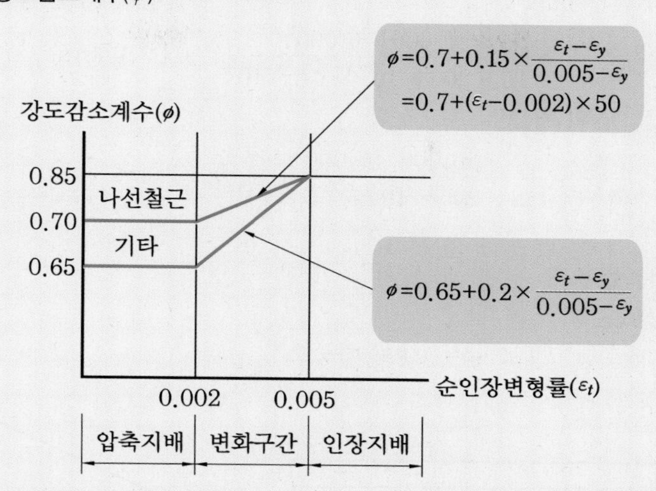

(3) 최외단 인장철근의 순인장변형률(ε_t)

$C : \varepsilon_c = (d_t - C) : \varepsilon_t$

$C \times \varepsilon_t = \varepsilon_c \times (d_t - C)$

$\therefore \varepsilon_t = \dfrac{\varepsilon_c \times (d_t - C)}{C}$

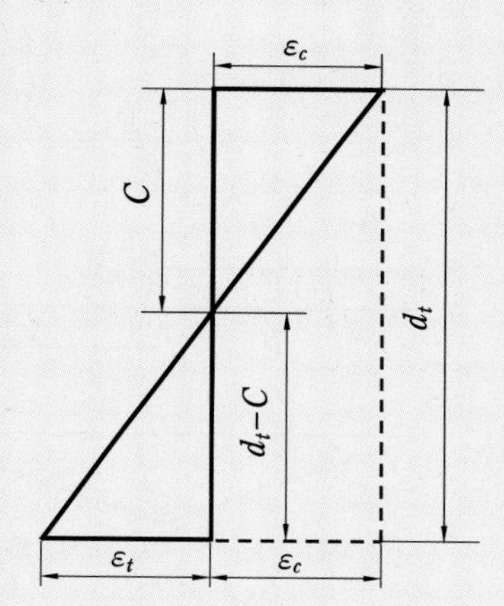

핵심문제

3 단순보 [배점 4]

다음 그림과 같은 단순보의 A지점의 처짐각과 보의 중앙지점 C점의 최대처짐량을 구하시오.
(단, $E = 206 \times 10^3\,\mathrm{MPa}(206\,\mathrm{GPa})$, $I = 1.6 \times 10^8\,\mathrm{mm^4}$)

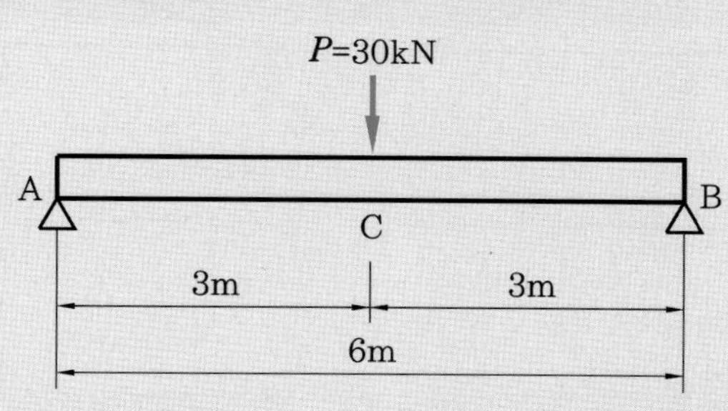

해답 (1) A지점의 처짐각

$$\theta_A = \frac{Pl^2}{16EI} = \frac{30,000 \times 6,000^2}{16 \times 206 \times 10^3 \times 1.6 \times 10^8} = 0.002048\,\text{rad}$$

(2) 중앙 C점의 처짐량

$$\delta_c = \frac{Pl^3}{48EI} = \frac{30,000 \times 6,000^3}{48 \times 206 \times 10^3 \times 1.6 \times 10^8} = 4.1\,\text{mm}$$

해설 **탄성하중법**

(1) 탄성하중

휨모멘트를 EI로 나눈 값을 하중으로 한다.

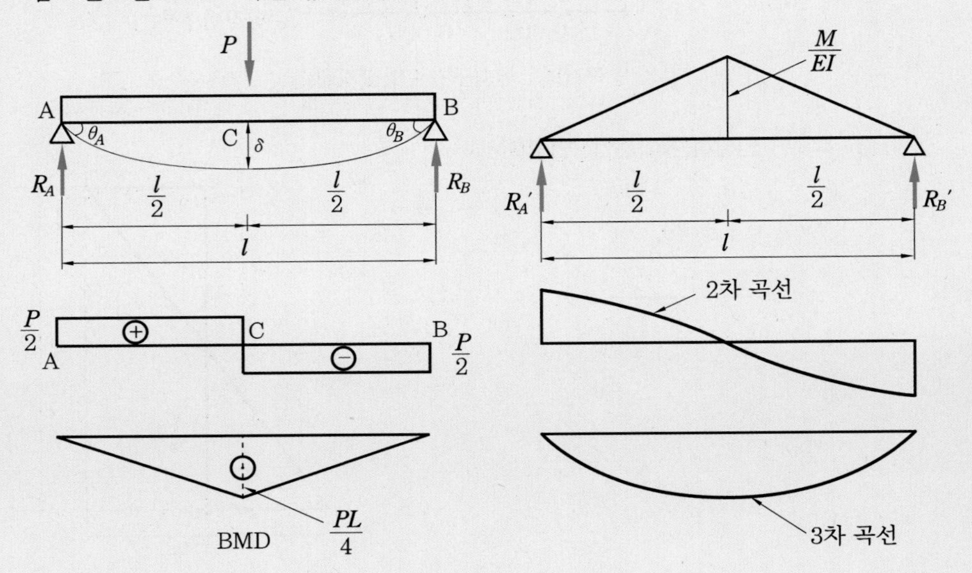

(2) 처짐각

탄성하중$\left(\dfrac{M}{EI}\right)$으로 했을 때 그 점의 전단력이 그 지점의 처짐각이다.

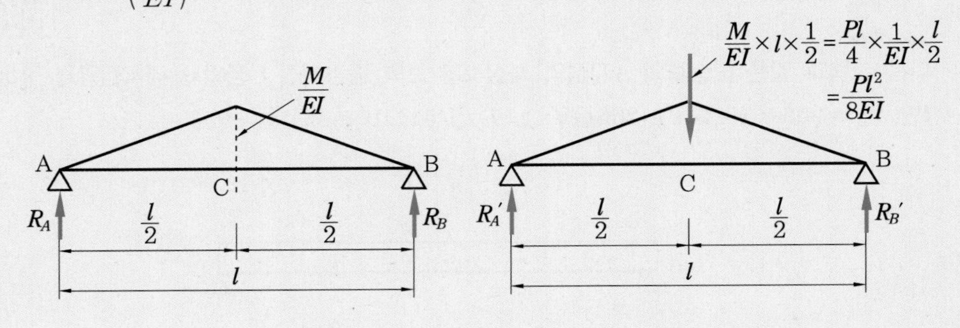

A점의 처짐각(θ_A) $= R_A{}' = \dfrac{Pl}{4} \times \dfrac{1}{EI} \times \dfrac{l}{2} \times \dfrac{1}{2} = \dfrac{Pl^2}{16EI}$

(3) 처짐

탄성하중$\left(\dfrac{M}{EI}\right)$으로 했을 때 그 점의 휨모멘트가 그 점의 처짐이다.

C점의 휨모멘트(δ_c)

$$\delta_c = M_c' = R_A' \times \frac{l}{2} - \left(\frac{Pl}{4EI} \times \frac{L}{2} \times \frac{1}{2}\right) \times \left(\frac{l}{2} \times \frac{1}{3}\right)$$

$$= \frac{Pl^2}{16EI} \times \frac{l}{2} - \left(\frac{Pl}{4EI} \times \frac{l}{2} \times \frac{1}{2}\right) \times \left(\frac{l}{2} \times \frac{1}{3}\right) = \frac{Pl^3}{48EI}$$

핵심문제

4 설계 시공 일괄 계약 방식 [배점 4]

turn key **계약 제도 방식 중 설계 시공 일괄 계약**(design build) **방식의 장단점을** 2**가지씩 쓰시오.**

해답 (1) 장점

① 설계와 시공의 communication이 우수

② 공기 단축과 공비 절감이 가능

③ 창의성 있는 설계 유도

(2) 단점

① 발주자 의도가 반영되기 곤란하다.

② 대규모 회사에 유리한 방식이다.

③ 최저 낙찰자로 인하여 품질 저하 우려

참고

- turn key
  - 광의의 turn key — project의 발굴, 기획, 설계, 시공, 유지관리 등의 모든 영역을 발주자와 계약하여 완수하는 방식
  - 협의의 turn key
    - design build 방식 : 설계와 시공 능력을 갖춘 종합 건설회사가 발주자와 직접 계약하여 설계와 시공을 완성하는 방식
    - design manage 방식 : 설계와 시공 능력을 갖춘 종합 건설회사 또는 engineering 회사가 설계와 시공관리를 하는 방식

핵심문제

5 토질 관련 용어 [배점 4]

토질에 관련된 다음 용어에 대하여 간략하게 설명하시오.

(1) 압밀

(2) 예민비

해답 (1) 압밀 : 흙이 외력에 의해서 입자 사이의 물이 빠져나가 입자 사이가 좁혀지는 현상
(2) 예민비 : 자연 시료는 어느 정도의 강도가 있으나 함수율을 변화시키지 않고 이기면 약하게 되는 성질이 있다. 이러한 강도를 예민비라 한다.(이긴 시료의 강도에 대한 자연시료의 강도의 비)

핵심문제

6 철골 보-기둥 [배점 3]

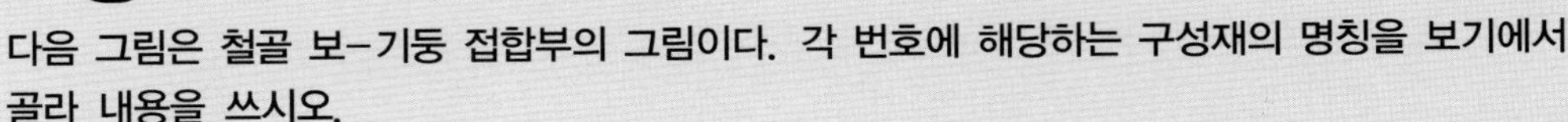

다음 그림은 철골 보-기둥 접합부의 그림이다. 각 번호에 해당하는 구성재의 명칭을 보기에서 골라 내용을 쓰시오.

[보기]

① 상부 플랜지 플레이트　　② 하부 플랜지 플레이트
③ 전단 플레이트　　④ 엔드 플레이트
⑤ 스티프너

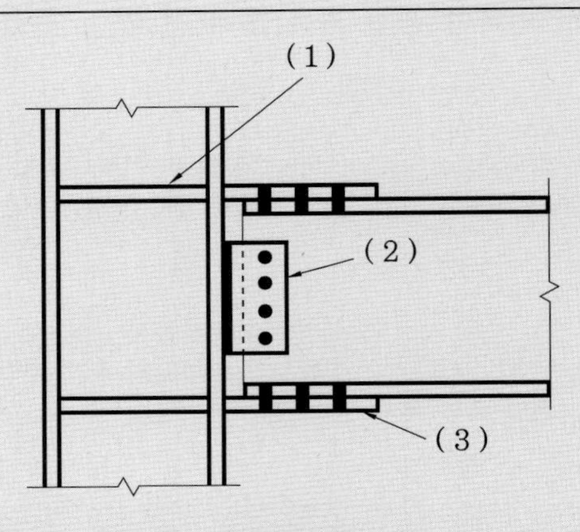

해답 (1) 스티프너
(2) 전단 플레이트
(3) 하부 플랜지 플레이트

보-기둥의 강접합(모멘트 접합) 설계

① 보의 단부에서 휨모멘트, 축력, 전단력을 기둥에 전달하기 위해서 설계한 방식

② 다음 그림과 같이 플랜지 플레이트가 볼트로 체결되는 방식이 있는데, 이 중 전단 플레이트는 전단력을 기둥에 전달하고 플랜지 플레이트는 보의 휨모멘트에 저항한다.

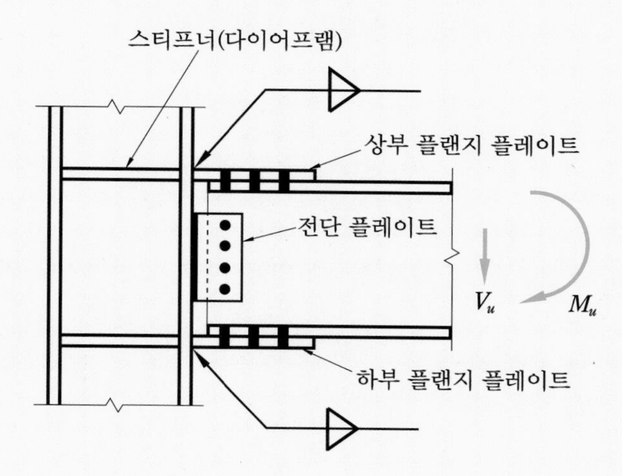

핵심문제 **7** 서중 콘크리트의 문제점 [배점 4]

서중 콘크리트의 문제점에 대한 대책을 보기에서 모두 골라 번호로 쓰시오.

[보기]

① 응결촉진제 사용
② 단위시멘트량 증대
③ 재료(모래·자갈·물)의 온도 상승 방지 대책 수립
④ 저발열용 시멘트(중용열 시멘트, 플라이애시 시멘트 등) 사용
⑤ 운반 및 타설시간의 단축계획 수립

③, ④, ⑤

서중 콘크리트(서열기 콘크리트)

① 더운 여름에 시공하는 콘크리트로서 일 평균 기온이 25℃ 이상 또는 일 최고 온도가 30℃ 이상인 경우에 시공하는 콘크리트

② 수화열 발생이 많으므로 균열 발생, 강도 저하, cold joint가 발생할 우려가 있다.

③ 대책

• 재료의 운반·저장·사용 시 저온(낮은 온도)이 되도록 한다(재료의 온도 상승

방지).
- 시멘트는 저발열용 시멘트를 사용한다(중용열 포틀랜트 시멘트·플라이애시 시멘트 등).
- 혼화제는 감수제 또는 AE 감수제 등을 사용한다.
- 시공 중에는 pre cooling 공법 또는 pipe cooling 공법을 적용한다.
- 운반 및 타설시간의 단축계획을 수립한다.

8 커튼월(curtain wall) 공법 [배점 4]

커튼월(curtain wall) 공법을 구조 형식에 의한 구분과 조립 방식에 의한 구분으로 각각 2가지씩 쓰시오.

(1) 구조 형식에 의한 구분

(2) 조립 방식에 의한 구분

(1) mullion 방식, panel 방식
(2) 녹다운 방식, 유닛 방식

curtain wall 공사

(1) 재료에 의한 구분
① 금속 커튼월 ② PC 커튼월 ③ 복합 커튼월

(2) 외관 형태별 구분
① mullion : 수직 기둥 사이에 sash, spandrel panel을 끼우는 방식
② spandrel : 수평선을 강조하는 창과 spandrel의 조합
③ grids : 수직·수평의 격자형 외관을 노출시키는 방식
④ sheath : 구조체가 외부에 나타나지 않게 sash panel로 은폐시키고 sash panel 안에서 끼워지는 방식

(3) 구조 형식에 의한 분류
① mullion 방식 : 구조체에 각 파이프를 세우고 fastener를 설치하여 외벽판을 붙여대는 공법
② panel 방식
(가) 층간 패널 방식 : 구조물 층간에 패널을 부착하는 방식
(나) 기둥·보 패널을 부착하는 방식
(다) 징두리벽 패널 방식 : 징두리 패널과 sash를 붙여대는 방식
③ cover 방식 : 징두리벽(하부구조벽)을 구조체로 하여 나머지 구간에 패널 또는 sash를 구성하는 방식

(4) 조립 방식에 의한 분류

① 녹다운 방식(knock down system) : 공장에서 가공 부재를 현장에 반입하여 현장에서 조립 시공하는 방식

② 유닛 방식(unit system) : 공장에서 완전 조립하여 현장에서 부착만 하는 공법

핵심문제

9 네트워크 공정표 작성 [배점 4]

다음 데이터를 보고 네트워크 공정표를 작성하시오. (단, 비고란을 참고하여야 한다.)

작업명	작업일수	선행작업	비고
A	5	–	단, 주공정선(CP)은 굵은 선으로 표시한다. 각 결합점 일정 계산은 다음과 같은 PERT 기법으로 계산한다. (단, 결합점 번호는 반드시 기입한다.)
B	2	–	
C	3	–	
D	5	A, B, C	ET, LT / 작업명, 공사일수 → (i) → 작업명, 공사일수
E	3	A, B, C	
F	2	A, B, C	
G	2	D, E	
H	5	D, E, F	
I	4	D, F	

해답

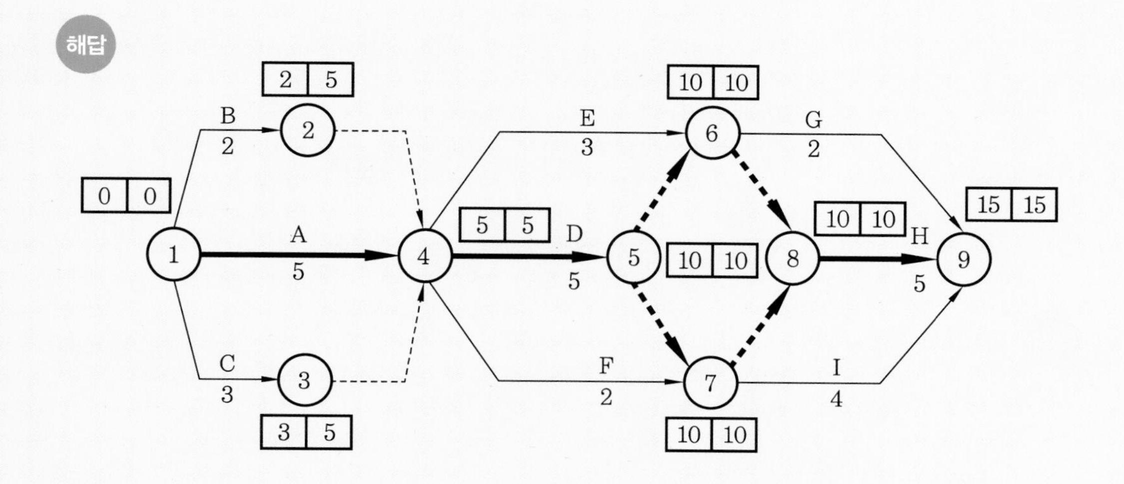

핵심문제

10 물량 산출 [배점 9]

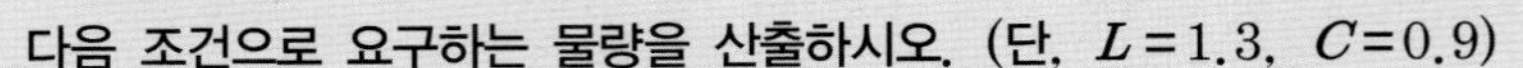

다음 조건으로 요구하는 물량을 산출하시오. (단, $L=1.3$, $C=0.9$)

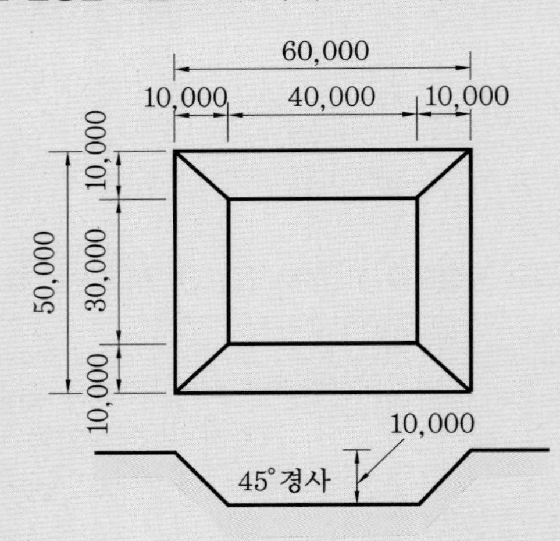

(1) 터파기량을 산출하시오.

(2) 운반 대수를 산출하시오. (단, 운반 대수 1대의 적재량은 12 m^3)

(3) 5,000 m^2의 면적을 가진 성토장에 성토하여 다짐할 때 표고는 몇 m인지 구하시오. (단, 비탈면은 수직으로 가정한다.)

해답 (1) 터파기량 $V=\dfrac{h}{6}\{(2a+a')b+(2a'+a)b'\}$

$$=\frac{10}{6}\times\{(2\times60+40)\times50+(2\times40+60)\times30\}$$

$$=20,333.33\text{m}^3$$

(2) 운반 대수 $N=\dfrac{20,333.33\times1.3}{12}=2,202.78=2,203$ 대

(3) 표고 $h=\dfrac{20,333.33\times0.9}{5,000}=3.66\text{m}$

해설 (1) 토량 변환 계수

① $L=\dfrac{\text{흩어진 상태의 토량}}{\text{자연 상태의 토량}}$

② $C=\dfrac{\text{다져진 상태의 토량}}{\text{자연 상태의 토량}}$

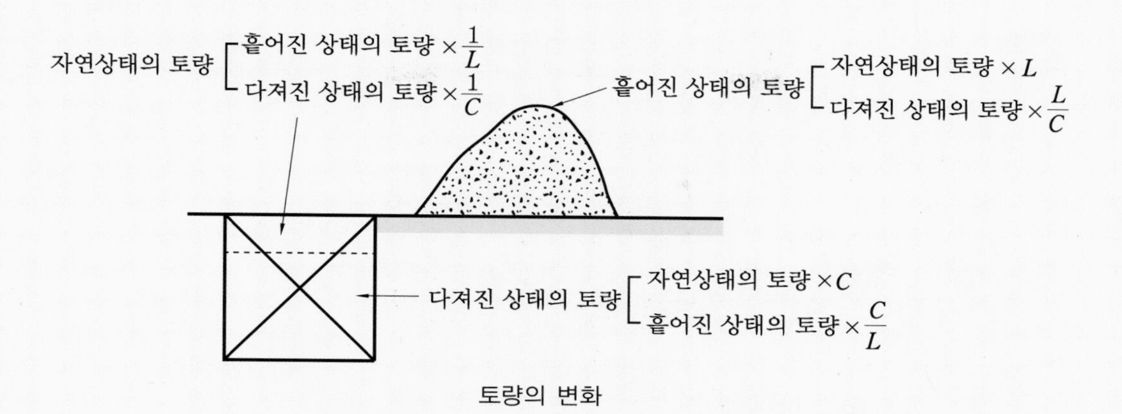

토량의 변화

(2) 토량 환산 계수표

구하는 Q / 기준이 되는 q	자연상태의 토량	흩어진 상태의 토량	다져진 후의 토량
자연상태의 토량	1	L	C
흩어진 상태의 토량	$\frac{1}{L}$	1	$\frac{C}{L}$

핵심문제

11 절단법 [배점 4]

다음 그림과 같은 트러스에서 L_2, U_2, D_2의 부재력을 절단법으로 구하시오.

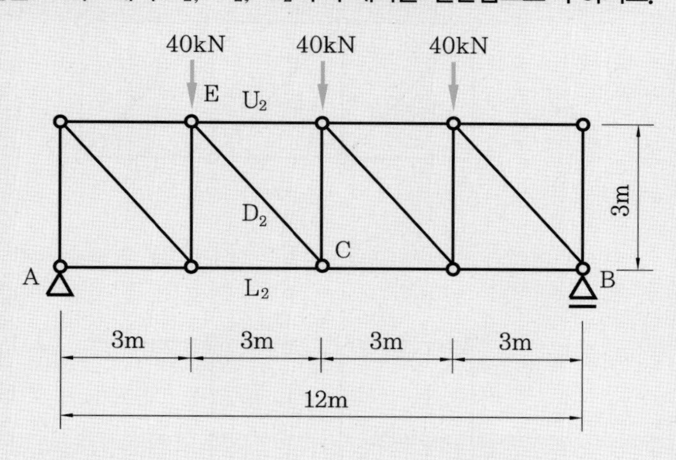

(1) 반력 $R_A = (40+40+40) \times \frac{1}{2} = 60\text{kN}$

(2) U_2 부재의 부재력

$\sum M_C = 0$ 에서 $R_A \times 6 - 40 \times 3 + U_2 \times 3 = 0$

$240 + U_2 \times 3 = 0$

$\therefore U_2 = -80\text{kN} = 80\text{kN}$ (압축재)

(3) L_2 부재의 부재력

$\sum M_E = 0$ 에서 $R_A \times 3 - L_2 \times 3 = 0$

$60 \times 3 - L_2 \times 3 = 0$

$\therefore L_2 = 60\text{kN}$ (인장재)

(4) D_2 부재의 부재력

$\sum V = 0$ 에서 $R_A - 40 - D_2 \times \frac{1}{\sqrt{2}} = 0$

$\therefore D_2 = 20\sqrt{2}\,\text{kN}$ (인장재)

절단법(단면법)

① 반력을 구한다.
② 구하고자 하는 부재를 중심으로 3개의 부재를 절단한다.
③ 구하고자 하는 부재를 인장재로 가정한다.
④ 구하고자 하는 부재 이외의 두 개의 부재가 만나는 점에서 힘의 평형 조건식으로 구한다.

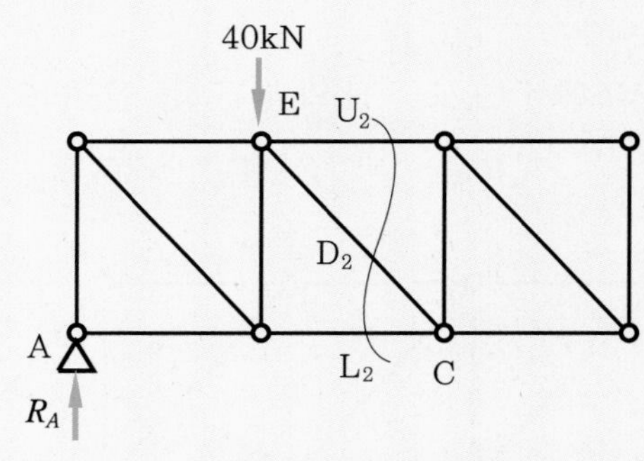

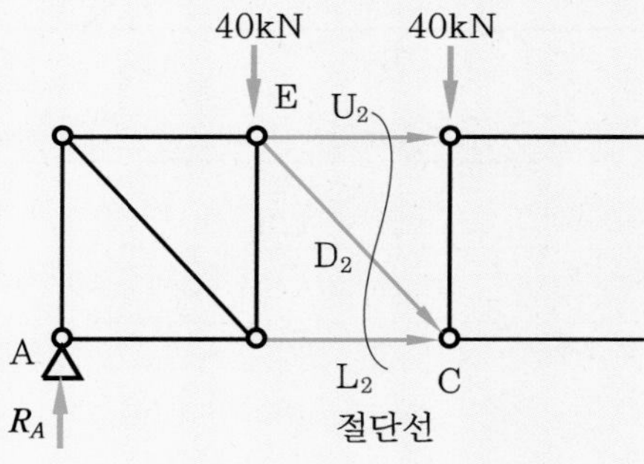

핵심문제

12 철물 용어 [배점 4]

금속 공사에 이용되는 철물이 뜻하는 용어 설명을 보기에서 골라 번호로 쓰시오.

[보기]
① 철선을 꼬아 만든 철망
② 얇은 철판에 각종 모양을 도려낸 것
③ 벽·기둥의 모서리에 대어 미장 바름을 보호하는 철물
④ 테라조 현장 갈기의 줄눈에 쓰이는 것
⑤ 얇은 철판에 자름금을 내어 당겨 늘린 것
⑥ 연강 철선을 직교시켜 전기 용접한 것
⑦ 천장·벽 등의 이음새를 감추고 누르는 것

(1) 와이어 라스　　(2) 메탈 라스
(3) 와이어 메시　　(4) 펀칭 메탈

해답 (1) ①　(2) ⑤　(3) ⑥　(4) ②

핵심문제

13 기둥의 길이 [배점 3]

다음 그림과 같은 철근콘크리트 기둥이 양단힌지로 지지되어 있는 상태에서 약축에 대한 세장비가 150일 때 기둥의 길이를 구하시오.

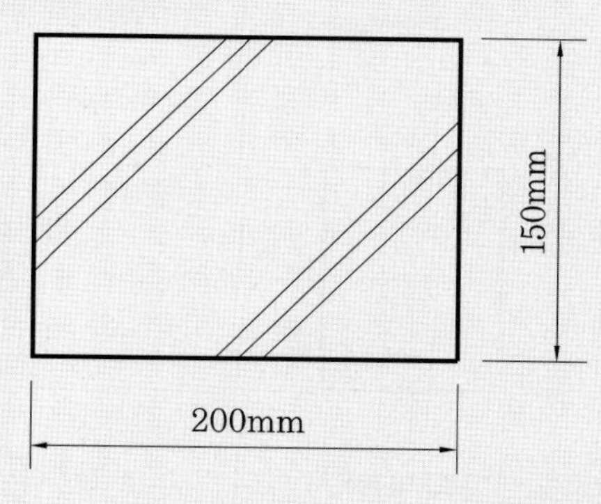

해답 ① 약축에 대한 단면 2차 모멘트

$$I_y = \frac{hb^3}{12} = \frac{200 \times 150^3}{12} = 56,250,000\text{mm}^4$$

② 양단 힌지이므로 $KL = 1.0 \times L$

③ 세장비

$$\lambda = \frac{KL}{i} = \frac{1 \times L}{\sqrt{\dfrac{56,250,000}{150 \times 200}}} = 150$$

$$\therefore\ L = 150 \times \sqrt{\frac{56,250,000}{150 \times 200}} = 6,495.19\,\text{mm} = 6.5\,\text{m}$$

(1) 유효좌굴길이(KL)

1단고정 타단자유	양단힌지	1단힌지 타단고정	양단고정
L	L	L	L
$KL = 2L$	$KL = 1.0L$	$KL = 0.7L$	$KL = 0.5L$

(2) 세장비(λ)

$$\lambda = \frac{KL}{i}$$

여기서, KL : 유효좌굴길이

i : 단면 2차 회전반지름$\left(\sqrt{\dfrac{I}{A}}\right)$

(3) 단면 2차 모멘트

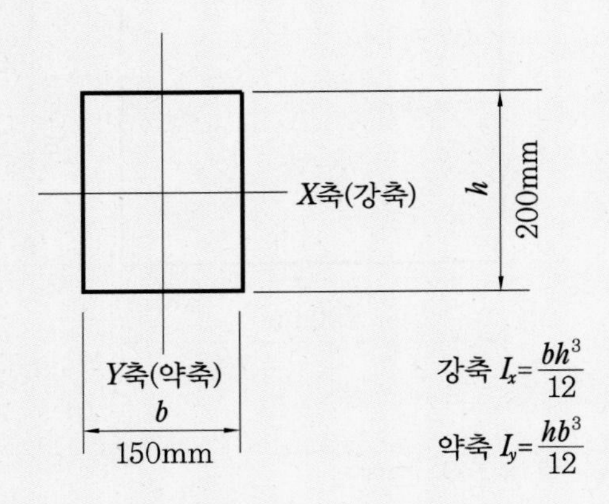

핵심문제

14 순단면적 [배점 3]

다음 그림은 $L-100$인 인장재이다. 사용볼트가 M20(F10T)일 때 순단면적을 구하시오.

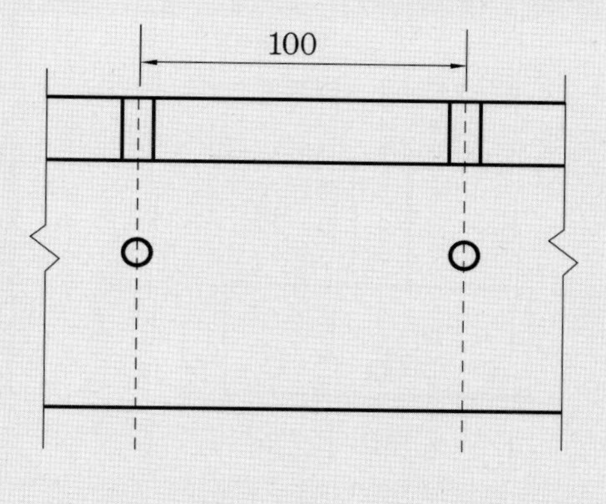

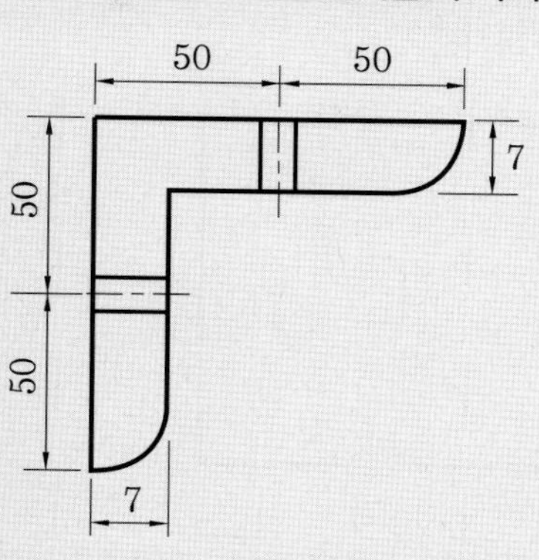

해답 $A_n = A_g - n \cdot d \cdot t$

$= (200-7) \times 7 - 2 \times (20+2) \times 7$

$= 1{,}043\,\text{mm}^2$

해설 (1) $A_n = A_g - n \cdot d \cdot t$

여기서, A_n : 순단면적, A_g : 총단면적

n : 인장력에 의한 파단선상의 구멍의 수

d : 구멍의 지름, t : 부재의 두께

(2) 고장력 볼트

① F10T

여기서, F : 마찰접합(friction grip joint)

10 : 인장강도 10 tf/cm^2(1,000 N/mm^2)

T : 인장강도(tensile strenth)

② 고장력 볼트의 표준 구멍 지름(mm)

㈎ $d < 24$일 때 구멍 지름 $d_h = d + 2.0$

㈏ $d \geq 24$일 때 구멍 지름 $d_h = d + 3.0$

여기서, d : 볼트 지름

핵심문제

15 저항면적 [배점 3]

다음 그림과 같은 정방형 독립기초(4m × 4m)의 2방향 뚫림전단(puching shear)의 저항면적을 구하시오.

60cm
60cm
4m
4m
평면도

60 × 60cm
70cm
80cm
10cm
4m
단면도

해답 ① 위험 단면의 둘레 길이 $b_0 = (350 + 600 + 350) \times 4 = 5,200\,\text{mm}$

② 저항면적 $A = b_0 d = 5200 \times 700 = 3,640,000\,\text{mm}^2$

해설 (1) 전단력에 대한 위험 단면

① 1방향 작용 : 기둥 또는 벽면에서 d만큼 떨어진 곳에 위치한다.

② 2방향 작용 : 펀칭 전단, $d/2$만큼 떨어진 곳에 위치한다.

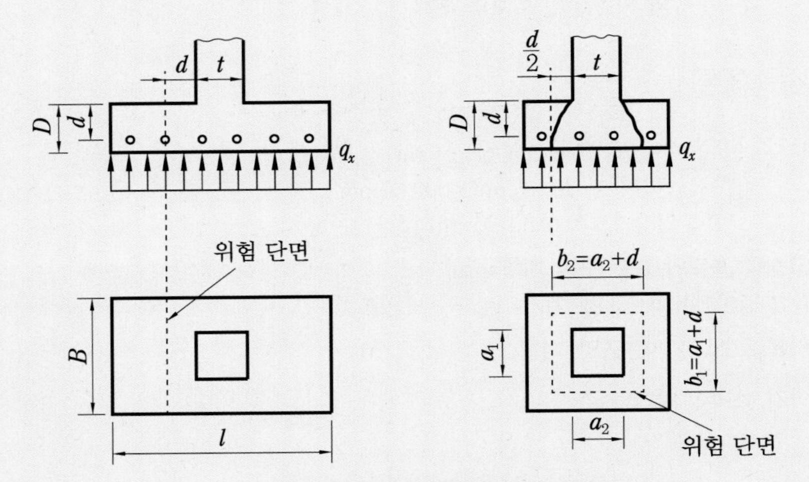

확대 기초의 전단력 작용 면적

(2) 독립기초의 2방향 뚫림전단(punching shear)에 의한 저항면적

$A = b_0 d$ 여기서, b_0 : 위험 단면의 둘레 길이, d : 유효춤

핵심문제

16 벽돌 쌓기량, 미장 면적 [배점 8]

그림과 같은 창고를 시멘트 벽돌로 신축하고자 할 때 벽돌 쌓기량(매)과 내외벽 시멘트 미장할 때 미장 면적을 구하시오.

[조건]

① 벽두께는 외벽 1.5B 쌓기, 칸막이벽 1.0B 쌓기로 하고 벽높이는 안팎 3.6 m로 가정하며, 벽돌은 표준형($190 \times 90 \times 57$)으로 할증률은 5%이다.

② 창문틀 규격

$\frac{1}{D}$: $2.2\text{m} \times 2.4\text{m}$ $\frac{2}{D}$: $0.9\text{m} \times 2.4\text{m}$ $\frac{3}{D}$: $0.9\text{m} \times 2.1\text{m}$

$\frac{1}{W}$: $1.8\text{m} \times 1.2\text{m}$ $\frac{2}{W}$: $1.2\text{m} \times 1.2\text{m}$

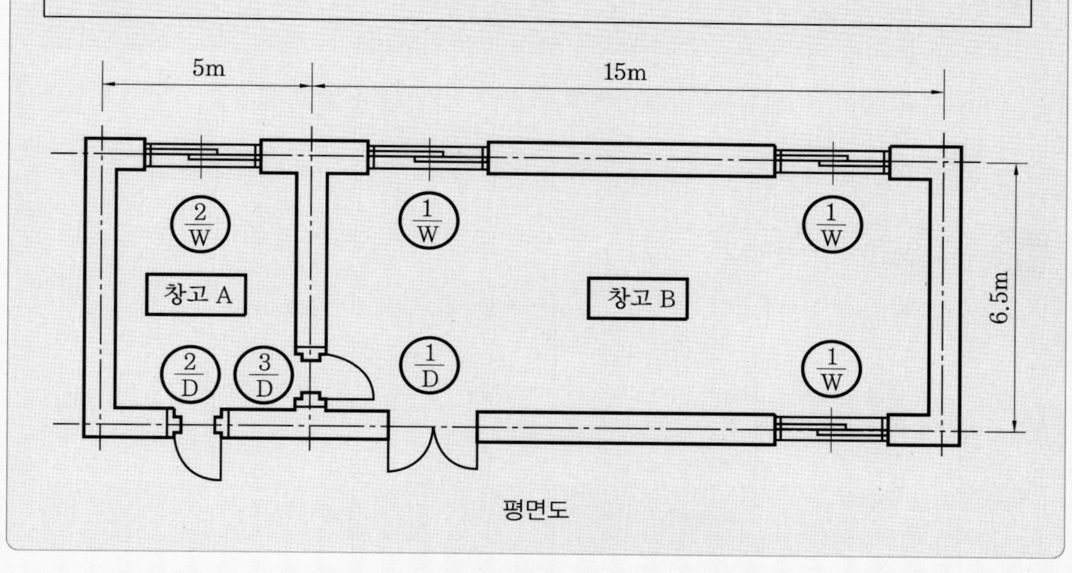

평면도

해답 (1) 벽돌량

① 1.5B : $(20+6.5) \times 2 \times 3.6 - (1.8 \times 1.2 \times 3 + 1.2 \times 1.2 + 2.2 \times 2.4 + 0.9 \times 2.4)$

$= 175.44\,\text{m}^2 \times 224 \times 1.05 = 41{,}263.49$장

② 1.0B : $(6.5-0.29) \times 3.6 - (0.9 \times 2.1) = 20.47\,\text{m}^2 \times 149 \times 1.05 = 3{,}202.53$장

∴ 합계 : $41{,}263 + 3{,}203 = 44{,}466$장

(2) 미장 면적

① 내부 : $\{(20-0.29-0.19) \times 2 + (6.5-0.29) \times 4\} \times 3.6$

$-\{(1.8 \times 1.2 \times 3) + (1.2 \times 1.2) + (2.2 \times 2.4) + (0.9 \times 2.4) + (0.9 \times 2.1 \times 2)\}$

$= 210.83\,\text{m}^2$

② 외부 : $\{(20+0.29)+(6.5+0.29)\}\times 2\times 3.6$
$-\{(1.8\times 1.2\times 3)+(1.2\times 1.2)+(2.2\times 2.4)+(0.9\times 2.4)\}=179.62\,\mathrm{m}^2$
$\therefore$ 합계 : $210.83+179.62=390.45\,\mathrm{m}^2$

핵심문제

17 외부 비계 면적 [배점 4]

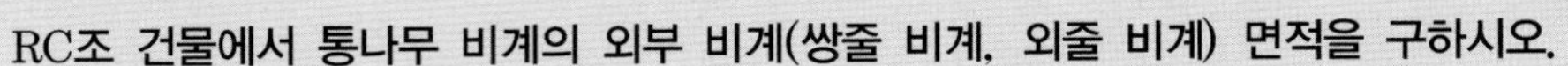

RC조 건물에서 통나무 비계의 외부 비계(쌍줄 비계, 외줄 비계) 면적을 구하시오.

(1) 쌍줄 비계

(2) 외줄 비계

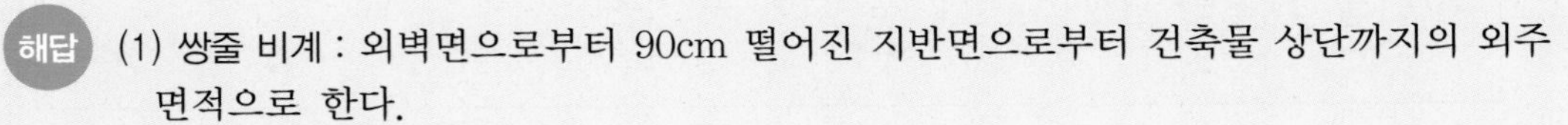

해답 (1) 쌍줄 비계 : 외벽면으로부터 90cm 떨어진 지반면으로부터 건축물 상단까지의 외주 면적으로 한다.
비계 면적 $A=H(l+7.2)$

(2) 외줄 비계 : 외벽면으로부터 45cm 떨어진 지반면으로부터 건축물 상단까지의 외주 면적으로 한다.
비계 면적 $A=H(l+3.6)$

해설 (1) 비계 면적 산정 방식

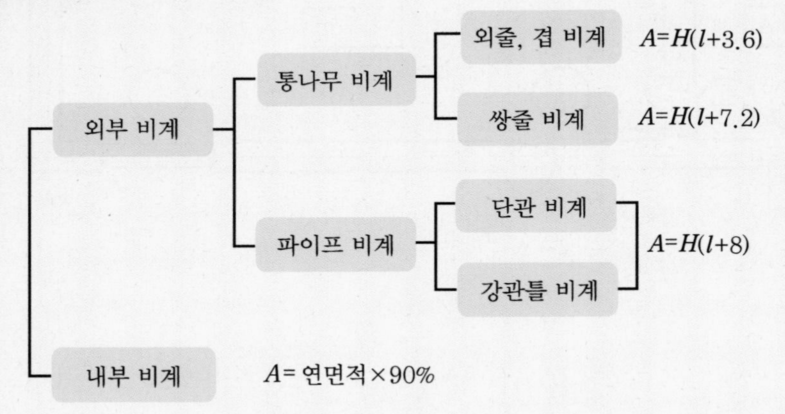

여기서, H : 높이, l : 외벽의 둘레 길이

(2) l의 계산

① 구조물에 따른 길이 계산

- 목조 : 외벽 중심의 둘레 길이
- 철근콘크리트조, 철골조 : 외벽면 둘레 길이

② 평면 형태에 따른 둘레 길이 산정

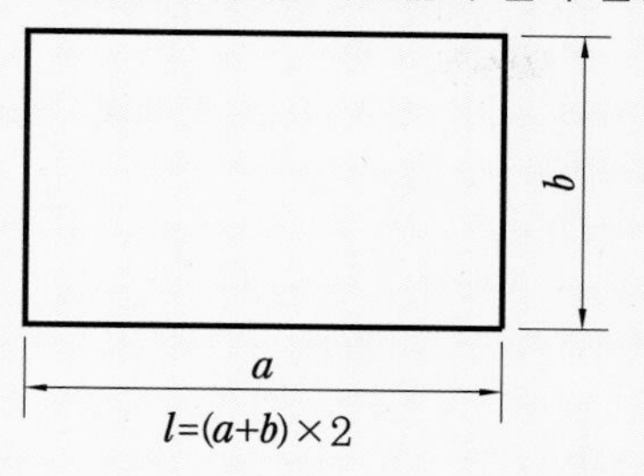

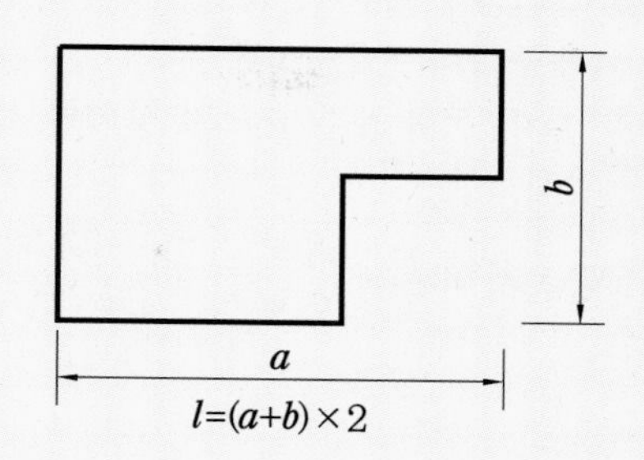

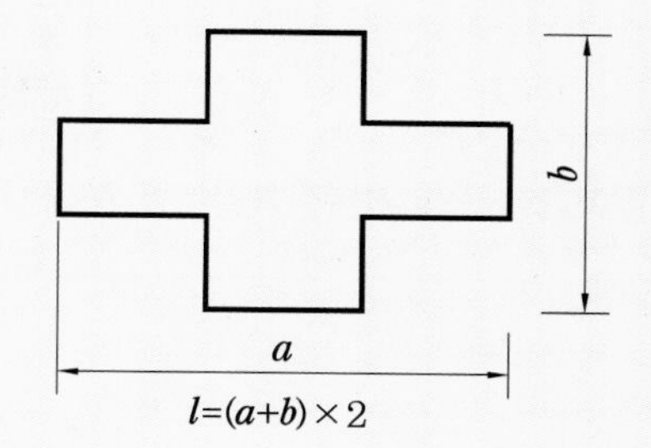

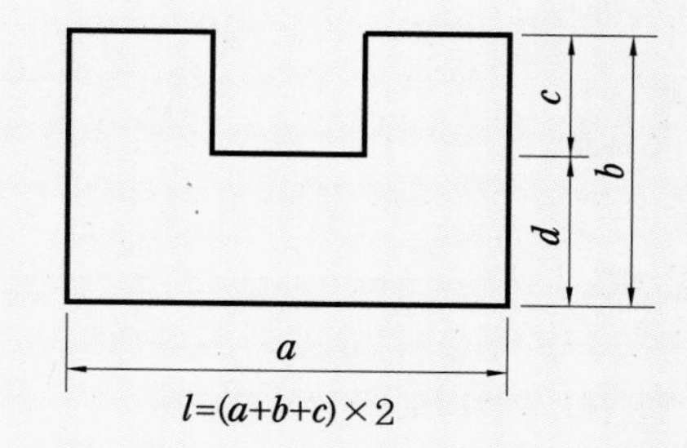

핵심문제

18 총공사비금액 [배점 3]

건축주와 시공자 간에 한정실비를 1억(100,000,000), 보수비율을 5%로 하는 실비한정비율 보수가산식으로 계약을 체결하였고, 공사 완료 후 실제소요공사비를 확인해보니 9천만(90,000,000)원이었다. 이때 총공사비금액은 얼마인가?

해답 총공사비$= A' + A'f =$ 한정실비 + 한정실비 × 보수비율

$= 90{,}000{,}000 + 90{,}000{,}000 \times \frac{5}{100}$

$= 94{,}500{,}000$원

실비정산 보수가산식(A : 실비, A' : 한정실비, f : 비율, F : 보수, f' : 변동비율)

① 실비비율 보수가산식 : 실비에 계약된 비율을 곱한 금액을 보수로 지불하는 방식 (총공사비$= A + Af$)

② 실비한정비율 보수가산식

- 한정실비에 계약된 비율을 곱한 금액을 보수로 지불하는 방식
- 실비에 제한을 두어 제한된 금액 내에서 공사를 완성짓게 하는 방식

(총공사비$= A' + A'f$)

③ 실비정액 보수가산식 : 실비와 관계없이 미리 정한 보수만을 지불하는 방식
(총공사비 $= A+F$)

④ 실비준동률 보수가산식 : 실비가 증가함에 따라 비율보수 또는 정액보수를 체감하는 방식

총공사비 ┬ 비율보수 : $A+A\times f'$
　　　　 └ 정액보수 : $A+(F-Af')$

핵심문제

19 인장이형철근의 기본정착길이 [배점 4]

다음 조건을 고려하여 묻힘길이에 의한 정착 시 인장이형철근의 기본정착길이를 구하시오.

[조건]

- 콘크리트의 설계기준강도 $f_{ck}=30\text{MPa}$
- 철근의 항복강도 $f_y=400\text{MPa}$
- 이형철근 $D22=$(공칭지름 22.2 mm)
- λ(경량골재콘크리트 계수)$=1.0$(보통 중량 콘크리트)

해답 $l_{db}=\dfrac{0.6d_bf_y}{\lambda\sqrt{f_{ck}}}=\dfrac{0.6\times22.2\times400}{1.0\times\sqrt{30}}=972.755$

$\therefore$ 972.76 mm

해설 (1) 인장이형철근의 정착

① 묻힘길이에 의한 정착(D35 이하의 철근인 경우)

기본정착길이$(l_{db})=\dfrac{0.6d_bf_y}{\lambda\sqrt{f_{ck}}}$

정착길이$(l_d)=$기본정착길이$(l_{db})\times$보정계수$\geq300\text{mm}$

여기서, d_b : 정착 철근의 공칭지름

f_y : 철근의 항복강도

f_{ck} : 콘크리트의 설계기준압축강도(MPa)

λ : 경량골재콘크리트의 계수(보통 중량 콘크리트 $\lambda=1.0$)

② 표준 갈고리에 의한 정착

기본정착길이$(l_{hb})=\dfrac{0.24\beta d_bf_y}{\lambda\sqrt{f_{ck}}}$

정착길이$(l_{dh})=$기본정착길이$(l_{hb})\times$보정계수$\geq 8d_b\geq150\text{mm}$

여기서, β: 철근의 표면처리계수(철근의 도막처리계수)

(2) 압축이형철근의 정착

$$\text{기본정착길이}(l_{db}) = \frac{0.25 d_b f_y}{\lambda \sqrt{f_{ck}}} \geq 0.043 d_b \cdot f_y$$

$$\text{정착길이}(l_d) = \text{기본정착길이}(l_{db}) \times \text{보정계수} \geq 200\,\text{mm}$$

핵심문제

20 총처짐량 [배점 4]

철근콘크리트 보에서 인장철근만 배근된 직사각형 단순보에 하중이 작용하여 순간처짐이 5mm 발생하였다. 이때 5년 이상 지속하중이 작용할 경우 총처짐량을 구하시오. (단, 장기처짐계수 $\lambda_\Delta = \dfrac{\xi}{1+50\rho'}$ 를 적용하고, 시간경과계수(ξ)는 지속하중이 60개월(5년) 이상인 경우로 한다.)

해답 ① 압축철근비(ρ')는 압축철근이 없으므로 $\rho' = 0$이고, 지속하중의 재하기간에 따른 계수(ξ)는 5년(60개월)이므로 $\xi = 2$이다.

② 장기추가처짐에 대한 계수

$$\lambda_\Delta = \frac{\xi}{1+50\times 0} = \frac{2}{1+0} = 2$$

③ 장기처짐 = 순간처짐(탄성처짐) $\times \lambda_\Delta = 5 \times 2 = 10\,\text{mm}$

④ 총침하량 = 순간처짐(탄성처짐) + 장기처짐 = 5 + 10 = 15mm

해설 (1) 탄성처짐(즉시처짐, 순간처짐)

① 하중이 작용하자마자 발생하는 처짐

② 부재가 탄성거동을 하므로 역학적으로 계산

(2) 장기처짐

① 지속하중에 의한 건조수축이나 크리프 현상에 의해서 일어나는 처짐

② 장기처짐 = 지속하중에 의한 탄성처짐 $\times \lambda_\Delta$

장기추가처짐에 대한 계수 $\lambda_\Delta = \dfrac{\xi}{1+50\rho'}$

여기서, ρ' : 압축철근비, ξ : 지속하중의 재하기간에 따른 계수

시간경과계수(ξ)

지속하중의 재하기간	5년 이상	12개월	6개월	3개월
ξ	2.0	1.4	1.2	1.0

③ 압축철근비 $\rho' = \dfrac{A_s'}{bd}$ (A_s': 압축철근의 단면적)

(3) 총처짐

총처짐 = 순간처짐(탄성처짐) + 장기처짐

= 순간처짐(탄성처짐) + 순간처짐(탄성처짐) × λ_{Δ}

핵심문제

21 줄눈의 명칭 [배점 4]

다음 그림을 보고 줄눈의 명칭을 쓰시오.

해답 ① 조절 줄눈(control joint)

② 미끄럼 줄눈(sliding joint)

③ 시공 줄눈(construction joint)

④ 신축 줄눈(expansison joint) 또는 분리 줄눈(isolation joint)

핵심문제

22 계수 휨모멘트 [배점 4]

다음 그림과 같은 철근콘크리트보에서 중앙에 고정하중 20 kN과 활하중 40 kN이 작용할 때 계수 휨모멘트를 구하시오.

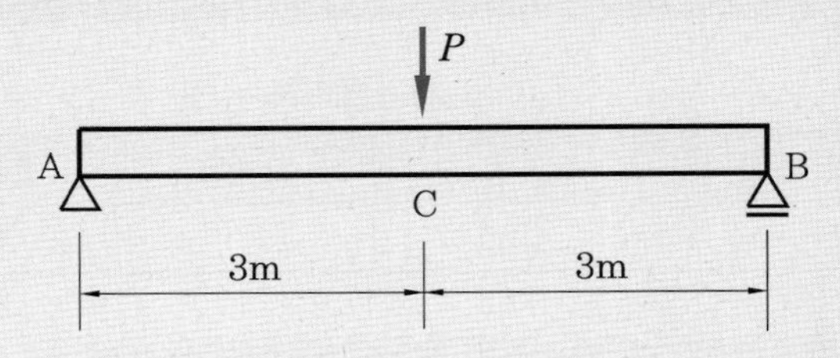

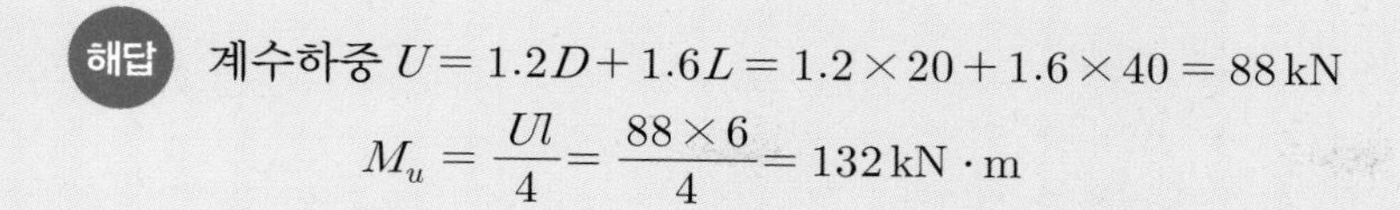

해답 계수하중 $U = 1.2D + 1.6L = 1.2 \times 20 + 1.6 \times 40 = 88\,\text{kN}$

$$M_u = \frac{Ul}{4} = \frac{88 \times 6}{4} = 132\,\text{kN} \cdot \text{m}$$

해설 ① 계수하중(극한하중) $U = 1.2D + 1.6L$(여기서, D : 고정하중, L : 활하중)

② 계수 휨모멘트 $M_u \geq 1.2M_D + 1.6M_L \geq 1.4M_D$

핵심문제

23 모살용접 이음부의 안정성 검토 [배점 4]

다음 그림과 같은 모살용접(fillet welding)의 설계강도를 구하고, 고정하중 $P_D = 40$ kN, 활하중 $P_L = 30$ kN이 작용할 때 모살용접 이음부의 안정성을 검토하시오. (단, 모재는 SM275(강재의 인장강도 $F_u = 410\text{N/mm}^2$)이고, 용접재(KS D 7004)의 인장강도 $F_{uw} = 420\text{N/mm}^2$이다.)

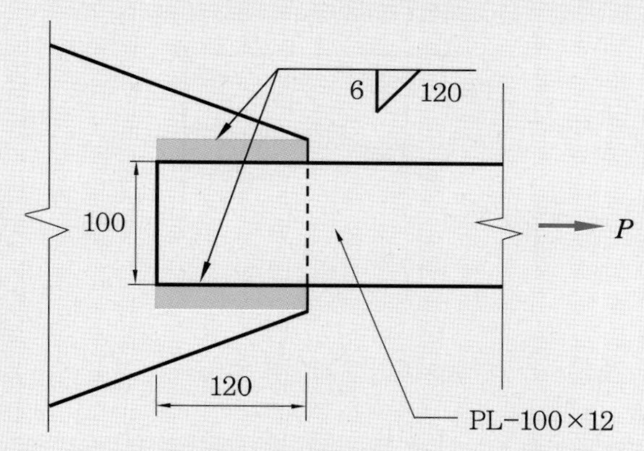

해답 (1) 모살용접 이음부의 설계강도

$\phi R_n = \phi F_w A_w = 0.75 \times 0.6 \times 420 \times 0.7 \times 6 \times 2 \times (120 - 2 \times 6)$

$= 171{,}460.8\,\text{N} = 171.46\,\text{kN}$

(2) 모살용접 이음부의 안정성 검토

$P_u = 1.2P_D + 1.6P_L = 1.2 \times 40 + 1.6 \times 30 = 96\,\text{kN}$

$P_u = 1.4P_D = 1.4 \times 40 = 56\,\text{kN}$

$176.46\,\text{kN} > 96\,\text{kN}$ 이므로 안정하다.

해설 (1) 모살용접 이음부의 설계강도

① 저항계수 $\phi = 0.75$

② 용접재의 공칭강도 $F_w = 0.6F_{uw}$(용접재의 인장강도)

③ 목두께 $a = 0.7s$(모살 사이즈)

④ 유효용접길이 $l_e = 2 \times (l - 2 \times s)$

여기서, l : 용접길이, s : 모살 사이즈

⑤ 용접의 유효면적 $A_w = al_e$

⑥ 모살용접 이음부의 설계강도 $\phi R_n = \phi F_w A_w$

(2) 모살용접 이음부의 안정성 검토

다음 중 큰 값 사용

소요강도 $P_u = 1.2P_D$(고정하중)$+ 1.6P_L$(활하중)

$P_u = 1.4P_D$

핵심문제

24 부재력 [배점 2]

다음 그림과 같은 구조물에서 A 부재에 발생하는 부재력을 구하시오.

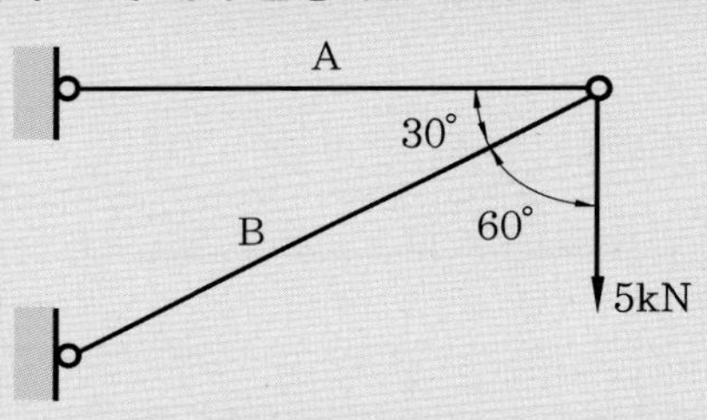

① B 부재력의 계산 : $-B \cdot \cos 60° - 5 = 0$

$\therefore B = \dfrac{-5}{\cos 60°} = -5 \times 2 = -10\text{kN}$

② A 부재력의 계산 : $-A - B \cdot \cos 30° = 0$

$A = -B \times \dfrac{\sqrt{3}}{2} = -(-10 \times \dfrac{\sqrt{3}}{2}) = 10 \times \dfrac{\sqrt{3}}{2} = 5\sqrt{3}\,\text{kN}$

해설 **풀이과정**

① 인장재로 가정한다. A, B 부재를 절점에서 밖으로 향하게 한다.

② B 부재를 수직·수평 부재로 분해한다.

③ B 부재력을 계산한다. 힘의 평형 조건식에 의해서 구한다.

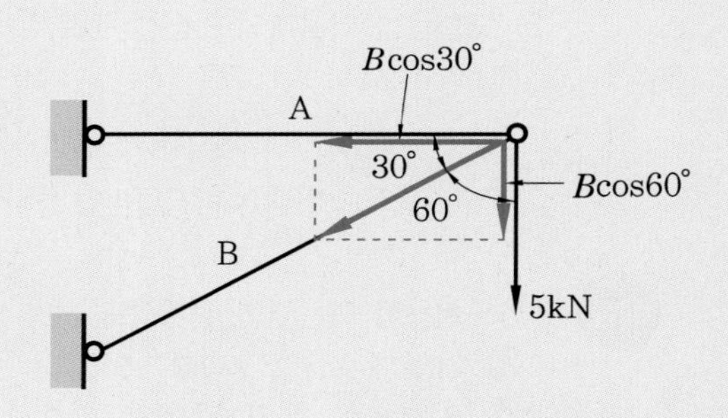

(1) 절점법으로 계산

① B 부재력의 계산

$-B \cdot \cos 60° - 5 = 0$

$\therefore B = \dfrac{-5}{\cos 60°} = -5 \times 2 = -10\text{kN}$

② A 부재력의 계산

$-A - B \cdot \cos 30° = 0$

$A = -B \times \dfrac{\sqrt{3}}{2} = -(-10 \times \dfrac{\sqrt{3}}{2}) = 10 \times \dfrac{\sqrt{3}}{2} = 5\sqrt{3}\,\text{kN}$

(2) 라미의 정리로 계산

$\dfrac{A}{\sin\theta_2} = \dfrac{5}{\sin\theta_1}$ 에서

$A = 5 \times \dfrac{\sin\theta_2}{\sin\theta_1} = 5 \times \dfrac{\sin 60°}{\sin 30°}$

$= 5 \times \dfrac{\sqrt{3}}{2} \times \dfrac{2}{1} = 5\sqrt{3}\,\text{kN}$

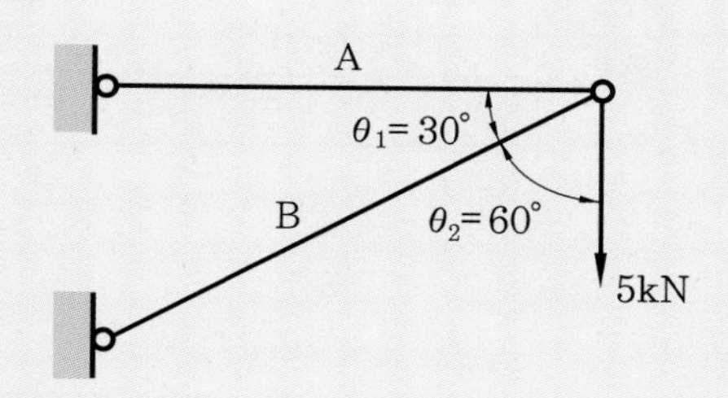

핵심문제

25 반력, 최대압축응력 [배점 4]

다음 그림과 같은 구조물에 26kN의 하중이 작용하는 경우 반력과 최대압축응력을 구하시오. (단, 인장응력은 +, 압축응력은 −로 표기한다.)

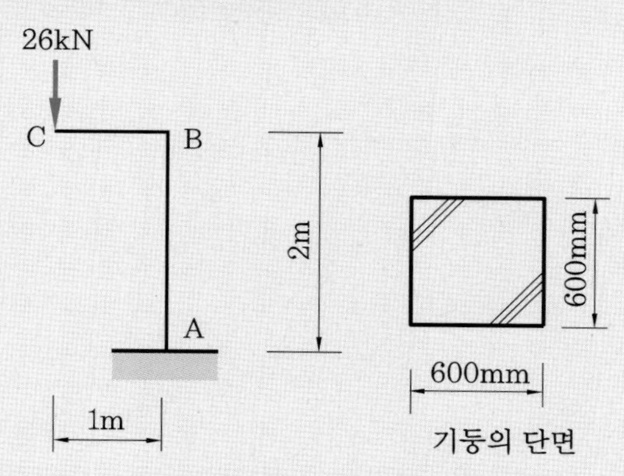

해답 (1) 반력

① 수평반력 $\Sigma H = 0$ 에서 $\therefore H_A = 0$

② 수직반력 $\Sigma V = 0$ 에서 $-26\,\text{kN} + R_A = 0$

$\therefore R_A = 26\,\text{kN}$

③ 모멘트 반력 $\Sigma M_A = 0$에서 $-26 \times 1 + M_A = 0$

$\therefore M_A = 26\text{kN} \cdot \text{m}$

(2) 최대압축응력

$$\sigma_A = -\frac{N}{A} - \frac{M}{Z} = -\frac{26 \times 10^3}{600 \times 600} - \frac{26 \times 10^3 \times 10^3}{\dfrac{600 \times 600^2}{6}}$$

$$= -0.79\text{N/mm}^2 = -0.79\text{MPa}$$

(1) 단면의 핵

구분	핵 반지름	핵 지름
구형 단면	$\frac{h}{6}$	$\frac{h}{3}$
원형 단면	$\frac{D}{8}$	$\frac{D}{4}$

(2) 기둥의 응력

① 중심축 하중 : $\sigma = -\dfrac{N}{A}$

② 중심축 하중과 모멘트 하중 : $\sigma = -\dfrac{N}{A} \pm \dfrac{M}{Z}$

③ 편심 하중 : $\sigma = -\dfrac{N}{A} \pm \dfrac{N \cdot e}{Z}$

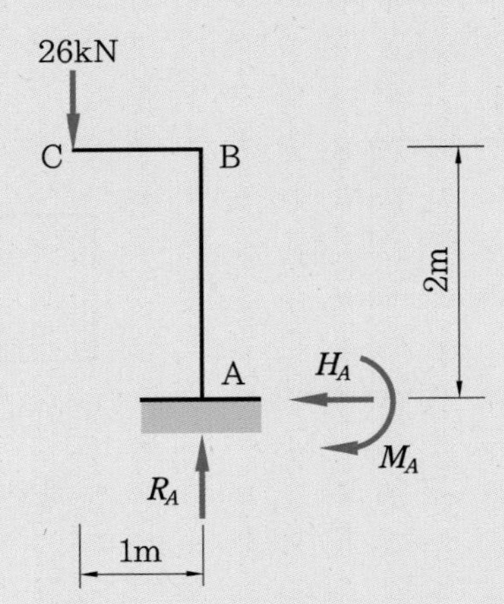

핵심문제

26 균형철근비, 최대철근비, 최대철근량 [배점 4]

다음 그림과 같은 철근콘크리트 단근보의 균형철근비, 최대철근비, 최대철근량을 구하시오. (단, $f_{ck}=27\text{MPa}$, $f_y=300\text{MPa}$, 3－D22 A_s : $373\times3=1,119\,\text{mm}^2$ 인장지배단면이다.)

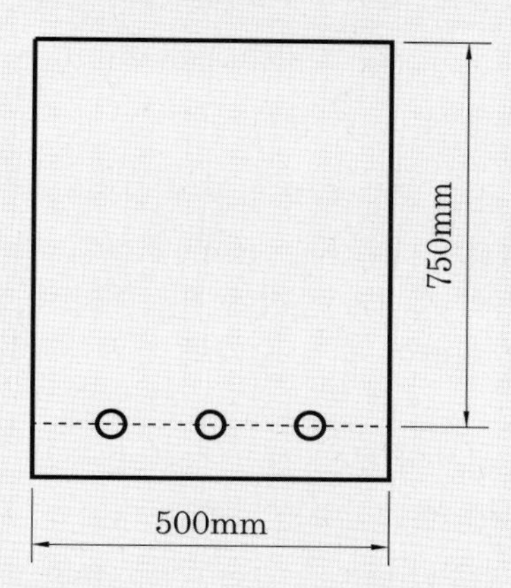

해답

(1) 균형철근비$(\rho_b)=\dfrac{0.85\times27\times0.85}{300}\times\dfrac{600}{600+300}=0.04335$

(2) 최대철근비 $(\rho_{\max})=\dfrac{0.85\times27\times0.85}{300}\times\dfrac{0.003}{0.003+0.005}=0.02438$

(3) 최대철근량$(A_{s,\max})=0.02438\times500\times750=9,142.5\,\text{mm}^2$

해설

(1) 균형철근비(ρ_b)

$$\rho_b=\frac{0.85f_{ck}\beta_1}{f_y}\times\frac{\varepsilon_c}{\varepsilon_c+\varepsilon_y}$$

(2) 최대철근비$(\rho_{\max})$

$$\rho_{\max}=\frac{0.85f_{ck}\beta_1}{f_y}\times\frac{\varepsilon_c}{\varepsilon_c+\varepsilon_{t\min}}$$ 에서

인장지배단면이고, SD400 이하이므로 $\varepsilon_{t\min}=0.005$

(3) 최대철근량$(A_{s,\max})$

$$A_{s,\max}=\rho_{\max}\cdot b\cdot d$$

핵심문제

27 철골 공사 용어 [배점 10]

다음은 철골 공사에 대한 용어이다. 이에 대한 내용을 간략하게 쓰시오.

(1) 비드(bead) (2) 스캘럽(scallop)

(3) 엔드탭(end tap) (4) 뒷댐재(back strip)

해답 (1) 비드(bead) : 용접 시 용접 방향에 따라 용착 금속이 파형으로 연속해서 만들어지는 층

(2) 스캘럽(scallop) : 용접선이 교차되는 것을 피하기 위해 부재에 둔 부채꼴의 홈

(3) 엔드탭(end tap) : 용접의 시점과 종점에 용접봉의 아크(arc)가 불안정하여 용접 불량이 생기는 것을 막기 위하여 용접 모재와 같은 개선 모양의 철판을 덧대는 것으로 용접 후 때어낸다.

(4) 뒷댐재(back strip) : 용접부의 루트 간격 하부로 용착 금속이 떨어지는 것을 방지하기 위해 루트 간격 하부에 밑받침하는 철판

참고 철골 공사 용어

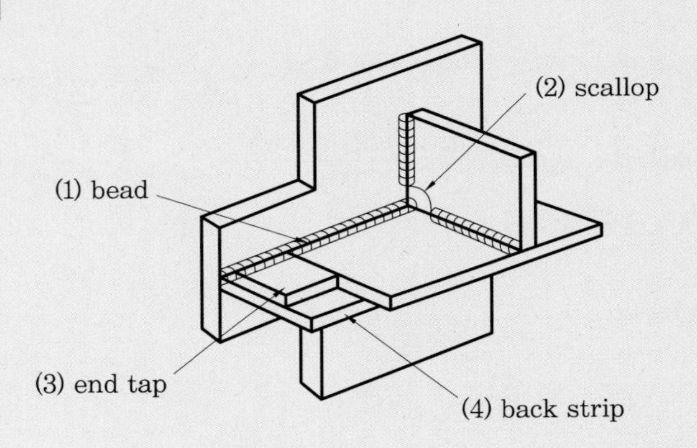

핵심문제

28 tower crane [배점 6]

tower crane에서 jib 방식에 따른 종류 2가지와 이에 따른 특성을 쓰시오.

해답 (1) T-tower crane

① 공사부재의 이동은 수평 이동만 가능하다.

② 공사 현장이 넓은 경우 사용한다.

(2) luffing crane

① 공사부재의 이동은 수평 이동 및 수직 이동이 가능하다.

② 공사 현장이 협소한 경우 사용한다.

해설 (1) tower crane 구조

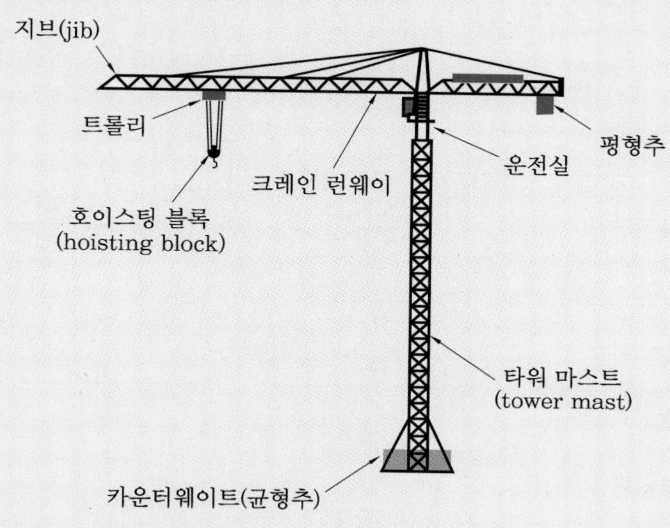

(2) tower crane의 jib 형식에 따른 분류

① T형 타워 크레인

- 지브(jib)가 수평 이동한다.
- 작업반경 내에 장애물이 없는 경우 사용된다.

② luffing crane

- 지브(jib)가 수평 및 상하 이동이 가능하다.
- 다른 건물의 방해 또는 고공권의 침해가 없는 경우 이용된다.

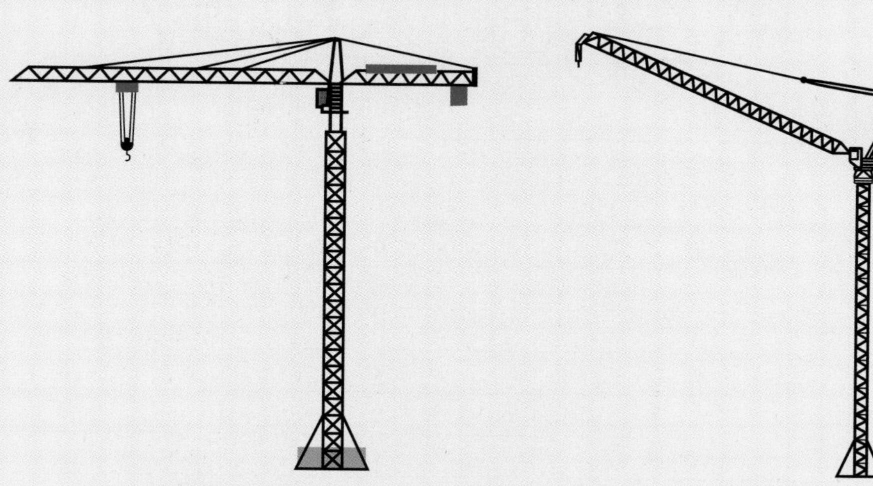

T형 타워 크레인 luffing crane

핵심문제

29 네트워크 공정표 [배점 10]

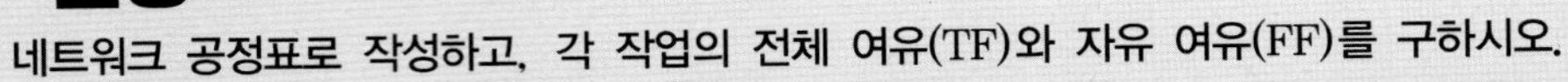

네트워크 공정표로 작성하고, 각 작업의 전체 여유(TF)와 자유 여유(FF)를 구하시오.

작업명	작업일수	선행작업	비고
A	5	–	네트워크 작성은 다음과 같이 표시하고, 주공정선은 굵은 선으로 표시하시오. 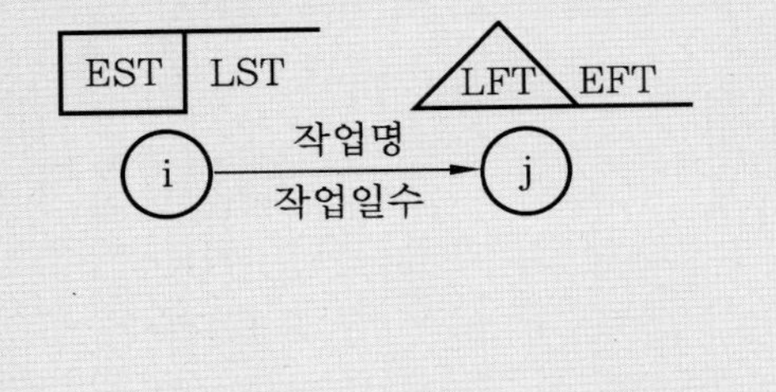
B	6	–	
C	5	A, B	
D	7	A, B	
E	3	B	
F	4	B	
G	2	C, E	
H	4	C, D, E, F	

해답 (1) 공정표 작성

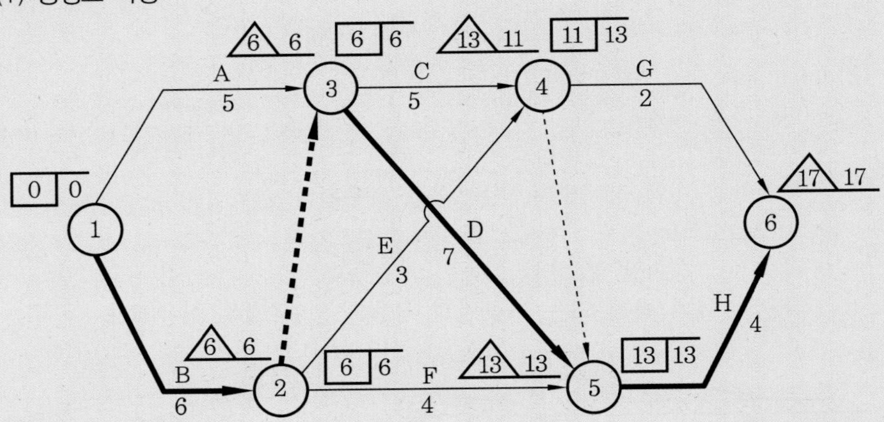

(2) 여유시간 계산

작업명	TF	FF
A	1	1
B	0	0
C	2	0
D	0	0
E	4	2
F	3	3
G	4	4
H	0	0

핵심문제

30 콘크리트량과 거푸집 면적 [배점 6]

그림과 같은 헌치보에 대하여 콘크리트량과 거푸집 면적을 구하시오. (단, 거푸집 면적은 보의 하부면도 산출할 것)

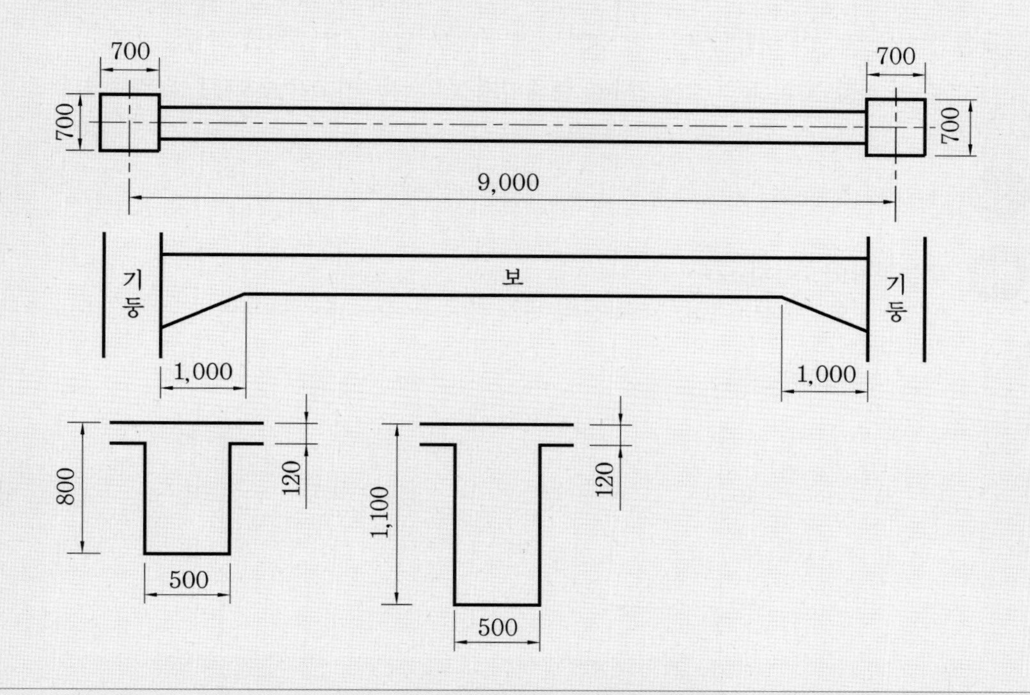

해답 (1) 콘크리트량

$0.5 \times (0.8 - 0.12) \times (9 - 0.7) + 0.5 \times 0.3 \times 1 \times \frac{1}{2} \times 2 = 2.972\,\text{m}^3$

$\therefore\ 2.97\,\text{m}^3$

(2) 거푸집 면적

$(0.8 - 0.12) \times (9 - 0.7) \times 2 + 0.3 \times 1 \times \frac{1}{2} \times 4 + 0.5 \times (9 - 0.7)$

$+ (\sqrt{0.3^2 + 1} - 1) \times 0.5 \times 2 = 16.082\,\text{m}^2$

$\therefore\ 16.08\,\text{m}^2$

핵심문제

31 TQC에 이용되는 명칭 [배점 7]

건설업의 TQC에 이용되는 명칭을 쓰시오.

(1) 계량치의 분포가 어떠한 분포를 하는지 알아보기 위하여 작성하는 것

(2) 결과에 원인이 어떻게 관계하고 있는가를 한눈에 알아보기 위하여 작성하는 것

(3) 불량, 결점, 고장 등의 발생 건수를 분류 항목별로 나누어 크기 순서대로 나열해 놓은 것

(1) 히스토그램 (2) 특성요인도 (3) 파레토도

품질관리의 7가지 도구

① 파레토도 : 불량, 결점, 고장 등의 발생 건수를 항목별로 나누어 크기 순서대로 나열해 놓은 것

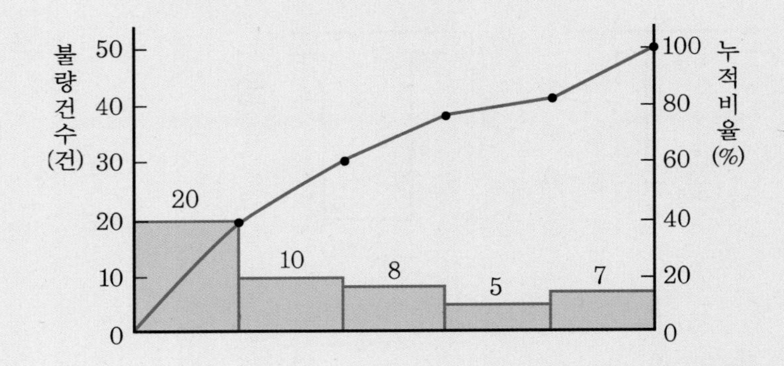

② 특성요인도(생선뼈 그림) : 결과에 원인이 어떻게 관계하고 있는가를 한눈에 알아보기 위하여 작성하는 것

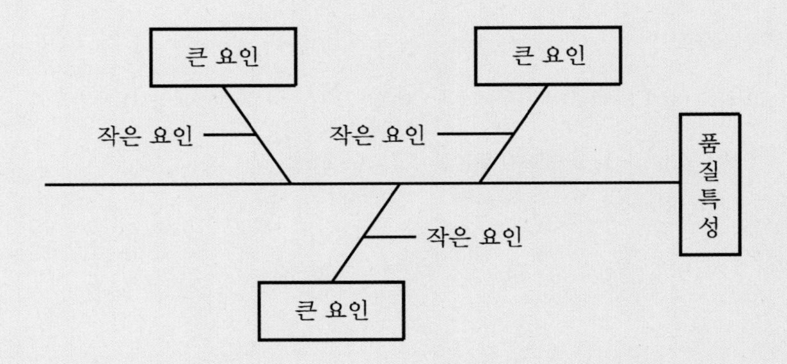

③ 히스토그램 : 계량치의 분포가 어떠한 분포를 하는지 알아보기 위해 작성하는 것

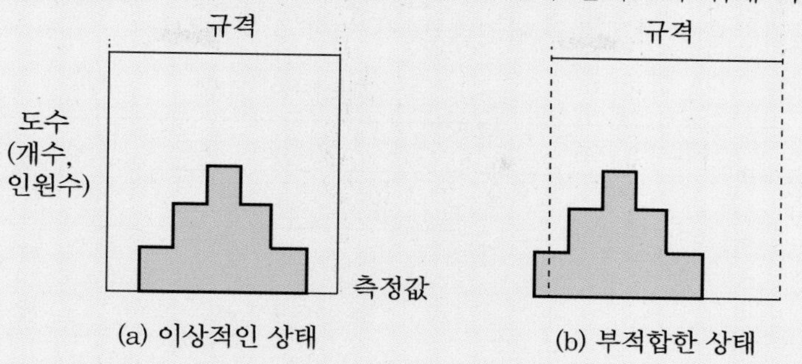

(a) 이상적인 상태 (b) 부적합한 상태

④ 산포도(산점도) : 서로 대응하는 두 개의 데이터를 점으로 나타내어 두 변수 간의 상관 관계를 나타내는 도구

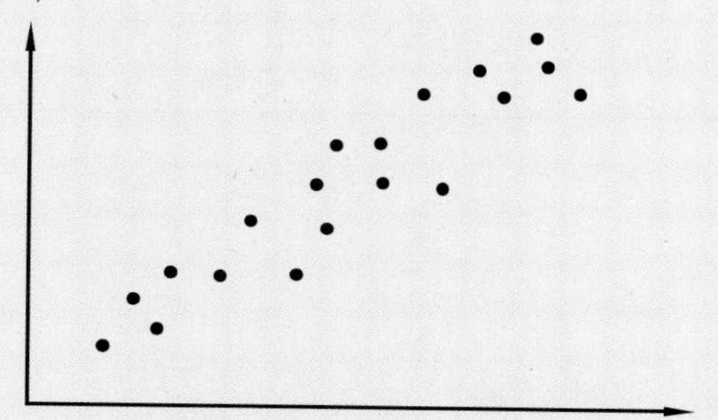

⑤ 체크시트 : 계수치가 어떤 분류의 항목에 어디에 집중되어 있는가를 나타내는 도구

부위 / crack 길이	외벽	slab	보	기타
2.0cm 미만				
3.0cm 미만				
4.0cm 미만				
5.0cm 미만				

⑥ 층별 : 집단을 구성하고 있는 여러 데이터를 몇 개의 부분 집단으로 나눈 것

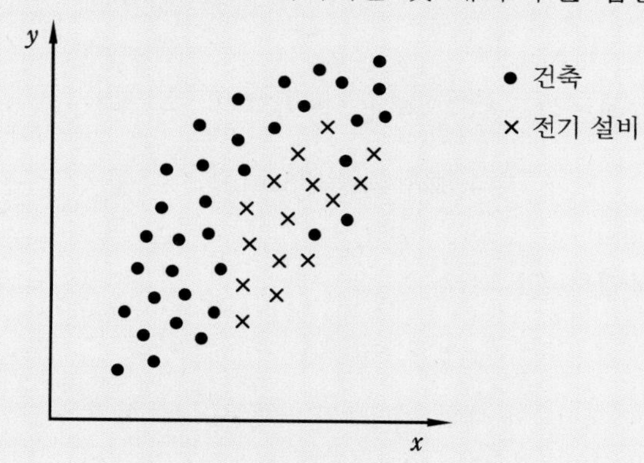

⑦ 관리도 : 작업의 상태가 설정된 기준 내에 들어가는지 판정, 즉 데이터의 편차에서 관리상황과 문제점을 발견해 내기 위한 도구

관리도의 종류

데이터 종류	관리도	관리대상
계량치	$\bar{x}-R$ 관리도	평균치와 범위
	$\tilde{x}-R$ 관리도	메디안과 범위
	x 관리도	개개의 측정치
계수치	P 관리도	불량률
	P_n 관리도	불량개수
	C 관리도	결점수
	U 관리도	단위당 결점수

32 단면 2차 모멘트 [배점 2]

다음 그림과 같은 단면에서의 x축에 대한 단면 2차 모멘트(I_x)를 구하시오.

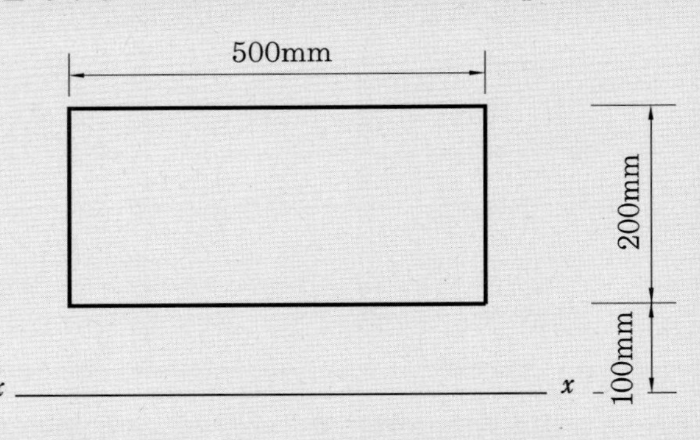

해답 단면 2차 모멘트 $I_x = \dfrac{bh^3}{12} + Ay^2 = \dfrac{500 \times 200^3}{12} + 500 \times 200 \times 200^2$

$= 4,333,333,333\,\text{mm}^4$

해설 단면 2차 모멘트(I_x)

$$I_x = \int_A y^2 \cdot d_A = I_{x0} + A \cdot y^2$$

여기서, I_x : 도심축에 대한 단면 2차 모멘트, A : 단면적

y : 구하고자 하는 축으로부터 도심까지의 거리

핵심문제

33 철골 형강 [배점 6]

다음은 철골 형강에 대한 표기이다. 이에 알맞은 그림을 그리고 치수를 기입하여 표현하시오.

(1) $L-100\times150\times7$

(2) $C-150\times65\times20\times15$

(3) $H-300\times200\times10\times15$

해답

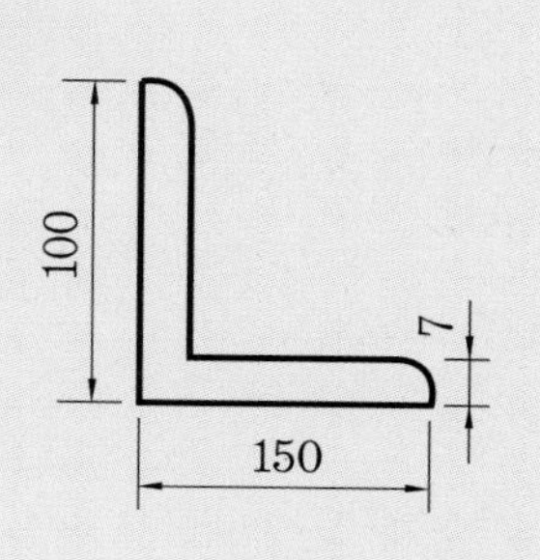

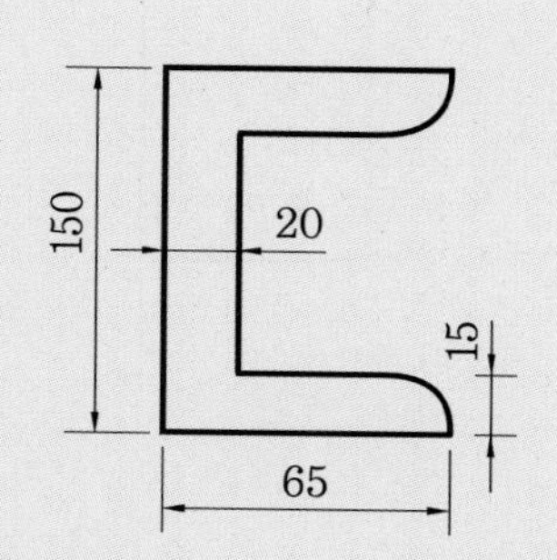

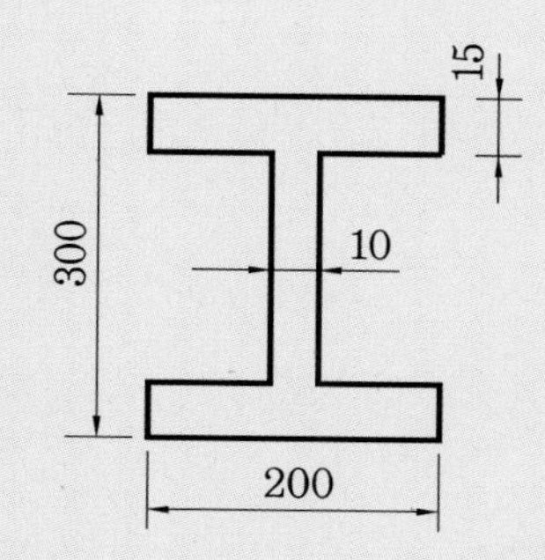

해설 **강재의 종류와 치수 표시법**

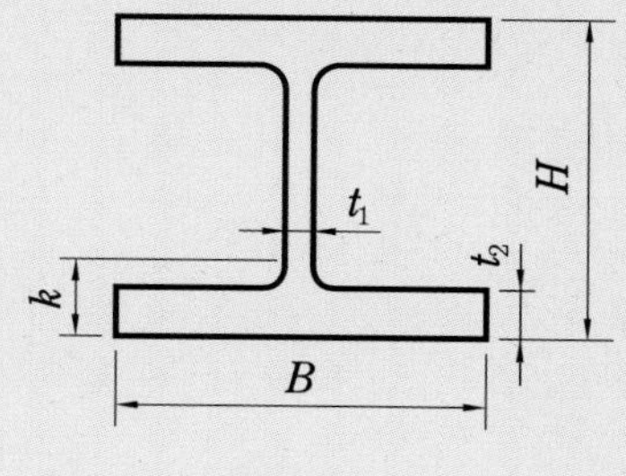

H−$H\times B\times t_1\times t_2$

(a) H형강

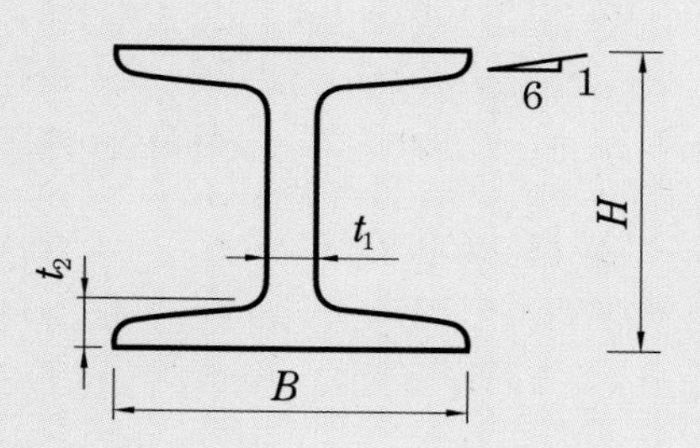

I−$H\times B\times t_1\times t_2$

(b) I형강

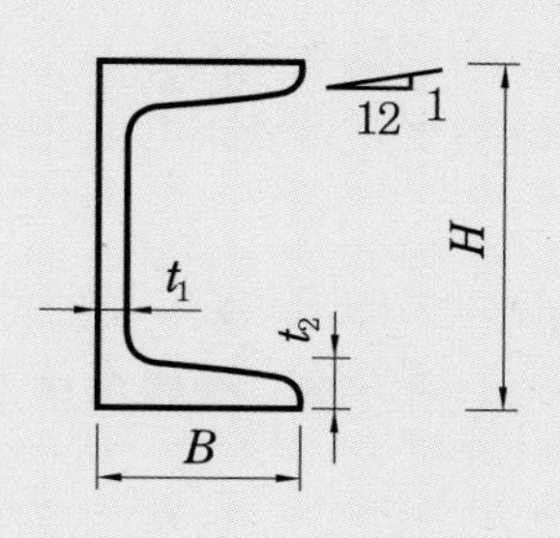

ㄷ−$H\times B\times t_1\times t_2$

(c) ㄷ형강

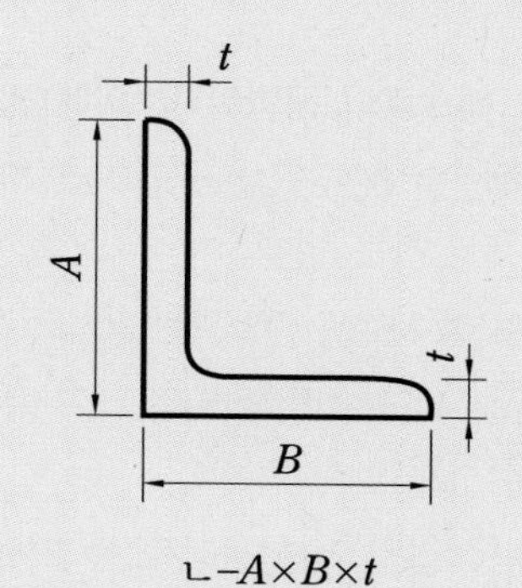

ㄴ−$A\times B\times t$

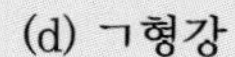

(d) ㄱ형강

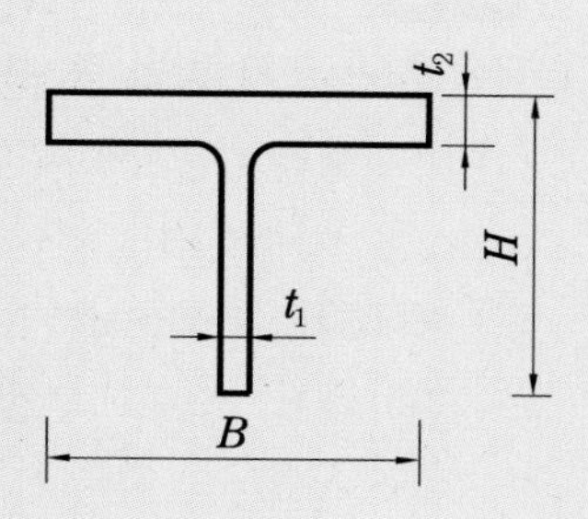

T−$H\times B\times t_1\times t_2$

(e) T형강

핵심문제

34 중립축거리 [배점 3]

다음 그림과 같은 T형보의 중립축거리(C)를 구하시오. (단, 보통중량콘크리트이고, $f_{ck}=$ 30MPa, $f_y = 400\,\text{MPa}$, $A_s = 2{,}000\,\text{mm}^2$)

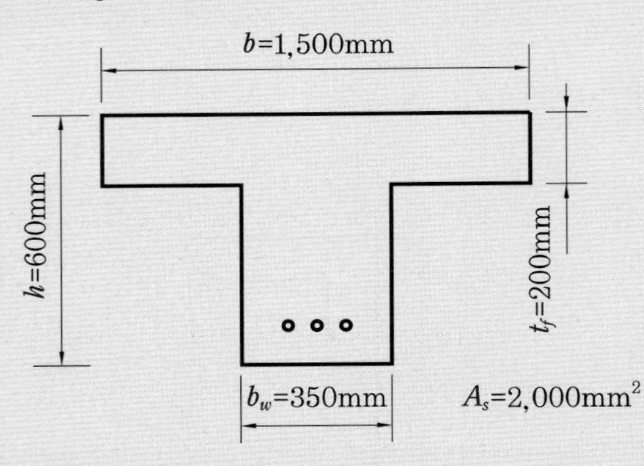

해답 (1) 응력블록깊이 : $a = \dfrac{A_s \cdot f_y}{0.85 \cdot f_{ck} \cdot b} = \dfrac{2{,}000 \times 400}{0.85 \times 30 \times 1{,}500} = 20.92\,\text{mm}$

(2) β_1의 계산 : $f_{ck} = 30\,\text{MPa} > 28\,\text{MPa}$이므로

$\beta_1 = 0.85 - (f_{ck} - 28) \times 0.007 = 0.85 - (30 - 28) \times 0.007$

$= 0.836 \geq 0.65$이어야 하므로 $\therefore \ \beta_1 = 0.836$

(3) 중심축거리 C : $a = \beta_1 \cdot C$에서 $C = \dfrac{a}{\beta_1} = \dfrac{20.92}{0.836} = 25.03\,\text{mm}$

핵심문제

35 보링 테스트 [배점 4]

다음은 지반 조사 방법 중 보링 테스트의 공법이다. 이에 알맞은 용어를 쓰시오.

(1) 비트(충격날)를 로드에 부착하여 60~70 cm 깊이로 지중에 충격을 가하여 파쇄한 후 토사를 파내어 지층 상태를 판단하는 방법

(2) 충격날(bit)을 회전시켜 천공하여 시료를 판별하는 방법으로 시료가 흐트러질 우려가 적은 방법

(3) 깊이 30 m 정도의 연질층에 적당하며, 비트로 지중 속에 흐트러 놓은 시료를 물로 분사하여 지상으로 시료를 채취하는 방법

(4) 오거를 회전시키면서 지중을 압입, 굴착하여 교란 시료를 채취하는 방법

해답 (1) 충격식 보링 (2) 회전식 보링 (3) 수세식 보링 (4) 오거 보링

핵심문제

36 콘크리트량과 거푸집 면적 [배점 10]

다음 그림은 철근콘크리트조 경비실 건물이다. 주어진 평면도 및 단면도를 보고 C1, G1, G2, S1에 해당되는 부분의 1층과 2층 콘크리트량과 거푸집 면적을 산출하시오. (단, 기둥 단면(C1) : 300×300mm, 보의 단면 G1, G2 : 300×600mm, 슬래브 S1 두께 : 130mm이며, 단면도에 표기된 1층 바닥선 이하는 계산하지 않는다.)

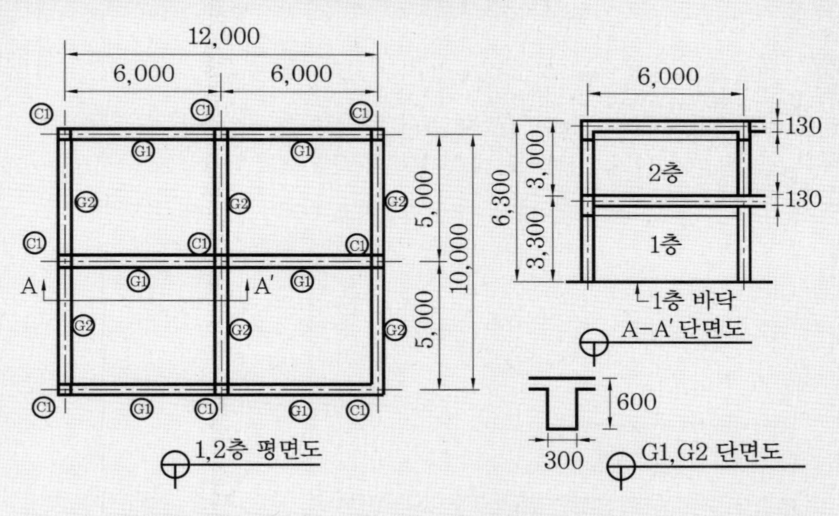

해답 (1) 콘크리트량(m^3)

① 1층

- 기둥(C1) : $0.3\times0.3\times(3.3-0.13)\times9=2.57\,m^3$
- 보(G1, G2) : $0.3\times(0.6-0.13)\times\{(6-0.3)\times6+(5-0.3)\times6\}=8.8\,m^3$
- 슬래브(S1) : $12.3\times10.3\times0.13=16.47\,m^3$

② 2층

- 기둥(C1) : $0.3\times0.3\times(3-0.13)\times9=2.32\,m^3$
- 보(G1, G2) : $0.3\times(0.6-0.13)\times\{(6-0.3)\times6+(5-0.3)\times6\}=8.8\,m^3$
- 슬래브(S1) : $12.3\times10.3\times0.13=16.47m^3$

∴ 콘크리트량$=2.57+8.8+16.47+2.32+8.8+16.47=55.4\,m^3$

(2) 거푸집 면적(m^2)

① 1층

- 기둥(C1) : $0.3\times4\times(3.3-0.13)\times9=34.24m^2$

- 보(G1, G2) : $(0.6-0.13)\times 2\times\{(6-0.3)\times 6+(5-0.3)\times 6\}=58.66\text{m}^2$
- 슬래브(S1) : $12.3\times 10.3+(12.3+10.3)\times 2\times 0.13=132.57\text{m}^2$

② 2층

- 기둥(C1) : $0.3\times 4\times(3-0.13)\times 9=31\text{m}^2$
- 보(G1, G2) : $(0.6-0.13)\times 2\times\{(6-0.3)\times 6+(5-0.3)\times 6\}=58.66\text{m}^2$
- 슬래브(S1) : $12.3\times 10.3+(12.3+10.3)\times 2\times 0.13=132.57\text{m}^2$

∴ 거푸집 면적 $=34.24+58.66+132.57+31+58.66+132.57=447.7\,\text{m}^2$

핵심문제

37 계수 집중하중 [배점 3]

다음 그림과 같은 철근콘크리트 구조의 단순보에서 등분포하중과 집중하중이 작용하는 경우 계수 집중하중(P_u)의 최댓값(kN)을 구하시오. (단, 보통중량콘크리트 $f_{ck}=28\text{MPa}$, $f_y=400\text{MPa}$, 인장철근단면적 $A_s=1{,}200\text{mm}^2$, 휨에 대한 강도감소계수 $\phi=0.85$로 한다.)

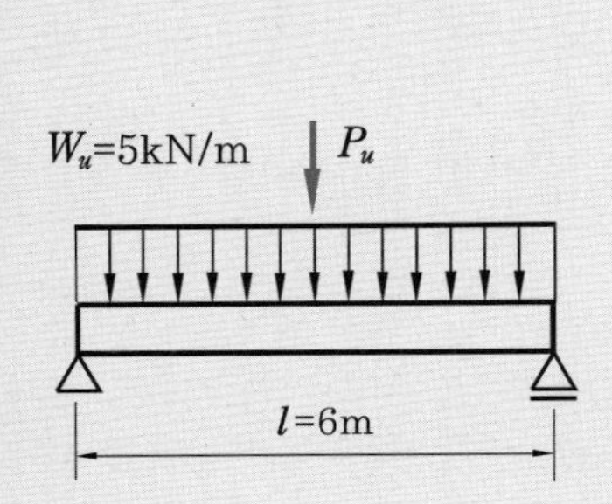

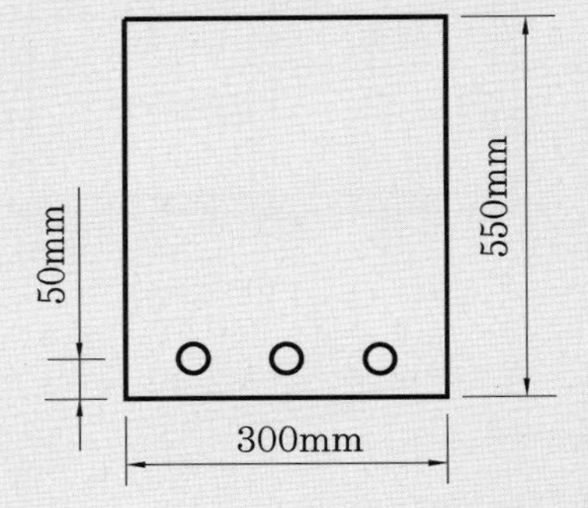

해답 (1) 응력블록깊이(a)

$$a=\frac{A_s\cdot f_y}{0.85f_{ck}\cdot b}=\frac{1{,}200\times 400}{0.85\times 28\times 300}=67.23\,\text{mm}$$

(2) 설계휨강도(M_d)

$$M_d=\phi M_n=\phi A_s\cdot f_y\cdot\left(d-\frac{a}{2}\right)=0.85\times 1{,}200\times 400\times\left(500-\frac{67.23}{2}\right)$$

$$=190{,}285{,}080\,\text{N}\cdot\text{mm}=190.29\,\text{kN}\cdot\text{m}$$

(3) 계수휨강도(M_u)

$$M_u=\frac{P_u\cdot l}{4}+\frac{W_u\cdot l^2}{8}=\frac{P_u\times 6}{4}+\frac{5\times 6^2}{8}$$

(4) $M_u \le M_d$ 이므로

$$\frac{P_u \times 6}{4} + \frac{5 \times 6^2}{8} = 190.29 \text{에서 } P_u = 111.86\,\text{kN}$$

해설 (1) 계수휨강도(극한모멘트)

① 계수하중(극한하중)

$U = 1.2D + 1.6L$

② 계수휨강도(극한모멘트)

$$M_u = \frac{P_u \cdot l}{4} + \frac{W_u \cdot l^2}{8}$$

여기서, P_u : 계수 집중하중

W_u : 계수 등분포하중

(2) 설계휨강도(M_d)

$$M_d = \phi M_n = \phi \cdot A_s \cdot f_y \cdot \left(d - \frac{a}{2}\right)$$

여기서, M_n : 공칭강도, d : 유효춤

(3) 등가응력블록깊이(a)

$$a = \frac{A_s \cdot f_y}{0.85 \cdot f_{ck} \cdot b}$$

여기서, A_s : 인장철근의 단면적

f_y : 철근의 설계기준 항복강도

f_{ck} : 콘크리트의 설계기준 압축강도

b : 보의 너비

(4) 강도와의 관계

$M_d = \phi M_n,\ M_d \ge M_u,\ M_d = \phi M_n \ge M_u$

여기서, M_u : 소요휨강도, 극한휨강도, 계수휨강도

M_d : 설계휨강도

M_n : 공칭휨강도

ϕ : 강도감소계수

핵심문제

38 물량 산출 [배점 10]

다음 그림에서 한 층분의 물량과 거푸집량을 산출하시오.

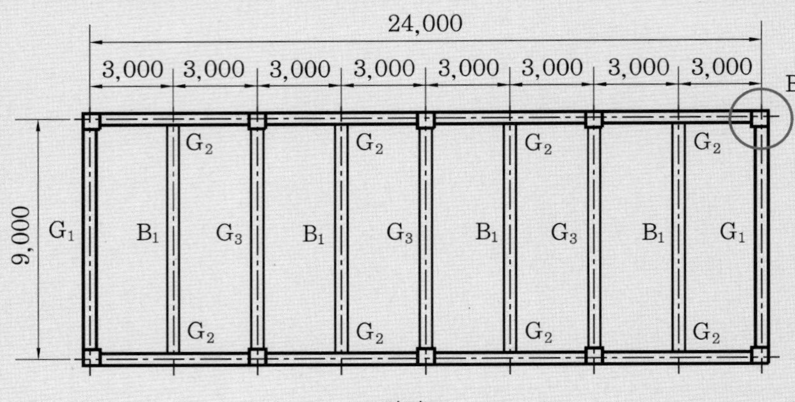

평면도

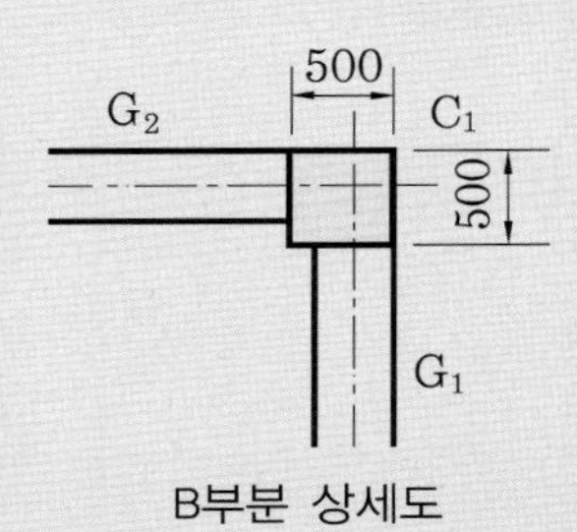

B부분 상세도

[조건]

① 부재치수(단위 : mm)
② 전기둥(C_1) : 500×500, 슬래브 두께(t) : 120
③ G_1, G_2 : $400 \times 600(b \times D)$, G_3 : 400×700, B_1 : 300×600
④ 층고 : 4,000

산출근거

(1) 콘크리트 물량(m^3)

(2) 거푸집량(m^2)

해답 **산출근거**

(1) 콘크리트 물량

$C_1 : 0.5 \times 0.5 \times (4 - 0.12) \times 10 = 9.7m^3$

$G_1 : 0.4 \times (0.6 - 0.12) \times (9 - 0.6) \times 2 = 3.23m^3$

$G_2 : 0.4 \times (0.6-0.12) \times \{(6-0.55) \times 4 + (6-0.5) \times 4\} = 8.41\text{m}^3$

$G_3 : 0.4 \times (0.7-0.12) \times (9-0.6) \times 3 = 5.85\text{m}^3$

$B_1 : 0.3 \times (0.6-0.12) \times (9-0.4) \times 4 = 4.95\text{m}^3$

$S_1 : (24+0.4) \times (9+0.4) \times 0.12 = 27.52\text{m}^3$

합계 : $9.7+3.23+8.41+5.85+4.95+27.52 = 59.66\text{m}^3$

(2) 거푸집량

$C_1 : 0.5 \times 4 \times (4-0.12) \times 10 = 77.6\text{m}^2$

$G_1 : (0.6-0.12) \times 2 \times (9-0.6) = 16.13\text{m}^2$

$G_2 : (0.6-0.12) \times 2 \times \{(6-0.55) \times 4 + (6-0.5) \times 4\} = 42.05\text{m}^2$

$G_3 : (0.7-0.12) \times 2 \times (9-0.6) \times 3 = 29.23\text{m}^2$

$B_1 : (0.6-0.12) \times 2 \times (9-0.4) \times 4 = 33.02\text{m}^2$

$S_1 : 9.4 \times 24.4 + (9.4+24.4) \times 2 \times 0.12 = 237.47\text{m}^2$

합계 : $77.6+16.13+42.05+29.23+33.02+237.47 = 435.50\text{m}^2$

핵심문제

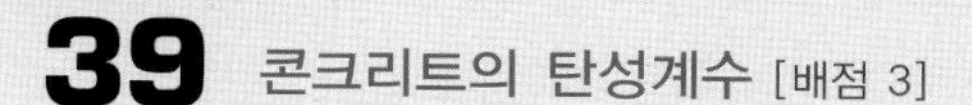

39 콘크리트의 탄성계수 [배점 3]

보통 중량 골재를 사용한 $f_{ck} = 30\text{MPa}$인 콘크리트의 탄성계수 E_c를 구하시오.

해답 (1) $f_{ck} \le 40\text{MPa}$

$\therefore \Delta f = 4\text{MPa}$

(2) 콘크리트의 탄성계수

$E_c = 8,500 \times \sqrt[3]{f_{ck} + \Delta f} = 8,500 \times \sqrt[3]{30+4} = 2,753.67\text{MPa}$

해설 **콘크리트의 탄성계수(E_c)**

보통 중량 골재를 사용한 콘크리트($m_c = 2,300\text{kg/m}^3$)

$E_c = 8500 \sqrt[3]{f_{cu}}\,[\text{MPa}]$

여기서, f_{cu} : 재령 28일에서 콘크리트 평균압축강도(MPa)

$f_{cu} = f_{ck} + \Delta f\,[\text{MPa}]$

여기서, f_{ck} : 콘크리트의 설계기준 압축강도(MPa)

Δf : $f_{ck} \le 40\text{MPa}$일 때 4MPa

$f_{ck} \ge 60\text{MPa}$일 때 6MPa

$40\text{MP} < f_{ck} < 60\text{MPa}$일 때 직선 보간

핵심문제

40 주열식 지하 연속벽 공법 [배점 3]

주열식 지하 연속벽 공법의 특징 4가지를 쓰시오.

해답 ① 인접 건물에 근접해서 시공이 가능하다.
② 주변 지반에 대한 영향이 적다.
③ 시공 시 소음, 진동이 적다.
④ 차수성이 있다.
⑤ 지하 연속벽 공법에 비교하면 공사비가 저렴하고, 공사기간이 빠르다.

핵심문제

41 평균치, 표준편차, 분산 [배점 4]

다음의 DATA는 철근의 인장강도(N/mm^2)의 시험 결과이다. 이 DATA를 이용하여 평균치($\overline{x}$), 편차 제곱합(S), 표본분산(S^2)을 구하시오.

DATA 450, 490, 460, 540, 460, 510, 520, 490, 490

(1) 평균치(표본산술평균 : $\overline{x}$)

(2) 편차 제곱합(S)

(3) 표본분산(S^2)

해답 (1) 평균치(표본산술평균)

$$\overline{x} = \frac{\sum x_i}{n} = \frac{4,410}{9} = 490$$

(2) 편차 제곱합

$$S = \sum(x_i - \overline{x})^2 = (450-490)^2 + (490-490)^2 + (460-490)^2$$
$$+ (540-490)^2 + (460-490)^2 + (510-490)^2$$
$$+ (520-490)^2 + (490-490)^2 + (490-490)^2 = 7,200$$

(3) 표본분산

$$S^2 = \frac{S}{n-1} = \frac{\sum(x_i - \overline{x})^2}{n-1} = \frac{7,200}{9-1} = 900$$

핵심문제

42 네트워크 공정표 [배점 10]

데이터를 이용하여 네트워크 공정표를 작성하고, 각 작업의 여유시간을 계산하시오.

작업명	선행작업	작업일수	비고
A	없음	5	다음과 같이 일정 및 작업을 표시하고, 공정선은 굵은 선으로 표시한다. 또한 여유시간 계산 시는 각 작업의 실제적인 의미의 여유시간으로 계산한다. (더미의 여유시간은 고려하지 않을 것) EST LST / LFT EFT i → j (작업명 / 작업일수)
B	없음	2	
C	없음	4	
D	A, B, C	4	
E	A, B, C	3	
F	A, B, C	2	

해답 (1) 네트워크 공정표

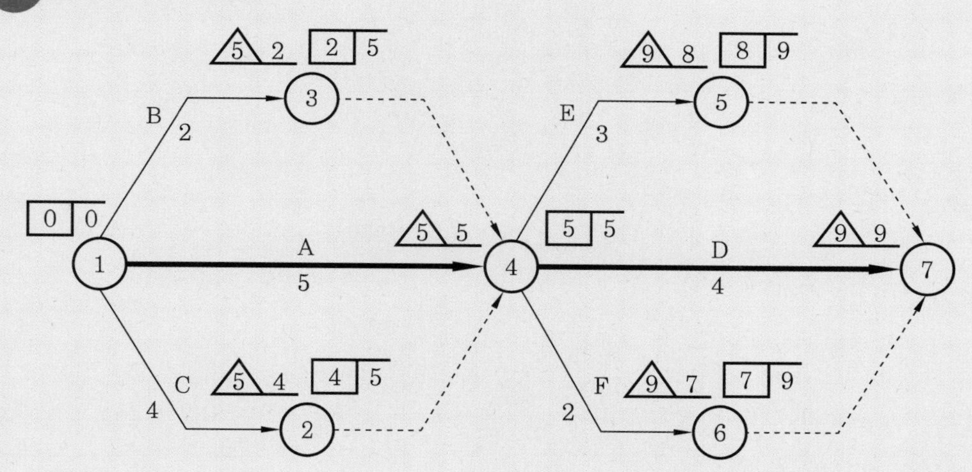

(2) 여유시간

작업	EST	EFT	LST	LFT	TF	FF	DF	CP
A	0	5	0	5	0	0	0	*
B	0	2	3	5	3	3	0	
C	0	4	1	5	1	1	0	
D	5	9	5	9	0	0	0	*
E	5	8	6	9	1	1	0	
F	5	7	7	9	2	2	0	

핵심문제

43 인장재의 순단면적 [배점 4]

다음 그림과 같은 인장재의 순단면적(A_n)을 구하시오. (단, 구멍의 지름은 22mm이고, 판의 두께는 10mm이다.)

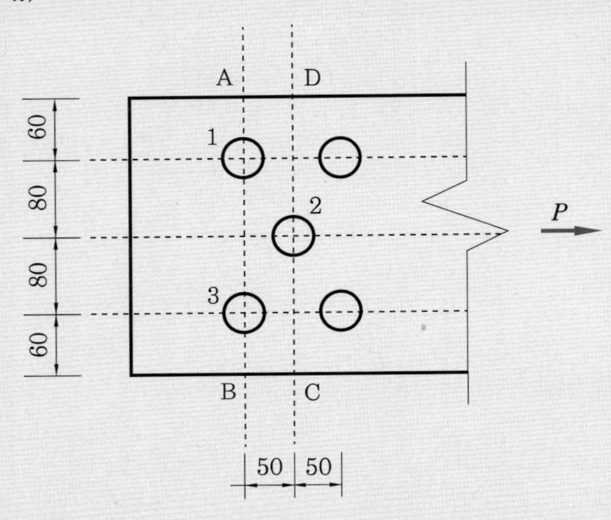

해답 (1) 파단선 A-1-3-B

$$A_n = A_g - ndt = 280 \times 10 - 2 \times 22 \times 10 = 2{,}360\text{mm}^2$$

(2) 파단선 A-1-2-3-B

$$A_n = A_g - ndt + \Sigma \frac{S^2}{4g} \cdot t$$

$$= 280 \times 10 - 3 \times 22 \times 10 + \frac{50^2}{4 \times 80} \times 10 + \frac{50^2}{4 \times 80} \times 10 = 2{,}296.25\text{mm}^2$$

(3) 파단선 A-1-2-C

$$A_n = A_g - ndt + \Sigma \frac{S^2}{4g} \cdot t$$

$$= 280 \times 10 - 2 \times 22 \times 10 + \frac{50^2}{4 \times 80} \times 10 = 2{,}438.13\text{mm}^2$$

(4) 파단선 D-2-3-B

$$A_n = A_g - ndt + \Sigma \frac{S^2}{4g} \cdot t$$

$$= 280 \times 10 - 2 \times 22 \times 10 + \frac{50^2}{4 \times 80} \times 10 = 2{,}438.13\text{mm}^2$$

$$\therefore A_n = 2{,}296.25\text{mm}^2$$

참고 (1) 인장재

① 부재의 총단면적(A_g) : 부재의 총단면적은 부재축에 직각 방향인 각 요소의 합이다.

② 부재의 순단면적(A_n) : 부재의 순단면적은 인장재 접합부의 연결재 구멍에 의한 결손부분을 고려한 단면적이다.

㈎ 정렬배치인 경우 : $A_n = A_g - ndt$

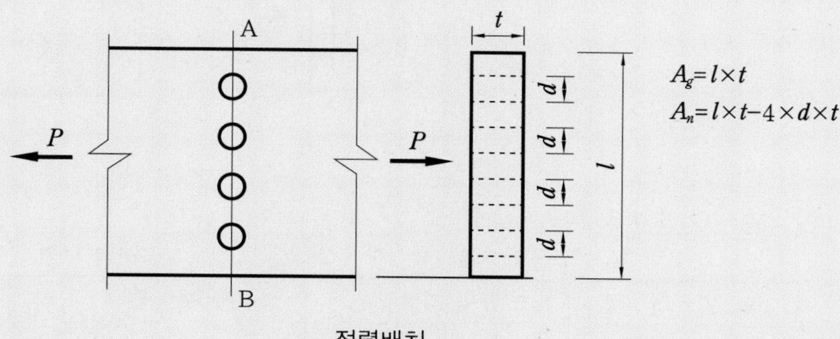

정렬배치

㈏ 엇모배치인 경우 : $A_n = A_g - ndt + \sum \frac{s^2}{4g} \cdot t$

• 파단선 A-1-3-B : $A_n = (l - 2d) \times t$

• 파단선 A-1-2-3-B : $A_n = (l - 3d + \frac{s^2}{4g_1} + \frac{s^2}{4g_2}) \times t$

• 파단선 A-1-2-C : $A_n = (l - 2d + \frac{s^2}{4g_1}) \times t$

• 파단선 D-2-3-B : $A_n = (l - 2d + \frac{s^2}{4g_2}) \times t$

여기서, n : 인장력에 의한 파단선상에 있는 구멍의 수
d : 파스너 구멍의 지름(mm)
t : 2개의 연속된 구멍의 종방향 중심간격(피치)(mm)
g : 파스너 게이지선 사이의 횡방향 중심간격(게이지)(mm)

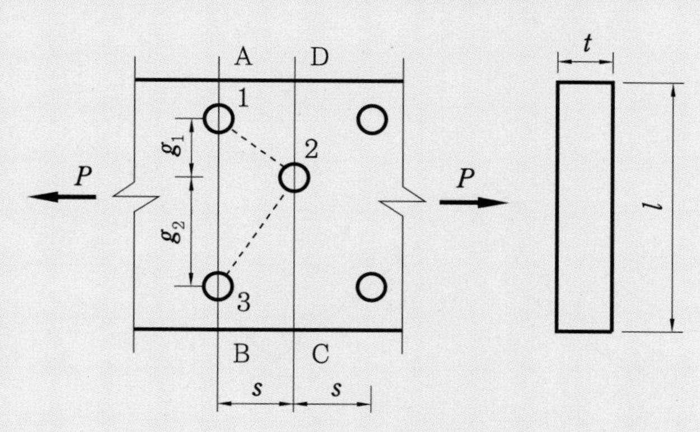

엇모배치

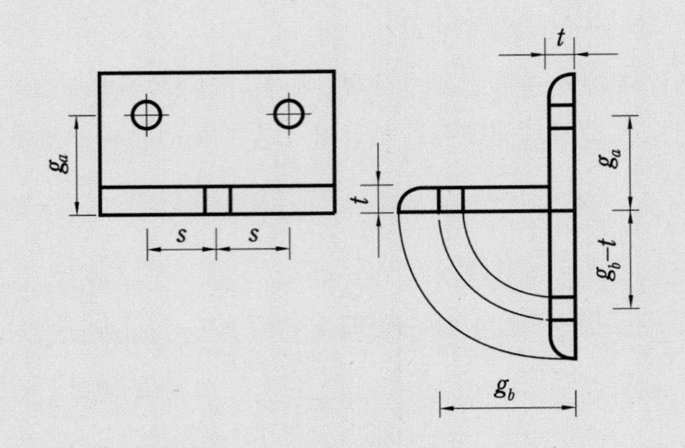

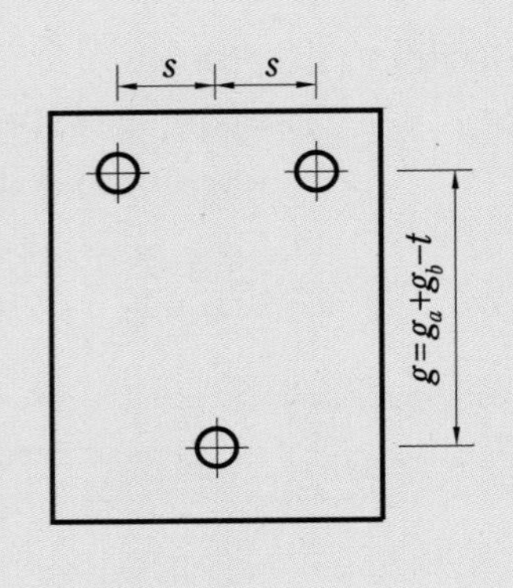

(2) 각종 구멍의 여유치수

고력 볼트의 구멍 지름

고력 볼트의 지름	볼트 구멍 지름(mm)
$d \leq 24$	$d+2.0$
$d > 24$	$d+3.0$

리벳의 구멍 지름

리벳의 지름	리벳 구멍 지름(mm)
$d < 20$	$d+1.0$
$d \geq 20$	$d+1.5$

볼트의 구멍 지름

볼트의 지름	볼트 구멍 지름(mm)
모든 볼트	$d+0.5$

핵심문제

44 전달모멘트 [배점 4]

다음 그림과 같은 라멘 구조에서 A점의 전달모멘트를 구하시오. (단, I는 일정하다.)

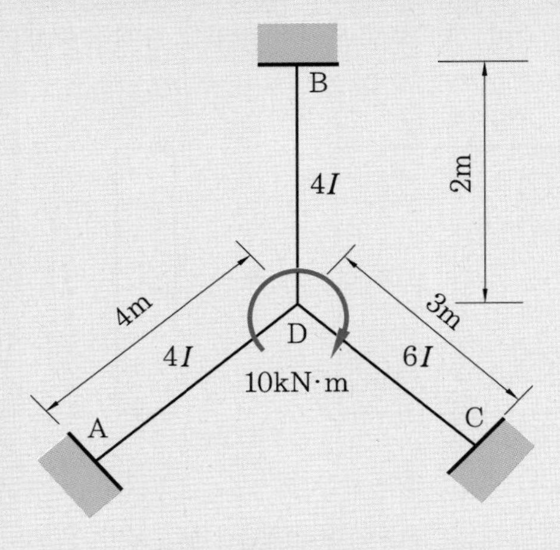

해답 (1) 강도 $K_{DA}=\frac{4I}{4}=I \quad K_{DB}=\frac{4I}{2}=2I \quad K_{DC}=\frac{6I}{3}=2I$

(2) 강비 $k_{DA}=\frac{I}{I}=1 \quad k_{DB}=\frac{2I}{I}=2 \quad k_{DC}=\frac{2I}{I}=2$

(3) 분배율 $f_{DA}=\frac{1}{1+2+2}=\frac{1}{5}=0.2$

(4) 분배모멘트 $M_{DA}=0.2\times10=2\,\text{kN}\cdot\text{m}$

(5) 전달모멘트 $M_{AD}=2\times\frac{1}{2}=1\,\text{kN}\cdot\text{m}$

해설 (1) 부정정 구조물의 절점방정식

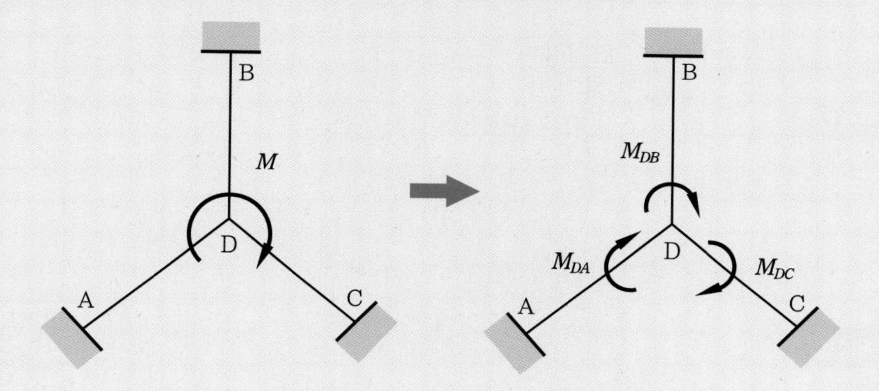

모멘트 하중 M_D=재단모멘트 $M_{DA}+M_{DB}+M_{DC}$

(2) 해법 순서

① 강도(K)= $\frac{I}{l}$

여기서, I : 단면 2차 모멘트(cm^4)

l : 부재의 길이

$K_{DA}=\frac{I_{DA}}{l_{DA}},\ K_{DB}=\frac{I_{DB}}{l_{DB}},\ K_{DC}=\frac{I_{DC}}{l_{DC}}$

② 표준강도(K_0) : 여러 강도 중에서 기준이 되는 강도

③ 강비(k)= $\frac{K}{K_0}=\frac{\text{부재강도}}{\text{표준강도}}$

④ 유효강비

부재의 조건	유효강비
양단고정	k
일단고정, 타단회전	$\frac{3}{4}k$

⑤ 분배율 $f_i = \frac{k_i}{\sum k} = \frac{\text{임의강비}}{\text{총강비}}$

⑥ 분배모멘트 $M_i = f_i \times M =$ 분배율 × 작용모멘트

⑦ 전달모멘트 $M_{AD} = M_{DA} \times \frac{1}{2}$

핵심문제

45 물량 산출 [배점 6]

다음 도면을 보고 물량 산출을 하시오. (단, 벽돌 규격은 190×90×57, 할증률 5%)

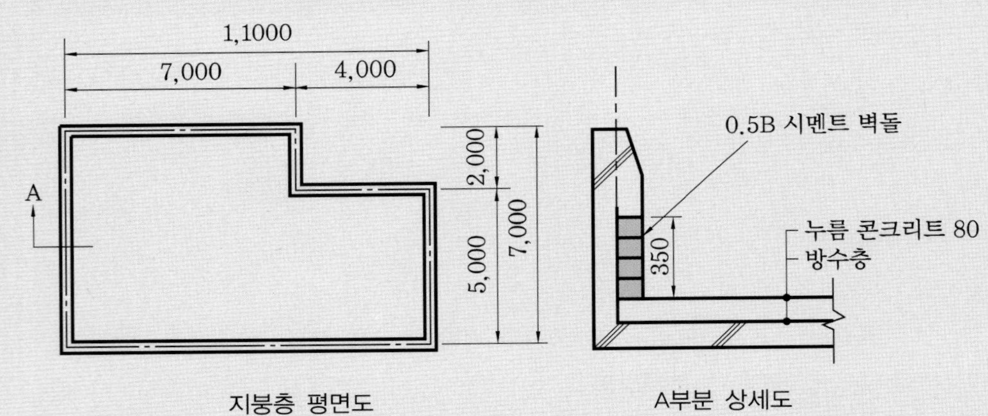

지붕층 평면도　　　A부분 상세도

(1) 시트 방수 면적(m^2)

(2) 누름 콘크리트량(m^3)

(3) 보호 벽돌 소요량(매)

해답 (1) 시트 방수 면적

$(7\times7)+(4\times5)+(11+7)\times2\times0.43=84.48\text{m}^2$

(2) 누름 콘크리트량

$\{(7\times7)+(4\times5)\}\times0.08=5.52\text{m}^3$

(3) 보호 벽돌 소요량

$\{(11-0.09)+(7-0.09)\}\times2\times0.35\times75\times1.05=982$ 매

핵심문제

46 탄성좌굴하중 [배점 4]

철골 기둥의 양단 지지상태가 일단 자유, 타단 고정의 상태이고 부재의 길이가 3 m인 압축력을 받는 철골구조의 탄성좌굴하중을 구하시오. (단, 단면 2차 모멘트 $I=79.8\times10^4\text{mm}^4$, 탄성계수 $E=210,000\text{N/mm}^2$)

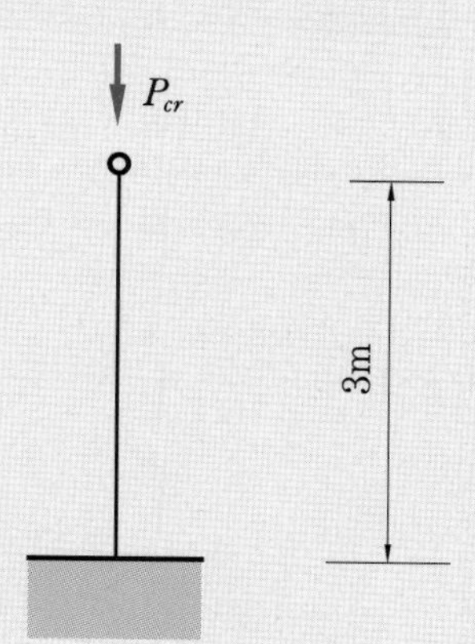

해답 $P_{cr}=\dfrac{\pi^2\cdot E\cdot I}{(2L)^2}=\dfrac{\pi^2\times210,000\times79.8\times10^4}{(2\times3,000)^2}=45,943\text{N}=45.94\text{kN}$

참고 **강구조의 압축재에서 양단의 지지상태에 따른 탄성좌굴하중**

$$P_{cr}=\frac{\pi^2EI}{(Kl)^2}$$

여기서, E : 탄성계수, I : 단면 2차 모멘트

K : 유효좌굴길이 계수, l : 부재의 길이

유효좌굴길이 계수(K)

제단조건 (점선은 좌굴모드)	$0.5L$	$0.7L$	L	L	$2L$	$2L$
K의 이론값	0.5	0.7	1.0	1.0	2.0	2.0

기호 설명	기호	설명
	회전구속·이동구속 기호	회전구속, 이동구속
	회전자유·이동구속 기호	회전자유, 이동구속
	□	회전구속, 이동자유
	회전자유·이동자유 기호	회전자유, 이동자유

핵심문제

47 백호의 시간당 작업량 [배점 4]

다음과 같은 조건하에 있는 백호(back hoe)의 시간당 작업량을 구하시오.

[조건]

C_m : 1분, q: 0.3m^3, L: 1.3, E: 90%, k: 0.8

해답 백호(back hoe) $Q = \dfrac{3,600 \times q \times f \times E \times k}{C_m} [\text{m}^3/\text{hr}]$

$$= \frac{3,600 \times 0.3 \times \dfrac{1}{1.3} \times 0.9 \times 0.8}{60} = 9.969\,\text{m}^3/\text{hr}$$

$\therefore$ 9.97 m^3/hr

핵심문제

48 등분포하중의 작용 [배점 4]

다음 그림과 같은 철근콘크리트 보에 등분포하중이 작용하는 경우 다음 물음에 답하시오. (단, 철근콘크리트의 단위용적중량 25 kN/m³, $f_{ck}=20$ MPa, $f_y=300$ MPa)

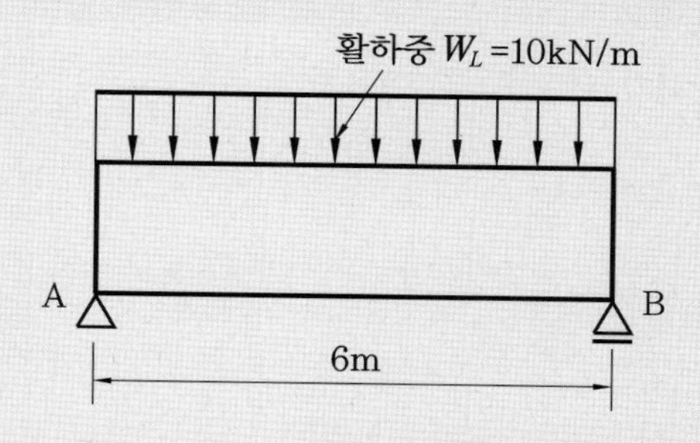

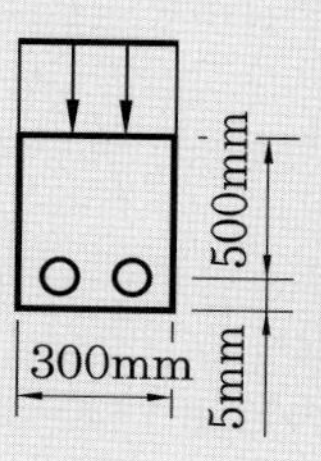

(1) 전단위험단면에서의 소요전단강도(계수전단강도)를 구하시오.

(2) 경간(span)에서 스터럽(stirrup)이 배치되지 않는 구간을 구하시오.

해답 (1) 계수전단강도

① 계수강도(소요강도)

$W_u = 1.2\,W_D + 1.6\,W_L$

$= 1.2\times0.3\times0.55\times1\times25 + 1.6\times10 = 20.95\,\text{kN/m}$

② A점의 계수전단강도

$$V_u = \frac{W_u\times l}{2} = \frac{20.95\times6}{2} = 62.85\,\text{kN}$$

③ 위험단면위치(A점으로부터 유효깊이 d만큼 떨어진 위치)의 계수전단강도

$62.85 : 3 = x : 2.5$

$3x = 62.85\times2.5$

$$x = \frac{62.85\times2.5}{3} = 52.38$$

∴ 위험단면위치 $V_u = 52.38\,\text{kN}$

위험단면위치 $V_u = \dfrac{W_u\times l}{2} - W_u\times d = \dfrac{20.95\times6}{2} - 20.95\times0.5 = 52.38\,\text{kN}$

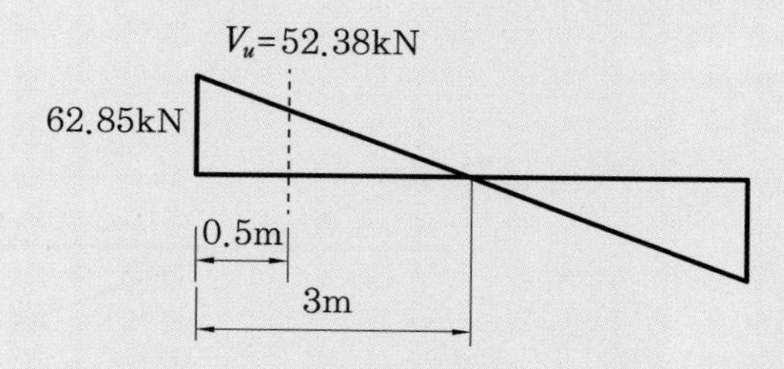

(2) 전단보강철근이 필요 없는 구간

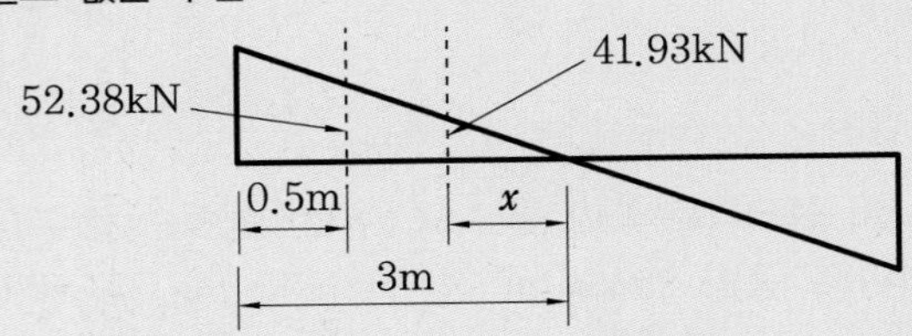

$V_u \leq \frac{1}{2}\phi V_c$인 경우 전단보강근이 필요 없다.

$= \frac{1}{2} \cdot \phi \cdot \frac{1}{6} \cdot \lambda\sqrt{f_{ck}} \cdot b_w \cdot d$

$= \frac{1}{2} \times 0.75 \times \frac{1}{6} \times 1 \times \sqrt{20} \times 300 \times 500$

$= 41,926.27\,\text{N} = 41.93\,\text{kN}$

스터럽이 필요 없는 구간

$52.38 : 2.5 = 41.93 : x$

$x = \frac{2.5 \times 41.93}{52.38} = 2.0\,\text{m}$

∴ 중앙점으로부터 2.0 m 구간은 전단보강근이 필요 없다.

해설 (1) 계수하중

$W_u = 1.2\,W_D + 1.6\,W_L$

① 고정하중 W_D = 보의 체적 × 단위용적중량

- 보의 체적 : $0.3 \times 0.55 \times 1 = 0.165\,\text{m}^3$
- 단위용적중량 : $25\,\text{kN/m}^3$

② 활하중 W_L : $10\,\text{kN/m}$

(2) 위험단면위치(유효춤 d만큼 떨어진 위치)에서의 계수전단력

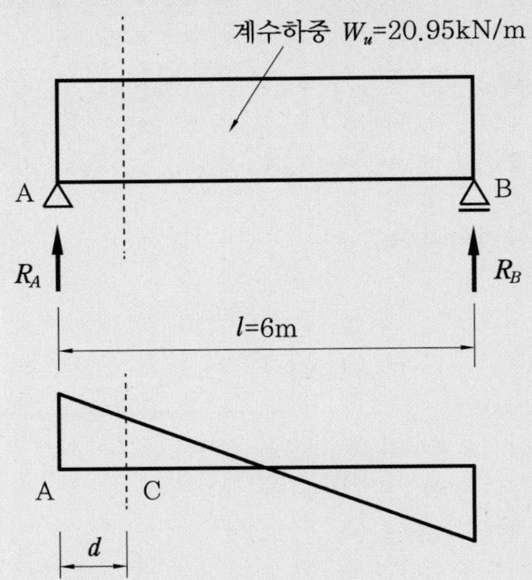

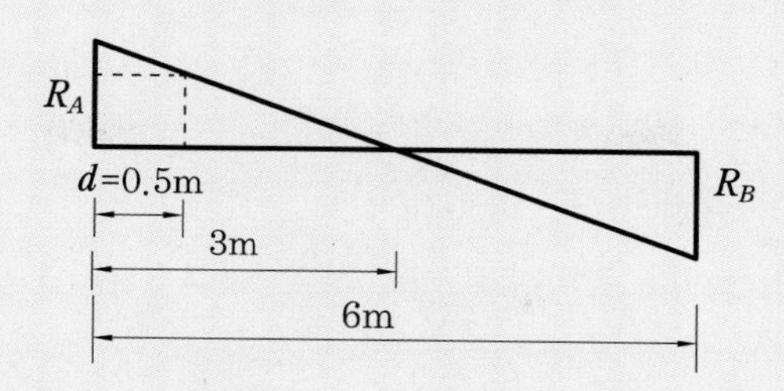

(3) 전단보강근이 필요 없는 구간

$$V_u \le \frac{1}{2}\phi V_c = \frac{1}{2} \times 0.75 \times \frac{1}{6}\lambda\sqrt{f_{ck}}\,b_w d$$

계수전단력이 $\frac{1}{2}\phi V_c$보다 작은 구간에는 전단보강근(늑근)이 필요 없다.

핵심문제

49 목재의 운반대수 [배점 4]

운반트럭의 중량이 6 t이고 비중이 0.58, 체적이 360,000재(才 : 사이)인 목재의 운반대수를 구하시오. (단, 6 t 트럭의 적재 가능 중량은 6 t, 체적은 8.3 m^3이고, 대수는 정수로 표기한다.)

해답 (1) 목재의 체적(m^3)

$360,000 \div 300 = 1,200\ m^3$

(2) 목재의 중량(ton)

$1200m^3 \times 0.58 = 696\,t$

(3) 6t 트럭 1대당 적재량

6 t 또는 $8.3 \times 0.58 = 4.81\,t$

∴ 6 t 트럭의 최대 적재량 4.81 t

(4) 운반대수

$696\,t \div 4.81\,t = 144.69$

∴ 145 대

참고 (1) 목재 1재(1사이)

① 1푼 = 0.3 cm, 1치 = 3 cm, 1자 = 30 cm

② 1치 × 1치 × 12자 = $0.03\,m \times 0.03\,m \times 3.6\,m = 0.00324\,m^3$

(2) 목재 1 m^3 ≒ 300재(사이)

(3) 목재의 중량 = 체적 × 비중

(4) 트럭의 적재량 : 6 t 트럭 적재 하중(다음 중 작은 값)

6 t 또는 $8.3\,m^3 \times 0.58\,t/m^3 = 4.81\,t$

∴ 6 t 트럭의 적재량은 4.81 t

핵심문제

50 알칼리 골재 반응 [배점 5]

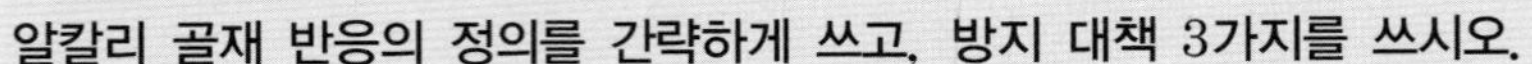

알칼리 골재 반응의 정의를 간략하게 쓰고, 방지 대책 3가지를 쓰시오.

해답 (1) 알칼리 골재 반응의 정의

시멘트의 알칼리 성분과 골재의 실리카 광물이 반응을 일으켜 팽창 균열을 발생시키는 반응

(2) 방지 대책

① 저알칼리 시멘트를 사용한다.

② 양질의 골재를 사용한다.

③ AE제·포졸란재 등의 혼화재료를 사용한다.

핵심문제

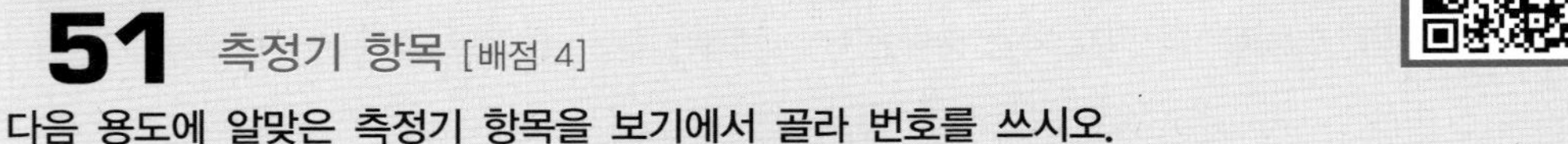

51 측정기 항목 [배점 4]

다음 용도에 알맞은 측정기 항목을 보기에서 골라 번호를 쓰시오.

(1) 토압 측정기

(2) 흙막이벽 휨변형 측정기

(3) 간극 수압 측정계

(4) 흙막이벽의 수평 변위 측정기

[보기]

① strain gauge(변형계)	② inclinometer(경사계)
③ piezometer(간극 수압 측정)	④ earth pressure meter(토압계)

해답 (1) ④　(2) ①　(3) ③　(4) ②

해설 **계측의 분류**

(1) 지중 변위 측정

① 외주벽(널말뚝)의 수평이동

• inclinometer : 경사계

• transit : 측량기

② 외주벽(널말뚝)의 수직이동 : level, extension meter

③ strut(버팀대)

- 침하, 부상(浮上) : level
- 이동 : transit

④ strut 변형 측정 : strain gauge

⑤ 주변지반 또는 인접 건물

- 침하 : level and staff
- 균열 : 目測, crack scale

(2) 지하수 관련 측정기

① 간극 수압 측정 : piezo meter(간극 수압계)

② 지하 수위면 측정 : water level meter

(3) 건물의 측정기

① tilt meter : 건물의 경사계

② crack scale : 균열 측정

③ level and staff : 지표면 침하량 측정

(4) 변형량 측정기

① strain gauge : 미세한 변형량 측정기

② dial gauge : 시계형의 변형

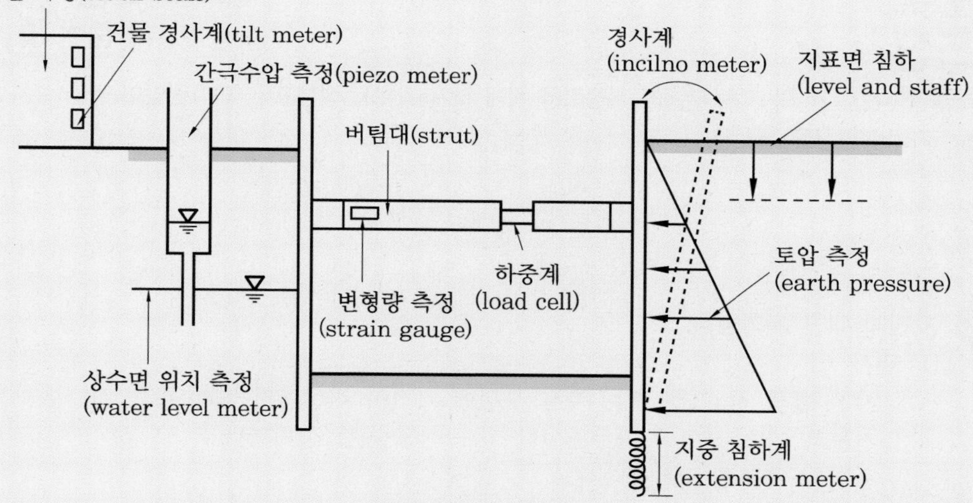

흙막이의 계측

핵심문제

52 강재의 종류 [배점 2]

강재의 종류 중 SM 275에서 SM과 275의 의미를 간략하게 쓰시오.

(1) SM : 용접구조용 압연강재
(2) 275 : 항복강도 275 N/mm^2(MPa)

(1) SM
① S : steel을 의미한다.
② M : 제품의 형상·용도·강종 등을 나타내는데, 이 중 M은 Marine의 약자로서 용접구조용 압연강재를 의미한다.
(2) 275 : 항복강도 275 N/mm^2(MPa)

핵심문제

53 지진력 [배점 4]

건축물과 지반 사이의 기초 부분에 지진력을 작게 하기 위해서 적층고무·미끄럼받이 등을 설치하는 구조의 명칭을 쓰시오.

면진 구조

지진에 대한 저항방식

(1) 면진
① 지진 발생 시 건물 또는 특정 부위에 지진이 전달되지 않게 하는 시스템
② 건물과 기초 사이에 고무판이나 강구(쇠구슬)를 설치한다.
③ 중저층 건물에 적용한다.

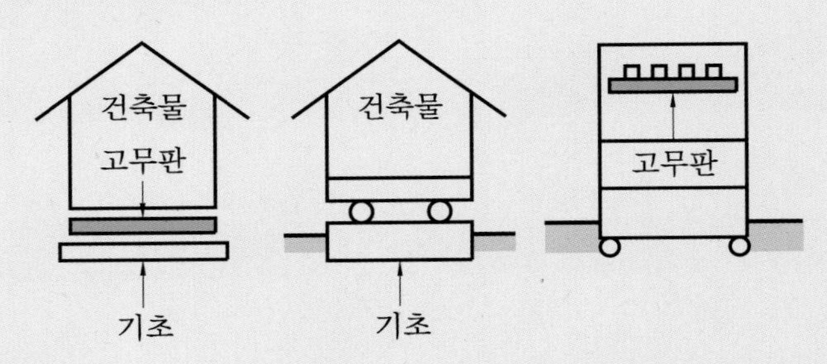

(2) 제진

① 건축물에 전해진 지진을 흡수하여 흔들림을 최소화하는 개념이다.

② 제진벽이나 중량추를 설치하는 방법은 초고층건물에 사용되며 특히 중량추 설치 방식은 호텔 등 거주성이 요구되는 건물에 사용된다.

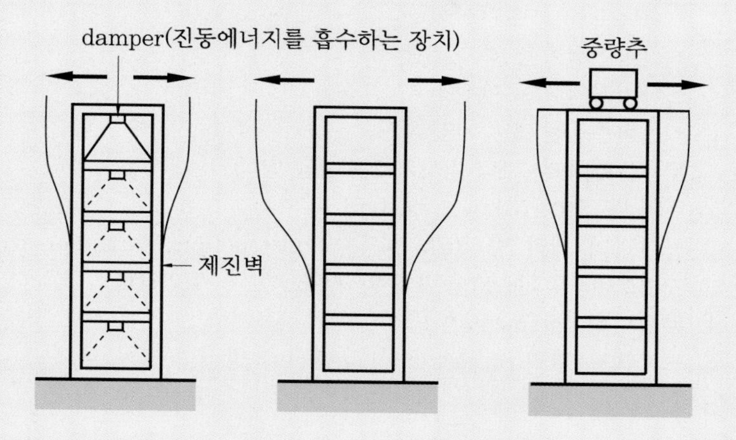

(3) 내진

구조물에 저항할 만큼 구조물을 튼튼하게 시공하는 것

핵심문제

54 BOT [배점 3]

BOT(Build Operate Transfer contract) 방식을 설명하시오.

해답 수급자가 사회간접자본의 프로젝트(project)에 대하여 자금조달·건설·운영을 하여 투자자금을 회수한 후 소유권을 발주자에게 인도하는 방식

해설 **계약 방식의 분류**

(1) 전통적인 계약 방식

① 도급 방식에 따른 분류

(가) 일식도급

(나) 분할도급

- 전문공종별 분할도급
- 공구별 분할도급
- 공정별 분할도급
- 직종별, 공종별 분할도급

(다) 공동도급(joint venture contract)

② 도급 금액 결정에 따른 분류

(가) 정액도급

(나) 단가도급

(다) 실비정산 보수가산식 도급

- 실비비율 보수가산식
- 실비한정비율 보수가산식
- 실비정액 보수가산식
- 실비준동률 보수가산식

(2) 업무 범위에 따른 계약 방식(새로운 계약 방식)

① 턴키 도급(turn key contract)

② 공사관리 계약 방식(CM 방식 : Construction Management)

③ SOC의 민자유치에 따른 계약 방식 : BOO, BOT, BTO

④ 파트너링(partnering) 방식

⑤ 프로젝트 관리(project management) 방식

핵심문제

55 판폭두께비 [배점 4]

강재의 한계상태설계법에서 $H-400\times200\times8\times13$(fillet의 반지름 $r=16\text{mm}$)인 압축부재의 flange와 web의 판폭두께비를 구분하여 구하시오.

(1) flange의 판폭두께비(λ_f)

(2) web의 판폭두께비(λ_w)

해답 (1) flange의 판폭두께비

$$\lambda_f=\frac{\frac{B}{2}}{t_f}=\frac{\frac{200}{2}}{13}=7.69$$

(2) web의 판폭두께비

$$\lambda_w=\frac{h}{t_w}=\frac{400-(13+16)\times2}{8}=42.75$$

해설 (1) 강재 단면의 분류

① 콤팩트 단면(compact section) : 강재가 하중을 받아 소성응력까지 국부좌굴이 발생하지 않는 단면($\lambda\leq\lambda_p$)

② 비콤팩트 단면(non compact section) : 강재가 하중을 받아 탄성응력을 지나 소성응력에서 국부좌굴이 발생하는 단면($\lambda_p<\lambda\leq\lambda_r$)

③ 세장판요소 단면 : 탄성응력 이내에서 국부좌굴이 발생하는 단면($\lambda > \lambda_r$)

여기서, λ_p: 콤팩트 단면의 한계판폭두께비

λ_r: 비콤팩트 단면의 한계판폭두께비

λ : 강재의 판폭두께비

(2) 강재의 구속상태

fillet이 있으므로 압연강재이고 flange 부분은 H형강이므로 자유돌출판요소, web 부분은 양연지지판요소이다.

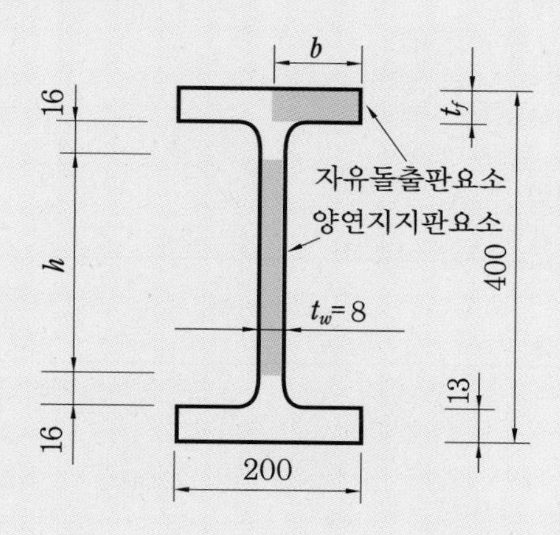

(3) 단면의 구분

$H-400\times200\times8\times13$(fillet 반지름 $r=16\,\text{mm}$)

① flange 부분 판폭두께비$(\lambda_f)=\dfrac{b}{t_f}=\dfrac{\frac{200}{2}}{13}=7.69$

② web 부분 판폭두께비$(\lambda_w)=\dfrac{h}{t_w}=\dfrac{400-(13+16)\times2}{8}=42.75$

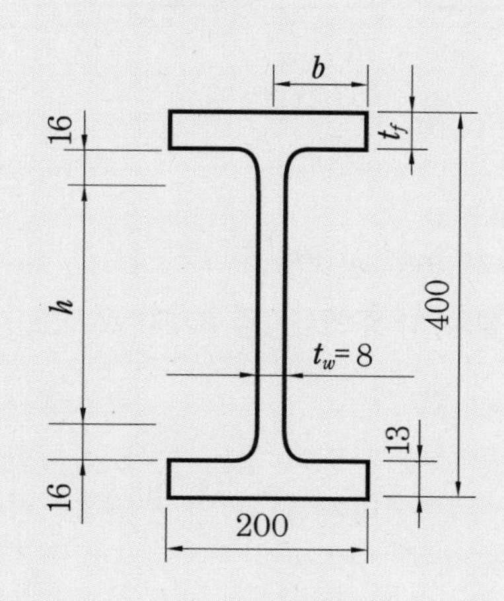

(4) 판폭두께비의 제한값

① 자유돌출판요소

판요소에 대한 설명	판폭두께비	판폭두께비 제한값		예
		λ_p (콤팩트/조밀단면 한계)	λ_r (비콤팩트/비조밀단면 한계)	
균일압축을 받는 • 압연 H형강의 플랜지 • 압연 H형강으로부터 돌출된 플레이트 • 서로 접한 쌍ㄱ형강의 돌출된 다리 • ㄷ형강의 플랜지	$\dfrac{b}{t}$	–	$0.56\sqrt{\dfrac{E}{F_y}}$	

② 양연지지판요소

판요소에 대한 설명	판폭두께비	판폭두께비 제한값		예
		λ_p (콤팩트/조밀단면 한계)	λ_r (비콤팩트/비조밀단면 한계)	
균일압축을 받는 2축 대칭 H형강의 웨브	$\dfrac{h}{t_w}$	–	$1.49\sqrt{\dfrac{E}{F_y}}$	

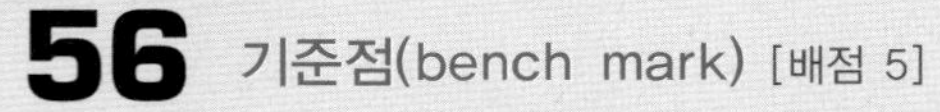

56 기준점(bench mark) [배점 5]

기준점(bench mark)의 설치 시 주의사항을 3가지 쓰시오.

① 바라보기 좋고 공사에 지장이 없는 곳에 설치한다.
② 공사기간 중 이동될 염려가 없는 인근 건물, 벽돌담 등에 설치한다.
③ 2개소 이상 여러 곳에 설치한다.
④ 지반면에서 0.5~1 m 위에 표시한다.

57 연행공기의 목적 [배점 4]

AE제에 의해 생성되는 연행공기(entrained air)의 목적을 4가지 쓰시오.

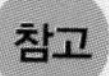

① 시공연도 증진
② 단위수량 감소
③ 수밀성 증대
④ 발열량 감소

참고 ① AE제의 특성 : 콘크리트 속에 독립된 미세한 기포를 골고루 분포시켜 이 기포는 미세한 모래 주위에서 볼 베어링(ball bearing)의 역할을 하므로 콘크리트의 시공연도가 좋아지고, 단위수량을 감소시킬 수 있다.

② AE 콘크리트 공기량
(가) 인트레인드 에어(entrained air : 연행공기) : AE제 첨가 시 독립된 미세한 기포로서 볼 베어링 역할을 하는 기포
(나) 인트랩트 에어(entrapped air : 잠재공기) : 일반 콘크리트에 자연적으로 그 속에 상호 연속된 기포가 1~2% 정도 함유하는 것

③ AE 콘크리트 특징
(가) 워커빌리티가 좋아지고, 블리딩 및 재료 분리가 감소한다.
(나) 수밀성이 크다.
(다) 발열이 적다.
(라) 단위수량이 감소한다.
(마) 알칼리 골재 반응의 영향이 작아진다.
(바) 동결 융해에 대한 저항이 크게 된다.

58 pre-tension 공법, post-tension 공법 [배점 4]

pre-stressed concrete에서 pre-tension 공법과 post-tension 공법의 차이점을 시공 순서를 바탕으로 쓰시오.

(1) pre-tension 공법

(2) post-tension 공법

(1) pre-tension 공법 : 강현재를 긴장하여 콘트리트를 타설·경화한 다음 긴장을 풀어주어 완성하는 공법
(2) post-tension 공법 : 시스관을 설치하여 콘크리트를 타설·경화한 다음 관 내에 강현재를 삽입·긴장하여 고정하고 그라우팅하여 완성하는 공법

핵심문제

59 터파기 공법의 시공 순서 [배점 4]

아일랜드식 터파기 공법의 시공 순서에서 번호에 들어갈 내용을 쓰시오.

흙막이 설치 → (①) → (②) → (③) → (④) → 지하구조물 완성

① 중앙부 굴착
② 중앙부 기초 구축
③ 버팀대 설치
④ 주변 흙파기 및 주변부 기초 건축물 축조

핵심문제

60 합성수지 [배점 4]

보기의 합성수지를 열경화성 및 열가소성으로 분류하여 번호로 쓰시오.

[보기]

① 염화비닐 수지	② 폴리에틸렌 수지	③ 페놀 수지
④ 멜라민 수지	⑤ 에폭시 수지	⑥ 아크릴 수지

(1) 열경화성 수지
(2) 열가소성 수지

(1) ③, ④, ⑤ (2) ①, ②, ⑥

합성수지
(1) 열경화성 수지
축합 반응에 의하여 얻어진 고분자 물질

① 페놀 수지　　② 멜라민 수지　　③ 에폭시 수지
④ 폴리에스테르 수지　　⑤ 요소 수지　　⑥ 알키드 수지
⑦ 실리콘 수지　　⑧ 프란 수지　　⑨ 우레탄 수지

(2) 열가소성 수지

모노머(monomer)의 부가 중합에 의하여 얻어지는 수지

① 아크릴 수지　　② 염화비닐 수지　　③ 폴리에틸렌 수지
④ 초산비닐 수지　　⑤ 스티롤 수지(폴리스티렌 수지)

핵심문제

61 위험단면 둘레길이 [배점 3]

다음 그림과 같은 독립기초(확대기초)의 2방향 전단(puncing shear)에 의한 위험단면 둘레길이(b_0)를 구하시오. (단, 위험단면의 위치는 기둥면에서 $0.75d$의 위치를 적용한다.)

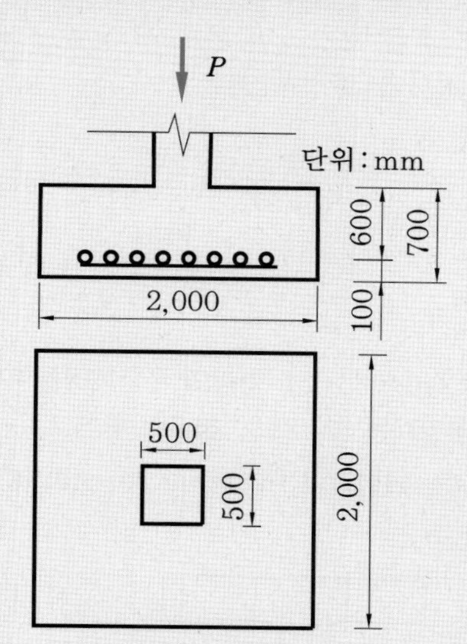

해답 $b_0 = (0.75 \times 600 \times 2 + 500) \times 4 = 5{,}600\,\text{mm}$

핵심문제

62 폭렬 현상 [배점 3]

고강도 콘크리트의 화재 시 폭렬 현상에 대하여 간략하게 설명하시오.

해답 고강도 콘크리트는 콘크리트 속의 입자 사이가 치밀하여 화재 시 내부의 수분이 수증기로 변화하여 폭발하면서 콘크리트 표면의 일부가 떨어져 나가는 현상

참고 (1) 고강도 콘크리트(high strength concrete)

보통 중량 콘크리트가 40 MPa(N/mm^2) 이상이고, 보통 경량 콘크리트가 27 MPa (N/mm^2) 이상인 콘크리트로서 강도가 커서 초고층건물에 주로 사용된다.

(2) 고강도 콘크리트의 폭렬 현상

고강도 콘크리트는 일반 콘크리트에 비하여 내부가 치밀하여 화재 시 고열에 공극 사이의 수분이 가열되어 고압의 수증기로 변하여 폭발하면서 콘크리트의 표면이 터져나가는 현상

(3) 문제점

초고층 건물의 고강도 콘크리트가 폭열하여 떨어져나가면 철근의 구조내력이 급격히 저하되어 붕괴에 이른다.

(4) 섬유보강

고강도 콘크리트에 섬유를 보강하면 화재 시 고열에 섬유가 녹아 작은 구멍이 생겨 수증기가 외부로 빠져나가 안전해진다.

핵심문제

63 휨재의 단면 [배점 3]

휨을 받는 H형강 H − 400×250×8×14 형강의 폭두께비를 구하고, 국부좌굴에 대한 휨재의 단면을 구하시오. (단, 사용강재는 SN 355, 철판의 두께 40 mm 이하, 항복강도 f_y = 335 MPa, 인장강도 F_u = 490 MP, H형강의 fillet r = 20 mm이다.)

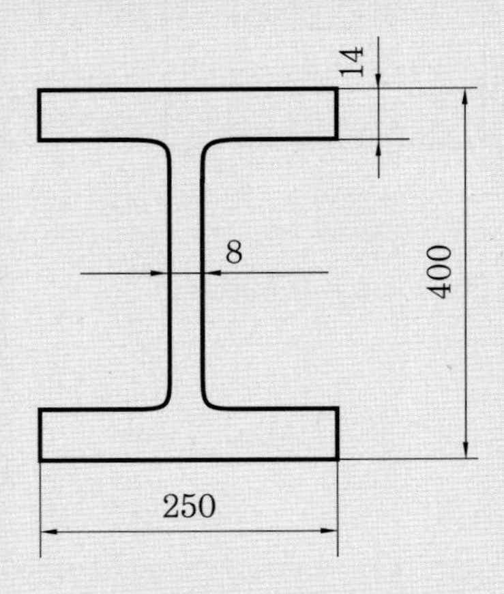

해답 (1) 강재의 재료 강도

SN 355의 강재 $F_y = 335\text{MPa}$, $F_u = 490\text{MPa}$

(2) 플랜지(비구속판 요소)의 폭두께비 검토

$b = \dfrac{b_f}{2} = \dfrac{250}{2} = 125\text{mm}$

$\lambda = \dfrac{b}{t_f} = \dfrac{125}{14} = 8.93$

$\lambda_{pf} = 0.38\sqrt{\dfrac{E}{F_y}} = 0.38 \times \sqrt{\dfrac{210,000}{335}} = 9.51$

$\lambda = 8.93 < \lambda_{pf} = 9.51$

∴ 플랜지는 콤팩트요소이다.

(3) 웨브(구속판요소)의 폭두께비 검토

$h = H - 2 \cdot t_f = 400 - 2 \times (14 + 20) = 332\text{mm}$

$\lambda = \dfrac{h}{t_w} = \dfrac{332}{8} = 41.5$

$\lambda_{pw} = 3.76\sqrt{\dfrac{E}{F_y}} = 3.76\sqrt{\dfrac{210,000}{335}} = 94.1$

$\lambda = 41.5 < \lambda_{pw} = 94.1$

∴ 웨브(구속판요소)는 콤팩트요소이다.

따라서 압축판요소가 모두 콤팩트요소이므로 이 부재의 단면은 콤팩트단면이다.

참고 휨을 받는 압축요소의 폭두께비 및 단면의 결정

(1) H형강의 폭두께비 형상 및 기호

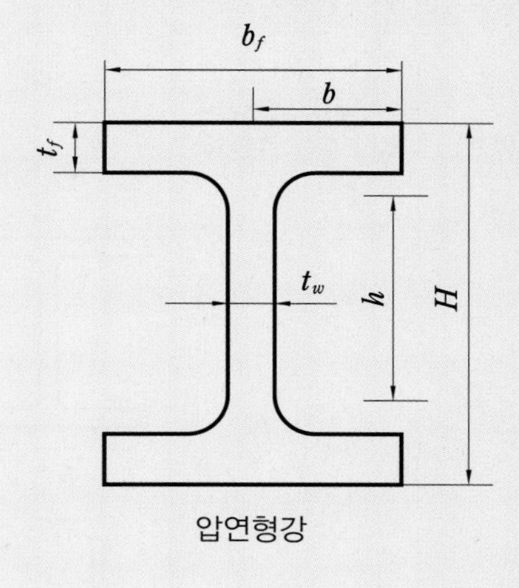

압연형강

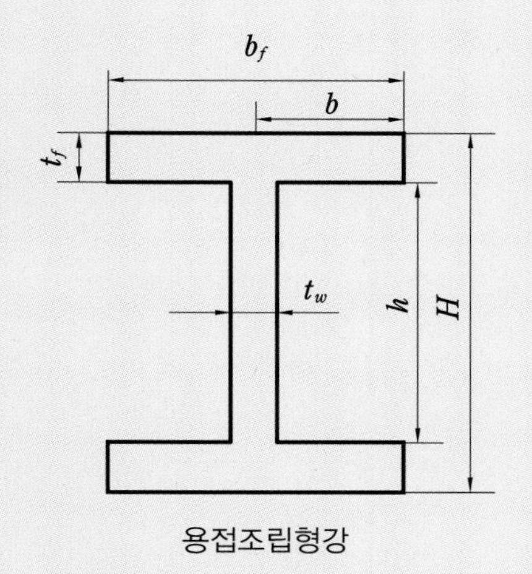

용접조립형강

① 플랜지의 폭두께비 : $\lambda = \dfrac{b}{t_f}$

② 웨브의 폭두께비 : $\lambda = \dfrac{h}{t_w}$

(2) 판의 구분

① 비구속판요소 : H형강에서 플랜지와 같이 한쪽면만 웨브에 의해 지지된 것

② 구속판요소 : H형강에서 웨브와 같이 양쪽면에 플랜지에 의해 지지된 것

③ 요소의 구분

㈎ 콤팩트요소 : $\lambda \leq \lambda_P$

㈏ 비콤팩트요소 : $\lambda_p < \lambda \leq \lambda_r$

㈐ 세장판요소: $\lambda > \lambda_r$

여기서, λ : 휨에 대한 압축판의 폭두께비

λ_p : 콤팩트요소의 한계폭두께비

λ_r : 비콤팩트요소의 한계폭두께비

④ 단면의 구분

요소	내용
콤팩트 단면 (조밀 단면, compact section)	단면을 구성하는 모든 압축판요소가 콤팩트요소인 경우이다.
비콤팩트 단면 (비조밀 단면, noncompact section)	단면을 구성하는 요소 중 하나 이상의 압축판요소가 비콤팩트요소인 경우이다.
세장판 단면 (slender section)	단면을 구성하는 요소 중 하나 이상의 압축판요소가 세장판요소인 경우이다.

⑤ 휨을 받는 압축요소의 판폭두께비 한계값

㈎ 비구속판요소(자유돌출판요소)

판요소에 대한 설명	폭두께비	폭두께비 한계값		예
		λ_p (콤팩트/ 조밀단면한계)	λ_r (비콤팩트/ 비조밀단면한계)	
휨을 받는 압연 H형강의 플랜지	$\dfrac{b}{t}$	$0.38\sqrt{\dfrac{E}{F_y}}$	$1.0\sqrt{\dfrac{E}{F_y}}$	b, t
휨을 받는 압연 ㄷ형강의 플랜지				b, t

(나) 구속판요소(양연지지판요소)

판요소에 대한 설명	폭두께비	폭두께비 한계값		예
		λ_p (콤팩트/비콤팩트)	λ_r (비콤팩트/세장)	
휨을 받는 2축 대칭 H형강의 웨브	$\dfrac{h}{t_w}$	$3.76\sqrt{\dfrac{E}{F_y}}$	$5.70\sqrt{\dfrac{E}{F_y}}$	t_w, h
휨을 받는 ㄷ형강의 웨브				t_w, h

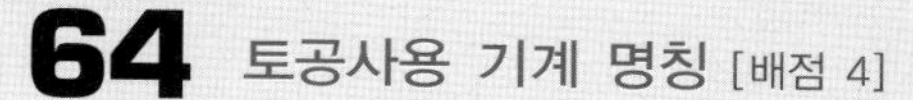

핵심문제 64 토공사용 기계 명칭 [배점 4]

다음은 터파기 공사에 사용되는 토공사용 기계를 설명한 것이다. 이에 알맞은 기계의 명칭을 쓰시오.

(1) 지하 연속벽·케이슨(잠함) 등의 좁은 곳으로서 사질지반 등의 연약지반의 수직 터파기에 이용되는 굴삭용 기계

(2) 지반면보다 높은 곳의 흙파기용 기계

해답 (1) 클램셸

(2) 파워 셔블

참고 **토공사용 기계**

(1) 굴삭 기계

① 불도저(bulldoger) : 운반거리 50~60 m(최대거리 : 100 m) 정도의 배토 작업에 사용하는 기계로서 굴삭 및 정지용 기계이다.

② 파워 셔블(power shovel) : 지반면보다 높은 곳의 굴착용 기계

③ 드래그 셔블(drag shovel)

(가) 지반면보다 낮은 면의 굴착에 사용하는 기계

㈏ 깊이 6 m 정도의 굴착에 적당하다.
㈐ 백호(back hoe), 풀 셔블(full shovel)이라고도 한다.
※ 트렌처(trencher) : 줄기초 파기 전용 기계

④ 드래그 라인(drag line)
㈎ 지반면보다 낮고 깊은 터파기에 사용하는 기계
㈏ 하천 등지에서 모래·자갈 등의 채집에 사용된다.
㈐ 굴착 범위는 크나 굴착력이 매우 약하다.

⑤ 클램셸(clam shell)
㈎ 좁은 곳의 수직 터파기에 사용된다.
㈏ 버팀대 및 잠함(caisson) 속의 수직 터파기에 이용된다.

(2) 정지용 기계
① 스크레이퍼(scraper) : 흙을 굴삭하여 장거리 운반에 적당하다.
② 그레이더(grader) : 땅고르기 전용 기계이며 비탈면 고르기, 잔디 벗기기, 제설작업 등에도 이용된다.

(3) 상차 작업용 기계
로더(loader)는 트랙터 셔블(tractor shovel)이라고도 하며 덤프트럭 등에 굴착한 흙을 적재 사용한다.

(4) 크레인에 부착할 수 있는 장비

① 드래그 셔블	② 파워 셔블
③ 드래그 라인	④ 클램셸
⑤ 크레인	⑥ 파일 드라이버

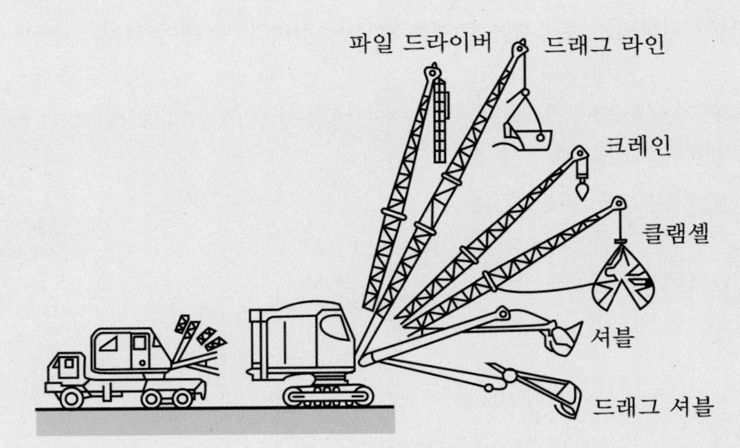

크레인에 부착할 수 있는 장비

핵심문제

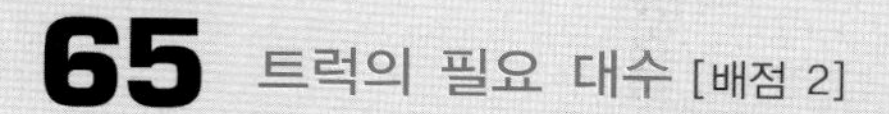

65 트럭의 필요 대수 [배점 2]

다음 그림과 같은 줄파기에서 흙의 단위중량이 $1,600\ kg/m^3$이고 흙의 할증률이 25 %일 때 터파기량과 6 t 트럭의 필요 대수를 구하시오.

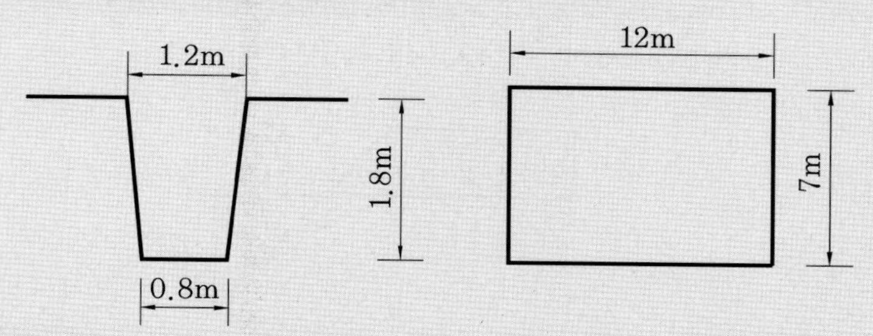

(1) 줄기초파기의 터파기량

(2) 운반대수

해답 (1) 터파기량 $v = \dfrac{a+b}{2} \times h \times l = \dfrac{1.2+0.8}{2} \times 1.8 \times (12+7) \times 2 = 68.4\mathrm{m}^3$

(2) 운반대수 $= \dfrac{\text{잔토처리량}}{\text{운반트럭의 중량}} = \dfrac{68.4 \times 1.6 \times 1.25}{6} = 22.8$

∴ 23대

66 최대 휨모멘트 [배점 4]

단순보의 전단력이 다음 그림과 같은 경우 최대 휨모멘트를 구하시오.

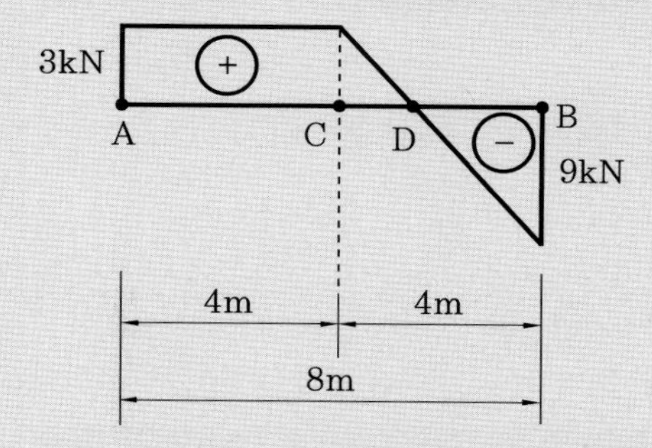

해답 ① 전단력이 0인 지점에서 최대 휨모멘트가 발생한다.
② 전단력의 면적이 그 지점의 휨모멘트이다.

③ x의 계산

$3 : x = 9 : (4-x)$에서 $9x = 3(4-x)$

$\therefore x = 1\,\text{m}$

④ 그 지점의 휨모멘트는 전단력 면적이므로

$M_{max} = 3 \times 4 + 3 \times 1 \times \dfrac{1}{2} = 13.5\,\text{kN} \cdot \text{m}$

(우측으로 계산하면 $9 \times 3 \times \dfrac{1}{2} = 13.5\,\text{kN} \cdot \text{m}$)

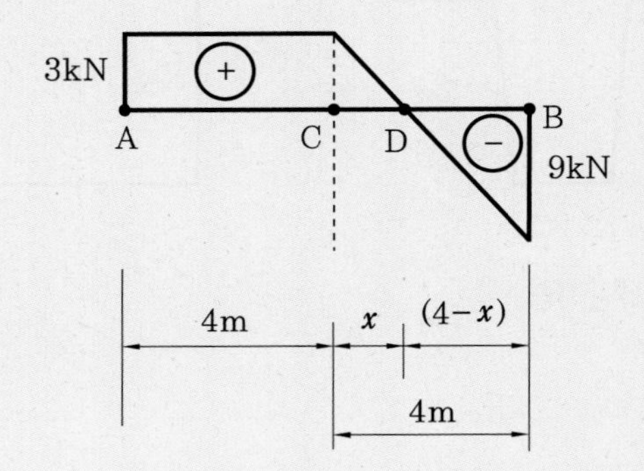

핵심문제

67 커튼월의 성능 시험 항목 [배점 4]

커튼월의 성능 시험 항목 4가지를 쓰시오.

① 기밀 시험
② 내풍압 시험
③ 수밀 시험
④ 층간 변위 추종성 시험

기출문제

일러두기 : 본 책의 기출문제는 시험을 본 학생들의 기억에 의해 복원된 문제로서 실제 출제된 문제와 다소 차이가 있을 수 있습니다. 참고하여 공부하시기 바랍니다.

2012년도 | 1회 기출문제

기출문제

1. 건축물의 평면도는 다음 그림과 같고 건축물의 높이는 13.5 m이다. 비계 면적을 산출하시오. (단, 비계는 쌍줄 비계이다.) [배점 4]

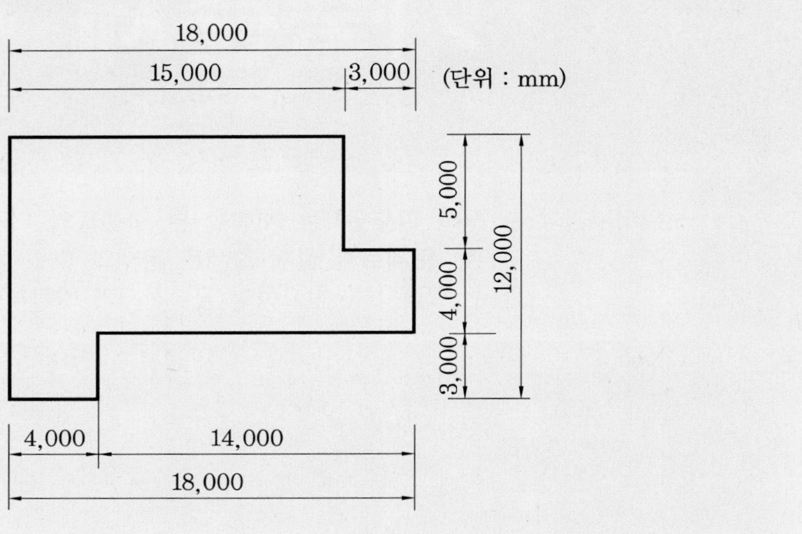

해답 $A = 13.5 \times \{(18 + 12) \times 2 + 7.2\} = 907.2\,\text{m}^2$

해설 **비계 면적 산정 방식**

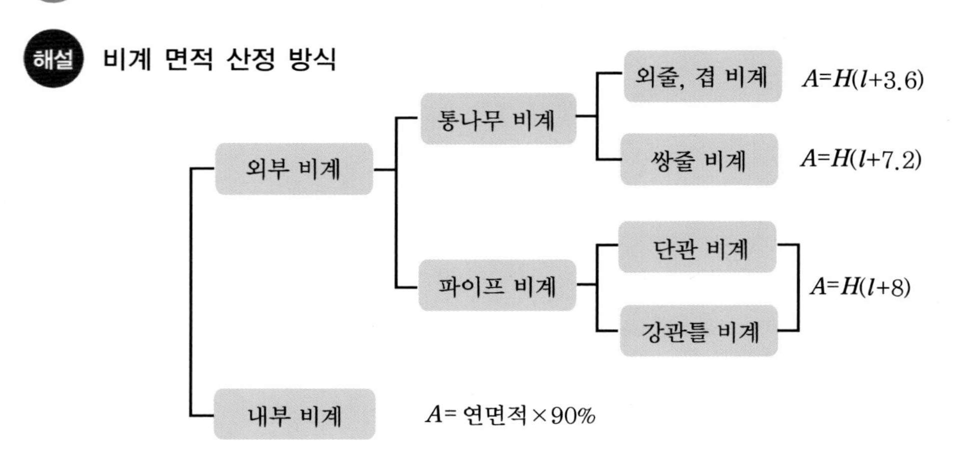

여기서, H : 높이, l : 외벽의 둘레 길이

기출문제

2. 금속판 지붕공사에서 금속기와의 설치 순서를 보기의 번호로 나열하시오. [배점 2]

[보기]
① 서까래를 설치하고 방부제를 칠한다.
② 금속기와 크기에 맞추어 기와걸이를 설치한다.
③ 경량 철골을 설치한다.
④ 중도리(purlin)를 설치한다. 설치 시 지붕의 레벨을 고려한다.
⑤ 부식 방지를 위한 철골 용접부위의 방청도장을 칠한다.
⑥ 금속기와를 설치한다.

 ③-④-⑤-①-②-⑥

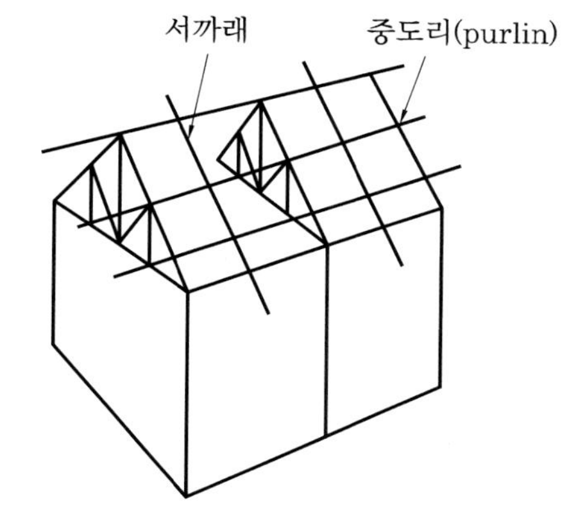

 **금속기와 지붕공사 순서**

① 경량 철골을 설치한다.
② 중도리(purlin)를 설치한다.
③ 용접부위의 중도리에는 방청도장을 칠한다.
④ 서까래를 설치한다.
⑤ 기와걸이를 설치한다.
⑥ 금속기와를 설치한다.

기출문제

3. T/S형 고력볼트의 전동렌치의 시공 순서를 보기에서 번호를 골라 쓰시오. [배점 2]

[보기]
① 팁 레버를 잡아당겨 내측 소켓에 들어 있는 핀테일을 제거한다.
② 렌치의 스위치를 켜 외측 소켓이 회전하며 볼트를 체결한다.
③ 핀테일이 절단되었을 때 외측 소켓이 너트로부터 분리되도록 렌치를 잡아당긴다.
④ 핀테일에 렌츠를 걸어 내측 소켓을 끼우고 너트에 외측 소켓이 맞춰지도록 한다.

 ④-②-③-①

 (1) TS형 볼트

전동렌치로 볼트에 너트를 조여 조임이 완료되면 핀테일이 떨어져 나가는 볼트

(2) TS 볼트 작업 순서

① 전동렌치의 내측 소켓은 TS 볼트를 잡고, 외측 소켓은 너트를 잡게 한다.
② 전동렌치의 스위치를 켜 외측 소켓이 회전하면서 볼트를 체결한다.
③ 핀테일이 절단되었을 때 외측 소켓이 너트에서 분리되도록 전동렌치를 잡아당긴다.
④ 전동렌치의 내측 소켓에 있는 핀테일을 제거한다.

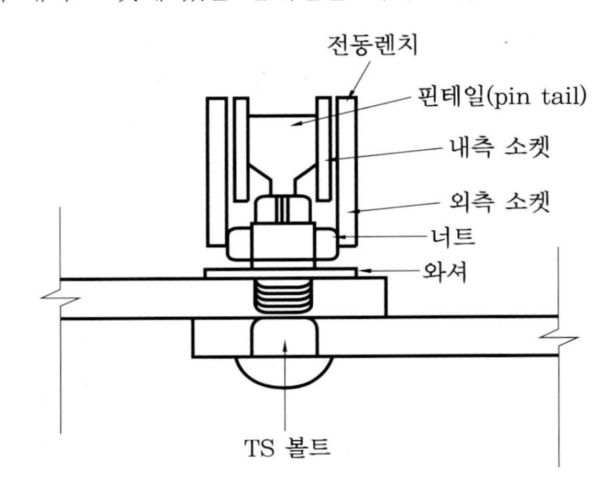

기출문제

4. 가설공사에서 수평규준틀을 설치하는 목적 2가지를 쓰시오. [배점 2]

해답 ① 건물의 각 부분의 위치를 결정한다.
② 터파기 위치와 깊이를 결정한다.

기출문제

5. 현장에 반입된 철근으로 시험편을 만들어 시행하는 시험의 종류를 2가지 쓰시오. [배점 2]

해답 ① 인장강도 시험
② 휨강도 시험

해설 **현장 반입 철근의 품질시험의 종류**
① 인장강도 시험 ② 휨강도 시험
③ 연신율 시험 ④ 굽힘 시험

기출문제

6. 다음 데이터를 보고 표준 네트워크 공정표를 작성하고, 7일 공기 단축한 상태의 최소 추가 비용을 구한 동시에 네트워크 공정표를 작성하시오. [배점 10]

작업명	작업 일수	선행작업	비용구배 (천원)	비고
A(① → ②)	2	없음	50	(1) 결합점 위에는 다음과 같이 표시한다. EST LST / LFT EFT ⓘ —작업명 / 공사일수→ ⓙ (2) 공기 단축은 작업일수의 1/2을 초과할 수 없다.
B(① → ③)	3	없음	40	
C(① → ④)	4	없음	30	
D(② → ⑤)	5	A, B, C	20	
E(② → ⑥)	6	A, B, C	10	
F(③ → ⑤)	4	B, C	15	
G(④ → ⑥)	3	C	23	
H(⑤ → ⑦)	6	D, F	37	
I(⑥ → ⑦)	7	E, G	45	

해답 (1) 네트워크 공정표

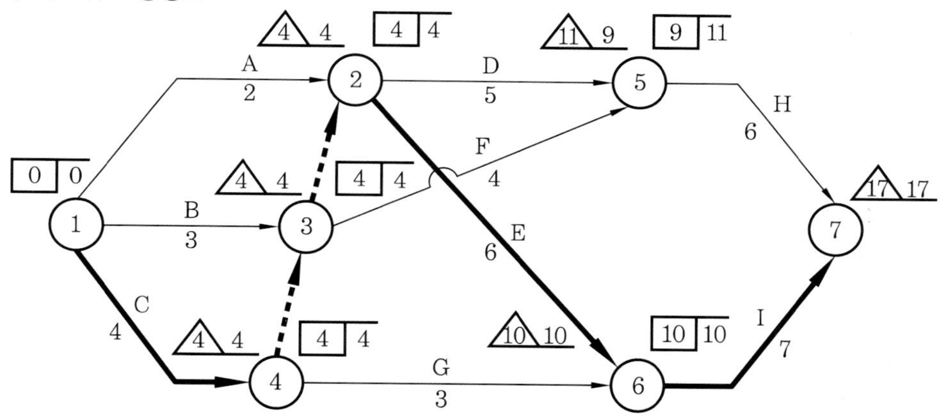

(2) 7일 공기 단축 시 최소 추가비용

① $E(3 \times 10 = 30) + C(2 \times 30 = 60) + B(1 \times 40 = 40) + I(2 \times 45 = 90)$
$= 220,000$
$D(2 \times 20 = 40) + H(1 \times 37 = 37) + F(1 \times 15 = 15) = 92,000$
합계 : 312,000원

② $E(3 \times 10 = 30) + C(2 \times 30 = 60) + B(1 \times 40 = 40) + I(2 \times 45 = 90)$
$= 220,000$
$H(2 \times 37 = 74) + D(1 \times 20 = 20) = 94,000$
합계 : 314,000원

③ $E(3 \times 10 = 30) + C(1 \times 30 = 30) + I(3 \times 45 = 135) = 195,000$
$H(3 \times 37 = 111) + D(1 \times 20 = 20) = 131,000$
합계 : 326,000원
④ $E(3 \times 10 = 30) + C(1 \times 30 = 30) + I(3 \times 45 = 135) = 195,000$
$H(2 \times 37 = 74) + F(1 \times 15 = 15) + D(2 \times 20 = 40) = 129,000$
합계 : 324,000원
∴ 최소 추가비용 312,000원

(3) 7일 공기 단축한 네트워크 공정표

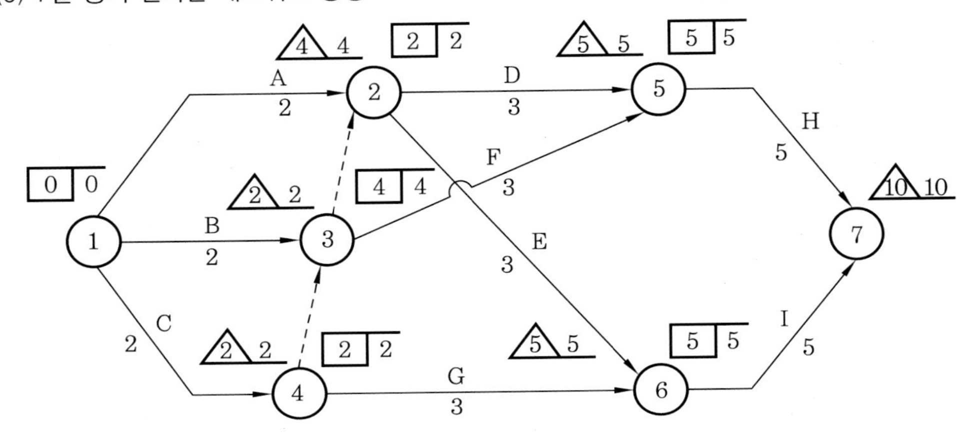

기출문제

7. 강구조의 기둥 이음에서의 메탈터치(metal touch)에 대한 그림을 그리고 내용을 설명하시오.
[배점 2]

해답 철골구조의 기둥 이음 시 접촉면을 완전 밀착시켜 이음하는 방식으로서 축력과 휨모멘트의 1/4(25 %)이 밀착 부분으로 전달되는 것으로 설계하는 방식이다.

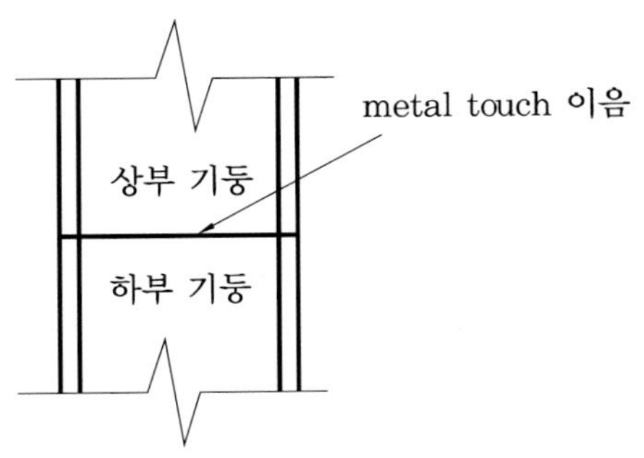

기출문제

8. 다음 그림과 같은 철근콘크리트 보에서 최외단 인장철근의 순인장변형률(ε_t)을 구하고, 이 보의 지배단면(인장지배단면, 압축지배단면, 변화구간단면)을 구분하여 적으시오. (단, $A_s = 1,930\ \text{mm}^2$, $f_{ck} = 24$ MPa(N/mm²), $f_y = 400$ MPa, $E_s = 2 \times 10^5$ MPa) [배점 4]

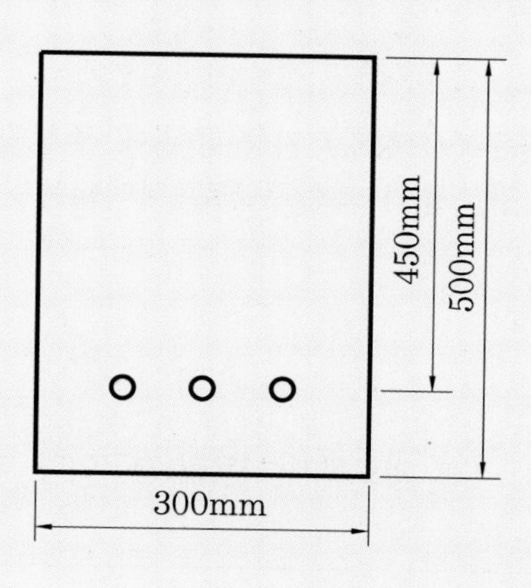

해답 (1) 응력블록깊이

$$a = \frac{A_s \cdot f_y}{0.85 f_{ck} \cdot b} = \frac{1,930 \times 400}{0.85 \times 24 \times 300} = 126.14\,\text{mm}$$

(2) 중립축거리 C

$f_{ck} = 24\,\text{MPa} \le 28\,\text{MPa}$이므로

$\beta_1 = 0.85$

중립축거리 $C = \dfrac{a}{\beta_1} = \dfrac{126.14}{0.85} = 148.4\,\text{mm}$

(3) 최외단 순인장 변형률(ε_t)

$C : \varepsilon_c = (d_t - C) : \varepsilon_t$

$$\therefore \varepsilon_t = \frac{\varepsilon_c \times (d_t - C)}{C}$$

$$= \frac{0.003 \times (450 - 148.4)}{148.4}$$

$$= 0.00609 \fallingdotseq 0.0061$$

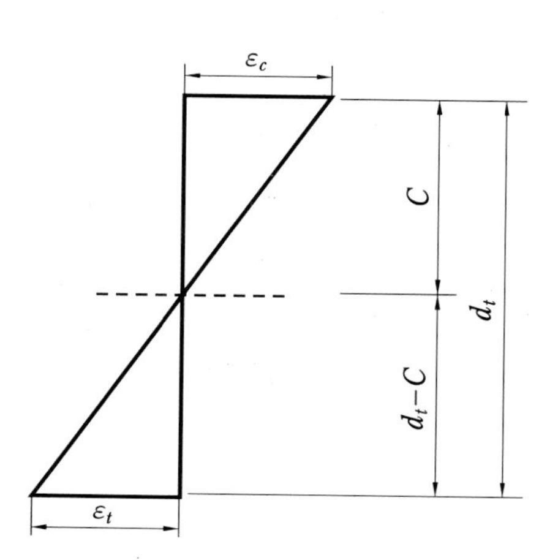

(4) 지배단면의 구분

$\varepsilon_t = 0.0061 > 0.005$

∴ 인장지배단면

기출문제

9. 철골구조물 기둥 주위에 철근배근을 하고 콘크리트를 타설하여 일체가 되도록 한 것으로서, 초고층 구조물 하층부의 복합구조로 많이 채택되는 구조의 명칭을 쓰시오. [배점 2]

해답 매입형 합성기둥

해설 매입형 합성기둥 : 철골구조(H형강) 기둥 주위에 주철근과 대근을 배근하고, 콘크리트를 타설하여 초고층 구조물의 복합구조로 채택되는 구조이다.

기출문제

10. 콘크리트 공사에서 진동기를 과도하게 사용할 경우이다. 다음 ( ) 안에 알맞은 용어를 쓰시오. [배점 2]

> 진동기를 과도하게 사용할 경우에는 (①) 현상을 일으키고, AE 콘크리트에서는 (②)이 많이 감소한다.

① 재료 분리 또는 블리딩(bleeding)
② 공기량

기출문제

11. 철골조의 내화피복 공법의 종류에 따른 재료를 2가지씩 쓰시오. [배점 4]

공법	재료	
(1) 타설공법	(①)	(②)
(2) 조적공법	(①)	(②)
(3) 미장공법	(①)	(②)

해답 (1) ① 콘크리트, ② 경량 콘크리트
(2) ① 콘크리트 블록, ② 경량 콘크리트 블록
(3) ① 철망 모르타르, ② 철망 펄라이트 모르타르

기출문제

12. 방수 공법 중 시트(sheet) 방수 공법의 장단점을 2가지씩 쓰시오. [배점 4]

(1) 장점

① 두께가 균일하다.
② 시공이 신속하여 공기 단축이 가능하다.
③ 다소 신축성이 있다.

(2) 단점

① 시트의 이음부위 결함이 크다.
② 시트가 온도에 민감하여 동절기, 하절기 작업에 영향이 크다.

기출문제

13. 매스 콘크리트(mass concrete)에서 수화열 발생의 저감을 위한 대책을 3가지 쓰시오. [배점 3]

수화열 발생의 저감 대책

① 수화열 발생이 적은 시멘트를 사용한다.
② 혼화재(플라이 애시 등)를 사용한다.
③ 단위 시멘트량을 적게 한다.

매스 콘크리트(mass concrete)

① 콘크리트 부재의 단면에서 수화열 발생에 의한 온도차가 내·외부 25℃ 이상인 콘크리트이다.
② 평판 구조에서는 두께가 80 cm 이상, 하부가 구속된 구조의 경우 두께가 0.5 m 이상인 콘크리트이다.

기출문제

14. 초고층 구조물의 하부 층의 기둥 또는 기초에 사용되는 CFT 구조를 설명하고 장단점을 2가지씩 쓰시오. [배점 2]

 (1) CFT 구조 : 콘크리트 충전 강관 구조는 원형 강관 또는 각형 강관 내에 고강도 콘크리트를 충전하는 방식의 구조이다.

(2) 장점
① 철근콘크리트나 강재 기둥에 비해 세장비가 작아 기둥의 단면을 작게 할 수 있다.
② 횡하중에 대한 저항 성능이 커서 초고층 구조물에서의 내진 성능이 우수하다.
③ 기둥 시공 시 거푸집이 필요 없다.

(3) 단점
① 보와 기둥의 연속 접합 시공이 곤란하다.
② 별도의 내화 피복이 필요하다.
③ 튜브(강관) 속에 콘크리트를 채우는 것이므로 충전 확인 검사가 곤란하다.

기출문제

15. 통합 공정 관리(EVMS : Earned Value Management System) 용어를 설명한 것 중 맞는 것을 보기에서 선택하여 번호로 쓰시오. [배점 3]

[보기]
① 프로젝트의 모든 작업 내용을 계층적으로 분류한 것으로 가계도와 유사한 형성을 나타낸다.
② 성과 측정 시점까지 투입 예정된 공사비
③ 공사 착수일로부터 추정 준공일까지의 실투입비에 대한 추정치
④ 성과 측정 시점까지 지불은 공사비(BCWP)에서 성과 측정 시점까지 투입 예정된 공사비를 제외한 비용
⑤ 성과 측정 시점까지 실제로 투입된 금액
⑥ 성과 측정 시점까지 지불된 공사비(BCWP)에서 성과 측정 시점까지 실제로 투입된 금액을 제외한 비용
⑦ 공정, 공사비 통합, 성과 측정 분석의 기본 단위를 말한다.

(1) CA(Control Account)
(2) CV(Cost Variance)
(3) ACWP(Actual Cost for Work Performed)

 (1) ⑦ (2) ⑥ (3) ⑤

 (1) 일정 비용 통합 관리 시스템(EVMS)
공사일정과 비용과의 관계를 관리하여 지정된 공기 이내에 적정한 공사비로 건축할 수 있도록 관리하는 시스템

(2) 진도 측정

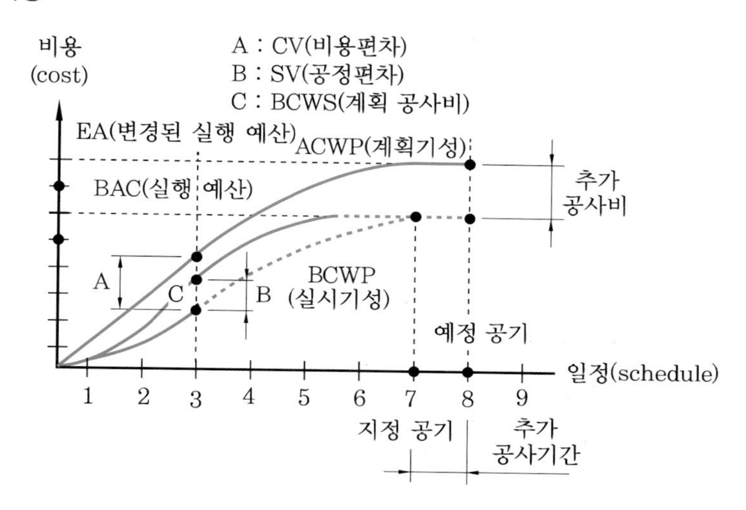

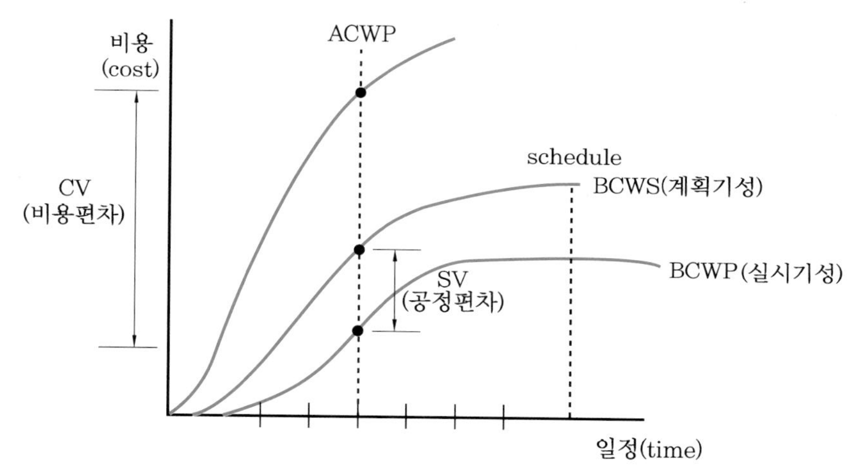

(3) 관련 용어 및 내용

① CA(Control Account : 비용 계정)

- 일정과 비용의 집계, 분석을 위한 기본 단위
- 공정/공사비 통합, 성과 측정 분석의 기본 단위

② ACWP(Actual Cost of Work Performed : 실제 투입 비용) : 성과 측정 시점까지 실제로 투입된 금액

③ BCWP(Budget Cost of Work Performed : 달성 공사비) : 성과 측정 시점까지 완료된 성과에 배분된 예산

④ BCWS(Budget Cost of Work Schedule : 계획 공사비) : 성과 측정 시점까지 배분된 예산

⑤ SV(Schedule Variance : 공정편차)

- 성과 측정 시점에서 달성 공사비에서 계획 공사비를 제외한 비용
- SV = BCWP − BCWS

- SV<0 : 공기 지연, SV>0 : 공기 단축

⑥ CV(Cost Variance : 비용 편차)

- 성과 측정 시점에서 달성 공사비에서 실제 투입 공사비를 제외한 비용
- CV=BCWP−ACWP
- CV<0 : 공비 초과, CV>0 : 공비 절감

기출문제

16. **다음 그림의 장주는 단면의 크기와 재질이 모두 같고 길이와 재단의 지지상태는 다음과 같다. 이러한 장주의 유효좌굴길이를 구하시오.** [배점 4]

	(1) 일단고정 타단힌지상태	(2) 양단고정상태	(3) 일단고정 타단자유상태	(4) 양단힌지상태
조건	$2L$	$4L$	L	$\frac{L}{2}$
유효좌굴길이	(1)	(2)	(3)	(4)

해답 (1) $KL=0.7\times 2L=1.4L$

(2) $KL=0.5\times 4L=2.0L$

(3) $KL=2.0\times L=2.0L$

(4) $KL=1.0\times \frac{L}{2}=0.5L$

장주의 유효좌굴길이$=KL$

여기서, K : 유효좌굴길이계수

L : 부재의 길이

(1) $KL=0.7\times 2L=1.4L$

(2) $KL=0.5\times 4L=2.0L$

(3) $KL = 2.0 \times L = 2.0L$

(4) $KL = 1.0 \times \dfrac{L}{2} = 0.5L$

장주의 유효좌굴길이 KL

일단고정 타단자유	양단힌지	일단고정 타단힌지	양단고정
L	L	L	L
$KL = 2.0L$	$KL = 1L$	$KL = 0.7L$	$KL = 0.5L$

기출문제

17. 다음 그림과 같은 단순보의 A지점의 처짐각과 보의 중앙지점 C점의 최대처짐량을 구하시오. (단, $E = 206 \times 10^3\,\text{MPa}(206\,\text{GPa})$, $I = 1.6 \times 10^8\ \text{mm}^4$) [배점 4]

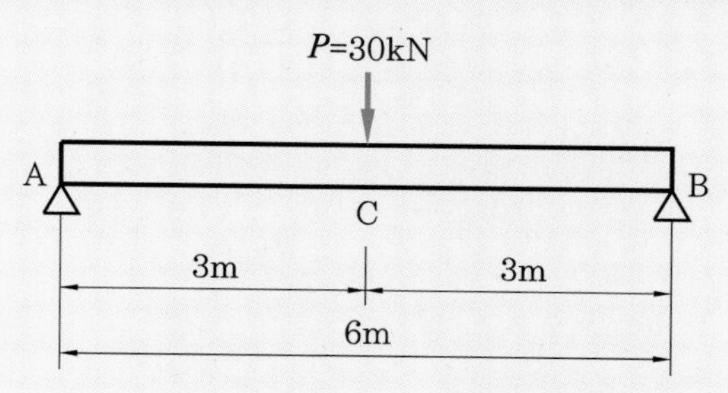

해답 (1) A지점의 처짐각

$$\theta_A = \frac{Pl^2}{16EI} = \frac{30,000 \times 6,000^2}{16 \times 206 \times 10^3 \times 1.6 \times 10^8} = 0.00248\ \text{rad}$$

(2) 중앙 C점의 처짐량

$$\delta_c = \frac{Pl^3}{48EI} = \frac{30,000 \times 6,000^3}{48 \times 206 \times 10^3 \times 1.6 \times 10^8} = 4.1\,\text{mm}$$

기출문제

18. 다음 그림과 같은 캔틸레버 보의 A점의 수직반력(R_A), 수평반력(H_A), 모멘트 반력(M_A)을 구하시오. [배점 4]

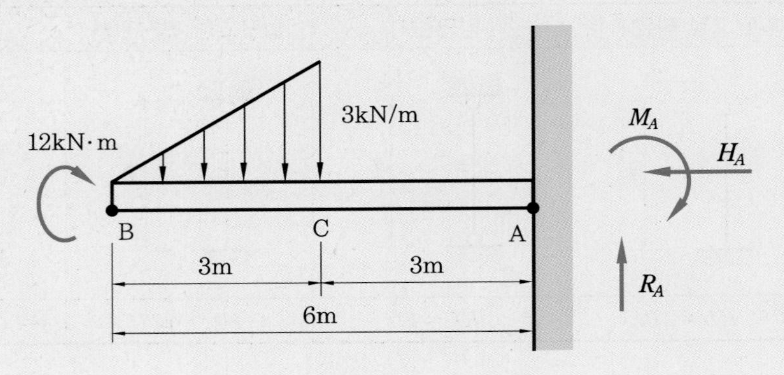

해답 (1) 수직반력(R_A)

$\sum V = 0$에서 $R_A - 3\times3\times\frac{1}{2} = 0$

$\therefore R_A = 4.5\text{kN}$

(2) 수평반력(H_A)

$\sum H = 0$에서 $-H_A = 0$

$\therefore H_A = 0$

(3) 모멘트 반력(M_A)

$\sum M_A = 0$

$12 - (3\times3\div2)\times(3\times\frac{1}{3}+3) + M_A = 0$

$\therefore M_A = 6\,\text{kN}\cdot\text{m}$

기출문제

19. 철근콘크리트 강도설계법에서 균형철근보(균형단면보)의 내용에 대하여 간략하게 쓰시오. [배점 2]

해답 균형철근보(균형단면보) : 보가 외력을 받아 압축측 콘크리트의 변형률이 0.003에 도달하고, 인장철근이 항복변형률에 도달하도록 철근비를 정한 보

참고 ① 과소철근보 : 균형철근비보다 철근량을 적게 하여 철근이 먼저 항복하는 연성 파괴가 되도록 한 보
② 과대철근보 : 균형철근비보다 많은 철근량을 넣어 취성 파괴가 되는 보

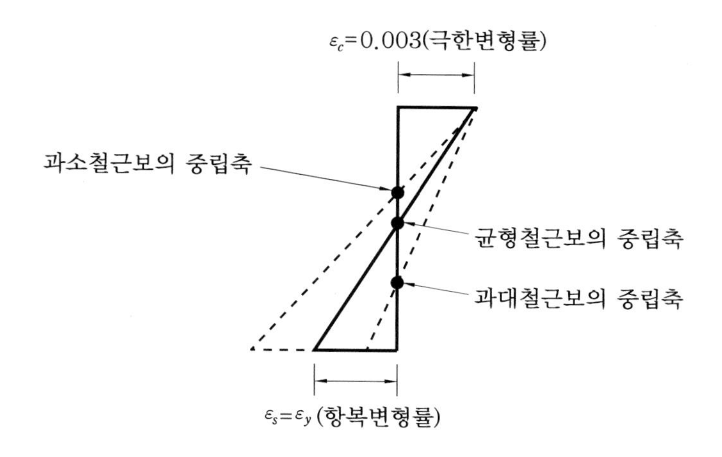

기출문제

20. 다음 그림의 강재의 탄성계수가 205×10^3 MPa, 단면적 1,000 mm^2, 길이 4 m이고, 외력으로 80 kN의 인장력이 작용할 때 변형량을 구하시오. [배점 3]

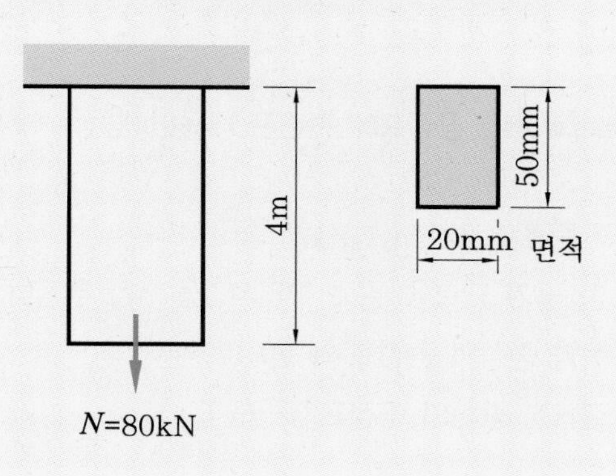

해답 탄성계수 $E=\dfrac{\sigma}{\varepsilon}=\dfrac{\frac{N}{A}}{\frac{\Delta l}{l}}=\dfrac{Nl}{A\,\Delta l}$ 에서

$$\therefore \Delta l=\frac{N\cdot l}{A\cdot E}=\frac{80{,}000\,\text{N}\times4{,}000\,\text{mm}}{1{,}000\,\text{mm}^2\times205{,}000\,\text{N/mm}^2}=1.56\,\text{mm}$$

해설 탄성계수(E)

① 탄성한도 내에서는 응력과 변형은 비례한다(훅의 법칙).

② 탄성계수 $E=\dfrac{\sigma}{\varepsilon}=\dfrac{\dfrac{N}{A}}{\dfrac{\Delta l}{l}}=\dfrac{Nl}{A\Delta l}$

여기서, σ : 응력, ε : 변형, Δl : 늘어난 길이

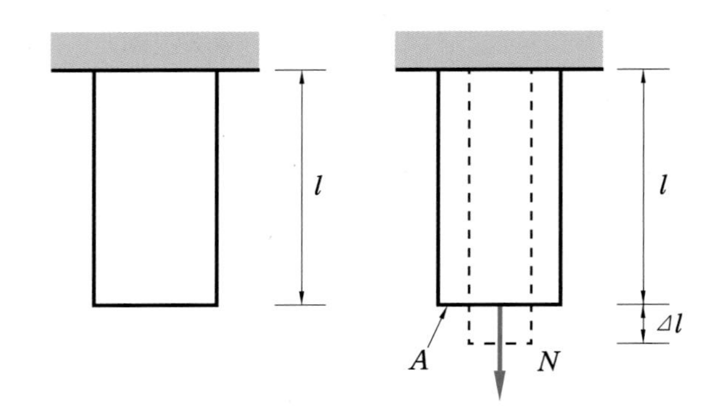

참고 **단위 환산**

80 kN = 80,000 N, 4 m = 4,000 mm

10 cm^2 = 1,000 mm^2, 205,000 MPa = 205,000 N/mm^2

기출문제

21. 다음은 네트워크(network) 공정표에 관련된 내용이다. (　　) 안에 들어갈 알맞은 용어를 쓰시오. [배점 4]

(1) 네트워크 공정표의 종류 2가지 : (①), (②)

(2) 네트워크 공정표 중 공기 단축을 위해 작업시간을 3점 추정하는 공정표 : (③)

(3) CPM 공정표 중 작업 중심의 공정표 : (④)

(4) CPM 공정표 중 결합점 중심의 공정표 : (⑤)

해답 (1) ① PERT ② CPM (2) ③ PERT

(3) ④ ADM (4) ⑤ PDM

해설 **네트워크(network) 공정표**

(1) 사용 목적에 따른 분류

① PERT 공정표 : 정상, 비관, 낙관의 3점 추정 방식으로서 공기 단축이 주목적이다.

② CPM 공정표 : 정상 1점 추정 방식으로서 공사비 절감이 주목적이다.

(2) CPM 공정표의 표시 방법에 따른 분류
① PDM : 결합점 중심으로 공정표가 이루어진다.
② ADM : 작업을 화살표로 표시하는 방식

기출문제

22. 턴 키(turn key) 계약 제도 방식 중 설계 시공 일괄 계약(design build) 방식의 장단점을 2가지씩 쓰시오. [배점 4]

(1) 장점
① 설계와 시공의 communication이 우수
② 공기 단축과 공비 절감이 가능
③ 창의성 있는 설계 유도

(2) 단점
① 발주자 의도가 반영되기 곤란하다.
② 대규모 회사에 유리한 방식이다.
③ 최저 낙찰자로 인하여 품질 저하 우려

기출문제

23. 토질에 관련된 다음 용어에 대하여 간략하게 설명하시오. [배점 4]
(1) 압밀 (2) 예민비

(1) 압밀 : 흙이 외력에 의해서 입자 사이의 물이 빠져나가 입자 사이가 좁혀지는 현상
(2) 예민비 : 자연시료는 어느 정도의 강도가 있으나 함수율을 변화시키지 않고 이기면 약하게 되는 성질이 있다. 이러한 강도를 예민비라 한다. (이긴 시료의 강도에 대한 자연시료의 강도의 비)

기출문제

24. 가설 스트러트 공법을 대신하는 SPS(Strut as Permanent System) 공법의 특징 4가지를 쓰시오. [배점 4]

① 지하·지상 공사가 동시에 진행되므로 공기 단축이 된다.
② 토류벽과 기둥 사이에 버팀대를 영구 빔으로 설치하므로 불필요한 가설물이 필요 없고, 토류벽의 국부 변형을 방지할 수 있다.
③ 지하층 공사 시 지상부가 열려 있어 별도의 채광, 환기시설이 필요 없다.
④ 지하 굴착 시 장비의 활용을 극대화할 수 있다.

해설 SPS 공법 : 토류벽과 기둥 사이에 지지하는 가설 빔(가설 strut)을 사용하는 Top down 공법과는 달리 가설 빔 대신 실제 보를 설치하고 바닥 슬래브는 지하층의 기초를 시공한 후 지하 상부 바닥층부터 시공해 나간다.

기출문제

25. **다음은 지붕공사에서 한식 기와 잇기에 대한 내용이다. (1), (2)에 해당하는 용어를 쓰시오.** [배점 4]

(1) 산자 위에 펴서 까는 진흙

(2) 수키와 막새 대신 수키와 끝에 회백토를 둥글게 바른 것

해답 (1) 알매흙 (2) 아귀토

해설 **힌식 기와 잇기**
① 산자 : 싸리나무를 새끼줄로 엮어 발을 만들어 서까래 위 지붕널 위에 깔아 대는 것
② 알매흙 : 산자 위에 까는 진흙
③ 아귀토 : 처마 끝의 수키와 속의 진흙의 풍화를 막기 위한 회백토(6 cm 정도 둥글게 바른 회백토)

기출문제

26. **부력에 의한 건축물의 부상 방지 대책을 2가지 쓰시오.** [배점 4]

① 록 앵커(rock anchor) 설치 ② 지하 구조체에 브래킷(bracket) 설치

(1) 건축물 부력의 발생 원인
① 피압수
② 지하수위 변경
③ 건물의 자중

(2) 방지책

① 록 앵커(rock anchor) 설치
② 마찰 말뚝 사용
③ 건물의 자중 증가
④ 지하수위 강제 배수
⑤ 지하 구조체에 브래킷(bracket) 설치

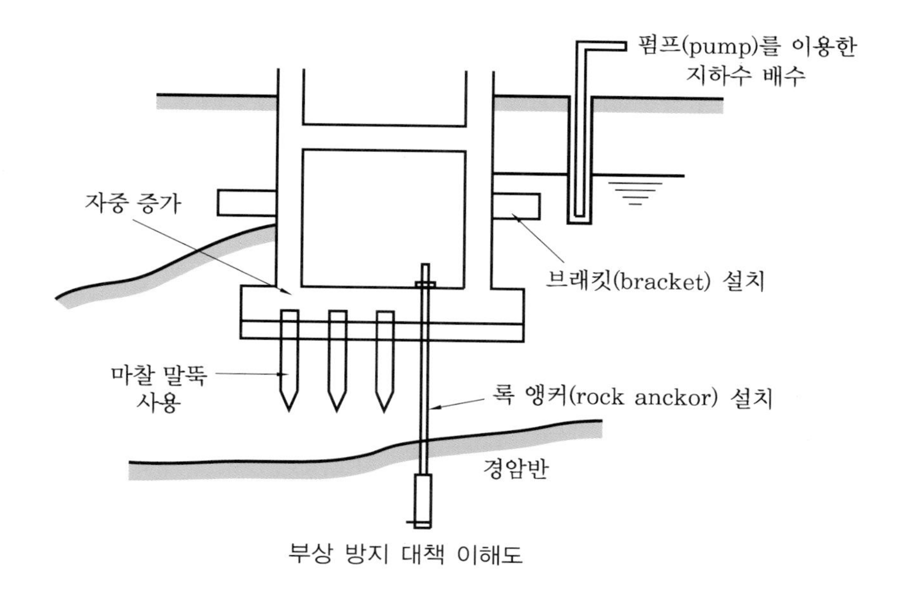

부상 방지 대책 이해도

기출문제

27. 철근콘크리트 구조물의 균열 발생 시 실시하는 보강 공법 3가지를 쓰시오 [배점 3]

해답 ① 주입 공법
② 강재 보강 공법
③ 유리섬유 sheet 보강 공법

해설 **균열부 보수**

(1) 외관 보수

① 표면 처리 공법 : 폭 0.2 mm 이하의 미세한 균열에 적용
② 충진법 : 폭 0.5 mm 이상의 큰 폭의 균열 보수에 이용(유연성 에폭시, 폴리머 시멘트 모르타르를 주입)

(2) 구조 보강

① 주입 공법 : 에폭시 수지계, 시멘트 슬러지 등을 사용
② 강재 보강 공법 : 강재를 사용하여 휨인장 및 전단 보강
③ 유리 섬유 sheet 보강

기출문제

28. 시멘트를 구성하는 주요 화합물 4가지를 적고, 그 중 콘크리트의 재령 28일 이후의 장기 강도에 관여하는 화합물의 명칭을 쓰시오. [배점 4]

(1) 주요 화합물
① C_3S(규산삼석회) ② C_2S(규산이석회)
③ C_3A(알루민산삼석회) ④ C_3AF(알루민산철사석회)

(2) 콘크리트의 재령 28일 이후의 장기강도에 관여하는 화합물 : C_2S(규산이석회)

기출문제

29. 다음은 터파기 공사와 관련된 현상을 나타내는 용어이다. 각 용어에 대한 내용을 간략하게 쓰시오. [배점 4]

(1) 히빙(heaving) 현상
(2) 보일링(boiling) 현상

(1) 히빙(heaving) 현상 : 터파기 공사에서 널말뚝 설치 시 널말뚝 하부의 지반이 연약지반인 경우 연약지반의 흙이 주변지반의 흙에 견디지 못하여 널말뚝 안쪽으로 불룩하게 되는 현상
(2) 보일링(boiling) 현상 : 터파기 공사에서 널말뚝 설치 시 널말뚝 하부에 연약한 사질지반이 있고, 이 지반 주변에 지하수 또는 피압수가 있는 경우 널말뚝 하부의 사질지반이 터파기 저면으로 유실되는 현상

2012년도 | 2회 기출문제

기출문제

1. 휨부재의 변화구간단면에서 최외단 인장철근의 순인장변형률(ε_t)이 0.004인 경우 강도감소계수 ϕ를 구하시오. (단, f_y(철근의 항복강도) = 400 MPa) [배점 3]

해답 (1) $f_y = 400\,\mathrm{MPa}$인 경우 $\varepsilon_y = \dfrac{f_y}{E_s} = \dfrac{400}{2.0 \times 10^5} = 0.002$ 이고

$0.002 < \varepsilon_t = 0.004 < 0.005$ 이므로 이 부재는 변화구간단면이다.

(2) 변화구간단면 부재에서

$f_y = 400\mathrm{MPa}$이고 나선 철근이 아닌 경우

강도감소계수 $\phi = 0.65 + 0.2 \times \dfrac{\varepsilon_t - \varepsilon_y}{0.005 - \varepsilon_y}$

$$= 0.65 + 0.2 \times \frac{(0.004 - 0.002)}{(0.005 - 0.002)} = 0.7833$$

$\therefore \phi = 0.78$

기출문제

2. 콘크리트 골재의 유효 흡수량을 간략하게 쓰시오. [배점 2]

해답 흡수량과 기건 상태의 골재 내에 함유된 수량과의 차

해설 **골재의 수량 및 비중**

① 노건조 상태 : 절대 건조 상태이고, 건조기 내에서 온도 110℃ 이내로 정중량이 될 때까지 건조한 것이다.

② 기건 상태 : 골재 내부에 약간의 수분이 있는 대기 중의 건조 상태

③ 표면 건조, 내부 포수 상태 : 골재의 표면은 건조되고, 내부는 포수 상태로 된 것

④ 습윤 상태 : 골재의 내외부가 포수 상태이고, 외부는 물이 젖어 있는 상태

⑤ 흡수량 : 표면 건조, 내부 포수 상태의 골재 중에 포함되는 물의 양

⑥ 유효 흡수량 : 흡수량과 기건 상태의 골재 내에 함유된 수량과의 차

⑦ 함수량 : 습윤 상태의 골재가 함유하는 전수량
⑧ 표면수량 : 함수량과 흡수량과의 차

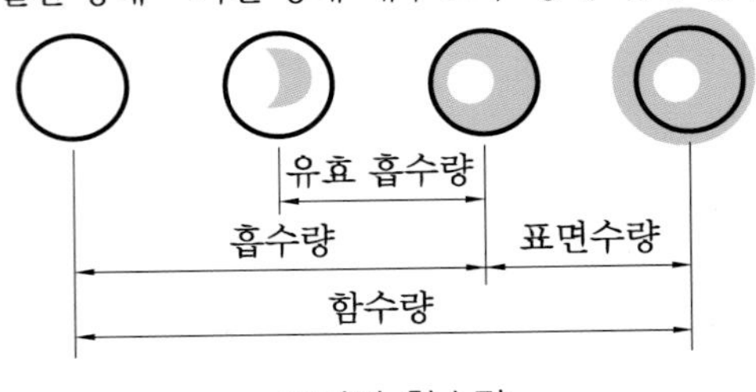

골재의 함수량

기출문제

3. 서중 콘크리트의 문제점에 대한 대책을 보기에서 모두 골라 번호로 쓰시오. [배점 3]

[보기]
① 응결촉진제 사용
② 단위시멘트량 증대
③ 재료(모래·자갈·물)의 온도 상승 방지 대책 수립
④ 저발열용 시멘트(중용열 시멘트, 플라이애시 시멘트 등) 사용
⑤ 운반 및 타설시간의 단축계획 수립

③, ④, ⑤

기출문제

4. AE제에 의해 생성되는 연행공기(entrained air)의 목적을 4가지 쓰시오. [배점 4]

해답 ① 워커빌리티(시공연도) 증진 ② 수밀성 증대
③ 발열량 감소 ④ 단위수량 감소

AE제에 의한 연행공기(entrained air)의 목적
① 워커빌리티 증진
② 재료 분리·블리딩 감소
③ 수밀성 증대

④ 발열량 감소
⑤ 단위수량 감소
⑥ 알칼리 골재 반응의 영향이 적다.
⑦ 동결 융해에 대한 저항성이 크다.

기출문제

5. 품질 관리 도구에서 특성요인도(생선뼈 그림)에 대하여 간략하게 쓰시오. [배점 2]

해답 여러 원인이 결과에 어떻게 관계하고 있는지를 한눈에 알아볼 수 있도록 작성하는 것

해설 **특성요인도(생선뼈 그림)**
결과에 원인이 어떻게 관계하고 있는가를 한눈에 알아보기 위하여 작성하는 것

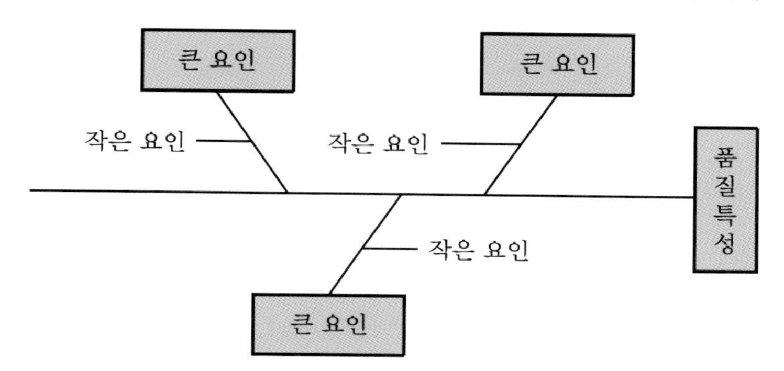

기출문제

6. 공사 내용의 분류 방법에서 목적에 따른 분류체계(Breakdown Structure)의 3가지 종류를 쓰시오. [배점 3]

① WBS(작업분류체계)
② OBS(조직분류체계)
③ CBS(원가분류체계)

일정 비용 통합 관리 시스템(EVMS)에서의 분류체계의 종류
① WBS(Work Breakdown Structure)
② OBS(Organization Breakdown Structure)
③ CBS(Cost Breakdown Structure)

기출문제

7. 기초의 부동침하를 방지하기 위한 대책으로서 기초 구조 부분을 고려하는 4가지 대책을 쓰시오. [배점 4점]

① 기초 상호간을 긴결한다.
② 기초를 경질지반에 지지시킨다.
③ 지하실을 설치한다.
④ 마찰말뚝을 사용한다.

(1) 부동침하의 원인

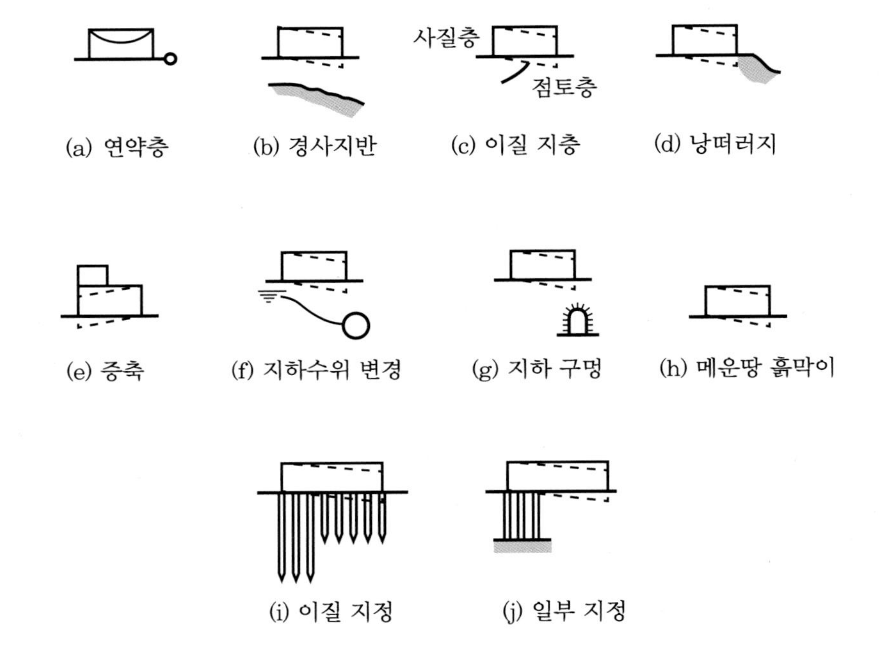

(a) 연약층 (b) 경사지반 (c) 이질 지층 (d) 낭떠러지
(e) 증축 (f) 지하수위 변경 (g) 지하 구멍 (h) 메운땅 흙막이
(i) 이질 지정 (j) 일부 지정

(2) 부동침하 방지 대책

① 기초 구조물에 대한 대책
㈎ 기초 상호간을 긴결한다.
㈏ 기초를 경질지반에 지지시킨다.
㈐ 지하실을 설치한다.
㈑ 마찰말뚝을 사용한다.

② 상부 구조물에 대한 대책
㈎ 상부 구조물의 강성 증대
㈏ 건물의 하중을 골고루 분포시킨다.

기출문제

8. 터파기 공사의 흙막이벽 공사에서 계측에 필요한 기기류를 3가지 쓰시오. [배점 3]

해답 ① 경사계 ② 토압 측정계 ③ 지중 침하계

해설 **흙막이의 계측**

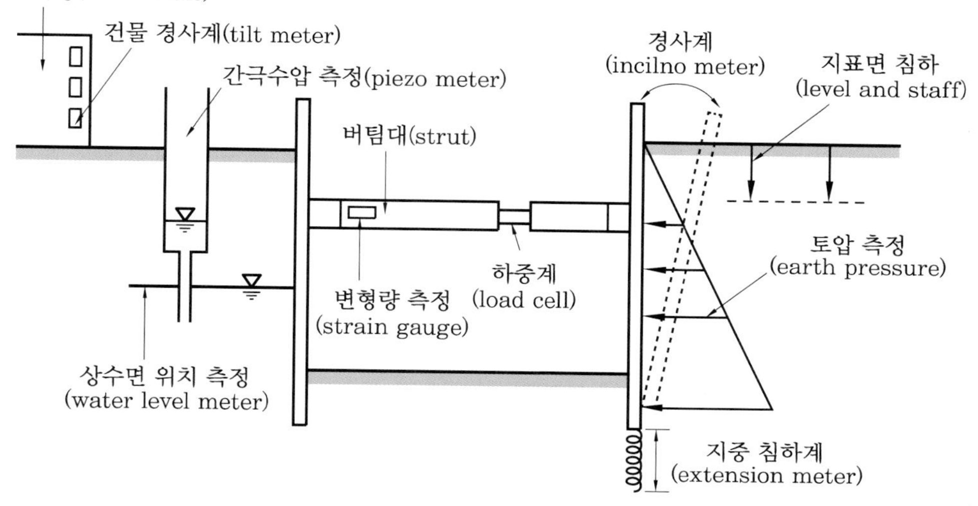

기출문제

9. 철골공사에서의 형강 및 철판의 절단 가공의 절단 방법의 종류를 3가지 쓰시오. [배점 3]

① 전단 ② 톱절단
③ 가스절단 ④ 전기절단

기출문제

10. 1층 바닥을 먼저 시공하고 동시에 지하층과 지상층을 시공하는 공법을 Top down method라 한다. 이 공법은 협소한 장소에서도 시공이 가능한 장점이 있는데, 그 이유를 쓰시오. [배점 2]

 Top down 공법은 1층 바닥을 선시공하여 이 바닥판을 작업장으로 활용하므로 협소한 대지에서도 효율적 공사가 가능하다.

기출문제

11. 프리스트레스트 콘크리트(pre-stressed concrete)에서 다음 방식에 대하여 간단하게 쓰시오. [배점 4]

(1) 프리텐션 방식 (2) 포스트텐션 방식

 (1) 강현재를 긴장하여 콘크리트를 타설·경화한 다음 긴장을 풀어주어 완성하는 공법
(2) 시스관을 설치하여 콘크리트를 타설·경화한 다음 관 내에 강현재를 삽입·긴장하여 고정하고 그라우팅하여 완성하는 공법

기출문제

12. 다음 그림은 철골 보-기둥 접합부의 그림이다. 각 번호에 해당하는 구성재의 명칭을 보기에서 골라 내용을 쓰시오. [배점 3]

[보기]
① 상부 플랜지 플레이트 ② 하부 플랜지 플레이트 ③ 전단 플레이트
④ 엔드 플레이트 ⑤ 스티프너

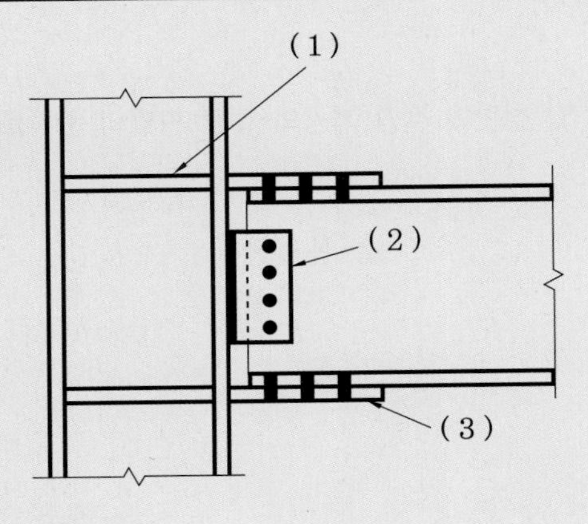

 (1) 스티프너
(2) 전단 플레이트
(3) 하부 플랜지 플레이트

기출문제

13. 지하 외벽 방수공사 중 안방수와 밖방수를 비교하여 차이점 4가지를 쓰시오. [배점 4]

해답
① 안방수는 수압에 불리하나 밖방수는 수압에 유리하다.
② 안방수는 공사시기를 자유로이 선택할 수 있으나, 밖방수 본공사에 선행되어야 한다.
③ 안방수는 시공 및 보수가 간단하나 밖방수는 복잡하다.
④ 안방수는 시공비가 비교적 저렴하나 밖방수는 비싸다.

기출문제

14. 다음 그림은 철근콘크리트 기둥의 단면이다. 다음 조건에 의해서 대근(띠철근)의 최대수직간격을 구하시오. [배점 2]

[조건]
(1) 기둥 크기 : 300mm × 400mm (2) 주철근 : 8－D22 (3) 대근 : D10

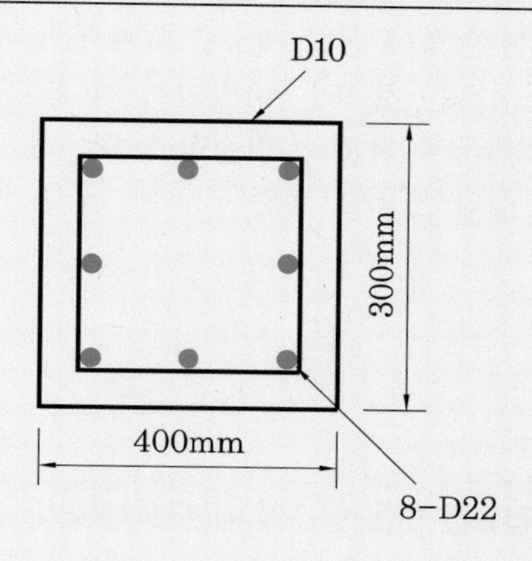

해답
다음 중 작은 값
① 22×16＝352 mm
② 10×48＝480 mm
③ 300 mm
∴ 300 mm

해설
대근(띠철근 : hoop bar)의 최대간격 : 다음 중 작은 값
① 주철근 직경의 16배
② 띠철근 직경의 48배
③ 기둥 단면의 최소폭 : 300 mm

기출문제

15. 커튼월(curtain wall) 공법을 구조 형식에 의한 구분과 조립 방식에 의한 구분으로 각각 2가지씩 쓰시오. [배점 4]

(1) 구조 형식에 의한 구분 (2) 조립 방식에 의한 구분

(1) mullion 방식, panel 방식
(2) 녹다운 방식, 유닛 방식

기출문제

16. 다음 미장 공사에 대한 용어에 대하여 간략히 설명하시오. [배점 4]

(1) 바탕처리 (2) 덧먹임

(1) 바탕처리 : 요철 또는 변형이 심한 개소를 고르게 덧바르거나 깎아내어 마감 두께가 균등하게 되도록 조정하는 것 또는 바탕면이 지나치게 평활할 때 거칠게 하여 미장 바름의 부착이 양호하도록 표면을 처리하는 것
(2) 덧먹임 : 바르기의 접합부 또는 균열의 틈새, 구멍 등에 반죽된 재료를 밀어 넣어 때우는 것

기출문제

17. 철근콘크리트 보에서 압축을 받는 철근의 기본정착길이(l_{db})를 구하시오. (단, 철근의 항복강도 f_y = 400 MPa, 보통 중량 콘크리트 λ = 1.0, D22, 콘크리트의 설계 기준강도 f_{ck} = 24 MPa) [배점 3]

① $l_{db} = \dfrac{0.25 \times 22 \times 400}{1.0 \times \sqrt{24}} = 449.07\,\text{mm}$

② $l_{db} = 0.043 d_b f_y = 0.043 \times 22 \times 400 = 378.40\,\text{mm}$

$\therefore$ 449.07 mm

해설 **압축 철근의 기본정착길이**

$$l_{db} = \frac{0.25 d_b f_y}{\lambda \sqrt{f_{ck}}} \geq 0.043 d_b f_y$$

여기서, d_b : 철근의 공칭지름

f_y : 철근의 항복강도

f_{ck} : 콘크리트의 설계기준강도(MPa)

λ : 경량 콘크리트(보통 중량 콘크리트) 계수

기출문제

18. 다음 그림의 압축력을 받는 철골조 기둥의 탄성좌굴하중(P_{cr})을 구하시오. (단, 단면 2차 모멘트 $I=798,000\,\text{mm}^4$, 탄성계수 $E=2\times10^5\,\text{MPa}$)

[배점 3]

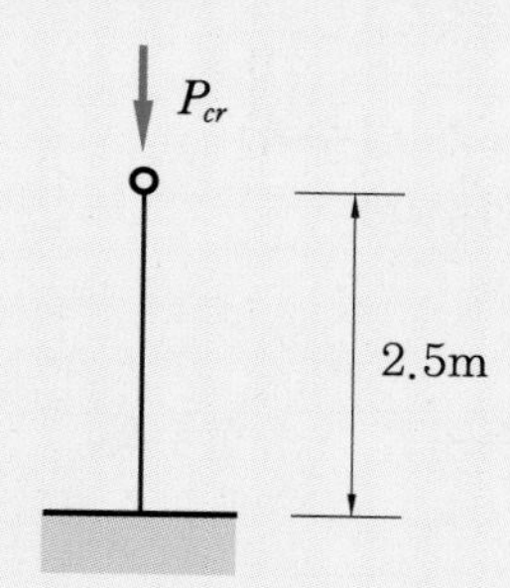

해답 $P_{cr}=\dfrac{\pi^2 EI}{(KL)^2}=\dfrac{\pi^2\times200,000\times798,000}{(2.0\times2500)^2}=63,007.55\,\text{N}=63.01\,\text{kN}$

$\therefore$ 63.01 kN

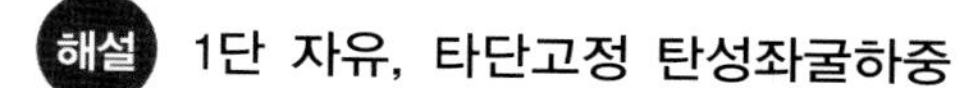

해설 **1단 자유, 타단고정 탄성좌굴하중**

$$P_{cr}=\frac{\pi^2 EI}{(KL)^2}$$

여기서, K : 유효좌굴길이 계수(타단고정이므로 $K=2.0$)

L : 부재의 길이

I : 단면 2차 모멘트

E : 강재의 탄성계수

기출문제

19. 철골공사에서 철골의 주각부의 베이스 플레이트(base plate) 시공에 사용되는 충전재의 명칭 2가지를 쓰시오.

[배점 2]

해답 ① 팽창 모르타르 ② 무수축 모르타르

기출문제

20. 건축 현장의 콘크리트 부어넣기 과정에서 거푸집의 측압에 영향을 주는 요인을 3가지 쓰시오. [배점 4]

① 콘크리트의 슬럼프
② 부어넣기 속도
③ 부배합

해설 **측압이 커지는 경우**
① 슬럼프가 클수록(시공연도가 클수록)
② 배합이 좋을수록(부배합일수록)
③ 부어넣기 속도가 빠를수록
④ 두께가 두꺼울수록
⑤ 다지기가 충분할수록(진동기를 사용할수록)
⑥ 대기 습도가 높을수록
⑦ 대기 온도가 낮을수록

기출문제

21. 다음은 강재 이음의 접합 방식이다. 각 방식의 장점에 대하여 2가지씩 쓰시오. [배점 4]
(1) 용접
(2) 고력볼트

(1) 용접의 장점
① 강재의 절약
② 건물 경량화 도모

(2) 고력볼트의 장점
① 화재의 위험성이 적다.
② 불량 개소의 수정이 쉽다.

해설
(1) 철골 용접의 장점
① 강재의 절약
② 시공 시 소음, 진동이 적다.
③ 건물의 경량화 도모
④ 건물의 일체성과 강성을 확보

⑤ 기름, 기체 등에 대해 고도의 수밀성 유지

(2) 고력볼트 조임의 장점

① 리벳, 용접 접합에 비해 화재 위험성이 적다.
② 소음, 진동이 적다.
③ 불량 개소의 수정이 쉬우며 접합부 강성이 높다.
④ 현장 시공 설비가 간단하다.
⑤ 노동력이 절감되고 공사 기간도 단축시킬 수 있다.

기출문제

22. 다음 데이터를 보고 네트워크 공정표를 작성하시오. (단, 비고란을 참고하여야 한다.)

[배점 4]

<table>
<tr><th>작업명</th><th>작업일수</th><th>선행작업</th><th>비고</th></tr>
<tr><td>A</td><td>5</td><td>–</td><td rowspan="9">(1) 주공정선(CP)은 굵은 선으로 표시한다.
(2) 각 결합점 일정 계산은 다음과 같은 PERT 기법으로 계산한다.
ET | LT
작업명 / 공사일수 → (i) → 작업명 / 공사일수
(3) 결합점 번호는 반드시 기입한다.</td></tr>
<tr><td>B</td><td>2</td><td>–</td></tr>
<tr><td>C</td><td>3</td><td>–</td></tr>
<tr><td>D</td><td>5</td><td>A, B, C</td></tr>
<tr><td>E</td><td>3</td><td>A, B, C</td></tr>
<tr><td>F</td><td>2</td><td>A, B, C</td></tr>
<tr><td>G</td><td>2</td><td>D, E</td></tr>
<tr><td>H</td><td>5</td><td>D, E, F</td></tr>
<tr><td>I</td><td>4</td><td>D, F</td></tr>
</table>

해답 네트워크 공정표

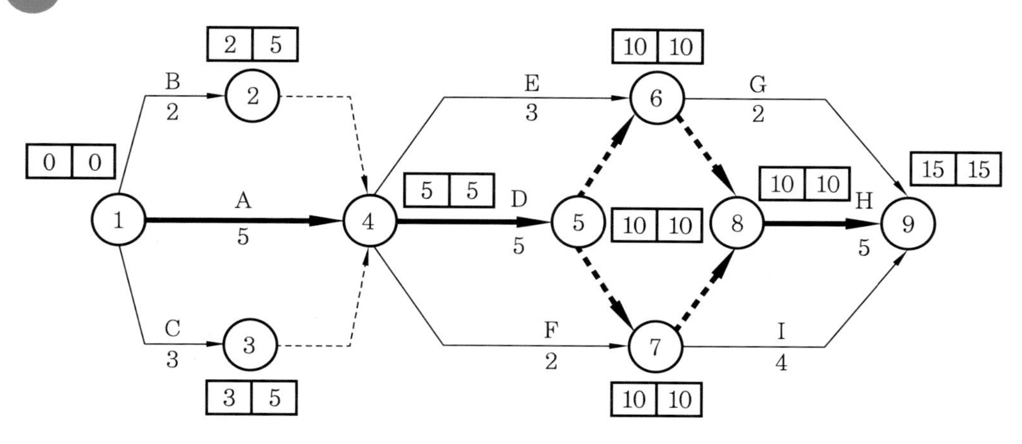

기출문제

23. 연약한 점토지반의 개량공법 중의 하나인 샌드 드레인 공법(sand drain method)에 대하여 간략하게 설명하시오. [배점 2]

해답 샌드 드레인 공법은 연약한 점토지반에 모래 말뚝을 설치함으로써 점토지반을 압밀하여 점토지반의 간극수를 모래 말뚝으로 배출하면서 지반을 개량하는 공법이다.

기출문제

24. 벽돌(표준형) 1,000장으로 1.5B 벽두께로 쌓을 수 있는 벽면적을 구하시오. (단, 할증율은 고려하지 않는다.) [배점 4]

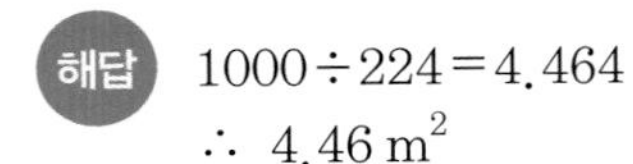

해답 $1000 \div 224 = 4.464$

$\therefore\ 4.46\ \text{m}^2$

기출문제

25. 다음은 건축공사 표준시방서에 따른 기준 중 콘크리트의 압축강도를 시험하지 않을 경우 해체 시기를 나타낸 표이다. 빈칸에 알맞은 일수를 표기하시오. [배점 4]

콘크리트의 압축강도를 시험하지 않을 경우(기초, 보옆, 기둥, 벽 등의 측벽)

시멘트의 종류 / 평균기온	조강포틀랜드 시멘트	보통포틀랜드 시멘트 고로슬래그 시멘트(1종) 플라이애시 시멘트(1종) 포틀랜드포졸란 시멘트(A종)	고로슬래그 시멘트(2종) 플라이애시 시멘트(2종) 포틀랜드포졸란 시멘트(B종)
20℃ 이상	(1)	(2)	4일
20℃ 미만 10℃ 이상	3일	(3)	(4)

해답 (1) 2일 (2) 3일

(3) 4일 (4) 6일

기출문제

26. 미장 재료를 기경성 재료와 수경성 재료로 구분하여 두 가지씩 쓰시오. [배점 4]

(1) 기경성 미장 재료

(2) 수경성 미장 재료

해답 (1) 기경성 미장 재료

① 돌로마이트 플라스터 ② 진흙

③ 회반죽 ④ 아스팔트 모르타르

(2) 수경성 미장 재료

① 순석고 플라스터

② 킨즈 시멘트(경석고 : 무수석고)

③ 시멘트 모르타르

기출문제

27. 강구조에서 비틀림이 발생하지 않고 휨변형만 생기는 전단 중심(shear center)의 위치를 다음 그림의 형강 단면에 표시하시오. [배점 5]

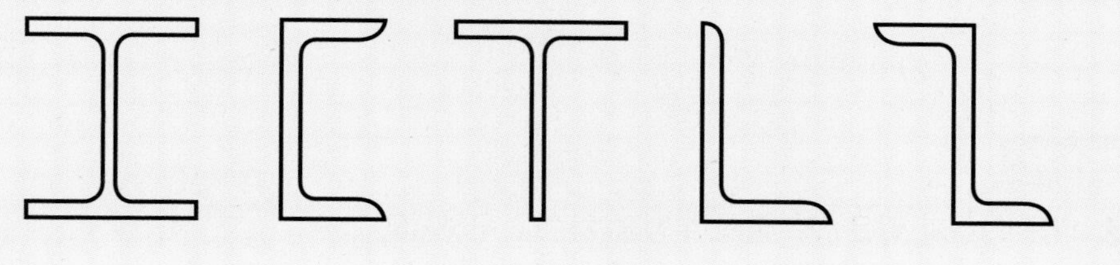

해답

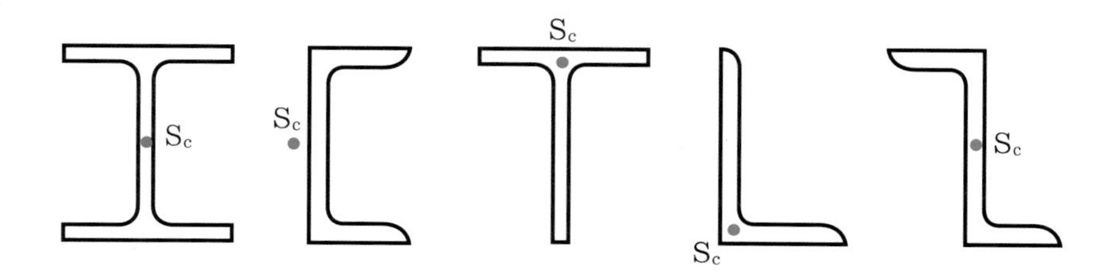

해설 전단 중심(shear center)

① 부재에 비틀림이 발생하지 않고, 휨변형만 발생하는 점

② 단면의 전단 중심 위치는 다음과 같다.

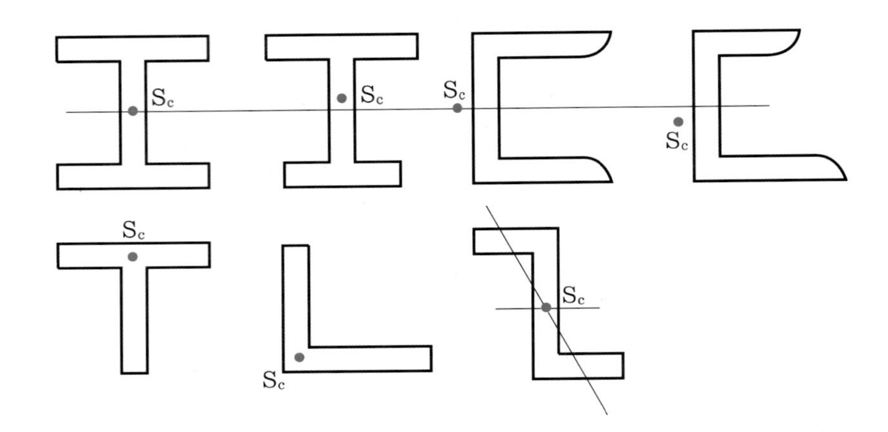

기출문제

28. 철근 콘크리트 공사에서 철근간격을 일정하게 유지시키는 이유 2가지를 쓰시오 [배점 4]

해답 ① 적절한 응력 확보
② 콘크리트 균열 저하
③ 시공성 확보

기출문제

29. 다음 그림과 같은 구조물의 부정정 차수를 구하시오. [배점 3]

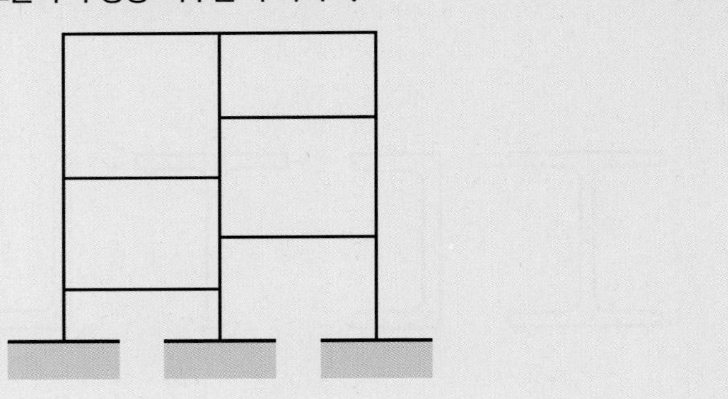

해답 $m = n + s + r - 2k = 9 + 17 + 20 - 2 \times 14 = 18$

$\therefore m = 18$차

부정정 구조물의 판별식

$m = n + s + r - 2k$

여기서, n : 반력수, s : 부재수, r : 강절점수, k : 절점수(지점과 자유단 포함)

기출문제

30. 다음 그림의 x축에 대한 단면 2차 모멘트(I_x)를 구하시오. [배점 4]

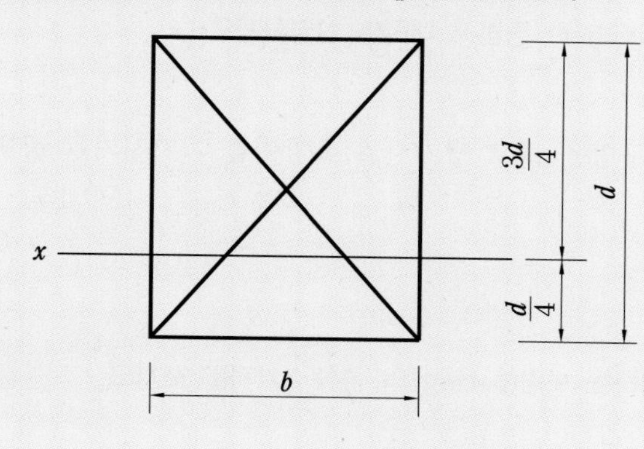

$$I_x = I_X + Ay^2 = \frac{bd^3}{12} + bd\left(\frac{d}{4}\right)^2 = \frac{bd^3 \times 4}{12 \times 4} + \frac{bd^3 \times 3}{16 \times 3}$$

$$= \frac{4bd^3}{48} + \frac{3bd^3}{48} = \frac{7bd^3}{48}$$

단면 2차 모멘트

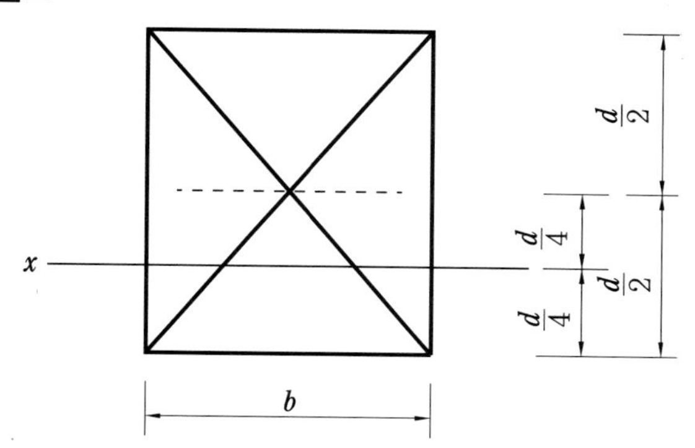

$I_x = I_X + Ay^2$

여기서, I_X : 도심축에 대한 단면 2차 모멘트

A : 면적

y : 도심까지의 거리

2012년도 | 4회 기출문제

기출문제

1. 어스 앵커(earth anchor) 공법에 대하여 설명하시오. [배점 2]

흙막이 후면에 구멍을 뚫고 앵커시켜 흙막이를 지지시키는 공법

기출문제

2. 지반 조사 시 실시하는 보링(boring)의 종류 3가지를 쓰시오. [배점 3]

① 수세식 보링 ② 충격식 보링 ③ 회전식 보링 ④ 오거 보링

기출문제

3. 작업 리스트에서 네트워크 공정표를 작성하고, 각 작업의 여유시간을 구하시오. [배점 10]

작업명	선행작업	작업일수	비고
A	없음	4	(1) CP는 굵은 선으로 표시한다. (2) 각 결합점에는 다음과 같이 표시한다. EST LST / LFT EFT (3) 각 작업은 다음과 같이 표시한다. i —작업명 / 작업일수→ j
B	A	6	
C	A	5	
D	A	4	
E	B	3	
F	B, C, D	7	
G	D	8	
H	E	6	
I	E, F	5	
J	E, F, G	8	
K	H, I, J	6	

 (1) 네트워크 공정표

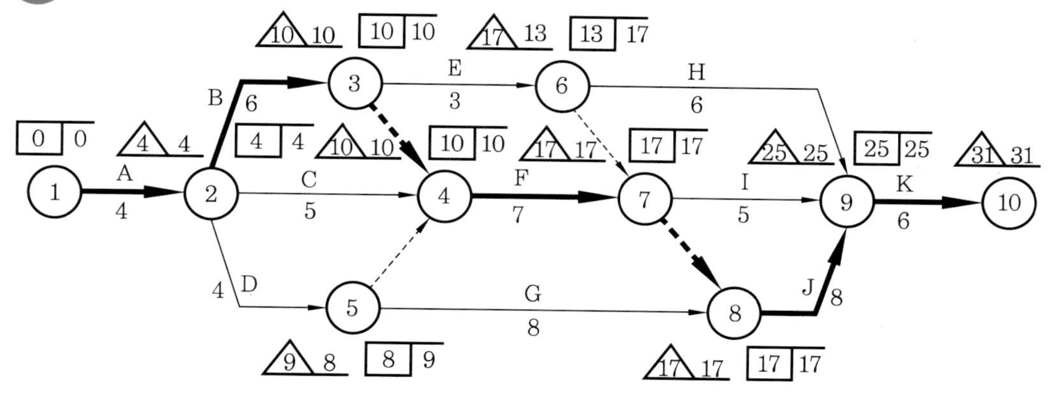

(2) 여유시간

작업명	TF	FF	DF
A	0	0	0
B	0	0	0
C	1	1	0
D	1	0	1
E	4	0	4
F	0	0	0
G	1	1	0
H	6	6	0
I	3	3	0
J	0	0	0
K	0	0	0

기출문제

4. 다음은 흙의 터파기 및 흙막이 설치 시 파괴 현상에 관련된 용어이다. 각 용어에 대하여 간략하게 쓰시오.

[배점 6]

(1) 흙의 휴식각 (2) 히빙 현상 (3) 보일링 현상

 (1) 흙의 휴식각 : 흙의 입자 간에 부착력·응집력을 무시하고 마찰력만으로 중력에 대하여 정지하는 흙의 경사면의 각도

(2) 히빙 현상 : 널말뚝 하부의 지반이 연약한 경우 널말뚝 하부의 흙이 흙막이 밖에 있는 흙의 중량과 지표재의 하중에 의해서 흙파기 저면으로 밀려 불룩하게 되는 현상
(3) 보일링 현상 : 널말뚝 하부에 사질지반 또는 투수성이 좋은 지반이 있는 경우 지하수 또는 피압수에 의해 사질지반의 입자가 유실되어 지지력을 잃는 현상

기출문제

5. 다음 조건으로 요구하는 물량을 산출하시오. (단, $L=1.3$, $C=0.9$) [배점 9]

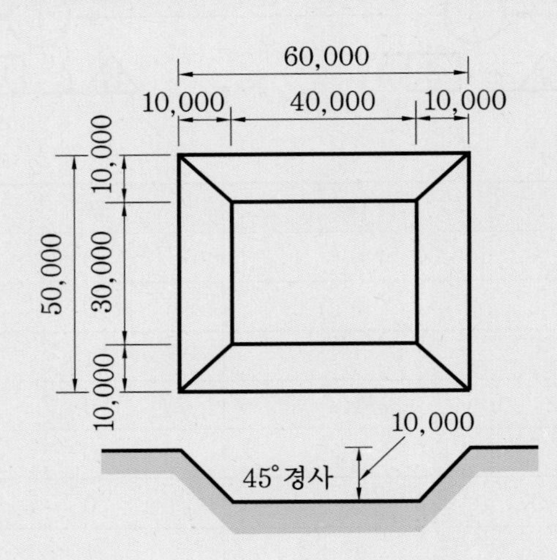

(1) 터파기량을 산출하시오.
(2) 운반 대수를 산출하시오. (단, 운반 대수 1대의 적재량은 $12\,m^3$)
(3) $5{,}000\,m^2$의 면적을 가진 성토장에 성토하여 다짐할 때 표고는 몇 m인지 구하시오. (단, 비탈면은 수직으로 가정한다.)

해답 (1) 터파기량 $V=\dfrac{h}{6}\{(2a+a')b+(2a'+a)b'\}$

$$=\frac{10}{6}\times\{(2\times60+40)\times50+(2\times40+60)\times30\}$$

$$=20,333.33\,\mathrm{m}^3$$

(2) 운반대수 $N=\dfrac{20,333.33\times1.3}{12}=2,202.78=2,203$ 대

(3) 표고 $h=\dfrac{20,333.33\times0.9}{5,000}=3.66\,\mathrm{m}$

기출문제

6. 다음 그림의 띠철근기둥에서의 중심축 하중을 받는 단주의 최대설계축하중 $\phi P_{n(\max)}$을 구하시오. (단, $f_{ck}=24$ MPa, $f_y=400$ MPa, $A_{st}=3{,}096$ mm^{2}이다.) [배점 4]

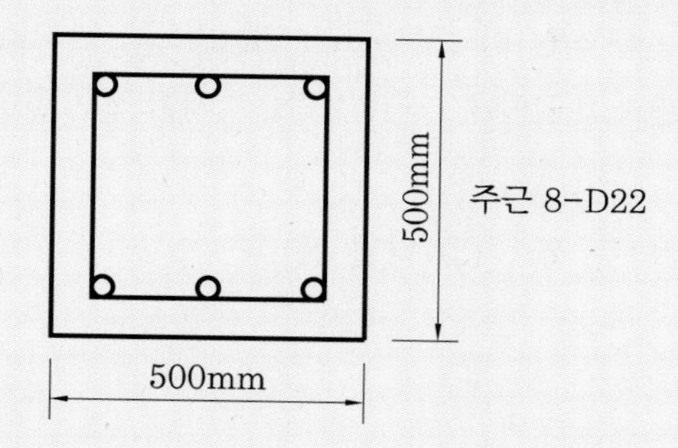

해답 최대설계축하중 $\phi P_{n(\max)}$

$= 0.8\times0.65\times\{0.85\times24\times(500\times500-3{,}096)+400\times(8\times387)\}$

$= 3{,}263{,}125\,\text{N} = 3{,}263.13\,\text{kN}$

해설 **단주의 최대설계축하중(중심축 하중을 받는 경우)**

$\phi P_{n(\max)} = \phi\,\alpha P_o = \phi\alpha(0.85 f_{ck} A_c + f_y A_{st})$

여기서, α: 보정계수(나선철근기둥 : 0.85, 띠철근기둥 : 0.8)

ϕ : 강도감소계수(나선철근기둥 : 0.7, 띠철근기둥 : 0.65)

A_{st} : 기둥의 콘크리트 단면적

f_y : 철근의 항복강도

기출문제

7. 도장공사에 사용되는 녹막이용 도장 재료 2가지를 쓰시오. [배점 2]

해답 ① 유성 페인트 ② 광명단 페인트

해설 **금속 재료의 녹막이 도료(방청 도료)**

금속의 표면에 공기, 물, 이산화탄소가 접촉하여 부식이 생기거나 금속이 화학적으로 반응하여 녹이 발생한다. 이러한 녹이 발생하는 것을 막아주는 것을 방청 도료라 한다. 종류에는 유성 페인트, 광명단 페인트 등이 있다.

기출문제

8. **다음은 특수 거푸집에 관한 설명이다. 각각에 알맞은 용어를 쓰시오.** [배점 3]

(1) 신축이 가능한 무지주 공법의 수평 지지보

(2) 무량판 구조에서 2방향 장선 바닥판 구조가 가능하도록 된 기성재 거푸집

(3) 한 구획 전체의 벽판과 바닥판을 ㄱ자형 또는 ㄷ자형으로 짜는 거푸집

해답 (1) 페코 빔 (2) 와플 폼 (3) 터널 폼

기출문제

9. **지지상태가 1단 자유, 타단 고정이고 길이가 2.5 m($H-120\times80\times6\times8$)인 경우 탄성 좌굴하중을 구하시오.** (단, $I_x=3.83\times10^6\,\text{mm}^4$, $I_y=1.34\times10^6\,\text{mm}^4$, $E=2.05\times10^5\,\text{N/mm}^2$이다.) [배점 4]

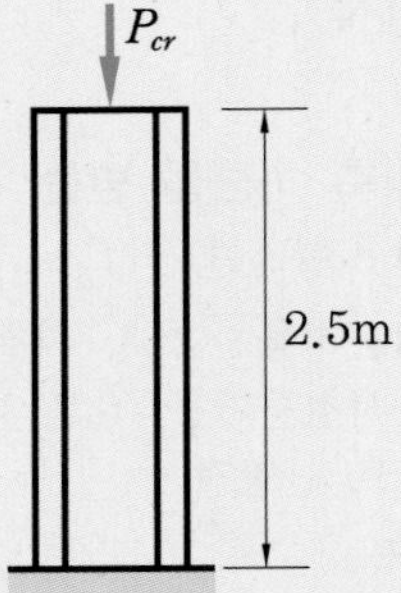

해답 ① 유효좌굴길이 계수 $K=2.0$

② 탄성좌굴하중

$$P_{cr}=\frac{\pi^2 EI}{(KL)^2}=\frac{\pi^2\times2.05\times10^5\times1.34\times10^6}{(2\times2.5\times10^3)^2}=108,447.213\,\text{N}=108.45\,\text{kN}$$

해설 장주의 유효좌굴길이(l_k)

1단고정 타단자유	양단힌지	1단힌지 타단고정	양단고정
L	L	L	L
$2L$	$1L$	$0.7L$	$0.5L$

탄성좌굴하중$(P_{cr})=\dfrac{\pi^2 EI}{(KL)^2}$

여기서, K : 유효좌굴길이 계수, L : 부재 길이
E : 강재의 탄성계수, I : 단면 2차 모멘트

기출문제

10. 다음 그림과 같은 보에서 외력에 의한 인장측에 휨균열을 일으키는 균열 모멘트(M_{cr})을 구하시오. (단, 콘크리트는 보통 중량 콘크리트이며 $f_{ck}=24$ MPa, $f_y=400$ MPa이다.)

[배점 4]

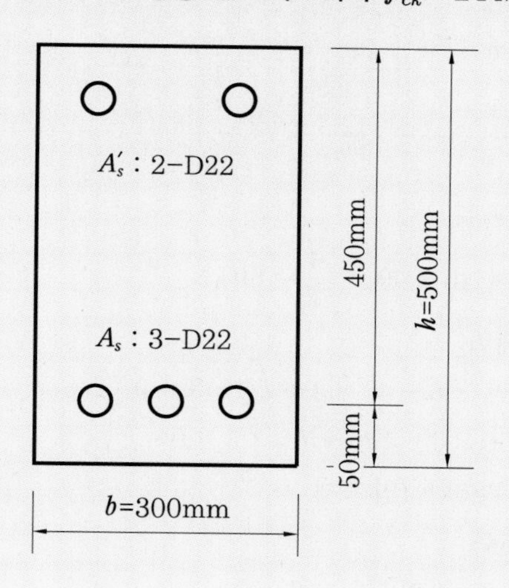

해답 ① 보통 중량 콘트리트 $\lambda=1.0$

② 단면계수 $Z=\dfrac{bh^2}{6}=\dfrac{300\times500^2}{6}=12.5\times10^6\text{mm}^3$

③ 휨인장강도 $f_r=0.63\lambda\sqrt{f_{ck}}=0.63\times1\times\sqrt{24}=3.09\text{MPa}$

④ 인장측 균열 모멘트 $M_{cr}=f_r\cdot Z=3.09\times12.5\times10^6$

$=38{,}625{,}000\text{N}\cdot\text{mm}=38{,}625\text{kN}\cdot\text{mm}$

해설 (1) 휨인장강도(파괴계수)

① $f_r=0.63\lambda\sqrt{f_{ck}}$

여기서, λ : 경량콘크리트 계수(보통 중량 콘크리트 $\lambda=1.0$)
f_{ck} : 설계기준압축강도(일반 콘크리트 : 재령 28일 압축강도)

② 휨인장강도는 콘크리트 압축강도의 $\dfrac{1}{5}\sim\dfrac{1}{8}$ 정도이다.

(2) 단면계수 $Z=\dfrac{bh^2}{6}$

(3) 인장측 균열 모멘트 $M_{cr}=f_r\cdot Z$

기출문제

11. 다음 그림과 같은 트러스에서 L_2, U_2, D_2의 부재력을 절단법으로 구하시오. [배점 4]

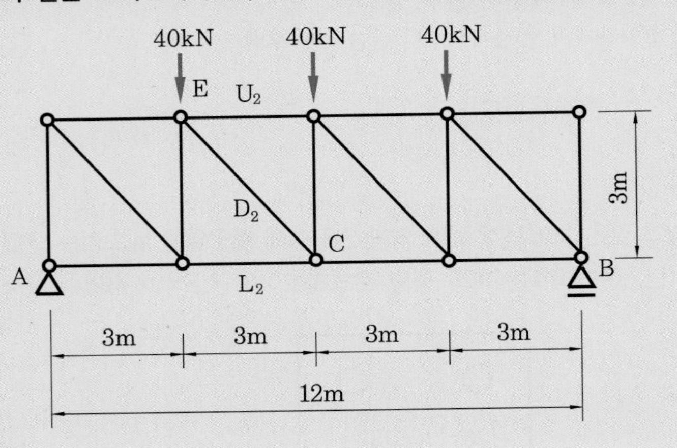

해답 (1) 반력 $R_A = (40+40+40) \times \dfrac{1}{2} = 60\,\text{kN}$

(2) U_2 부재의 부재력

$\sum M_C = 0$에서 $R_A \times 6 - 40 \times 3 + U_2 \times 3 = 0$

$60 \times 6 - 120 + U_2 \times 3 = 0$

$\therefore U_2 = -80\text{kN} = 80\text{kN}$ (압축재)

(3) L_2 부재의 부재력

$\sum M_E = 0$ 에서 $R_A \times 3 - L_2 \times 3 = 0$

$60 \times 3 - L_2 \times 3 = 0$

$\therefore L_2 = 60\text{kN}$ (인장재)

(4) D_2 부재의 부재력

$\sum V = 0$ 에서 $R_A - 40 - D_2 \times \dfrac{1}{\sqrt{2}} = 0$

$\therefore D_2 = 20\sqrt{2}\,\text{kN}$ (인장재)

기출문제

12. LCC(Life Cycle Cost : 생애 주기 비용)의 내용을 간략하게 쓰시오. [배점 2]

건물이 탄생해서 소멸될 때까지의 소요되는 모든 비용, 즉 건물의 기획·설계·시공·유지관리·철거 등에 필요한 모든 비용

기출문제

13. 아크 용접에서 피복제의 역할 3가지를 쓰시오. [배점 3]

해답 ① 공기를 차단하여 용접의 산화 또는 질화를 방지한다.
② 함유 원소를 이온화하여 아크를 안정시킨다.
③ 용융 금속의 탈산, 정련을 한다.
④ 용착 금속의 합금 원소를 가한다.

기출문제

14. 목공사에 이용되는 목재의 접합 중 다음의 이음·맞춤·쪽매에 대하여 간략하게 설명하시오. [배점 3]

(1) 이음 (2) 맞춤 (3) 쪽매

해답 (1) 이음 : 두 개의 부재를 길이 방향으로 접합
(2) 맞춤 : 두 개의 부재를 직각 또는 경사 방향으로 접합
(3) 쪽매 : 두 개의 부재를 평행 방향으로 접합

참고 이음·맞춤·쪽매

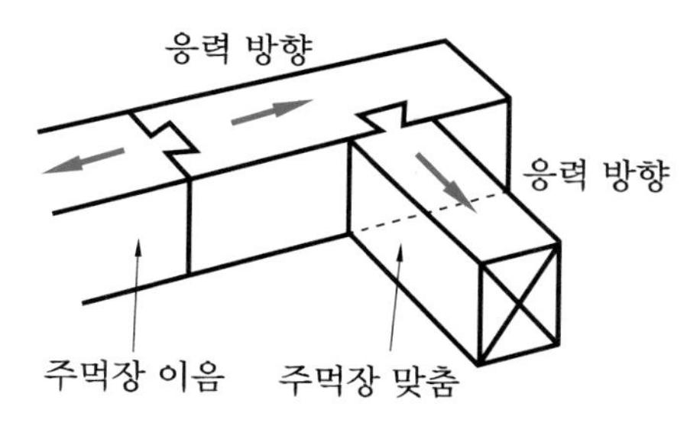

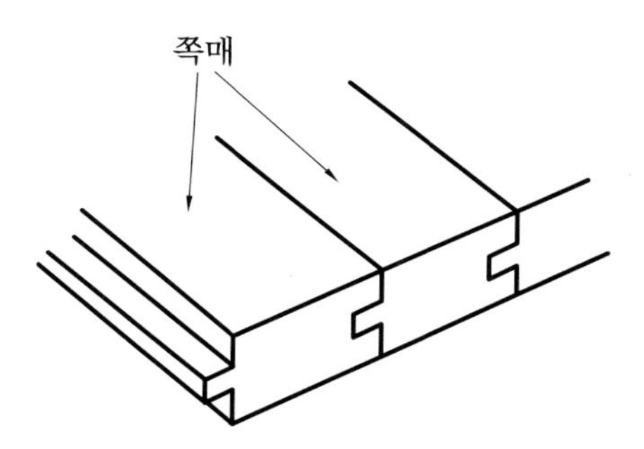

기출문제

15. 지반조사에서의 지내력 시험 방법 2가지를 쓰시오. [배점 2]

해답 ① 평판 재하 시험 ② 말뚝 재하 시험

기출문제

16. 그림에서와 같이 터파기를 했을 경우, 인접 건물의 주위 지반이 침하할 수 있는 원인을 3가지 쓰시오. (단, 일반적으로 인접하는 건물보다 깊게 파는 경우) [배점 3]

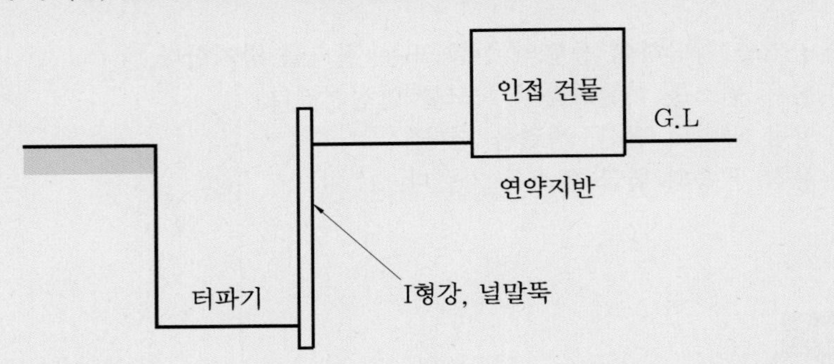

해답 ① 보일링 파괴 발생 시
② 히빙 파괴 발생 시
③ 파이핑 현상 발생 시
④ 흙막이 배면토 채움 불량
⑤ 지하수 배수에 의한 지반 이완
⑥ 널말뚝 설치 주위 지반 과대 적재

해설 (1) 히빙 현상(heaving failure)

① 정의 : 널말뚝 하부 지반이 연약한 경우 널말뚝 하부 흙이 흙막이 바깥에 있는 흙의 중량과 지표 재하중의 중량에 견디지 못하여 흙파기 저면으로 밀려 불룩하게 되는 현상

② 대책 방안

㈎ 굳은 지층까지 밑둥넣기를 한다.
㈏ 저면의 연약지반을 개량한다.
㈐ 터파기 주변에 중량물을 적재하지 않는다.

(2) 보일링 현상(boiling of sand, quick sand)

① 정의 : 널말뚝 하부에 투수성이 좋은 사질지반이 있는 경우 지하수 또는 피압수의 유수에 의하여 모래 입자가 유실되어 지지력이 없어지는 현상

② 대책 방안

㈎ 지하수위를 낮춘다.
㈏ 널말뚝을 양질의 점토층까지 밑둥넣기를 한다.
㈐ 굴착 저면에 약액 주입 등의 지반 개량을 하여 물의 유입을 막아준다.

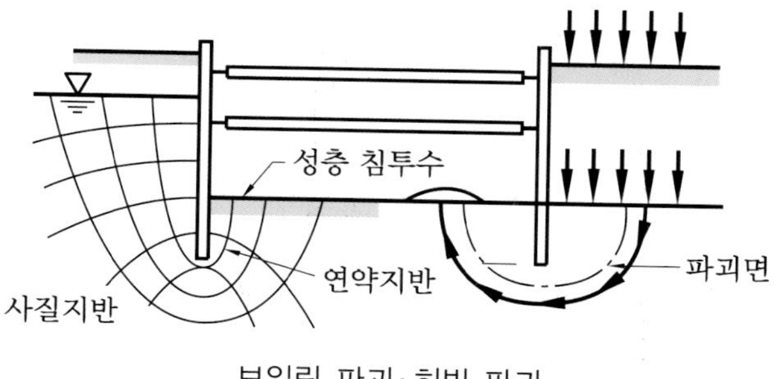

보일링 파괴·히빙 파괴

기출문제

17. 다음은 콘크리트의 혼화재료에 관한 내용이다. 다음 내용에 알맞은 혼화재료의 용어를 쓰시오.

[배점 3]

(1) 콘크리트 내부에 미세한 독립된 기포를 만들어 콘크리트의 작업성 및 동결 융해에 대한 저항 성능을 증가시키기 위해 사용되는 혼화제

(2) 콘크리트 내부의 철근이 염화물에 의해서 부식되는 것을 막기 위해 이용되는 혼화제

(3) 콘크리트의 중량을 줄이고, 단열성을 증가시키기 위해 콘크리트 내부의 기포를 물리적으로 만드는 혼화제

해답 (1) 공기 연행제(AE제) (2) 방청제 (3) 기포제

기출문제

18. 금속 공사에 이용되는 철물이 뜻하는 다음 용어에 대한 설명을 보기에서 골라 번호로 쓰시오.

[배점 4]

(1) 와이어 라스 (2) 메탈 라스

(3) 와이어 메시 (4) 펀칭 메탈

[보기]

① 철선을 꼬아 만든 철망
② 얇은 철판에 각종 모양을 도려낸 것
③ 벽·기둥의 모서리에 대어 미장 바름을 보호하는 철물
④ 테라조 현장 갈기의 줄눈에 쓰이는 것
⑤ 얇은 철판에 자름금을 내어 당겨 늘린 것
⑥ 연강 철선을 직교시켜 전기 용접한 것
⑦ 천장·벽 등의 이음새를 감추고 누르는 것

해답 (1) ① (2) ⑤ (3) ⑥ (4) ②

기출문제

19. 다음 ( ) 안에 알맞은 수치를 넣으시오. [배점 2]

(1) 조적식 구조에서 내력벽의 길이 : ( )m 이하

(2) 조적식 구조에서의 내력벽으로 둘러싸인 부분의 바닥면적 : ( )m^2 이하

해답 (1) 10 (2) 80

기출문제

20. $L-90$ 형강의 단위 중량이 13.3 kg/m일 때 $2L-90\times90\times10$ 형강의 길이 5 m의 중량(kg)을 구하시오. [배점 2]

해답 $5\times13.3\times2=133\,\text{kg}$

해설 $2L-90\times90\times10$

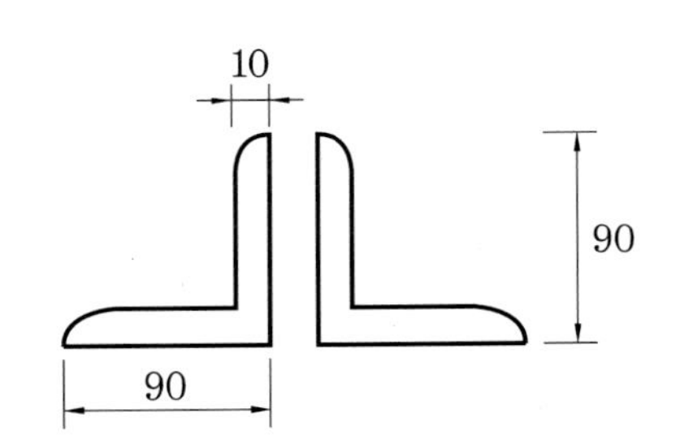

기출문제

21. 건설업의 TQC에 이용되는 도구 중 다음을 간단히 설명하시오. [배점 4]

(1) 파레토도 (2) 특성 요인도

(3) 층별 (4) 산점도

해답 (1) 불량, 결점, 고장 등의 발생 건수를 분류 항목별로 나누어 크기 순서대로 나열해

놓은 것

(2) 결과에 원인이 어떻게 관계하고 있는가를 한눈에 알아보기 위하여 작성하는 것

(3) 집단을 구성하고 있는 많은 데이터를 어떤 특징에 따라 몇 개의 집단으로 나눈 것

(4) 서로 대응하는 두 개의 짝으로 된 데이터를 그래프 용지 위에 점으로 나타낸 그림

기출문제

22. 네트워크(network) 공정 관리 기법 중 서로 관계 있는 항목을 연결하시오. [배점 4]

① 계산공기 ② 패스(path) ③ 더미(dummy) ④ 플로트(float)	ⓐ 네트워크상에서 둘 이상의 작업이 연결된 작업의 경로 ⓑ 네트워크 시간 산식에 의하여 얻은 기간 ⓒ 작업의 여유시간 ⓓ 네트워크에서 작업의 상호 관계를 나타내는 점선 ⓔ 작업관리상 생략이 가능한 경로 ⓕ 미리 공기를 예측하는 것

해답 ①-ⓑ, ②-ⓐ, ③-ⓓ, ④-ⓒ

기출문제

23. 철골 용접 접합에서 발생하는 결함 항목 3가지를 쓰시오. [배점 3]

해답 ① 슬래그(slag) 감싸들기 ② 언더컷(undercut) ③ 오버랩(overlap)

기출문제

24. 기초와 지정의 차이점을 기술하시오. [배점 4]

(1) 기초 (2) 지정

해답 (1) 기초 : 건물의 최하부에 있어 건물의 하중을 받아 이것을 지반에 안전하게 전달시키는 구조 부분

(2) 지정 : 기초를 보강하거나 지반의 지지력을 증가시키기 위한 구조

기출문제

25. 다음 용어를 간단히 설명하시오. [배점 4]

(1) 콜드 조인트(cold joint)

(2) 블리딩(bleeding)

(1) 콜드 조인트(cold joint) : 콘크리트 시공 과정 중 휴식시간 등으로 응결하기 시작한 콘크리트에 새로운 콘크리트를 이어칠 때 일체화가 저해되어 생기게 되는 줄눈

(2) 블리딩(bleeding) : 굳지 않은 콘크리트에서 내부의 물이 위로 떠오르는 현상

기출문제

26. 콘크리트의 알칼리 골재 반응을 방지하기 위한 대책 3가지를 쓰시오. [배점 3]

① 양질의 골재를 사용한다.

② 저알칼리 시멘트를 사용한다.

③ AE제·포졸란재 등의 혼화재료를 사용한다.

기출문제

27. 다음 그림과 같은 직사각형 단면에서 x축, y축에 대한 단면 2차 모멘트비 I_x/I_y를 구하시오. [배점 2]

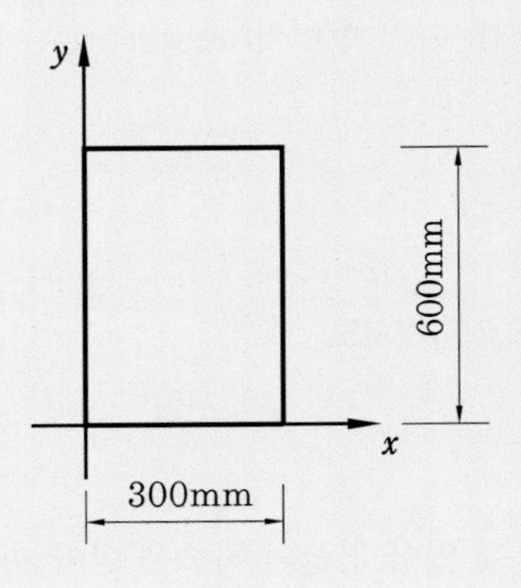

해답 $I_y = \dfrac{600 \times 300^3}{12} + 600 \times 300 \times \left(\dfrac{300}{2}\right)^2 = 54 \times 10^8 \text{mm}^4$

$I_x = \dfrac{300 \times 600^3}{12} + 300 \times 600 \times \left(\dfrac{600}{2}\right)^2 = 216 \times 10^8 \text{mm}^4$

$I_x / I_y = 216 \times 10^8 / 54 \times 10^8 = 4$

기출문제

28. 다음 그림의 겔버보에서 A 지점의 휨모멘트를 구하시오. [배점 2]

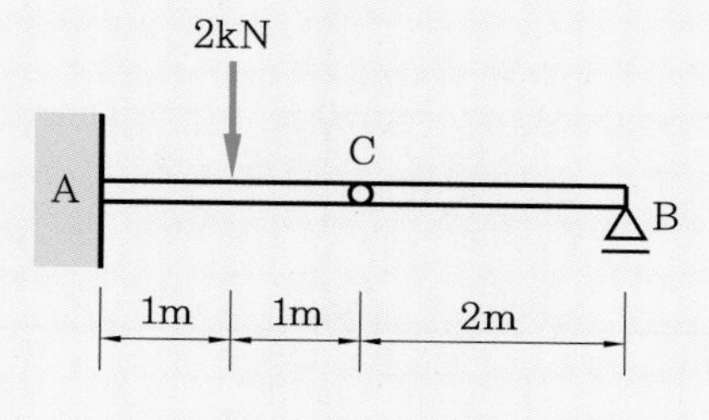

해답 $M_A = 2 \times 1 = -2\text{kN} \cdot \text{m}$(우측으로 계산했으므로 부호 변경)

2013년도 | 1회 기출문제

기출문제

1. 다음 그림은 상로교 형식의 프랫 트러스(pratt truss)와 하로교 형식의 하우 트러스(howe truss)를 나타낸 것이다. ①~⑧까지의 부재를 인장재와 압축재로 구분하시오. [배점 4]

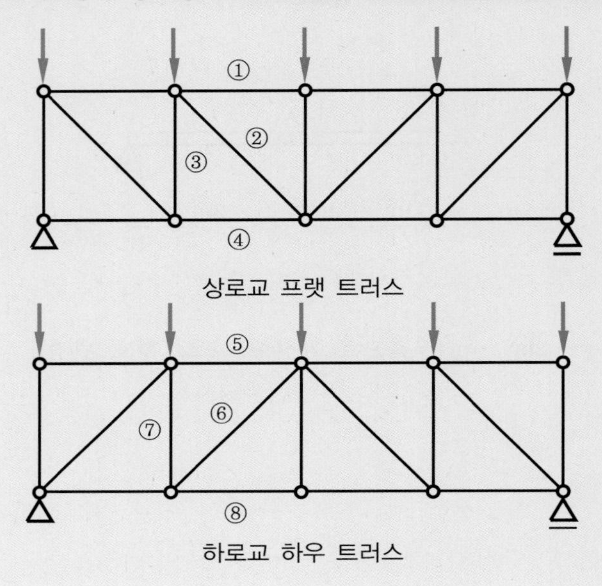

(1) 압축재 : ①, ③, ⑤, ⑥
(2) 인장재 : ②, ④, ⑦, ⑧

해설 **부재의 압축재, 인장재의 판별**

(1) 해석상 필요 조건

① 트러스에서 하중은 힌지 절점에만 작용하는 것으로 한다.
② 각 부재에는 축방향력만 발생한다.
(각 부재에는 휨모멘트나 전단력은 발생하지 않는다.)

(2) 축방향력의 판별

① 상현재는 모두 압축재이다. (지점의 빗재, 수직재도 포함한다.)
② 하현재는 모두 인장재이다.

③ 복부재

(가) 0 부재를 확인한다.

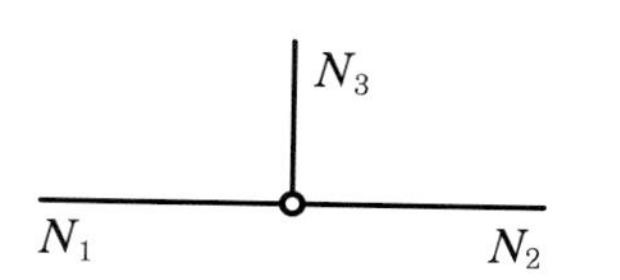

절점에 하중이 작용하지 않으면
N_1, N_2 부재력은 같고($N_1 = N_2$)
$N_3 = 0$ 부재이다.

(나) 지점에서의 복부재에서 중앙 부재까지 +, − 부재로 반복한다.

(3) 트러스 종류에 따른 축방향력 판별

① 하우 트러스(howe truss)

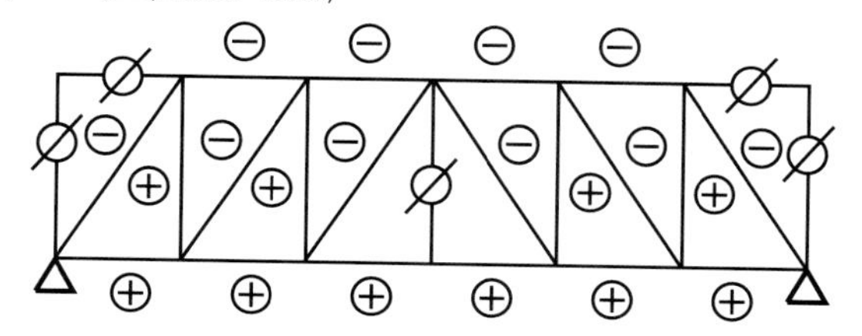

② 프랫 트러스(pratt truss)

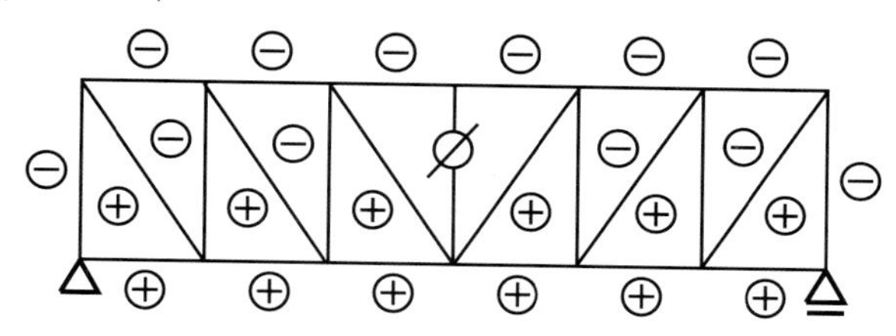

③ 와렌 트러스(warren truss)

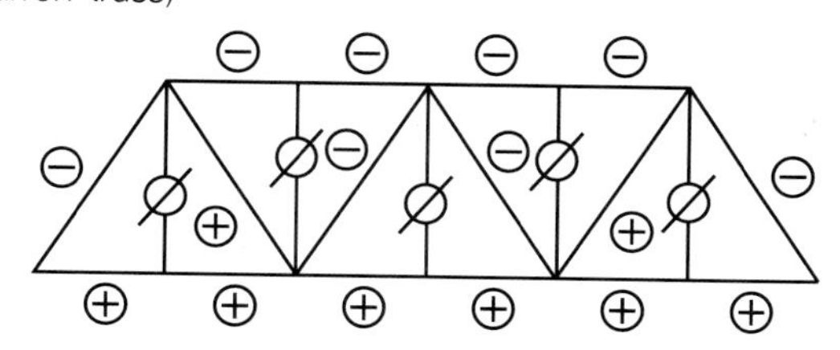

기출문제

2. 용접 착수 전 용접부 검사항목을 보기에서 골라 3가지를 쓰시오. [배점 3]

[보기]

① 트임새 모양 ② 전류 ③ 침투수압 ④ 운봉 ⑤ 모아대기법
⑥ 외관 판단 ⑦ 구속법 ⑧ 용접봉 ⑨ 초음파 검사

해답 ①, ⑤, ⑦

기출문제

3. **다음 표에 제시한 기호 및 창호 재료의 종류를 참조하여 창호 표시 기호표의 빈칸을 채우시오.** [배점 3]

(1) 창호 재료의 종류 기호

기호	재료의 종류
A	알루미늄
P	플라스틱
S	강철
W	목재
SS	스테인리스 스틸

(2) 창, 문, 셔터의 기호

기호	창호 구별
D	문
W	창
S	셔터

(3) 창호 표시 기호표

구분	창	문
철제	1 / (①)	2 / (②)
목제	3 / (③)	4 / (④)
알루미늄제	5 / (⑤)	6 / (⑥)

해답 ① SW ② SD ③ WW
④ WD ⑤ AW ⑥ AD

기출문제

4. 다음 그림과 같은 철근콘크리트 기둥이 양단힌지로 지지되어 있는 상태에서 약축에 대한 세장비가 150일 때 기둥의 길이를 구하시오.

[배점 3]

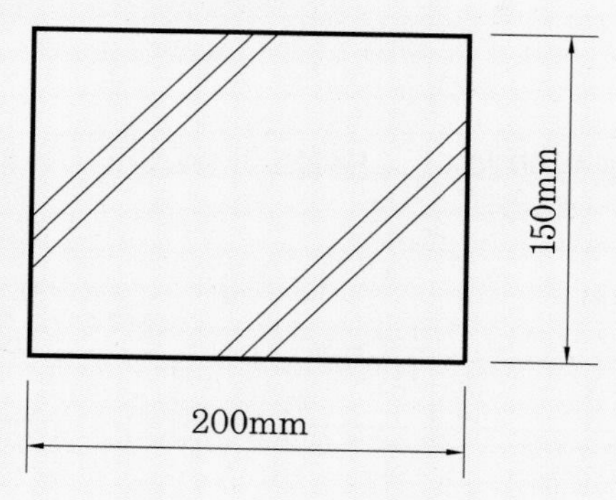

해답

① 약축에 대한 단면 2차 모멘트

$$I_y = \frac{hb^3}{12} = \frac{200 \times 150^3}{12} = 56,250,000\,\mathrm{mm}^4$$

② 양단힌지이므로

$KL = 1.0 \times L$

③ 세장비

$$\lambda = \frac{KL}{i} = \frac{1 \times L}{\sqrt{\dfrac{56,250,000}{150 \times 200}}} = 150$$

$$L = 150 \times \sqrt{\frac{56,250,000}{150 \times 200}} = 6,495.19\,\mathrm{mm} = 6.5\,\mathrm{m}$$

기출문제

5. 다음은 흙막이 구조물의 계측기의 용어이다. 흙막이 구조물의 계측기의 설치 위치를 한 가지씩만 기입하시오.

[배점 4]

(1) strain gauge

(2) earth pressure

(3) tilt meter

(4) load cell

해답 (1) 버팀대(strut)의 중간에 설치한다.

(2) 흙막이벽의 배면의 지중에 설치한다.

(3) 주변 건축물 외벽면에 설치한다.
(4) 버팀대(strut)의 양단부에 설치한다.

기출문제

6. 다음 그림은 $L-100$인 인장재이다. 사용볼트가 M20(F10T)일 때 순단면적을 구하시오.

[배점 3]

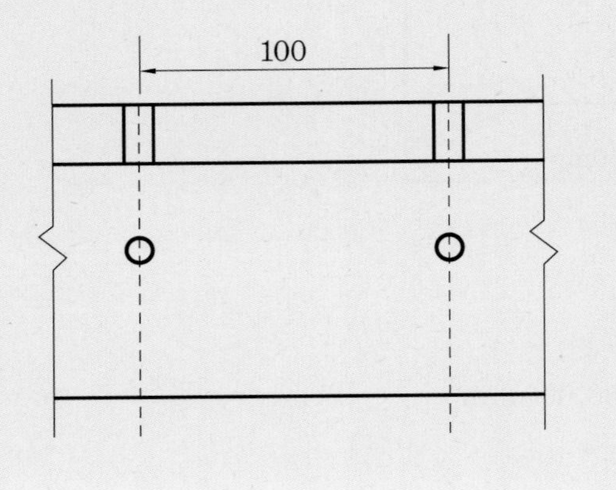

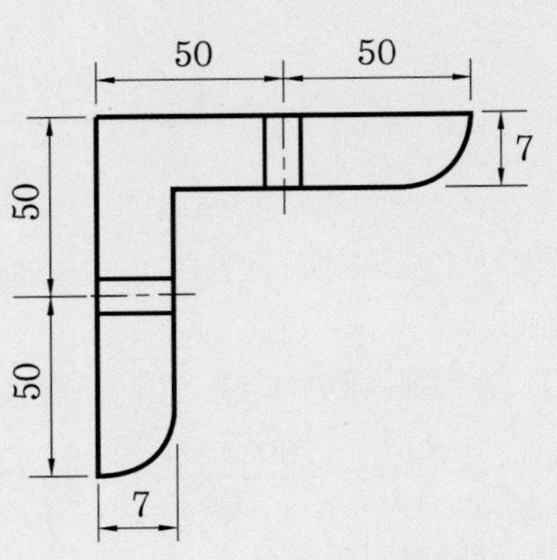

해답

$$A_n = A_g - n \cdot d \cdot t$$
$$= (200-7) \times 7 - 2 \times (20+2) \times 7$$
$$= 1{,}043\,\text{mm}^2$$

기출문제

7. 주어진 색상에 알맞은 콘크리트 착색제를 보기에서 골라 번호를 쓰시오. [배점 4]

[보기]

① 군청 ② 카본블랙
③ 크롬산바륨 ④ 산화크롬
⑤ 산화제이철 ⑥ 이산화망간

(1) 빨간색 - (   ) (2) 초록색 - (   )
(3) 노란색 - (   ) (4) 갈색 - (   )

(1) 빨간색 - ⑤ (2) 초록색 - ④
(3) 노란색 - ③ (4) 갈색 - ⑥

기출문제

8. 거푸집 공사에 관계되는 내용에 대한 설명이다. 알맞은 용어를 쓰시오. [배점 5]

(1) 슬래브에 배근되는 철근이 거푸집에 밀착하는 것을 방지하기 위한 간격재(굄재)

(2) 벽 거푸집이 오므라드는 것을 방지하고 간격을 유지하기 위한 격리재

(3) 거푸집 긴장 철선을 콘크리트 경화 후 절단하는 절단기

(4) 콘크리트에 달대와 같은 설치물을 고정하기 위하여 매입하는 철물

(5) 거푸집의 간격을 유지하며 벌어지는 것을 막는 긴장재

(1) 스페이서
(2) 세퍼레이터
(3) 와이어 클립퍼
(4) 인서트
(5) 폼 타이

기출문제

9. 다음 그림과 같은 정방형 독립기초(4 m × 4 m)의 2방향 뚫림전단(punching shear)의 저항면적을 구하시오. [배점 4]

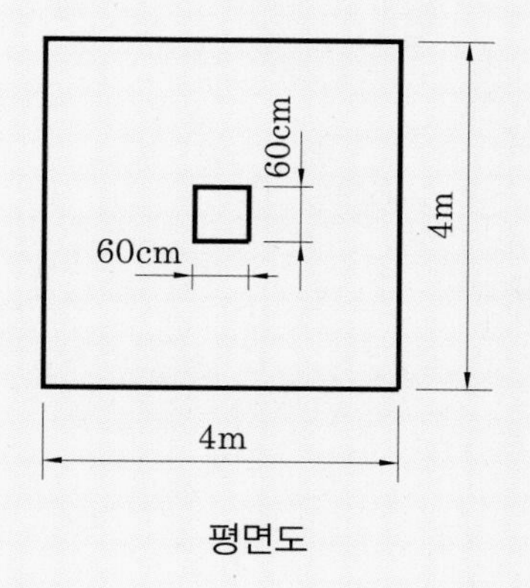

평면도

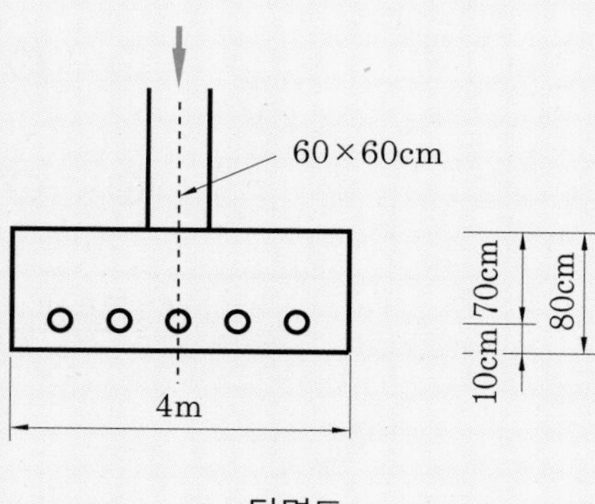

단면도

(1) 위험단면 둘레 길이 $b_0 = (350 + 600 + 350) \times 4 = 5,200\,\mathrm{mm}$

(2) 저항면적 $A = b_0 d = 5,200 \times 700 = 3,640,000\,\mathrm{mm}^2$

기출문제

10. 유리공사와 관련된 다음 용어에 대하여 간략하게 설명하시오. [배점 4]

(1) 복층 유리 (2) 배강도 유리

해답 (1) 복층 유리 : 두 겹의 유리 사이를 6 mm 정도 띄어 사이에 건조공기, 가스 등을 주입하여 밀봉하여 만든 것으로 외부 유리창의 단열, 결로 방지, 방음용으로 사용한다.
(2) 배강도 유리 : 일반 강화 유리에 비하여 강도는 작으나 파손 시 크게 부스러지기 때문에 비산되지 않으므로 고층의 높은 곳에 사용된다. 반강화 유리라고도 한다.

기출문제

11. 다음 그림과 같은 단순 인장 접합부의 강도한계상태에 따른 고력볼트의 설계전단강도를 구하시오. (단, 강재의 재질 : SM275, 고력볼트 : F10T-M22(나사부가 전단면에 포함되어 있지 않음), 공칭전단강도 F_{nv} : $450\,N/mm^2$) [배점 4]

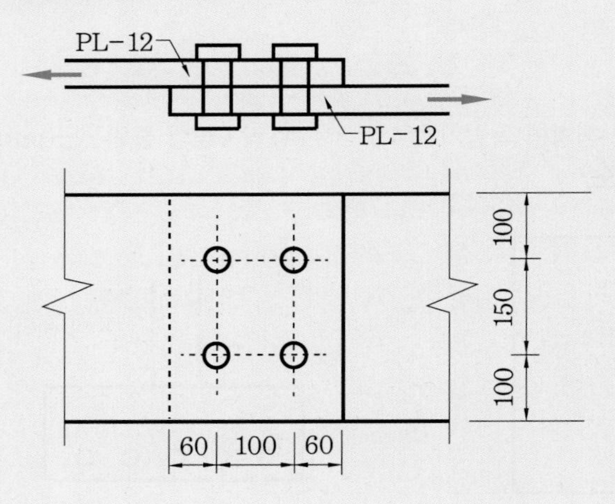

해답 $\phi R_n = \phi n_b F_{nv} A_b N_s = 0.75 \times 4 \times 450 \times \dfrac{\pi \times 22^2}{4} \times 1$

$= 513,179.16\,N = 513.18\,kN$

해설 $\phi R_n = \phi n_b F_{nv} A_b N_s$

여기서, ϕ : 강도저감계수, n_b : 볼트의 개수, F_{nv} : 공칭전단강도
A_b : 볼트의 공칭단면적, N_s : 전단 개수(1면 전단 : 1)

기출문제

12. **대형 시스템 거푸집 중에서 갱 폼(gang form)의 장단점에 대하여 각각 2가지씩 쓰시오.**

[배점 4]

해답 (1) 장점

① 조립, 분해가 생략되고 설치와 탈형만 하므로 인력이 절감된다.

② 콘크리트 줄눈의 감소로 마감 단순화 및 비용 절감을 할 수 있다.

(2) 단점

① 대형 양중 장비의 필요성

② 초기 투자비 과다

기출문제

13. **재령 28일 $\phi 150 \times 300$ mm 콘크리트 표준 공시체의 압축강도시험 결과 파괴하중이 450 kN일 때 압축강도를 구하시오.**

[배점 3]

해답 $f_{cu} = \dfrac{450{,}000}{\dfrac{\pi \times 150^2}{4}} = 25.464\,\text{N/mm}^2$

$\therefore$ 25.46 MPa

해설 재령 28일 평균압축강도$(f_{cu}) = \dfrac{P}{A}$

여기서, P : 파괴 시 하중, A : 단면적$\left(= \dfrac{\pi d^2}{4}\right)$

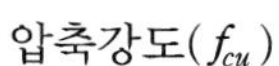

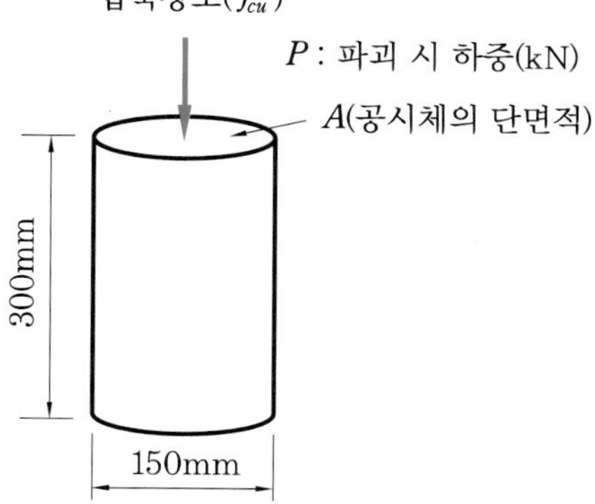

기출문제

14. 그림과 같은 창고를 시멘트 벽돌로 신축하고자 할 때 벽돌 쌓기량(매)과 내외벽 시멘트 미장할 때 미장 면적을 구하시오. [배점 10]

[조건]

① 벽두께는 외벽 1.5B 쌓기, 칸막이벽 1.0B 쌓기로 하고 벽높이는 안팎 3.6 m로 가정하며, 벽돌은 표준형($190 \times 90 \times 57$)으로 할증률은 5 %이다.

② 창문틀 규격

$\frac{1}{D}$: 2.2m×2.4m $\frac{2}{D}$: 0.9m×2.4m $\frac{3}{D}$: 0.9m×2.1m

$\frac{1}{W}$: 1.8m×1.2m $\frac{2}{W}$: 1.2m×1.2m

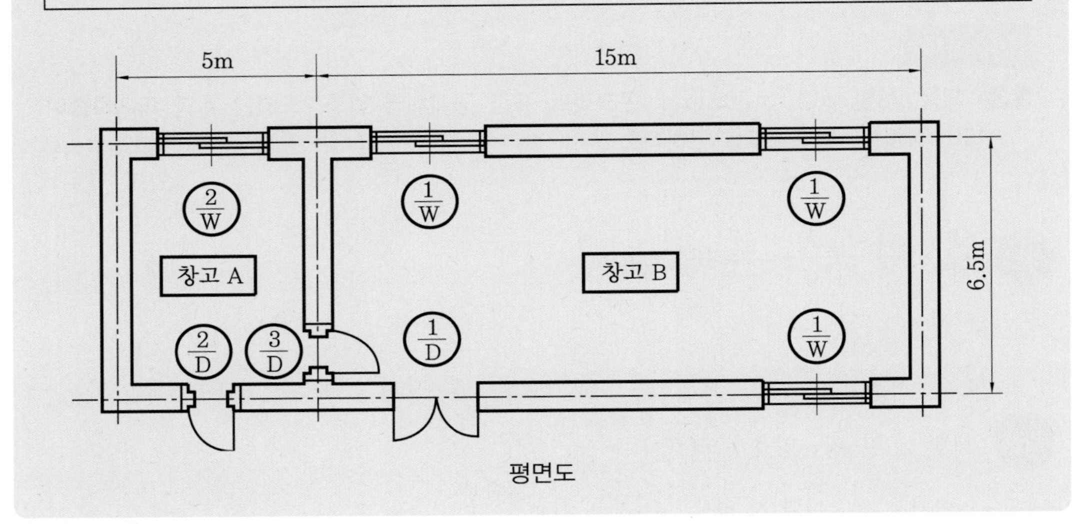

평면도

해답 (1) 벽돌량

① 1.5B : $(20+6.5)\times 2\times 3.6-(1.8\times 1.2\times 3+1.2\times 1.2+2.2\times 2.4+0.9\times 2.4)$

$=175.44\,\text{m}^2\times 224\times 1.05=41,263.49$장

② 1.0B : $(6.5-0.29)\times 3.6-(0.9\times 2.1)=20.47\,\text{m}^2\times 149\times 1.05=3,202.53$장

∴ 합계 : $41,263+3,203=44,466$장

(2) 미장 면적

① 내부 : $\{(20-0.29-0.19)\times 2+(6.5-0.29)\times 4\}\times 3.6$

$-\{(1.8\times 1.2\times 3)+(1.2\times 1.2)+(2.2\times 2.4)+(0.9\times 2.4)+(0.9\times 2.1\times 2)\}$

$=210.83\,\text{m}^2$

② 외부 : $\{(20+0.29)+(6.5+0.29)\}\times 2\times 3.6$

$-\{(1.8\times 1.2\times 3)+(1.2\times 1.2)+(2.2\times 2.4)+(0.9\times 2.4)\}=179.62\,\text{m}^2$

∴ 합계 : $210.83+179.62=390.45\,\text{m}^2$

기출문제

15. 염분을 포함한 바닷모래를 골재로 사용하는 경우 철근 부식에 대한 방청상 유효한 조치를 3가지 쓰시오. [배점 3]

① 물시멘트 비를 작게 하고 밀실한 콘크리트를 만든다.
② 피복 두께를 두껍게 하거나 수밀성이 높은 표면 마감을 한다.
③ 콘크리트에 방청제를 투입한다.
④ 철근에 아연도금 또는 에폭시 코팅을 한다.
⑤ 세척해사에 강모래를 혼합하여 염분의 함량을 저감시킨다.

기출문제

16. 철골공사에서 고력볼트를 접합할 경우 표준볼트장력을 설계볼트장력과 비교하여 설명하시오. [배점 2]

설계볼트장력은 고장력볼트 인장강도의 0.7배에 유효단면적을 곱한 값으로 고력볼트 설계 시 전단강도를 구하기 위해 사용된다. 고력볼트의 마찰접합을 시공할 때 장력에 의한 풀림을 고려하여 설계볼트장력에 최소한 10 %를 할증한 표준볼트장력으로 조임을 해야 한다.(표준볼트장력 = 1.1 × 설계볼트장력)

기출문제

17. 철근 이음 방법을 3가지 쓰시오. [배점 3]

① 겹친 이음
② 용접 이음
③ 슬리브 충진 이음
④ 나사형 이음

기출문제

18. 시멘트 창고의 저장 및 관리 방법 4가지를 쓰시오. [배점 4]

① 창고 주위에 배수도랑을 설치하여 우수의 침입을 방지한다.
② 바닥은 지반에서 30 cm 이상 높인다.
③ 필요한 출입구, 채광창 이외의 환기창은 두지 않는다.
④ 쌓기 포대수는 13포 이하로 한다.
⑤ 반입구와 반출구를 따로 설치한다.

기출문제

19. 토량 $2{,}000\,\mathrm{m}^3$을 2대의 불도저로 작업하려 한다. 삽날의 용량 $0.8\,\mathrm{m}^3$, 토량환산계수 0.6, 작업효율 0.9, 1회 사이클시간 15분일 때 작업완료시간을 구하시오. [배점 4]

불도저의 시간당 작업량

$$Q = \frac{60 \times q \times f \times E}{C_M} = \frac{60 \times 0.8 \times 0.6 \times 0.9}{15} = 1.728\,\mathrm{m}^3$$

$$\therefore \text{ 작업완료시간} = \frac{2{,}000}{2 \times 1.728} = 578.70 \text{ 시간}$$

기출문제

20. 다음 표를 이용하여 네트워크(network) 공정표를 작성하고, 각 작업의 여유시간을 구하시오. [배점 12]

작업명	선행작업	소요일수	비고
A	없음	2	단, event 안에 번호를 기입하고 주 공정선은 굵은 선으로 표시한다. EST LST / LFT EFT i —작업명/공사일수→ j
B	없음	2	
C	없음	4	
D	C	5	
E	B	2	
F	A	3	
G	A, C, E	3	
H	D, F, G	3	

 (1) 네트워크 공정표

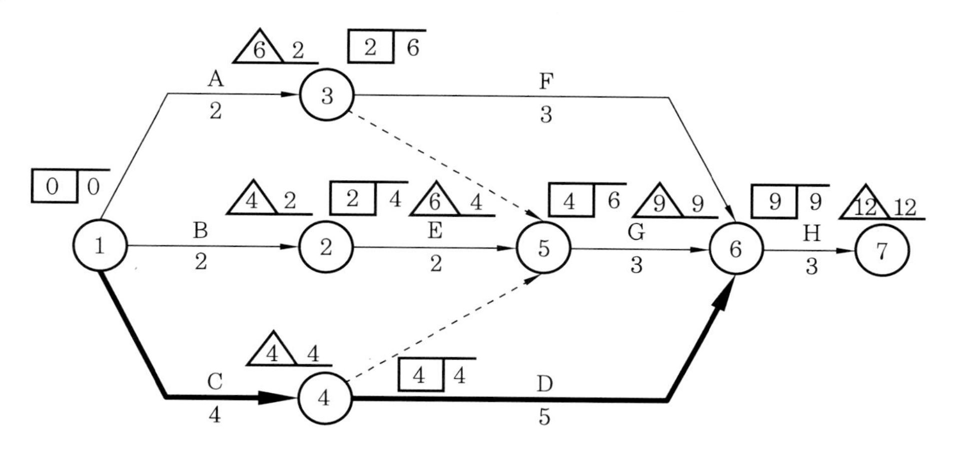

(2) 여유시간

작업명	TF	FF	DF
A	4	0	4
B	2	0	2
C	0	0	0
D	0	0	0
E	2	0	2
F	4	4	0
G	2	2	0
H	0	0	0

기출문제

21. 건축주와 시공자 간에 한정실비를 1억(100,000,000), 보수 비율을 5%로 하는 실비한정비율보수가산식으로 계약을 체결하였고, 공사 완료 후 실제소요공사비를 확인해보니 9천만(90,000,000)원이었다. 이때 총공사비금액은 얼마인가? [배점 4]

 총공사비 $= A' + A'f =$ 한정실비 + 한정실비 × 보수비율

$$= 90,000,000 + 90,000,000 \times \frac{5}{100}$$

$$= 94,500,000\text{원}$$

기출문제

22. 공사 관리에서 진도 관리에 사용되는 바나나곡선(S-curve)에 대하여 간략하게 쓰시오.
[배점 2]

해답 가로축에 공사경과(공사일정), 세로축에 공사의 완성률을 취하여 공사의 진도를 곡선으로 연결하여 나타낸 것

기출문제

23. 중량 콘크리트의 사용 용도와 중량 콘크리트에 사용되는 골재의 종류 2가지를 쓰시오.
[배점 3]

해답 (1) 사용 용도 : 방사선 차폐용 (2) 사용 골재 : 중정석, 자철광

기출문제

24. 기성 콘크리트 말뚝의 중심간격은 말뚝머리지름의 (①)배 이상 또한 (②)mm 이상으로 한다. ①, ②의 빈칸을 채우시오.
[배점 2]

해답 ① 2.5 ② 75

기출문제

25. 보기에서 매스콘크리트(mass concrete)의 온도균열을 방지할 수 있는 대책을 모두 골라 번호로 답하시오.
[배점 3]

[보기]

① pre-cooling 사용
② 중용열 포틀랜트 시멘트 사용
③ 응결촉진제 사용
④ 단위 시멘트량 감소
⑤ 잔골재율 증가
⑥ 물시멘트비 증가

해답 ①, ②, ④

2013년도 | 2회 기출문제

기출문제

1. RC조 건물에서 통나무 비계의 외부 비계(쌍줄 비계, 외줄 비계) 면적을 구하시오. [배점 4]

(1) 쌍줄 비계　　　(2) 외줄 비계

해답 (1) 쌍줄 비계 : 외벽면으로부터 90 cm 떨어진 지반면으로부터 건축물 상단까지의 외주 면적으로 한다.
비계 면적 $A = H(l + 7.2)$
(2) 외줄 비계 : 외벽면으로부터 45 cm 떨어진 지반면으로부터 건축물 상단까지의 외주 면적으로 한다.
비계 면적 $A = H(l + 3.6)$

기출문제

2. 보기는 철골 공사의 현장 시공에 관한 사항들이다. 작업 순서에 맞게 번호 순으로 나열하시오. [배점 3]

[보기]

① 세우기　　② 앵커 볼트 묻기
③ 접합부 검사　　④ 변형 바로잡기
⑤ 정조립　　⑥ 도장(칠작업)
⑦ 접합　　⑧ 가조립
⑨ 기초 윗면 고르기　　⑩ 기초에 중심 먹치기

해답 ⑩-②-⑨-①-⑧-④-⑤-⑦-③-⑥

기출문제

3. VE 기법에서 가치공학(value engineering)의 기본 추진 절차를 4단계로 쓰시오. [배점 4]

① 정보 수집 및 분석, 검토 ② 기능 분석
③ 창조 개발 ④ 제안 및 실시

기출문제

4. 터파기에서 널말뚝 하부에 연약지반 또는 지하수 유출이 있거나 널말뚝 주변에 중량물이 있는 경우 히빙 파괴, 보일링 파괴가 생길 수 있다. 히빙 파괴, 보일링 파괴로 구분하여 방지 대책을 쓰시오. [배점 4]

(1) 히빙 파괴 (2) 보일링 파괴

(1) 굳은 지층까지 밑둥넣기를 하고, 주변 지반에 중량물을 적재하지 않도록 한다.
(2) 굳은 지층까지 밑둥넣기를 하고, 말뚝 하부에 지하수가 유입되지 않도록 지하수를 배수한다.

기출문제

5. 다음 그림의 철근콘크리트 보에서 주철근 1단 배근 시 보폭의 최솟값을 구하시오. [배점 2]

[조건]
피복두께 : 40 mm, 굵은 골재의 최대치수 : 18 mm, 늑근 지름 : D13, 주철근 지름 : D25

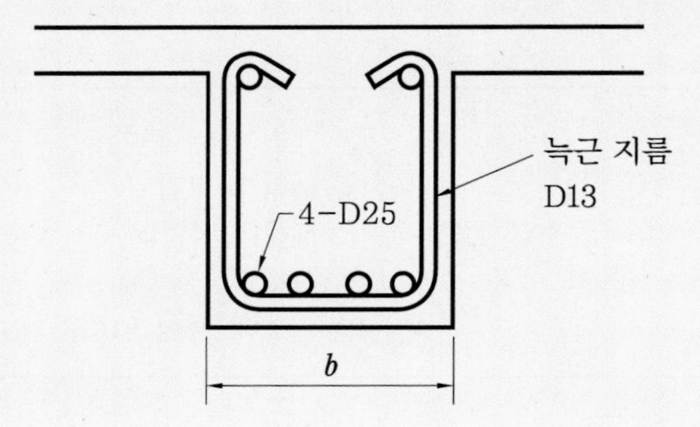

(1) 주철근의 순간격 결정(구조 기준) : 다음 중 큰 값

① 25 mm

② $25 \times 1.0 = 25\,\text{mm}$

③ $18 \times \dfrac{4}{3} = 24\,\text{mm}$

∴ 순간격 : 25 mm

(2) 보의 너비

$b = 40 \times 2 + 13 \times 2 + 25 \times 4 + 25 \times 3 = 281\,\text{mm}$

해설 (1) 주철근의 순간격

① 구조 기준(다음 중 큰 값)

㈎ 25 mm 이상

㈏ 주철근 지름의 1.0배 이상

㈐ 최대 자갈 지름의 $\frac{4}{3}$배 이상

② 건축표준시방서에 의한 순간격(다음 중 큰 값)

㈎ 25 mm 이상

㈏ 주철근 지름의 1.5배 이상

㈐ 최대 자갈 지름의 $\frac{4}{3}$배 이상

(2) 보의 너비

보의 너비 = 피복두께×2 + 늑근 지름×2 + 주철근 지름×주철근 개수 + 주철근 순간격×(주철근 개수 − 1)

기출문제

6. 철근콘크리트 공사에 사용되는 스페이서(spacer)의 용어에 대하여 간략하게 설명하시오.

[배점 2]

해답 철근콘크리트 구조에서 피복두께를 유지하거나 철근과 철근의 간격을 유지하기 위해 설치하는 것

기출문제

7. 다음의 조건을 고려하여 묻힘길이에 의한 정착 시 인장이형철근의 기본정착길이를 구하시오.

[배점 2]

[조건]

- 콘크리트의 설계기준강도 $f_{ck} = 30\,\text{MPa}$
- 철근의 항복강도 $f_y = 400\,\text{MPa}$
- 이형철근 D 22(공칭지름 22.2 mm)
- λ(경량골재콘크리트 계수) = 1.0(보통 중량 콘크리트)

해답 $l_{db} = \dfrac{0.6 d_b f_y}{\lambda \sqrt{f_{ck}}}$

$= \dfrac{0.6 \times 22.2 \times 400}{1.0 \times \sqrt{30}} = 972.755$

$\therefore$ 972.76 mm

기출문제

8. 다음 데이터를 네트워크 공정표로 작성하고 각 작업의 여유시간을 구하시오. [배점 8]

작업명	선행작업	작업일수	비고
A	없음	5	EST LST / LFT EFT / i 작업명 작업일수 j 로 표시하고, 주공정선은 굵은 선으로 표시하시오.
B	없음	6	
C	A	5	
D	A, B	2	
E	A	3	
F	C, E	4	
G	D	2	
H	G, F	3	

해답 (1) 네트워크 공정표

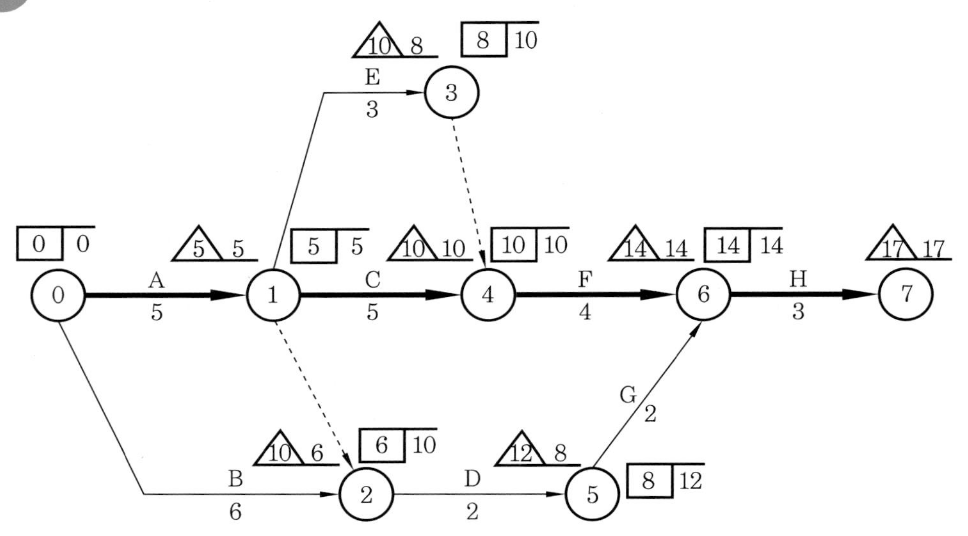

(2) 여유시간 산정

작업	TF	FF	DF	CP
A	0	0	0	*
B	4	0	4	
C	0	0	0	*
D	4	0	4	
E	2	2	0	
F	0	0	0	*
G	4	4	0	
H	0	0	0	*

기출문제

9. 철근콘크리트 구조의 4변 고정 슬래브에서 1방향 슬래브와 2방향 슬래브를 구분하는 기준을 설명하시오.

[배점 3]

해답 변장비 $\lambda = \dfrac{L(\text{장변경간})}{S(\text{단변경간})}$

1방향 슬래브 : $\lambda > 2$

2방향 슬래브 : $\lambda \leqq 2$

기출문제

10. 다음 내용은 터파기 공사에 대한 설명이다. 각각의 설명에 해당하는 공법의 명칭을 쓰시오.

[배점 4]

(1) 주변에 널말뚝을 먼저 설치한 후 중앙부를 굴착하여 중앙부 기초를 구축한 다음 기초에서 주변부 널말뚝까지 경사 또는 수평으로 버팀대를 설치하여 주변부 흙을 파내고 주변부 기초를 완성해 나가는 방식

(2) 측벽의 기초 부분을 먼저 시공한 후 중앙부를 굴착하여 중앙부 기초를 완성해 가는 방식

해답 (1) 아일랜드 공법 (2) 트렌치 컷 공법

기출문제

11. **콘크리트 혼합 재료 중 혼화재(混和材)와 혼화제(混和劑)를 설명하고 각각의 종류를 3가지씩 쓰시오.** [배점 4]

해답 (1) 혼화재 : 시멘트 중량에 대하여 5% 전후로 첨가하는 것으로서 사용량이 많아 배합 계산에 포함되는 것이다.
종류 : 플라이 애시, 포졸란, 고로 슬래그 미분말

(2) 혼화제 : 시멘트 중량에 대하여 1% 전후로 첨가하는 것으로서 사용량이 적어 배합 계산에 무시되는 것이다.
종류 : AE제, 감수제, 응결경화촉진제

기출문제

12. **다음 그림과 같은 겔버보에서 고정단 A 지점의 휨모멘트를 구하시오.** [배점 4]

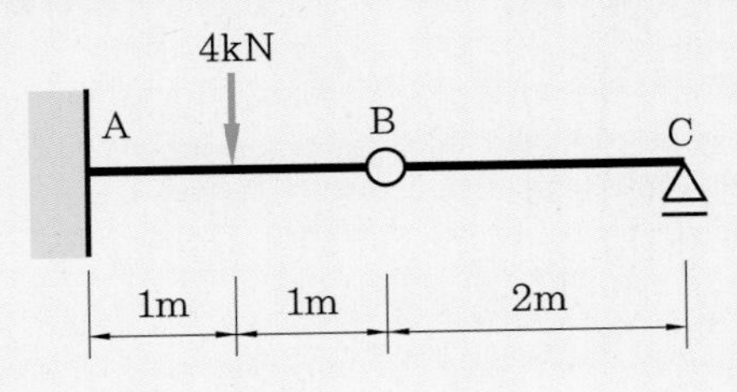

해답 휨모멘트 $M_A = 4 \times 1 = -4\,\text{kN} \cdot \text{m}$

겔버보

(1) 해석
① 힌지를 회전지점으로 하여 단순보로 가정하고 반력을 계산한다.
② 단순보의 반력을 다른 보의 끝단에 역하중으로 하여 계산한다.

(2) 특성
① 겔버보는 단순보를 먼저 풀어야 한다.
② 힌지(hinge)에서의 휨모멘트는 0이다.

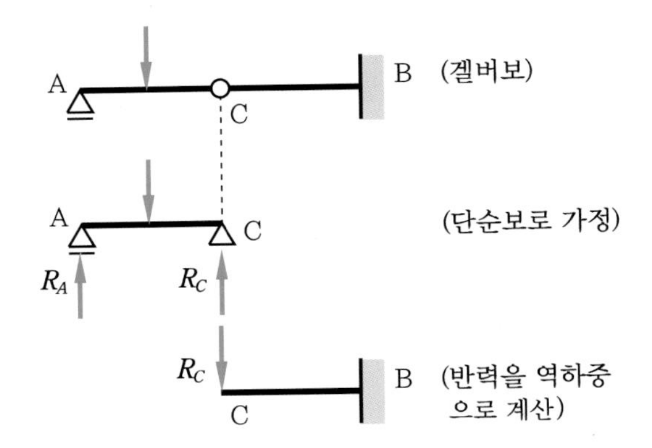

기출문제

13. 다음 보기는 철근콘크리트 슬래브에 대한 설명이다. 이 설명에 알맞은 용어를 쓰시오.

[배점 2]

[보기]

- 아연도금강판을 절곡하여 생산하며, 설치 후에는 해체작업이 필요 없다.
- 작업 시 안정성이 좋아지고, 동바리 수량 감소로 원가 절감이 된다.
- 철근을 배근하고 콘크리트를 타설하기 위한 거푸집이다.

덱 플레이트(deck plate)

기출문제

14. 공사비 계산 시 사용되는 다음 용어에 대하여 간략하게 설명하시오. [배점 4]

(1) 적산

(2) 견적

(1) 적산 : 공사에 필요한 재료 및 품의 양을 산출하는 것으로서 공사량을 산출하는 것이다.

(2) 견적 : 공사량에 단가를 곱하고 일반관리부담금 및 부가이윤을 가하여 계산한 금액을 말한다.

기출문제

15. 지내력시험에서의 재하시험과 말뚝 설치 시 합성말뚝에 대하여 간략하게 쓰시오. [배점 4]

(1) 재하시험

(2) 합성말뚝

(1) 재하시험 : 기초 저면의 허용 지내력과 말뚝의 허용 지지력을 구하기 위해 하중을 가해보는 시험으로서 종류에는 평판재하시험과 말뚝재하시험이 있다.

(2) 합성말뚝 : 이질재료의 말뚝을 이음하여 사용하는 말뚝으로서 말뚝 하부는 제자리 콘크리트, 말뚝 상부는 철골구조식으로 이음하여 상용하는 말뚝을 말한다.

기출문제

16. 다음 그림과 같은 단순보에서 최대전단응력을 구하시오. [배점 3]

200kN

A B C

4m 4m

500mm

300mm

보의 단면

해답

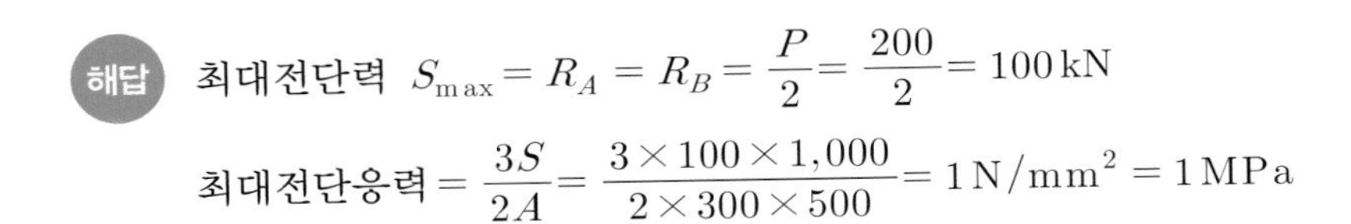

최대전단력 $S_{\max} = R_A = R_B = \dfrac{P}{2} = \dfrac{200}{2} = 100\,\text{kN}$

최대전단응력 $= \dfrac{3S}{2A} = \dfrac{3 \times 100 \times 1{,}000}{2 \times 300 \times 500} = 1\,\text{N/mm}^2 = 1\,\text{MPa}$

해설 **단순보의 해석**

① 반력 : $R_A = R_B = \dfrac{P}{2}$

② 전단력 : $S_{A\sim C} = R_A = \dfrac{P}{2}$

$S_{C\sim B} = R_B = \dfrac{P}{2}$

③ 휨모멘트 : $M_A = 0$, $M_C = \dfrac{Pl}{4}$, $M_B = 0$

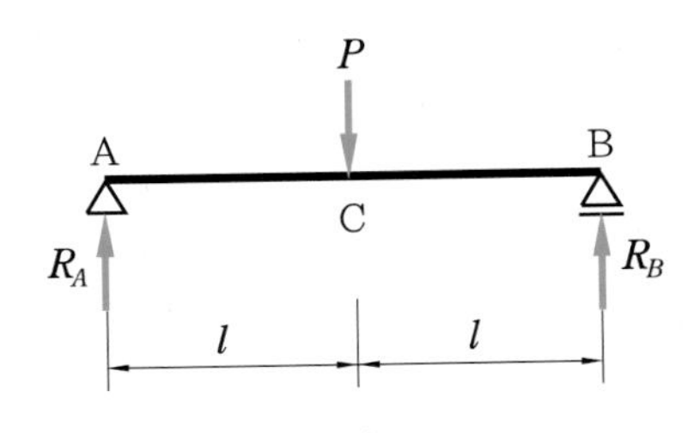

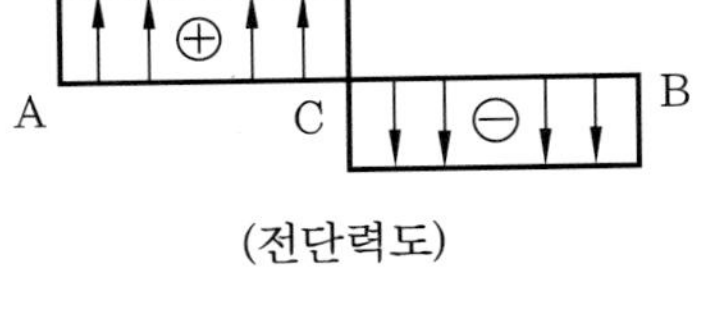

(전단력도)

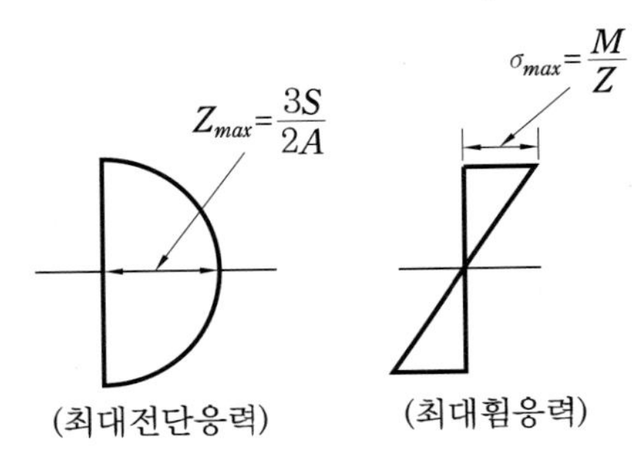

(최대전단응력) (최대휨응력)

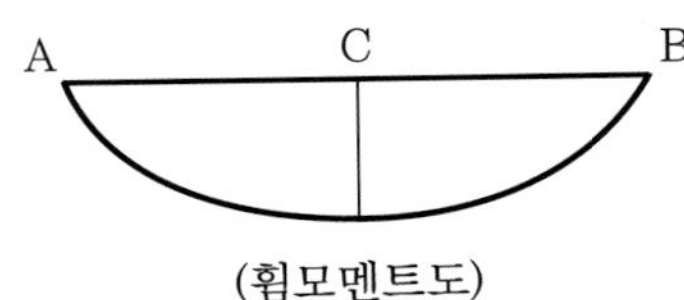

(휨모멘트도)

기출문제

17. 커튼월 공사에서 누수 방지 방식에는 개방형 조인트(open joint)와 폐쇄형 조인트(closed joint)가 있다. 각각의 방식에 대하여 간략하게 설명하시오. [배점 4]

(1) 개방형 조인트(open joint)

(2) 폐쇄형 조인트(closed joint)

해답 (1) 커튼월 이음부에 공기유입구를 두고 실외와 실내 사이에 공기층(등압공간)을 두어 빗물의 유입을 방지하는 방식

(2) 커튼월의 접합부를 seal재로 밀폐시키는 방식으로 seal재의 노후 시 빗물이 유입되는 경우 빗물의 배수구를 두어 배수하는 방식

해설 **커튼월(curtain wall)의 누수 방지 방법**

① 누수의 원인 3요소 : 외벽에 있는 빗물, 틈새, 공기압차

② 누수의 대책 : 누수의 원인 3요소 중 하나만 제거하면 누수를 막을 수 있다.

③ 커튼월의 접합부 누수 방지 대책

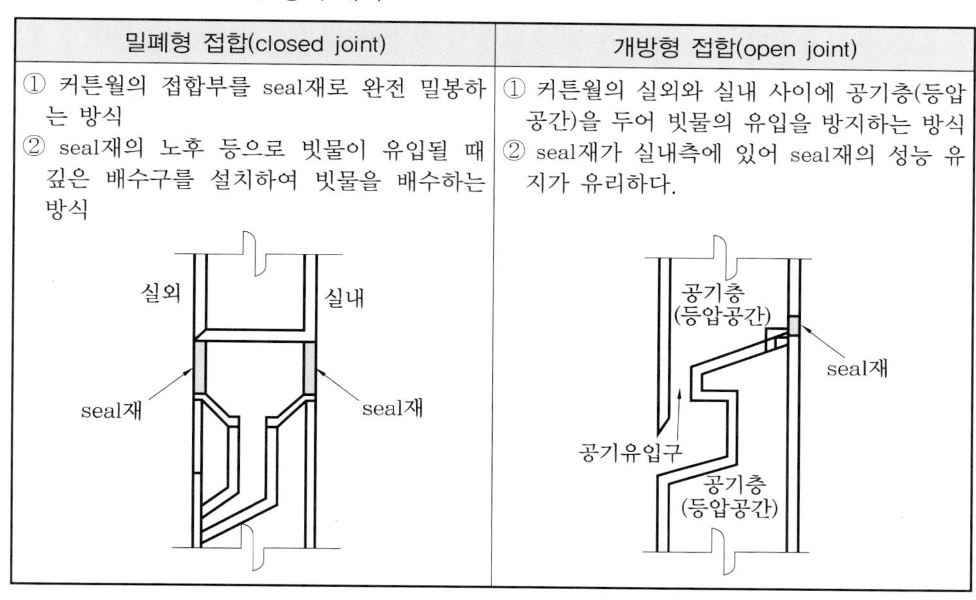

밀폐형 접합(closed joint)	개방형 접합(open joint)
① 커튼월의 접합부를 seal재로 완전 밀봉하는 방식 ② seal재의 노후 등으로 빗물이 유입될 때 깊은 배수구를 설치하여 빗물을 배수하는 방식	① 커튼월의 실외와 실내 사이에 공기층(등압공간)을 두어 빗물의 유입을 방지하는 방식 ② seal재가 실내측에 있어 seal재의 성능 유지가 유리하다.

기출문제

18. 다음 그림을 보고 줄눈의 명칭을 쓰시오. [배점 4]

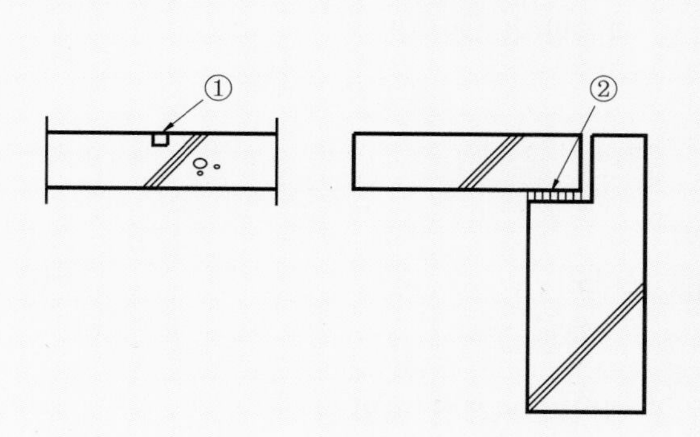

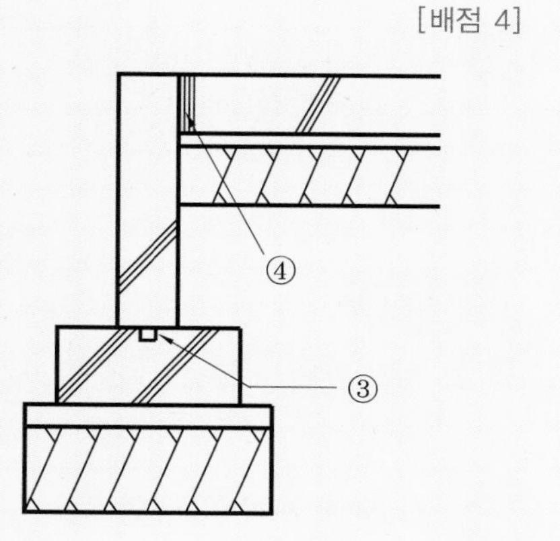

① 조절 줄눈(control joint)
② 미끄럼 줄눈(sliding joint)
③ 시공 줄눈(construction joint)
④ 신축 줄눈(expansison joint) 또는 분리 줄눈(isolation joint)

기출문제

19. 철근콘크리트보에서 인장철근만 배근된 직사각형 단순보에 하중이 작용하여 순간처짐이 5 mm 발생하였다. 이때 하중이 5년 이상 지속하중이 작용할 경우 총처짐량을 구하시오. (단, 장기처짐계수는 $\lambda_\Delta = \dfrac{\xi}{1+50\rho'}$ 를 적용하고, 시간경과계수(ξ)는 지속하중이 60개월 (5년)인 경우로 한다.) [배점 4]

해답 ① 압축철근비(ρ')는 압축철근이 없으므로 $\rho' = 0$이고, 지속하중의 재하기간에 따른 계수(ξ)는 5년(60개월)이므로 $\xi = 2$이다.
② 장기추가처짐에 대한 계수

$$\lambda_\Delta = \frac{\xi}{1+50\times 0} = \frac{2}{1+0} = 2$$

③ 장기처짐 = 순간처짐(탄성처짐) × λ_Δ = 5 × 2 = 10 mm
④ 총침하량 = 순간처짐(탄성처짐) + 장기처짐 = 5 + 10 = 15 mm

기출문제

20. 커튼월(curtain wall)을 외관 형태에 따라 4가지로 분류하시오. [배점 4]

① 샛기둥 방식(mullion)
② 스팬드럴 방식(spandrel)
③ 격자방식(grid)
④ 피복방식(sheath)

기출문제

21. 지반 개량 공법 중 탈수법 4가지를 쓰시오. [배점 4]

① 샌드 드레인 공법
② 페이퍼 드레인 공법
③ 생석회 공법
④ 웰 포인트 공법

기출문제

22. 다음은 지반 조사법 중 보링에 대한 설명이다. 알맞은 용어를 쓰시오. [배점 3]

(1) 비교적 연약한 토지에 수압을 이용하여 탐사하는 방식

(2) 경질층을 깊이 파는 데 이용되는 방식

(3) 지층의 변화를 연속적으로 비교적 정확히 알고자 할 때 사용하는 방식

(1) 수세식 보링 (2) 충격식 보링 (3) 회전식 보링

기출문제

23. 철근콘크리트 공사에서 철근 이음을 하는 방법으로 가스 압접이 있는데, 가스 압접으로 이음을 할 수 없는 경우를 3가지 쓰시오. [배점 3]

① 철근의 지름의 차가 6 mm 이상인 경우
② 철근의 재질이 서로 다른 경우
③ 항복점 또는 강도가 다른 철근의 경우
④ 강우 시, 강풍 시 및 온도가 0℃ 이하인 경우

기출문제

24. 콘크리트의 알칼리 골재 반응을 방지하기 위한 대책 3가지를 쓰시오. [배점 3]

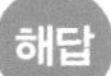
① 양질의 골재를 사용한다.
② 저알칼리 시멘트를 사용한다.
③ AE제·포졸란재 등의 혼화 재료를 사용한다.

기출문제

25. 컨소시엄(consortium) 공사에 있어서 페이퍼 조인트(paper joint)에 관하여 기술하시오. [배점 3]

서류상으로는 공동 도급이나 실질적으로는 한 회사가 공사 전체를 진행시키며, 나머지 회사는 서류상으로만 공사에 참여하는 것

기출문제

26. 다음 그림과 같은 철근콘크리보에서 중앙에 고정하중 20 kN과 활하중 40 kN이 작용할 때 계수 휨모멘트를 구하시오. [배점 5]

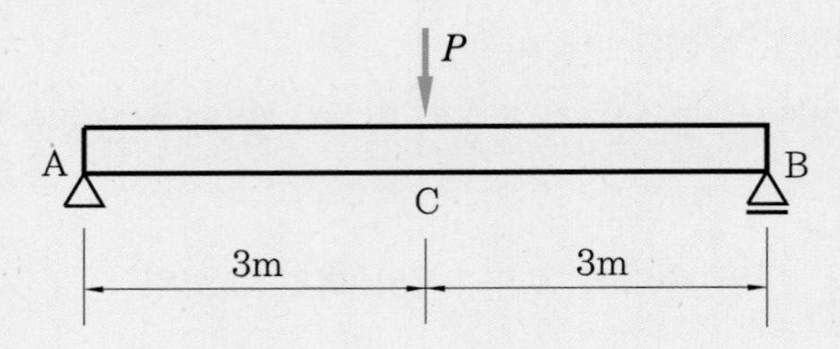

해답 계수하중 $U = 1.2D + 1.6L = 1.2 \times 20 + 1.6 \times 40 = 88\,\text{kN}$

$$M_u = \frac{Ul}{4} = \frac{88 \times 6}{4} = 132\,\text{kN} \cdot \text{m}$$

기출문제

27. 다음 보기에서 철근의 단부에 갈고리를 만들어야 하는 철근을 모두 골라 번호를 쓰시오. [배점 3]

[보기]
① 스터럽(늑근) ② 원형 철근 ③ 띠철근(대근)
④ 지중보의 돌출 부분의 철근 ⑤ 굴뚝의 철근

①, ②, ③, ④, ⑤

기출문제

28. 보기는 시트 방수 공사의 항목들이다. 시공 순서대로 번호를 나열하시오. [배점 3]

[보기]
① 단열재 깔기 ② 접착제 도포 ③ 조인트 실(seal)
④ 물채우기 시험 ⑤ 보강 붙이기 ⑥ 바탕 처리
⑦ 시트 붙이기

해답 ⑥-①-②-⑦-③-⑤-④

2013년도 | 4회 기출문제

기출문제

1. 가설공사 관련 용어 중 기준점(bench mark)과 방호 선반에 대하여 간략하게 설명하시오.

[배점 4]

(1) 기준점(bench mark)　　(2) 방호 선반

(1) 공사 중 건축물의 높이의 기준이 되는 점
(2) 주출입구·리프트 출입구 상부에 낙하물을 방지하기 위해 설치하는 길이 1.5 m 이상의 판재

기출문제

2. 다음 그림과 같은 온통 기초에서 (1)~(4) 내용을 구하시오. (단, 토량 환산 계수 $L=1.3$으로 한다.)

[배점 8]

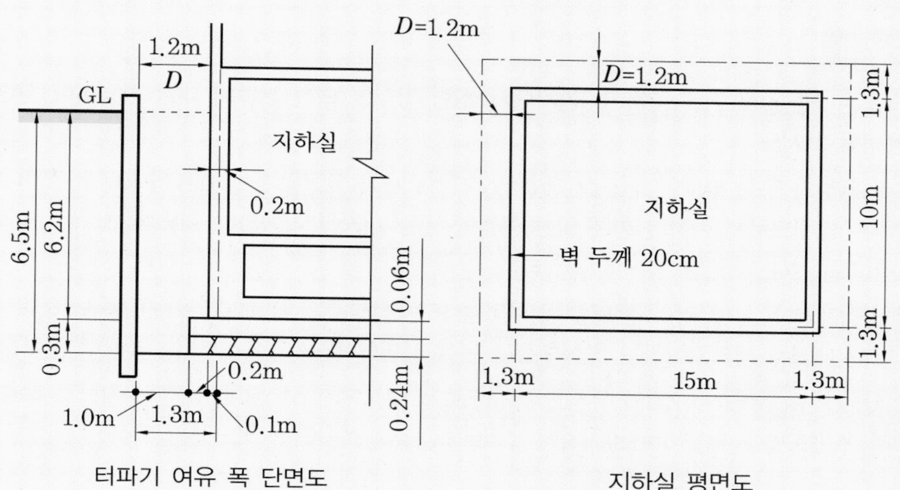

터파기 여유 폭 단면도　　지하실 평면도

(1) 터파기량　　(2) 되메우기량

(3) 잔토처리량　　(4) 흙막이 면적

(1) 터파기량 : $17.6 \times 12.6 \times 6.5 = 1,441.44\,\text{m}^3$

(2) 되메우기량 : $1,441.44 - (15.6 \times 10.6 \times 0.3 + 15.2 \times 10.2 \times 6.2) = 430.58\,\text{m}^3$

(3) 잔토처리량 : $(15.6 \times 10.6 \times 0.3 + 15.2 \times 10.2 \times 6.2) \times 1.3 = 1314.11\,\text{m}^3$

(4) 흙막이 면적 : $(17.6 + 12.6) \times 2 \times 6.5 = 392.6\,\text{m}^2$

해설 **터파기량, 되메우기량 및 잔토처리량**

(1) 터파기량 $V = a \times b \times h$

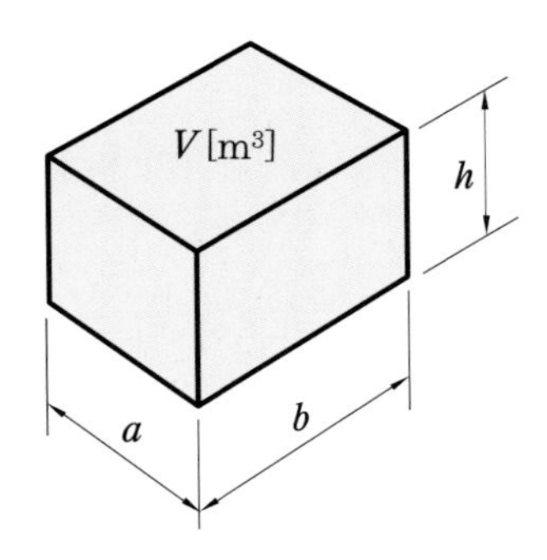

(2) 되메우기량=터파기량−기초구조부의 체적

(3) 잔토처리량(되메우기만 하는 경우)
=(터파기 체적−되메우기 체적)=기초구조부의 체적

기출문제

3. 다음은 커튼월(curtain wall) 공사에서 조립 방식에 의한 분류에 대한 설명이다. 알맞은 용어를 쓰시오. [배점 3]

(1) 커튼월의 구성 부재인 mullion, transom, panel과 유리를 현장에서 순서대로 조립 시공하는 방식으로서 현장 상황에 맞는 융통성 있는 시공이 가능하다. knock down method 라고도 한다.

(2) 공장에서 창호·유리·스팬드럴·알루미늄 또는 철재틀로 된 패널(panel)을 구성하여 현장에서 패널유닛을 고정하는 방식으로서 현장 상황에 맞는 융통성 있는 시공이 곤란하다.

(3) knock down method와 유사한 방식으로서 현장에서 panel truss를 설치하고 창호·유리·스팬드럴을 패널(panel)화하여 panel truss에 설치하며 비교적 경제적이다.

(1) 스틱 월 방식(stick wall method)

(2) 유닛 월 방식(unit wall method)

(3) 윈도 월 방식(window wall method)

기출문제

4. 다음 그림과 같은 모살용접(fillet welding)의 설계강도를 구하고, 고정하중 $P_D = 40$ kN, 활하중 $P_L = 30$ kN이 작용할 때 모살용접 이음부의 안정성을 검토하시오. (단, 모재는 SM275(강재의 인장강도 $F_u = 410$ N/mm^2)이고, 용접재(KS D 7004)의 인장강도 $F_{uw} = 420$ N/mm^{2}이다.)

[배점 6]

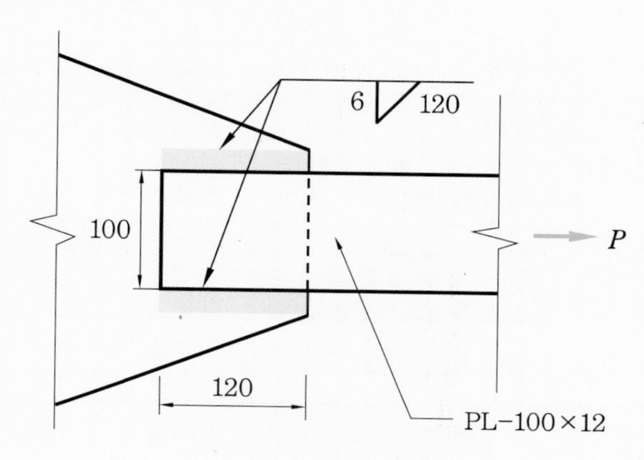

해답 (1) 모살용접 이음부의 설계강도

$$\phi R_n = \phi F_w A_w = 0.75 \times 0.6 \times 420 \times 0.7 \times 6 \times 2 \times (120 - 2 \times 6)$$
$$= 171{,}460.8\,\text{N} = 171.46\,\text{kN}$$

(2) 모살용접 이음부의 안정성 검토

$P_u = 1.2P_D + 1.6P_L = 1.2 \times 40 + 1.6 \times 30 = 96\,\text{kN}$

$P_u = 1.4P_D = 1.4 \times 40 = 56\,\text{kN}$

$176.46\,\text{kN} > 96\,\text{kN}$ 이므로 안정한다.

기출문제

5. 시멘트 벽돌 1.0B 두께로 가로 12 m, 세로 3 m로 쌓을 경우 시멘트 벽돌의 소요량과 소요되는 모르타르량을 구하시오. (단, ① 시멘트 벽돌은 표준형(190×90×57 mm)이고, 할증률은 고려하며 정매수로 표기한다. ② 표준형 벽돌 1.0B에서 1,000장당 모르타르 소요량은 0.33 m^{3}이며, 할증은 포함되어 있다.)

[배점 4]

산출근거

(1) 시멘트 벽돌의 소요량

(2) 모르타르량

해답 (1) 벽돌량 : $12 \times 3 \times 149 \times 1.05 = 5,632.2$

∴ 5633장

(2) 모르타르량 : $\dfrac{12 \times 3 \times 149}{1,000} \times 0.33 = 1.77\,\text{m}^3$

∴ $1.77\,\text{m}^3$

해설 (1) 벽면적 1m^2당 정미수량 (단위 : 장)

벽돌 종류 \ 벽두께	0.5B	1.0B	1.5B	2.0B
표준형(기본형·장려형·블록 혼용 벽돌) : 190×90×57 mm	75장	149장	224장	298장
기존형 : 210×100×60 mm	65장	130장	195장	260장
내화 벽돌 : 230×114×65 mm	59장	118장	177장	236장

(2) 벽돌(적벽돌 또는 시멘트 벽돌) 1,000장당 모르타르량 (단위 : m^3)

벽돌 종류 \ 벽두께	0.5B	1.0B	1.5B	2.0B
표준형(기본형·장려형·블록 혼용 벽돌)	0.25	0.33	0.35	0.36
기존형	0.3	0.37	0.4	0.42

(3) 벽돌의 할증률

① 벽돌, 내화 벽돌 : 3 %

② 시멘트 벽돌 : 5 %

(4) 모르타르량$= \dfrac{\text{정미수량}}{1,000} \times 1,000$장당 모르타르량

기출문제

6. 민간이 자금을 조달하여 SOC 시설을 준공한 후 소유권을 이전한 뒤 정부의 시설임대료를 통해 투자비를 회수하는 민간투자사업 계약 방식의 용어를 쓰시오. [배점 2]

BTL

사회간접자본(SOC)의 민자 유치에 따른 계약 방식의 종류 및 내용

① BOO(Build Operate Own) 방식 : 수급자가 사회간접자본의 프로젝트(project)에 대하여 자금조달과 건설을 하여 소유권을 이전받아 운영하는 방식

② BOT(Build Operate Transfer) 방식 : 수급자가 사회간접자본의 프로젝트(project)에 대하여 자금조달·건설·운영을 하여 투자자금을 회수한 후 소유권을 발주자에게 인도하는 방식

③ BTO(Build Transfer Operate) 방식 : 수급자가 사회간접자본의 프로젝트(project)에 대하여 자금조달·건설을 하여 소유권을 발주자에게 인도하고, 일정 기간 운영을 하여 투자자금을 회수하는 방식

④ BTL(Build Transfer Lease) 방식 : 민간이 건설하여 정부에 기부 체납하고 정부 소유로 하는 대신 민간사업자에게 임대료를 지불하는 방식

기출문제

7. 다음 그림과 같은 구조물에서 부재에 발생하는 부재력을 구하시오. [배점 2]

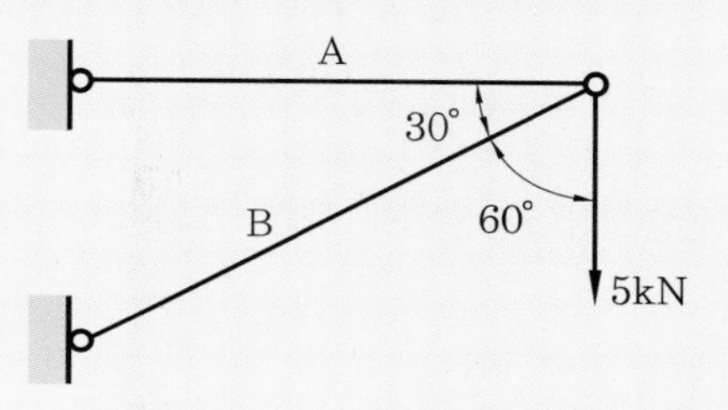

해답 ① B 부재력의 계산 : $-B \cdot \cos 60° - 5 = 0$

$\therefore B = \dfrac{-5}{\cos 60°} = -5 \times 2 = -10\text{kN}$

② A 부재력의 계산 : $-A - B \cdot \cos 30° = 0$

$A = -B \times \dfrac{\sqrt{3}}{2} = -(-10 \times \dfrac{\sqrt{3}}{2}) = 10 \times \dfrac{\sqrt{3}}{2} = 5\sqrt{3}\,\text{kN}$

기출문제

8. 골재 수량에 관한 설명에서 관련되는 것을 연결하시오. [배점 5]

① 기건 상태 ② 흡수량 ③ 절건 상태 ④ 함수량 ⑤ 표면수량	(가) 골재 내부에 약간의 수분이 있는 대기 중의 건조 상태 (나) 습윤 상태의 골재 표면에 있는 물의 양 (다) 골재의 표면 및 내부에 있는 물의 전중량 (라) 표면 건조 내부 포수 상태의 골재 중에 포함되는 물의 양 (마) 건조기 내에서 온도 110℃ 이내로 정중량이 될 때까지 건조한 것

해답 ① － (가) ② － (라) ③ － (마) ④ － (다) ⑤ － (나)

해설 **골재의 함수량**

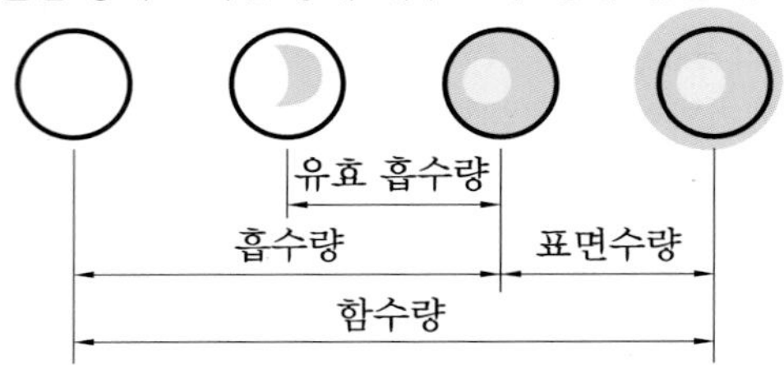

기출문제

9. 다음 그림에서와 같이 단순보에 3등분점에 하중 15 kN이 작용하는 경우 파괴되었을 때의 휨강도를 구하시오. [배점 3]

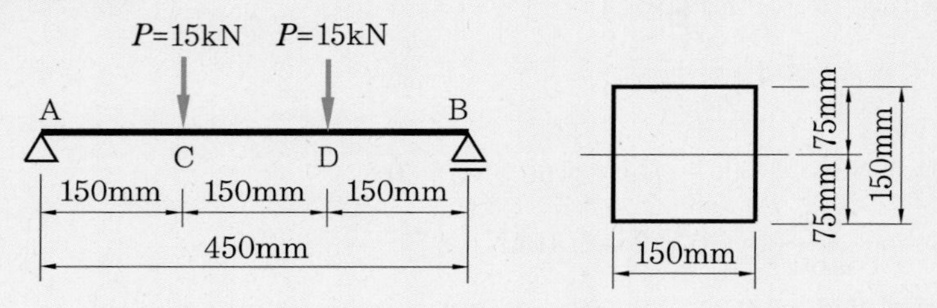

해답 휨강도 $f_b = \dfrac{M_{max}}{Z} = \dfrac{Pl \times 6}{3 \times bh^2} = \dfrac{2Pl}{bh^2} = \dfrac{2 \times 15 \times 10^3 \times 450}{150 \times 150^2}$

$= 4\,\mathrm{N/mm^2} = 4\,\mathrm{MPa}$

해설 **콘크리트의 휨강도 시험**

① 반력 $R_A = R_B = P$

② 최대 휨모멘트 $M_{max} = P \times \dfrac{l}{3} = \dfrac{Pl}{3}$

③ 단면계수 $Z = \dfrac{bh^2}{6}$

④ 휨강도 $f_b = \dfrac{M_{max}}{Z}$

(단순보의 3등분점 하중법)

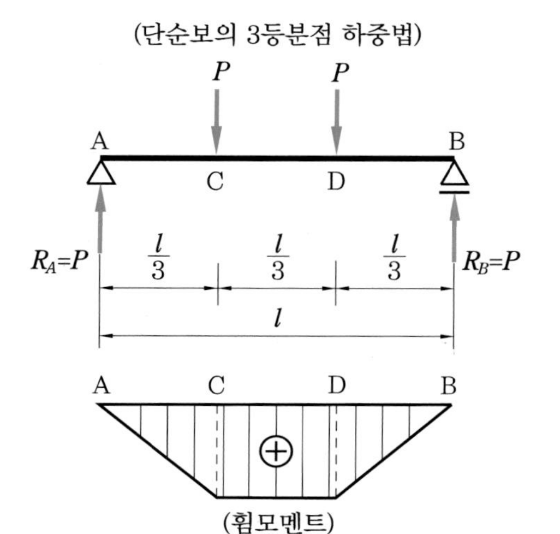

(휨모멘트)

기출문제

10. 철근콘크리트 공사를 하면서 철근 간격을 일정하게 유지하는 이유를 3가지 쓰시오.

[배점 3]

① 적절한 응력 확보
② 시공성 확보
③ 콘크리트의 균열 저하

기출문제

11. 다음 그림의 구조물에 대한 휨모멘트도(BMD)를 그리시오. [배점 4]

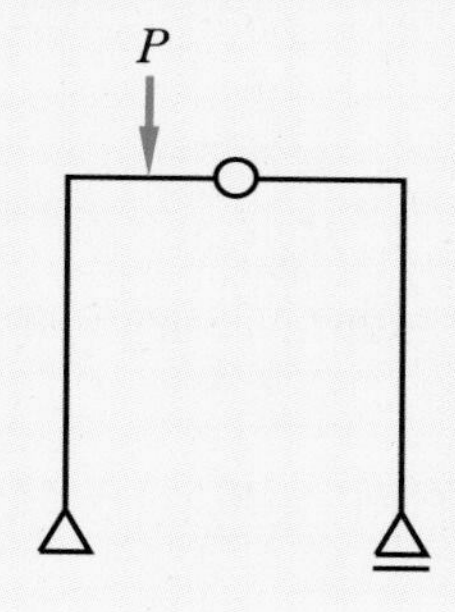

① 구조물의 판별식

$m = n + s + r - 2k = 3 + 4 + 2 - 2 \times 5 = -1$

$m < 0$ 이므로 불안정 구조물

② 휨모멘트도(BMD) : 불안정 구조물이어서 형태가 변형되므로 휨모멘트는 발생하지 않는다.

기출문제

12. 미장재료에서 기경성 재료와 수경성 재료를 3가지씩 쓰시오. [배점 4]

(1) 기경성 재료

① 진흙 ② 회반죽 ③ 돌로마이트 플라스터

(2) 수경성 재료

① 순석고 ② 배합석고 ③ 무수석고

기출문제

13. 다음 그림과 같은 구조물에 26 kN의 하중이 작용하는 경우 반력과 최대압축응력을 구하시오. (단, 인장응력은 +, 압축응력은 −로 표기한다.) [배점 3]

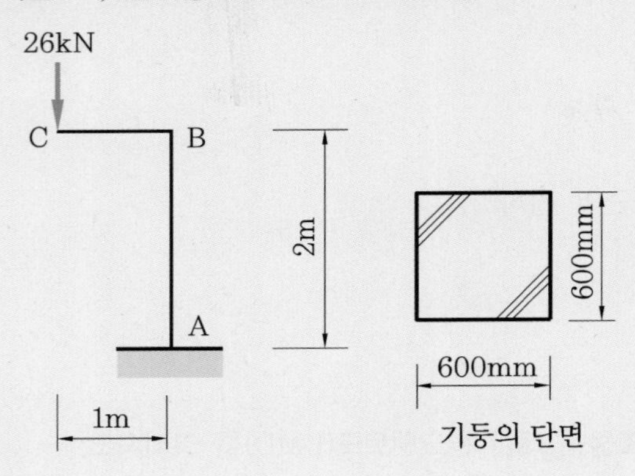

기둥의 단면

해답 (1) 반력

① 수평반력 $\Sigma H = 0$에서 $\therefore H_A = 0$

② 수직반력 $\Sigma V = 0$ 에서 $-26\,\text{kN} + R_A = 0$

$\therefore R_A = 26\,\text{kN}$

③ 모멘트 반력 $\Sigma M_A = 0$에서 $-26 \times 1 + M_A = 0$

$\therefore M_A = 26\,\text{kN} \cdot \text{m}$

(2) 최대압축응력

$$\sigma_A = -\frac{N}{A} - \frac{M}{Z} = -\frac{26 \times 10^3}{600 \times 600} - \frac{26 \times 10^3 \times 10^3}{\dfrac{600 \times 600^2}{6}} = -0.79\,\text{N/mm}^2 = -0.79\,\text{MPa}$$

해설 (1) 단면의 핵

구분	핵 반지름	핵 지름
구형 단면	$\frac{h}{6}$	$\frac{h}{3}$
원형 단면	$\frac{D}{8}$	$\frac{D}{4}$

(2) 기둥의 응력

① 중심축 하중 : $\sigma = -\frac{N}{A}$

② 중심축 하중과 모멘트 하중 : $\sigma = -\frac{N}{A} \pm \frac{M}{Z}$

③ 편심 하중 : $\sigma = -\frac{N}{A} \pm \frac{N \cdot e}{Z}$

기출문제

14. 흙막이벽 공사에서 발생되는 다음 현상이 무엇인지 쓰시오. [배점 3]

(1) 시트 파일 등의 흙막이벽 좌측과 우측의 토압차로써, 흙막이 뒷부분의 흙이 기초 파기하는 공사장으로 흙막이벽 밑을 돌아서 미끄러져 돌아오는 현상

(2) 모래질 지반에서 흙막이벽을 설치하고 기초 파기할 때에 흙막이벽 뒷면의 수위가 높아서 지하수가 흙막이벽을 돌아서 지하수가 모래와 같이 솟아오르는 현상

(3) 흙막이벽의 부실 공사로써 흙막이벽의 뚫린 구멍 또는 이음새를 통하여 물이 공사장 내부 바닥으로 스며드는 현상

해답 (1) 히빙 현상 (2) 보일링 현상 (3) 파이핑 현상

기출문제

15. 지반 개량 공법 중 탈수법에서, 다음의 토질에 적당한 대표적 공법을 각각 1가지씩 쓰시오. [배점 2]

(1) 사질토

(2) 점성토

해답 (1) 웰 포인트 공법 (2) 샌드 드레인 공법

기출문제

16. 다음 보기의 용접부 검사 항목을 (1) 용접 착수 전, (2) 용접 작업 중, (3) 용접 완료 후의 검사 항목으로 구분하여 번호로 쓰시오. [배점 3]

[보기]

① 홈(groove)의 각도·간격 및 치수
② 아크(arc) 전압
③ 용접 속도
④ 청소 상태
⑤ 균열(crack), 오버랩(overlap), 언더컷(undercut) 유무
⑥ 필릿(fillet)의 크기
⑦ 부재의 밀착
⑧ 밑면 따내기(back chipping)

(1) ①, ④, ⑦
(2) ②, ③, ⑧
(3) ⑤, ⑥

① 필릿(fillet) 용접 : 모살 용접
② 밑면 따내기 : 맞댄 용접에서 용착금속의 밑부분으로 용입이 불량한 부분이나 제1층 용접 부분의 뒷면을 떼어내는 것
③ 언더컷(undercut) : 용접 시 모재가 녹아 홈으로 남게 된 부분
④ 오버랩(overlap) : 모재와 용착금속이 융합되지 않고 겹쳐지는 것

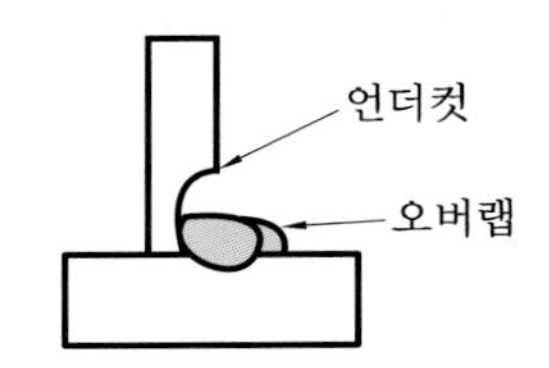

⑤ 크랙(crack) : 용접 표면의 균열
⑥ 용접 착수 전 검사 항목
㈎ 홈(groove)의 각도, 간격, 치수
㈏ 부재의 밀착
㈐ 청소 상태
⑦ 용접 작업 중 검사 항목
㈎ 아크 전압
㈏ 용접 속도
㈐ 밑면 따내기(back chipping)
⑧ 용접 완료 후 검사 항목
㈎ 균열(crack), 오버랩(overlap), 언더컷(undercut)의 유무
㈏ 필릿(fillet)의 크기

기출문제

17. 데이터를 네트워크 공정표로 작성하고, 각 작업의 여유시간을 구하시오. [배점 8]

작업명	작업일수	선행작업	비고
A	2	없음	EST LST, LFT EFT, i 작업명 / 작업일수 j 로 표시하고, 주공정선은 굵은 선으로 표시한다.
B	3	없음	
C	5	없음	
D	4	없음	
E	7	A, B, C	
F	4	B, C, D	

해답 (1) 네트워크 공정표

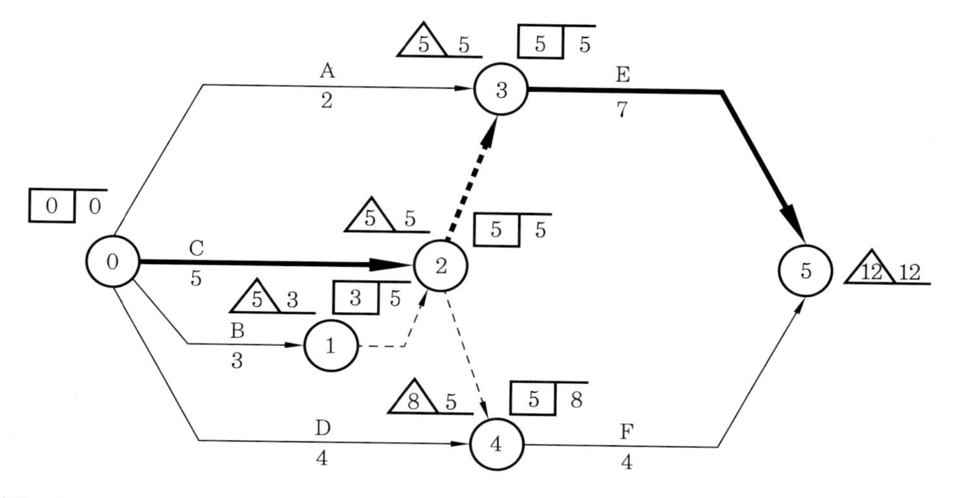

(2) 여유시간 계산

작업명	작업일수	TF	FF	DF	CP
A	2	3	3	0	
B	3	2	2	0	
C	5	0	0	0	*
D	4	4	1	3	
E	7	0	0	0	*
F	4	3	3	0	

기출문제

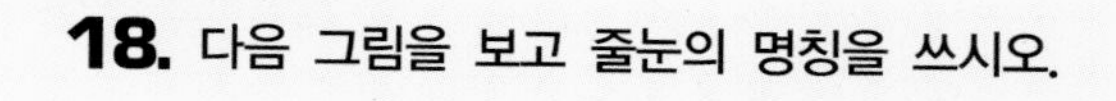

18. 다음 그림을 보고 줄눈의 명칭을 쓰시오. [배점 4]

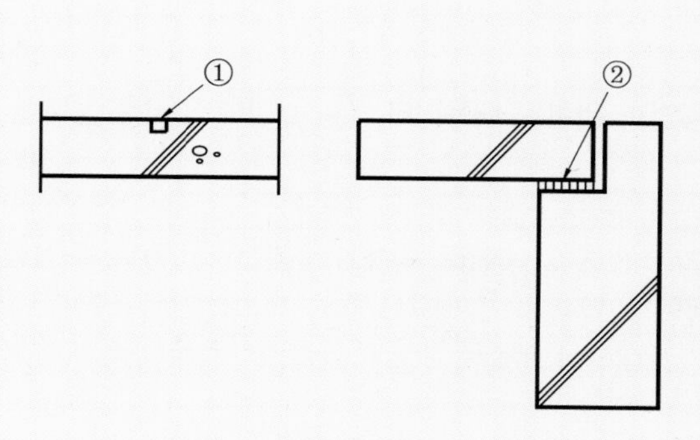

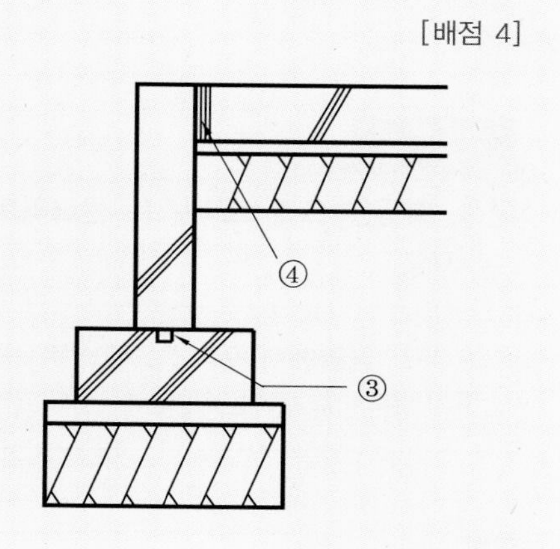

① 조절 줄눈(control joint)
② 미끄럼 줄눈(sliding joint)
③ 시공 줄눈(construction joint)
④ 신축 줄눈(expansion joint) 또는 분리 줄눈(isolation joint)

기출문제

19. 특명 입찰(수의 계약)의 장단점을 2가지씩 쓰시오. [배점 4]

(1) 장점
① 양질의 공사를 기대할 수 있다.
② 공사 기밀 유지가 가능하다.
③ 업자 선정 사무가 간단하다.

(2) 단점
① 공사비가 높아질 우려가 있다.
② 불공평한 일이 내재하고 있다.

기출문제

20. 철골 용접 접합에서 발생하는 결함 항목 4가지를 쓰시오. [배점 4]

① 슬래그(slag) 감싸들기 ② 언더컷(undercut)
③ 오버랩(overlap) ④ 공기 구멍(blow hole)

기출문제

21. 다음은 프리스트레스트 콘크리트 공법과 관련된 내용이다. ( ) 안에 알맞은 용어를 쓰시오. [배점 2]

(①)공법에서 프리스트레스트 콘크리트 안에 강현재(pc 강재·pc 강선·pc 강봉)를 삽입하기 위해 설치하는 관을 (②)라 한다.

① 포스트텐션 ② 시스(sheath)

기출문제

22. 흙막이 공법 중 그 자체가 지하 구조물이면서 흙막이 및 버팀대 역할을 하는 공법을 보기에서 모두 골라 번호로 쓰시오. [배점 3]

[보기]

① 지반 정착 (earth anchor) 공법
② 개방 잠함(open caisson) 공법
③ 수평 버팀대 공법
④ 강제 널말뚝(sheet pile) 공법
⑤ 우물통(well) 공법
⑥ 용기 잠함(pneumatic caisson) 공법

해답 ②, ⑤, ⑥

2013

기출문제

23. 다음 그림과 같은 철근콘크리트 단근보의 균형철근비, 최대철근비, 최대철근량을 구하시오. (단, $f_{ck}=27\,\text{MPa}$, $f_y=300\,\text{MPa}$, $3-\text{D22}$ A_s : $373\times3=1{,}119\,\text{mm}^2$ 인장 지배단면이다.) [배점 6]

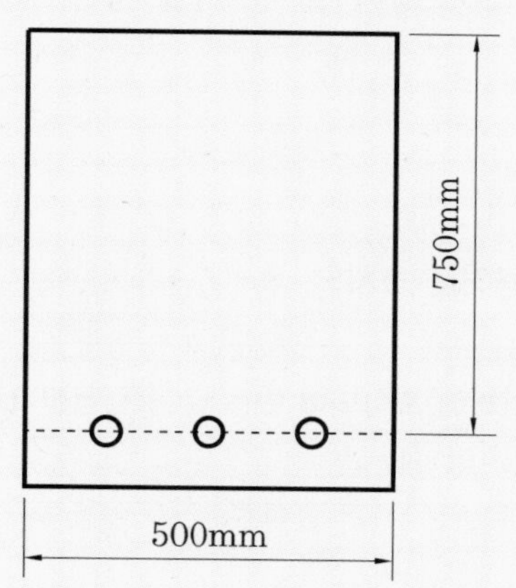

해답 (1) 균형철근비$(\rho_b)=\dfrac{0.85\times27\times0.85}{300}\times\dfrac{600}{600+300}=0.04335$

(2) 최대철근비 $(\rho_{\max})=\dfrac{0.85\times27\times0.85}{300}\times\dfrac{0.003}{0.003+0.005}=0.02438$

(3) 최대철근량$(A_{s,\max})=0.02438\times500\times750=9{,}142.5\,\text{mm}^2$

기출문제

24. 커튼월(curtain wall) 공사의 실물 모형 시험(mock-up test)에서 성능 시험 항목 4가지를 쓰시오. [배점 4]

① 수밀 시험 ② 내풍압 시험
③ 기밀 시험 ④ 층간변위 추종성 시험

기출문제

25. 벽돌벽의 표면에 생기는 백화의 발생 원인과 대책을 각각 2가지씩 쓰시오. [배점 4]

(1) 원인
① 빗물 침투 ② 재료 및 시공 불량

(2) 대책
① 빗물 침투 방지 ② 소성이 잘 된 벽돌 사용 ③ 줄눈에 방수 처리

기출문제

26. 보기 설명에 해당하는 용어를 쓰시오. [배점 2]

[보기]
실리콘 제조 시 발생하는 폐가스에 포함되어 있는 SiO_2를 집진기로 채집한 초미립자로서 초고강도콘크리트의 혼화재로 쓰이는 것

해답 실리카 퓸(silica fume)

2014년도 | 1회 기출문제

기출문제

1. 다음은 철골 공사에 대한 용어이다. 이에 대한 내용을 간략하게 쓰시오. [배점 8]

(1) 비드(bead)
(2) 스캘럽(scallop)
(3) 엔드탭(end tap)
(4) 뒷댐재(back strip)

해답 (1) 비드(bead) : 용접 시 용접 방향에 따라 용착 금속이 파형으로 연속해서 만들어지는 층
(2) 스캘럽(scallop) : 용접선이 교차되는 것을 피하기 위해 부재에 둔 부채꼴의 홈
(3) 엔드탭(end tap) : 용접의 시점과 종점에 용접봉의 아크(arc)가 불안정하여 용접 불량이 생기는 것을 막기 위하여 시점과 종점에 용접 모재와 같은 개선 모양의 철판을 덧대는 것으로 용접 후 떼어낸다.
(4) 뒷댐재(back strip) : 용접부의 루트 간격 하부로 용착 금속이 떨어지는 것을 방지하기 위해 루트 간격 하부에 밑받침하는 철판

참고 철골 공사 용어

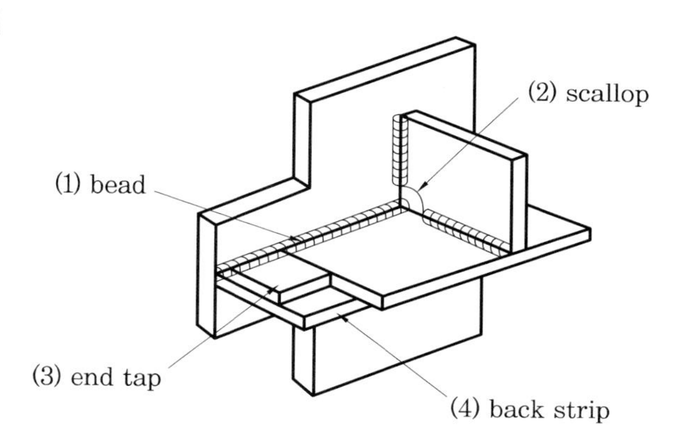

기출문제

2. ( ) 안에 알맞은 용어를 써 넣으시오. [배점 4]

철골공사에 있어서 내화피복 공법을 분류하면 습식 공법, (①), (②)이 있으며, 습식 내화피복 공법의 종류에는 (③), (④), 미장 공법 등이 있다.

 ① 건식 공법 ② 합성 공법 ③ 타설 공법 ④ 뿜칠 공법

 **철골 구조의 내화피복 공법**

① 타설 공법 : 철골조에 콘크리트 또는 경량 콘크리트를 타설하는 공법
② 미장 공법 : 철골조에 철망을 치고 모르타르 또는 펄라이트로 미장하는 공법
③ 뿜칠 공법 : 철골조에 암면·모르타르·플라스터·실리카·알루미나계 모르타르를 뿜칠하는 공법
④ 조적 공법 : 철골조에 벽돌·콘크리트 블록·경량 콘크리트 블록·돌 등으로 조적하는 공법
⑤ 성형판붙임 공법(건식 공법) : 철골조에 규산칼슘판·ALC판·석고보드·석면 시멘트판·프리캐스트 콘크리트판을 붙여서 시공하는 공법
⑥ 멤브레인 공법 : 얇은 막의 암면 흡음판을 구성하여 내화피복 이외의 다른 성능을 가지는 공법
⑦ 각종 재료 공법 : 성형판붙임 공법과 습식 공법을 혼용 사용하는 공법
⑧ 공법의 조합 : 철골조에 2가지 이상의 공법을 병용한 공법

기출문제

3. tower crane에서 jib 방식에 따른 종류 2가지와 이에 따른 특성을 쓰시오. [배점 4]

 (1) T-Tower crane

① 공사부재의 이동은 수평 이동만 가능하다.
② 공사 현장이 넓은 경우 사용한다.

(2) Luffing crane

① 공사부재의 이동은 수평 이동 및 수직 이동이 가능하다.
② 공사 현장이 협소한 경우 사용한다.

기출문제

4. 한중 콘크리트의 문제점에 대한 대책을 보기에서 모두 골라 번호로 쓰시오. [배점 3]

[보기]

① AE제 사용
② 응결 지연제 사용
③ 보온 양생
④ 물시멘트 비를 60 % 이하로 유지
⑤ 중용열 시멘트 사용
⑥ pre-cooling 방법 사용

해답 ①, ③, ④

기출문제

5. BOT(Build Operate Transfer)에 대하여 간략하게 설명하시오. [배점 3]

해답 사회간접자본의 프로젝트(project)에 대하여 수급자가 자금조달, 건설, 운영을 하여 투자자금을 회수한 후 소유권을 발주자에게 인도하는 방식

기출문제

6. 다음 표를 이용하여 네트워크 공정표를 작성하고, 각 작업의 전체 여유(TF)와 자유 여유(FF)를 구하시오. [배점 10]

작업명	작업일수	선행작업	비고
A	5	–	네트워크 작성은 다음과 같이 표시하고, 주공정선은 굵은 선으로 표시하시오. EST LST / LFT EFT ⓘ —작업명 / 작업일수→ ⓙ
B	6	–	
C	5	A, B	
D	7	A, B	
E	3	B	
F	4	B	
G	2	C, E	
H	4	C, D, E, F	

해답 (1) 네트워크 공정표

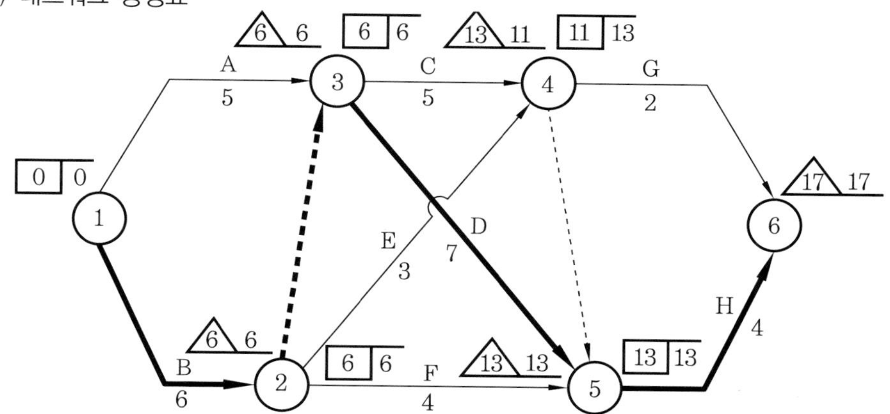

(2) 여유시간 계산

작업명	TF	FF
A	1	1
B	0	0
C	2	0
D	0	0
E	4	2
F	3	3
G	4	4
H	0	0

기출문제

7. 품질관리계획서 제출 시 작성 항목 4가지를 쓰시오. [배점 4]

① 건설공사정보
② 품질방침 및 목표
③ 현장조직관리
④ 문서관리

(1) 품질관리계획 등의 수립대상공사
① 감독 권한 대행 등 건설사업관리대상인 건설공사로서 총공사비가 500억 이상인 건설공사
② 다중이용건축물의 건설공사로서 연면적 30,000 m^2 이상인 건축물의 건설공사
③ 해당 건설공사의 계약에 품질관리계획을 수립하도록 되어 있는 품질공사

(2) 품질관리계획서 작성 내용
① 건설공사정보
② 품질방침 및 목표
③ 현장조직관리
④ 문서관리
⑤ 기록관리
⑥ 자원관리
⑦ 설계관리

기출문제

8. 그림과 같은 헌치보에 대하여 콘크리트량과 거푸집 면적을 구하시오. (단, 거푸집 면적은 보의 하부면도 산출할 것)

[배점 4]

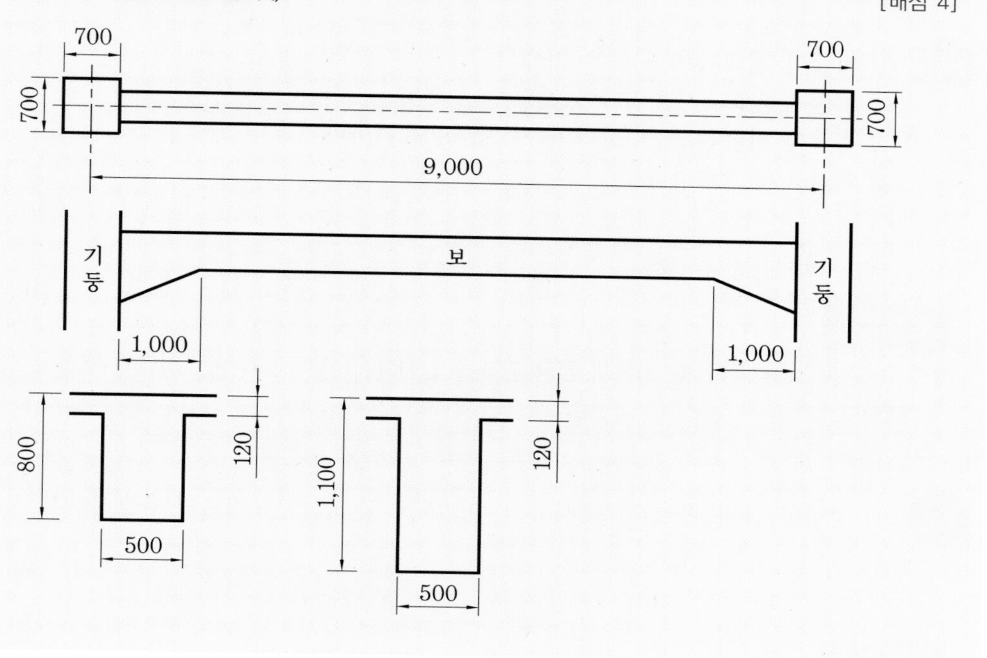

해답 (1) 콘크리트량

$$0.5\times(0.8-0.12)\times(9-0.7)+0.5\times0.3\times1\times\frac{1}{2}\times2=2.972\,\mathrm{m}^3$$

$\therefore$ $2.97\,\mathrm{m}^3$

(2) 거푸집량

$$(0.8-0.12)\times(9-0.7)\times2+0.3\times1\times\frac{1}{2}\times4+0.5\times(9-0.7)$$
$$+(\sqrt{0.3^2+1}-1)\times0.5\times2=16.082\,\mathrm{m}^2$$

$\therefore$ $16.08\,\mathrm{m}^2$

기출문제

9. 고강도 콘크리트 폭렬 현상에 대하여 간략하게 쓰시오.

[배점 3]

해답 고강도 콘크리트는 공극이 작아서 화재 시 콘크리트 내부에 생기는 수증기가 빠져 나가지 못해 콘크리트가 터지는 현상

2014

기출문제

10. 알루미늄 창호를 철제 창호와 비교하여 장점 3가지를 쓰시오. [배점 3]

① 비중이 철의 1/3 정도로 가볍다.
② 녹슬지 않고, 사용연한이 길다.
③ 공작이 자유롭고, 빗물막이 기밀성이 유리하다.
④ 여닫음이 경쾌하다.

기출문제

11. 철근콘크리트 공사를 하면서 철근 간격을 일정하게 유지해야 하는 이유에 대하여 3가지 쓰시오. [배점 3]

① 적절한 응력 확보 ② 시공성 확보 ③ 콘크리트의 균열 저하

기출문제

12. 용접 접합의 결함을 시험하는 비파괴 시험의 종류 5가지를 쓰시오. [배점 5]

해답 ① 외관 시험 ② 방사선 투과 시험 ③ 초음파 탐상 시험
④ 자기 탐상 시험 ⑤ 침투 탐상 시험

기출문제

13. 지하 구조물의 부력 방지 대책 5가지를 쓰시오. [배점 5]

① 록 앵커(rock anchor)를 기초 저면 암반까지 장착
② 마찰 말뚝을 이용하여 기초 하부의 마찰력 증대
③ 유입 지하수를 강제 펌핑(pumping)하여 외부로 배수
④ 구조체에 브래킷(bracket)을 설치하여 부력 방지
⑤ 구조물 자중 증대로 부력에 저항

기출문제

14. 건설업의 TQC에 이용되는 명칭을 쓰시오. [배점 3]

(1) 계량치의 분포가 어떠한 분포를 하는지 알아보기 위하여 작성하는 것

(2) 결과에 원인이 어떻게 관계하고 있는가를 한눈에 알아보기 위하여 작성하는 것

(3) 불량, 결점, 고장 등의 발생 건수를 분류 항목별로 나누어 크기 순서대로 나열해 놓은 것

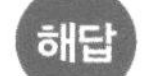

(1) 히스토그램

(2) 특성요인도

(3) 파레토도

기출문제

15. 콘크리트의 압축응력 계산 시 콘크리트의 설계기준압축강도 $f_{ck}=30\,\mathrm{MPa}$일 때 등가응력블록깊이 계수 β_1의 크기를 구하시오. [배점 3]

$\beta_1 = 0.85-(f_{ck}-28)\times 0.007 \geq 0.65$에서

$\beta_1 = 0.85-(30-28)\times 0.007 = 0.836$

(1) 응력블록깊이 $a=\beta_1 \times C$

여기서, β_1: 응력블록깊이 계수

C: 중립축거리

(2) 응력블록깊이 계수 β_1

$f_{ck} \leq 28\,\mathrm{MPa} \rightarrow \beta_1 = 0.85$

$f_{ck} > 28\,\mathrm{MPa} \rightarrow \beta_1 = 0.85$에서 증가 시마다 0.007씩 감소

(단, β_1이 0.65 이상이어야 한다.)

$\therefore \beta_1 = 0.85-(f_{ck}-28)\times 0.007 \geq 0.65$

f_{ck}의 크기에 따른 β_1의 값

f_{ck}	28 이하	29	30	31	32	57 이상
β_1	0.85	0.843	0.836	0.829	0.822	0.65

기출문제

16. 다음 그림과 같은 단면에서의 x축에 대한 단면 2차 모멘트(I_x)를 구하시오. [배점 2]

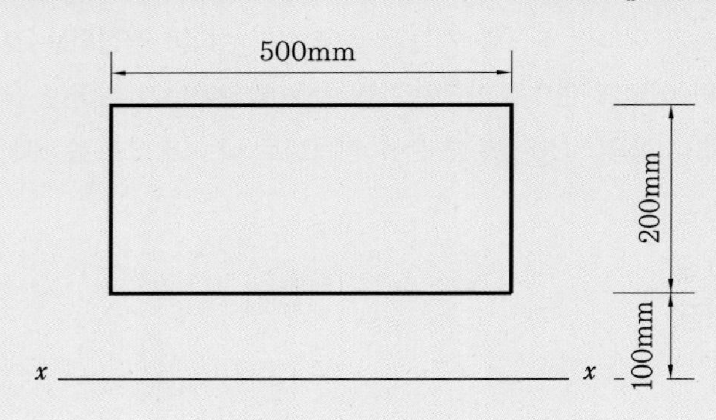

해답 단면 2차 모멘트 $I_x = \frac{bh^3}{12} + Ay^2 = \frac{500 \times 200^3}{12} + 500 \times 200 \times 200^2$

$= 4,333,333,333\,\text{mm}^4$

기출문제

17. 다음 그림과 같은 구조물의 차수를 구하고, 안정인지 불안정인지 판별하시오. [배점 2]

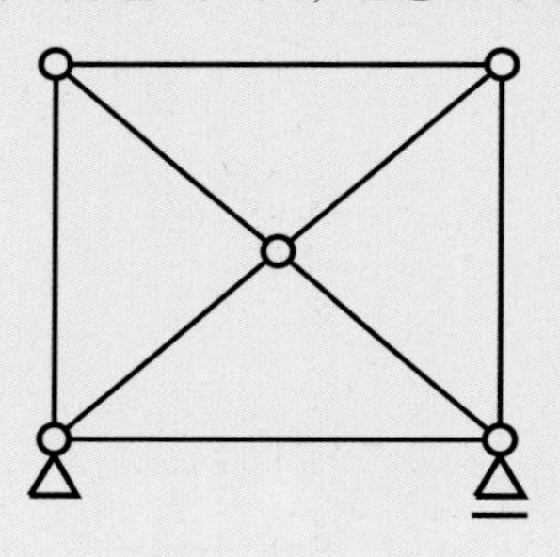

해답 (1) 차수 : $m = n + s + r - 2k = 3 + 8 + 0 - 2 \times 5$

$= 11 - 10 = 1$차 부정정

(2) 판별 : $m = 1 > 0$이므로 안정 구조물

해설 ① 판별식 : $m = n + s + r - 2k$

여기서, n : 반력수, s : 부재수, r : 강절점수, k : 절점수

② 구조물의 판별

㈎ $m > 0$: 부정정

㈏ $m = 0$: 정정

㈐ $m < 0$: 불안정

③ 판별

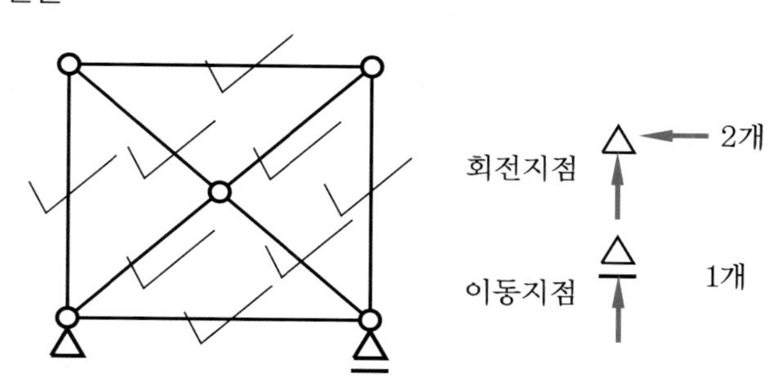

㈎ 반력수 $n = 3$

㈏ 부재수 $s = 8$(∨표시)

㈐ 강절점수(하나 부재에 대하여 강하게 접합된 부재의 개수) $r = 0$

㈑ 절점수(부재와 부재가 만나는 점 또는 자유단의 수) $k = 5$

기출문제

18. 다음은 철골 형강에 대한 표기이다. 이에 알맞은 그림을 그리고 치수를 기입하여 표현하시오. [배점 6]

(1) $L-100 \times 150 \times 7$

(2) $C-150 \times 65 \times 20 \times 15$

(3) $H-300 \times 200 \times 10 \times 15$

해답

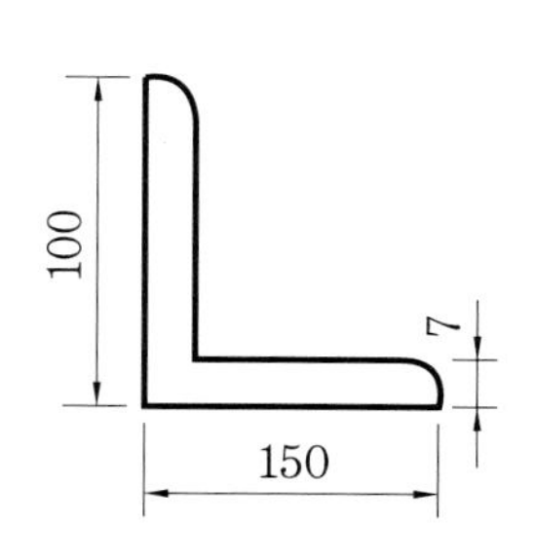

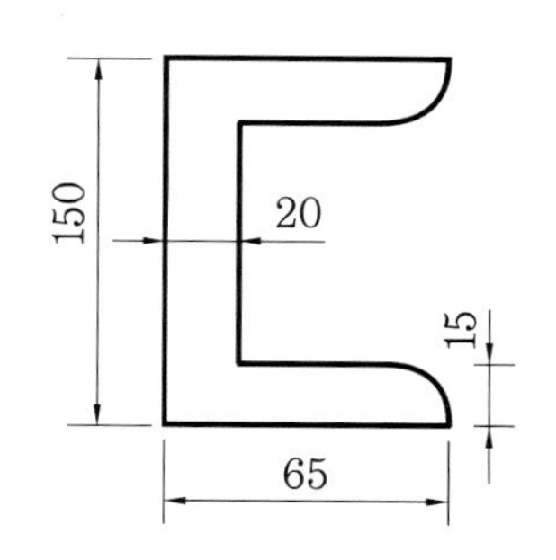

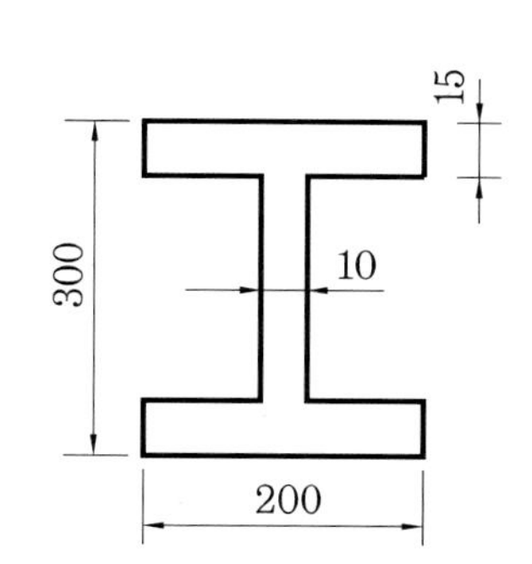

기출문제

19. 다음 보기는 띠철근 기둥에서 띠철근의 간격에 대한 내용이다. (　) 안에 알맞은 답을 쓰시오. [배점 2]

[보기]

띠철근 기둥에서 띠철근의 간격은 축방향 철근 지름의 (①)배, 띠철근 지름의 (②)배, 기둥 단면의 (③)치수 이하 중 (④)으로 한다.

해답 ① 16, ② 48, ③ 최소, ④ 작은 값

해설 **기둥의 종류**

<table>
<tr><th colspan="2">구분 \ 종류</th><th>띠철근 기둥</th><th>나선 기둥</th></tr>
<tr><td colspan="2">크기</td><td>• 단면의 최소치수 : 200 mm 이상
• 단면적 : 60,000 mm^2</td><td>심부 지름 : 200 mm 이상</td></tr>
<tr><td rowspan="4">축철근</td><td>개수</td><td>직사각형 기둥 : 4개 이상
원형 기둥 : 4개 이상</td><td>원형 기둥, 다각형 기둥 : 6개 이상</td></tr>
<tr><td>지름</td><td colspan="2">D16 이상</td></tr>
<tr><td>철근비</td><td colspan="2">1~8 %</td></tr>
<tr><td>간격</td><td colspan="2">• 40 mm 이상, 150 mm 이하
• 최대자갈지름의 $\frac{4}{3}$배 이상
• 축철근 지름의 1.5배 이상</td></tr>
<tr><td rowspan="3">띠철근 또는 나선 철근</td><td>지름</td><td>축철근 지름
• 축철근 지름 D32 이하 → D10 이하
• 축철근 지름 D35 이상 → D13 이상</td><td>D10 이상</td></tr>
<tr><td>간격</td><td>• 축철근 지름의 16배 이상
• 띠철근 지름의 48배 이상
• 최소단면치수 이하</td><td>25~75 mm 끝에서는 1.5회전 만큼 더 연장한다.</td></tr>
<tr><td>사용 목적</td><td colspan="2">• 전단력의 저항
• 축철근의 좌굴 방지
• 축철근의 위치 고정</td></tr>
</table>

기출문제

20. 다음 그림과 같은 단순보에 등분포하중과 집중하중이 작용하는 경우 휨모멘트가 같을 때 집중하중 P는 얼마인가?

[배점 2]

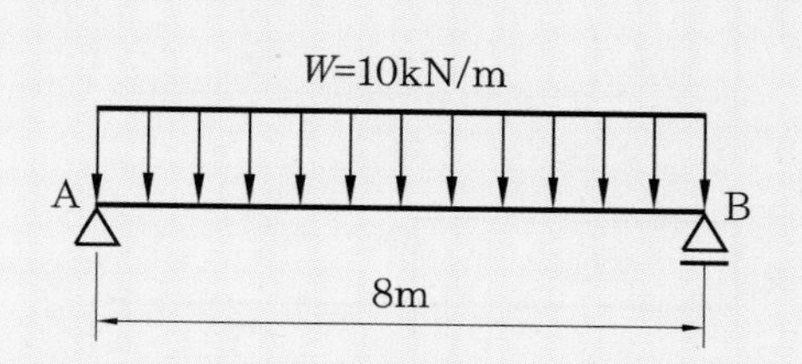

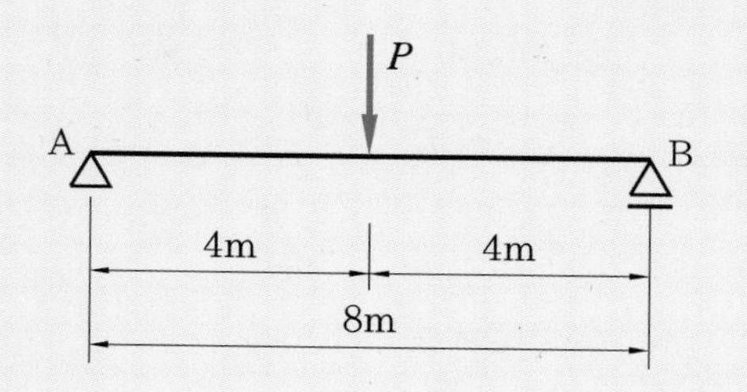

해답

$$\frac{Wl^2}{8} = \frac{Pl}{4}$$

$$\therefore P = \frac{4Wl^2}{8l} = \frac{Wl}{2} = \frac{10 \times 8}{2} = 40\,\text{kN}$$

해설 (1) 단순보에 등분포하중이 작용하는 경우

① 반력

$$R_A = R_B = \frac{Wl}{2},\ H_A = 0$$

② 전단력

$$S_x = R_A - W \cdot x$$

$$S_A = R_A = \frac{Wl}{2}$$

$$S_C = 0$$

$$S_B = R_B = -\frac{Wl}{2}$$

③ 휨모멘트

$$M_A = 0$$

$$M_C = M_{\max} = \frac{Wl^2}{8}$$

$$M_B = 0$$

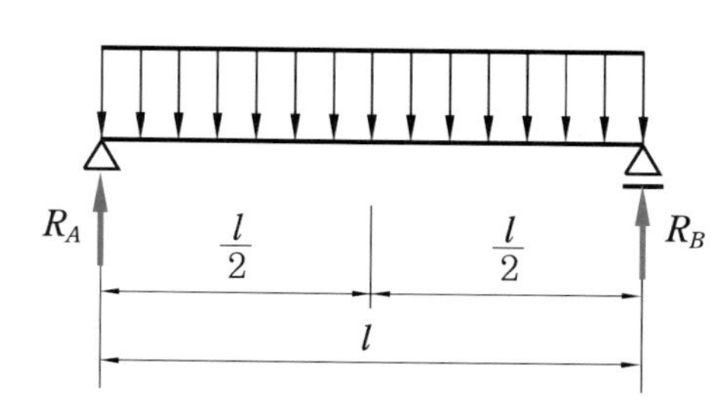

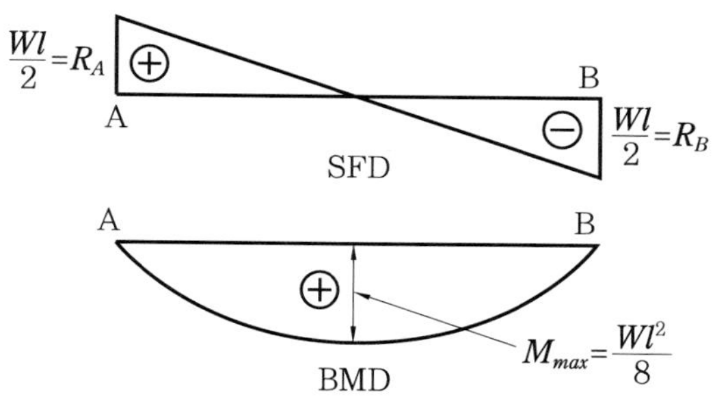

(2) 단순보 중앙에 집중하중이 작용하는 경우

① 반력

$$R_A = R_B = \frac{P}{2},\ H_A = 0$$

② 전단력

$$S_{AC} = R_A = \frac{P}{2}$$

$$S_{CB} = R_B = -\frac{P}{2}$$

③ 휨모멘트

$$M_A = 0$$

$$M_C = M_{\max} = \frac{Pl}{4}$$

$$M_B = 0$$

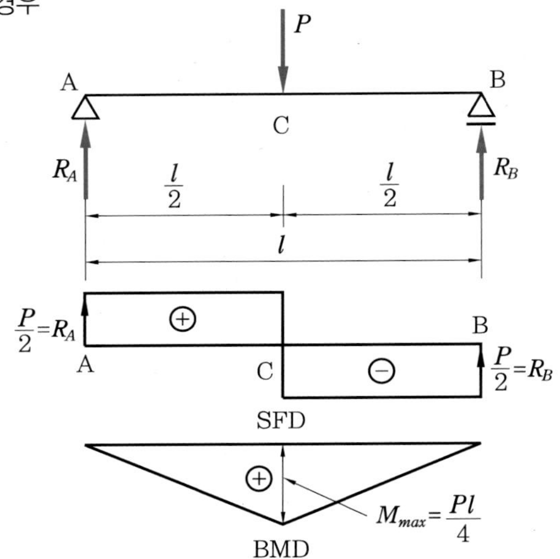

기출문제

21. 다음 측정기의 용도를 쓰시오. [배점 4]

(1) Washington meter　　(2) Piezo meter

(3) earth pressure meter　　(4) dispenser

해답 (1) 공기량 측정　　(2) 간극 수압 측정

(3) 토압 측정　　(4) AE제의 계량

기출문제

22. 설명에 해당하는 건축물의 줄눈(joint)명을 보기에서 골라 번호로 쓰시오. [배점 2]

(1) 콘크리트를 한 번에 계속하여 부어 나가지 못할 곳에 생기게 되는 줄눈

(2) 콘크리트 시공 과정 중 휴식시간 등으로 응결하기 시작한 콘크리트에 새로운 콘크리트를 이어칠 때 일체화가 저해되어 생기게 되는 줄눈

[보기]

① expansion joint　　② construction joint

③ control joint　　④ cold joint

해답 (1) ②　　(2) ④

기출문제

23. 철골의 접합 방법 중 용접의 장점을 4가지 쓰시오. [배점 4]

① 강재 절약
② 시공 시 소음·진동이 적다.
③ 건물의 경량화 도모
④ 건물의 일체성과 강성을 확보
⑤ 기름·기체 등에 대해 고도의 수밀성 유지

기출문제

24. 철골 공사에서 철골에 녹막이칠을 하지 않는 부분을 3가지 쓰시오. [배점 3]

① 콘크리트에 매립되는 부분
② 고력볼트 마찰 접합부의 마찰면
③ 조립에 의해 면맞춤 되는 부분
④ 밀폐되는 내면
⑤ 현장 용접을 하는 부위 및 그 곳에 인접하는 양측 100 mm 이내
⑥ 초음파 탐상 검사에 지장을 미치는 범위

기출문제

25. 목구조를 기초, 외벽, 왕대공 지붕틀로 구분할 때 각각의 횡력 보강부재에 대하여 2가지 씩 쓰시오. [배점 6]

(1) 기초 : 귀잡이 토대, 앵커볼트
(2) 외벽 : 가새, 버팀대
(3) 왕대공 지붕틀 : 대공가새, 귀잡이보

기출문제

26. 기준점(bench mark)에 대하여 간략하게 쓰시오. [배점 2]

공사 중 건축물 높이의 기준이 되는 점으로서 인근 건물이나 벽돌담 등의 지반면으로부터 0.5~1 m 지점에 설치한다.

2014년도 | 2회 기출문제

기출문제

1. 강구조에서의 큰 보와 작은 보의 고력볼트 접합 시 접합부의 사용성 한계 상태에 대한 설계 미끄럼 강도를 계산하여 400 kN의 외력에 대해 볼트 개수가 적절한지 검토하시오. (단, 고력볼트는 M22(F10T)이며, 표준 구멍을 적용하고, 고력볼트 설계볼트장력 $T_0 = 200\,\text{kN}$, 미끄럼계수 $\mu = 0.5$, 필러를 사용하지 않은 경우 $h_f = 1.0$으로 한다.)

[배점 3]

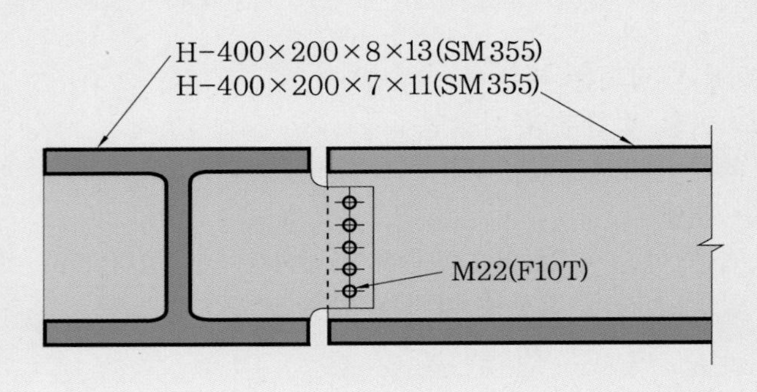

해답 ① 고력볼트 1개의 설계 미끄럼 강도

$\phi R_n = 1.0 \times 0.5 \times 1.0 \times 200 \times 1 = 100\,\text{kN}$

② 고력볼트 5개의 설계 미끄럼 강도

$100 \times 5 = 500\,\text{kN}$

③ 검토 : $400\,\text{kN} < 500\,\text{kN}$

∴ 적절

참고 설계 미끄럼 강도 $\phi R_n = \phi \cdot \mu \cdot h_f \cdot T_0 \cdot N_S$

여기서, ϕ : 강도저감계수(표준 구멍 $\phi = 1.0$)

μ : 미끄럼계수(블라스트 후 페인트하지 않은 경우 0.5)

h_f : 구멍의 종류에 따른 크기(필러를 사용하지 않은 경우 1.0)

T_0 : 설계볼트장력(kN)

N_S : 전단면의 수(1면 전단 : 1.0, 2면 전단 : 2.0)

기출문제

2. 다음 그림과 같은 캔틸레버 보에서 B점의 처짐이 0이 되기 위한 W의 크기를 구하시오. (단, 경간 EI는 일정하다.)

[배점 3]

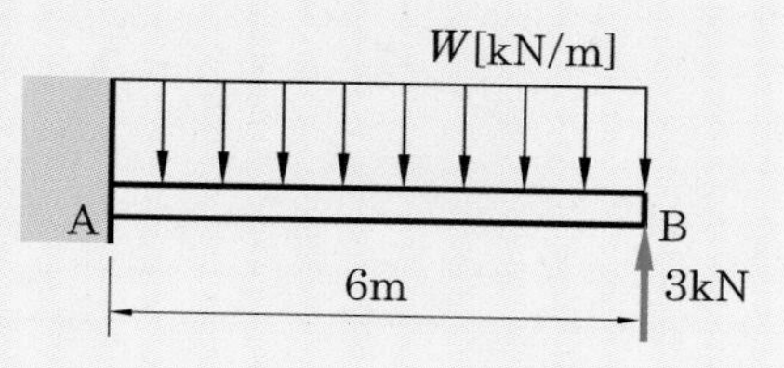

해답 $\dfrac{Wl^4}{8EI} = \dfrac{Pl^3}{3EI}$이면 처짐이 0이므로

$\dfrac{Wl^4}{8EI} = \dfrac{Pl^3}{3EI}$에서

$\therefore\ W = \dfrac{Pl^3 \times 8EI}{3EI \times l^4} = \dfrac{8P}{3l} = \dfrac{8 \times 3}{3 \times 6} = 1.33\,\text{kN/m}$

해설 (1) 캔틸레버 보에 등분포하중이 작용하는 경우

$$y_B = y_{\max} = \frac{Wl^4}{8EI}$$

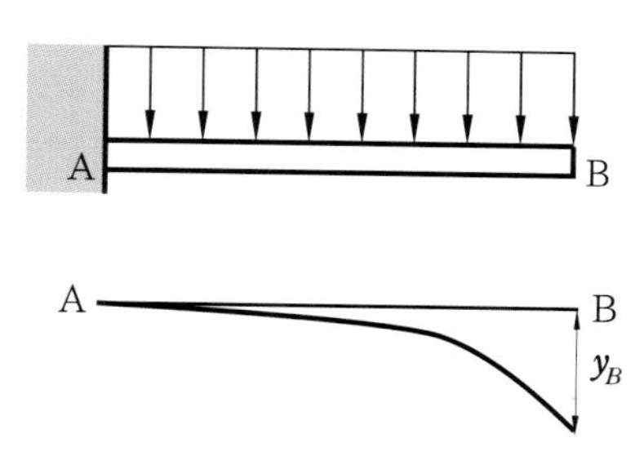

(2) 캔틸레버 보에 집중하중이 작용하는 경우

$$y_B = y_{\max} = \frac{Pl^3}{3EI}$$

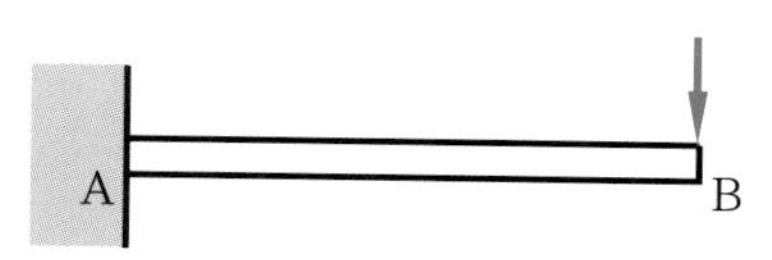

기출문제

3. PERT 기법에 의한 기대시간 t_e를 구하시오. [배점 3]

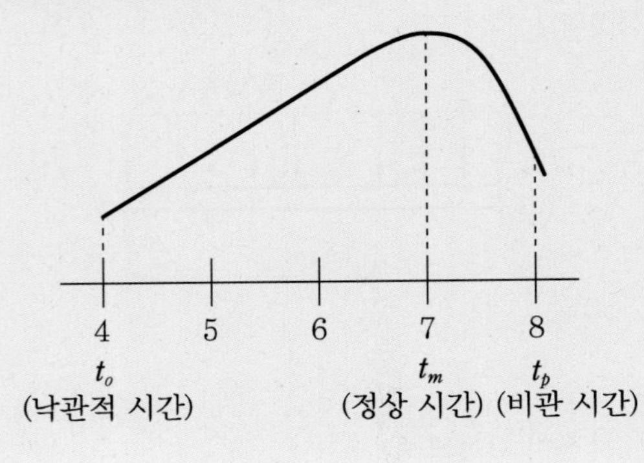

해답 기대시간 $t_e = \dfrac{t_o + 4t_m + t_p}{6} = \dfrac{4 + 4 \times 7 + 8}{6} = 6.67$

기출문제

4. 기성 콘크리트 말뚝의 타격 공법에서 사용하는 디젤 해머의 특징적인 장단점을 3가지 쓰시오. [배점 3]

해답 ① 유압 해머에 비해 정밀도는 다소 떨어지나 큰 타격력을 얻을 수 있다.
② 소음, 진동이 크고 공해가 크다.
③ 연약지반에서는 효과가 없다.

기출문제

5. 언더피닝(under pinning) 공법을 적용하는 이유를 설명하고, 공법의 종류를 2가지 쓰시오. [배점 4]

(1) 적용 이유

(2) 공법의 종류

해답 (1) 적용 이유 : 터파기에서 주변 구조물 또는 기존 건물의 침하 시 기초를 보강하기 위해 언더피닝 공법을 적용한다.

(2) 공법의 종류

① 덧기둥 지지방식 ② 내압판 방식

기출문제

6. 실시 설계 도서가 완성되고 공사 물량 산출 등 견적 업무가 끝나면 공사 예정가격 작성을 위한 원가 계산을 하게 된다. 원가 계산과 관련된 다음 설명에 해당하는 용어를 쓰시오.

(1) 공사 시공 과정에서 발생하는 재료비, 노무비, 경비의 합계액 [배점 3]

(2) 기업의 유지를 위한 관리활동 부분에서 발생하는 제비용

(3) 공사 계약 목적물을 완성하기 위하여 직접 작업에 종사하는 종업원 및 기능공에 제공되는 노동력의 대가

(1) 순공사원가
(2) 일반관리비
(3) 직접노무비

기출문제

7. 철근 조립방식에서 철근의 선조립공법(prefab철근공법) 적용 시 시공적 측면에서의 장점 3가지를 쓰시오. [배점 3]

① 공사 기간 단축
② 품질 향상
③ 시공의 정밀도 향상

기출문제

8. 건축공사표준시방서에 따른 경질 석재의 물갈기 마감공정을 보기에서 골라 순서대로 번호를 쓰시오. [배점 3]

[보기]

① 물갈기	② 정갈기
③ 본갈기	④ 거친갈기

해답 ④-①-③-②

기출문제

9. 다음은 철골 내화피복 공법의 종류이다. 이에 알맞은 재료의 명칭을 각각 2가지씩 쓰시오.

[배점 3]

(1) 타설공법

(2) 조적공법

(3) 미장공법

해답 (1) 타설공법 : 콘크리트, 경량 콘크리트
(2) 조적공법 : 벽돌, 콘크리트 블록
(3) 미장공법 : 철망 모르타르, 철망 펄라이트 모르타르

기출문제

10. 비중이 2.65이고, 단위 용적 중량이 1,800 kg/m^3인 골재가 있다. 이 골재의 공극률(%)은 얼마인가?

[배점 3]

해답 $$공극률(\%) = \frac{2.65 \times 0.999 - 1.8}{2.65 \times 0.999} \times 100 = 32\%$$

해설 ① $골재의\ 실적률(\%) = \frac{단위\ 용적\ 중량}{비중}$

② $골재의\ 공극률(\%) = \frac{비중 \times 0.999 - 단위\ 용적\ 중량(t/m^3)}{비중 \times 0.999} \times 100$

기출문제

11. 목재의 방부 처리 방법 3가지를 쓰고, 간단히 설명하시오.

[배점 3]

해답 ① 나무 방부제칠 : 표면에 크레오소트 또는 콜타르를 칠하는 방법이다.
② 표면 탄화법 : 목재의 표면을 태운다.
③ 침지·가압 주입법 : 목재를 방부액 속에 담그거나 가압 주입한다.

기출문제

12. 다음 그림과 같은 T형보의 중립축거리(C)를 구하시오. (단, 보통중량콘크리트이고, $f_{ck} = 30\,\text{MPa}$, $f_y = 400\,\text{MPa}$, $A_s = 2{,}000\,\text{mm}^2$) [배점 6]

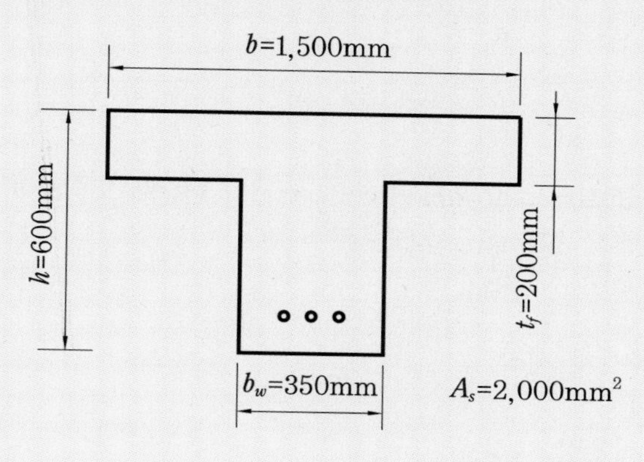

해답 (1) 응력블록깊이

$$a = \frac{A_s \cdot f_y}{0.85 \cdot f_{ck} \cdot b} = \frac{2{,}000 \times 400}{0.85 \times 30 \times 1500} = 20.92\,\text{mm}$$

(2) β_1의 계산

$f_{ck} = 30\,\text{MPa} > 28\,\text{MPa}$이므로

$\beta_1 = 0.85 - (f_{ck} - 28) \times 0.007 = 0.85 - (30 - 28) \times 0.007$

$= 0.836 \geq 0.65$이어야 하므로 $\beta_1 = 0.836$

(3) 중심축거리 C

$a = \beta_1 \cdot C$에서 $C = \dfrac{a}{\beta_1} = \dfrac{20.92}{0.836} = 25.03\,\text{mm}$

해설 $a(20.92\text{mm}) \leq t_f(200\,\text{mm})$이므로 폭 $b = 1{,}500\,\text{mm}$인 단철근 직사각형 보로 계산한다.

기출문제

13. 다음은 목공사의 단면 치수 표기법이다. ( ) 안에 알맞은 말을 써 넣으시오. [배점 3]

> 목재의 단면을 표시하는 치수는 특별한 지침이 없는 경우 구조재, 수장재는 모두 (①) 치수로 하고, 창호재, 가구재의 치수는 (②) 치수로 한다. 또 제재목을 지정 치수대로 한 것을 (③)치수라 한다.

① 제재
② 마무리
③ 정

기출문제

14. 레디믹스트 콘크리트(ready mixed concrete)가 현장에 도착하여 타설될 때 현장에서 행하는 품질관리 항목 4가지를 쓰시오. [배점 4]

① 압축강도 공시체 제작
② 슬럼프 시험
③ 물의 염소 이온량 측정
④ 공기량 측정 시험

기출문제

15. 콘크리트 시공 시 소성 수축 균열(plastic shrinkage crack)에 대하여 간략하게 설명하시오. [배점 3]

해답 콘크리트 타설 후 콘크리트의 타설 표면에 블리딩 현상보다 빠른 급격한 건조가 발생 시 콘크리트의 표면에 미세한 균열이 발생하는 현상으로 주로 바닥면적이 큰 슬래브에서 발생한다.

기출문제

16. 미장공사와 관련된 다음 용어에 대하여 간략하게 설명하시오. [배점 4]

(1) 손질바름
(2) 실러바름

해답 (1) 손질바름 : 콘크리트 또는 콘크리트 블록 바탕에서 초벌바름하기 전에 마감두께를 균등하게 할 목적으로 모르타르 등으로 미리 요철을 조정하는 것
(2) 실러바름 : 바탕의 흡수 조정 및 바름재와 바탕과의 접착력 증진을 위하여 합성수지 에멀션 희석액 등을 바탕에 바르는 것

기출문제

17. 다음 그림은 철근콘크리트조 경비실 건물이다. 주어진 평면도 및 단면도를 보고 C1, G1, G2, S1에 해당되는 부분의 1층과 2층 콘크리트량과 거푸집 면적을 산출하시오. (단, 기둥 단면(C1) : 300×300 mm, 보의 단면 G1, G2 : 300×600 mm, 슬래브 S1 두께 : 130 mm이며, 단면도에 표기된 1층 바닥선 이하는 계산하지 않는다.) [배점 10]

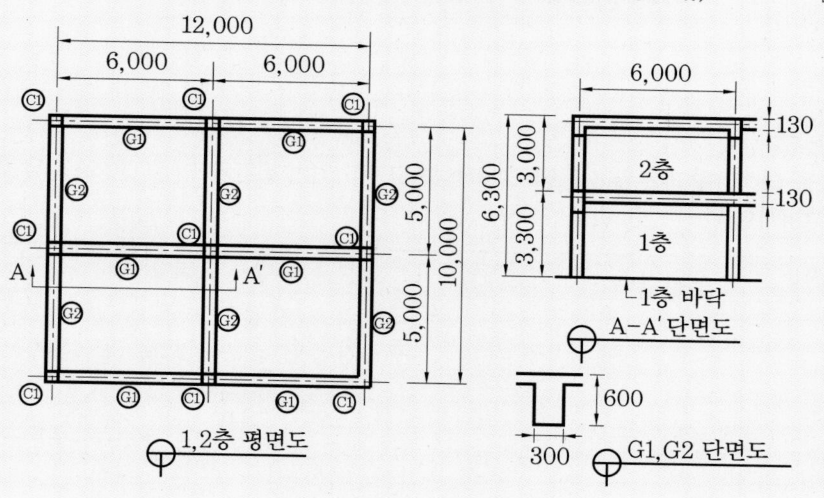

해답 (1) 콘크리트량(m^3)

① 1층

- 기둥(C1) : $0.3 \times 0.3 \times (3.3 - 0.13) \times 9 = 2.57\,m^3$
- 보(G1, G2) : $0.3 \times (0.6 - 0.13) \times \{(6 - 0.3) \times 6 + (5 - 0.3) \times 6\} = 8.8\,m^3$
- 슬래브(S1) : $12.3 \times 10.3 \times 0.13 = 16.47\,m^3$

② 2층

- 기둥(C1) : $0.3 \times 0.3 \times (3 - 0.13) \times 9 = 2.32\,m^3$
- 보(G1, G2) : $0.3 \times (0.6 - 0.13) \times \{(6 - 0.3) \times 6 + (5 - 0.3) \times 6\} = 8.8\,m^3$
- 슬래브(S1) : $12.3 \times 10.3 \times 0.13 = 16.47m^3$

∴ 콘크리트량 $= 2.57 + 8.8 + 16.47 + 2.32 + 8.8 + 16.47 = 55.4\,m^3$

(2) 거푸집 면적(m^2)

① 1층

- 기둥(C1) : $0.3 \times 4 \times (3.3 - 0.13) \times 9 = 34.24m^2$
- 보(G1, G2) : $(0.6 - 0.13) \times 2 \times \{(6 - 0.3) \times 6 + (5 - 0.3) \times 6\} = 58.66m^2$
- 슬래브(S1) : $12.3 \times 10.3 + (12.3 + 10.3) \times 2 \times 0.13 = 132.57m^2$

② 2층

- 기둥(C1) : $0.3 \times 4 \times (3-0.13) \times 9 = 31\text{m}^2$
- 보(G1, G2) : $(0.6-0.13) \times 2 \times \{(6-0.3) \times 6 + (5-0.3) \times 6\} = 58.66\text{m}^2$
- 슬래브(S1) : $12.3 \times 10.3 + (12.3 + 10.3) \times 2 \times 0.13 = 132.57\text{m}^2$

∴ 거푸집 면적 $= 34.24 + 58.66 + 132.57 + 31 + 58.66 + 132.57 = 447.7\text{m}^2$

기출문제

18. 다음 데이터를 네트워크 공정표로 작성하고, 각 작업의 전체 여유(TF)와 자유 여유(FF)를 구하시오. [배점 8]

작업명	작업일수	선행작업	비고
A	5	−	네트워크 작성은 다음과 같이 표시하고, 주공정선은 굵은 선으로 표시하시오.
B	6	−	EST LST / LFT EFT / i 작업명 작업일수 j
C	5	A, B	
D	7	A, B	
E	3	B	
F	4	B	
G	2	C, E	
H	4	C, D, E, F	

해답 (1) 네트워크 공정표

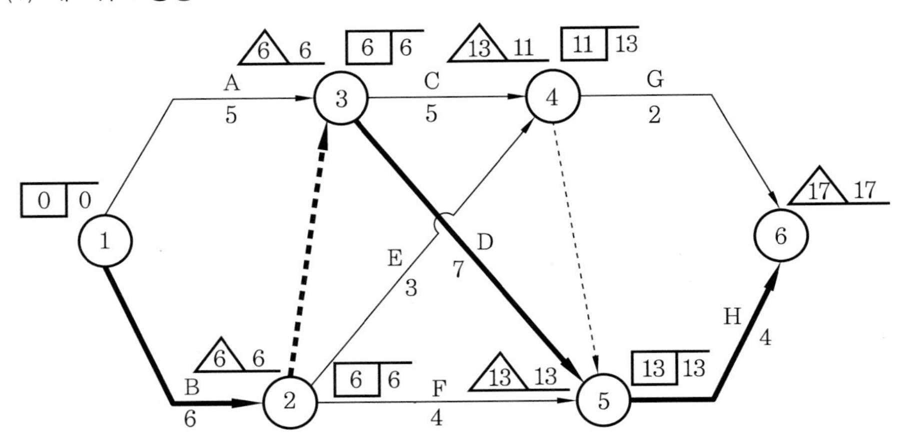

(2) 여유시간 계산표

작업명	TF	FF
A	1	1
B	0	0
C	2	0
D	0	0
E	4	2
F	3	3
G	4	4
H	0	0

기출문제

19. 다음 그림과 같은 철근콘크리트 구조의 단순보에서 등분포하중과 집중하중이 작용하는 경우 계수 집중하중(P_u)의 최댓값(kN)을 구하시오. (단, 보통중량콘크리트 $f_{ck}=28$MPa, $f_y=400$MPa, 인장철근단면적 $A_s=1,200\text{mm}^2$, 휨에 대한 강도감소계수 $\phi=0.85$로 한다.)

[배점 5]

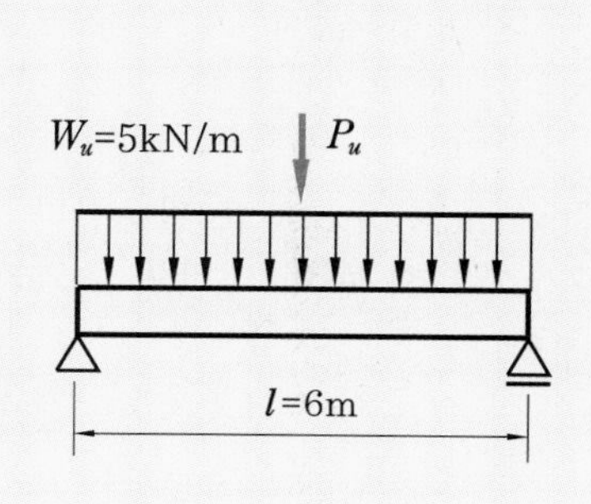

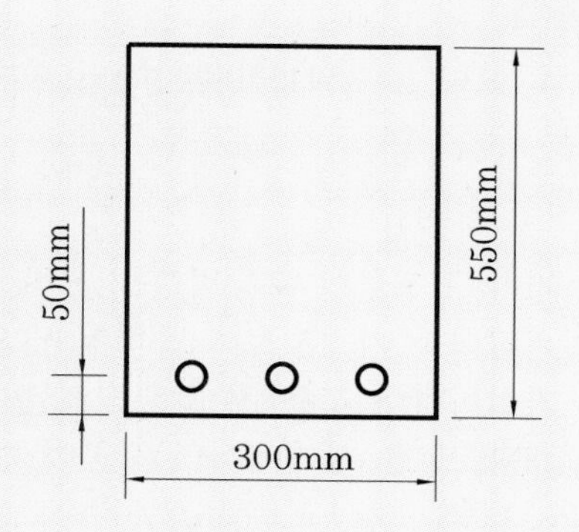

해답 (1) 응력블록깊이(a)

$$a=\frac{A_s \cdot f_y}{0.85 f_{ck} \cdot b}=\frac{1,200\times400}{0.85\times28\times300}=67.23\,\text{mm}$$

(2) 설계휨강도(M_d)

$$M_d=\phi M_n=\phi A_s \cdot f_y \cdot \left(d-\frac{a}{2}\right)=0.85\times1,200\times400\times\left(500-\frac{67.23}{2}\right)$$

$$=190,285,080\,\text{N}\cdot\text{mm}=190.29\,\text{kN}\cdot\text{m}$$

(3) 계수휨강도(M_u)

$$M_u=\frac{P_u\cdot l}{4}+\frac{W_u\cdot l^2}{8}=\frac{P_u\times6}{4}+\frac{5\times6^2}{8}$$

(4) $M_u \leq M_d$ 이므로

$$\frac{P_u \times 6}{4} + \frac{5 \times 6^2}{8} = 190.29 \text{에서 } P_u = 111.86\,\text{kN}$$

기출문제

20. 보통 중량 골재를 사용한 $f_{ck} = 30\,\text{MPa}$ 인 콘크리트의 탄성계수 E_c를 구하시오.

[배점 3]

(1) $f_{ck} \leq 40\,\text{MPa}$이므로

$\therefore \Delta f = 4\,\text{MPa}$

(2) 콘크리트의 탄성계수

$E_c = 8{,}500 \times \sqrt[3]{f_{ck} + \Delta f} = 8{,}500 \times \sqrt[3]{30 + 4} = 27{,}536.7\,\text{MPa}$

기출문제

21. SPS(Strut as Permanent System : 영구 스트러트 공법) 공법의 특징 4가지를 쓰시오.

[배점 4]

① 지하 구조물의 토류벽을 지지하는 버팀대(strut)를 구조체로 활용한다.
② 버팀대를 가설재로 이용하지 않으므로 공기 단축과 공비 절감의 효과가 있다.
③ 가설버팀대 사용 시 토류벽의 변형을 방지한다.
④ 채광, 통풍 상태에서의 시공이 가능하다.

해설 SPS(strut as permanent system) : 지하 구조물 시공 시 토류벽(흙막이벽)을 지지하는 가설재를 설치하여 해체를 반복하지 않고 구조체로 활용하는 공법

기출문제

22. 숏크리트(shotcrete) 공법의 정의를 간단히 기술하고, 장단점에 대하여 각각 2가지씩 쓰시오.

[배점 6]

(1) 정의 : 모르타르를 압축공기로 분사해 바르는 것

(2) 장점
① 공기 단축
② 노동력 절감

(3) 단점
① 벽면으로부터 모르타르의 박락
② 모르타르 붙임 두께 불일치

기출문제

23. 다음 그림은 V형 맞댄 용접의 도해이다. 이에 대한 설명을 도면으로 간략하게 표시하시오. (단, 기호 및 수치를 모두 표시한다.) [배점 3]

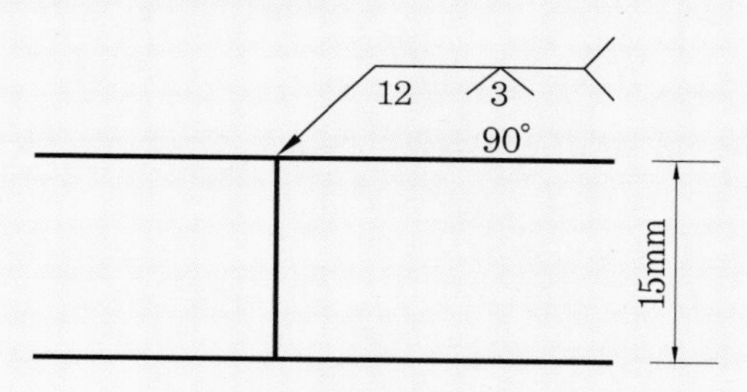

해답 (1) 도해

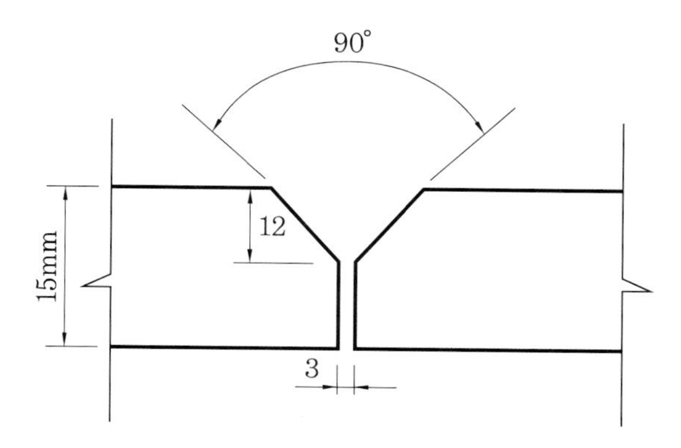

(2) 설명
① V형 맞댄 용접
② 개선각도 : 화살표 쪽 90°
③ 목두께 : 15 mm
④ 개선의 깊이(홈깊이) : 12 mm
⑤ 루트(root)의 간격 : 3 mm

기출문제

24. 콘크리트 타설 시 가수로 인하여 물시멘트비가 큰 콘크리트가 되는 경우 문제점 4가지를 쓰시오. [배점 4]

① 재료 분리 ② 강도 저하
③ 수밀성 저하 ④ 내구성 저하

기출문제

25. 다음은 지반 조사법 중 보링에 대한 설명이다. 각 설명에 해당하는 알맞은 용어를 쓰시오. [배점 3]

(1) 비교적 연약한 토지에 수압을 이용하여 탐사하는 방식
(2) 경질층을 깊이 파는 데 이용되는 방식
(3) 지층의 변화를 연속적으로 비교적 정확히 알고자 할 때 사용하는 방식

해답 (1) 수세식 보링 (2) 충격식 보링 (3) 회전식 보링

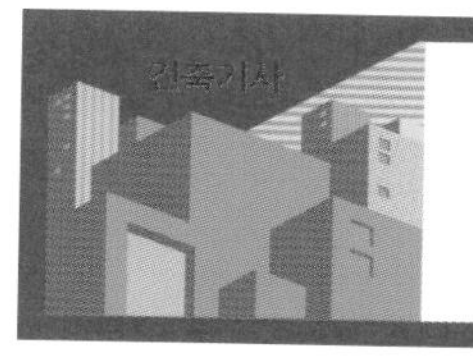

2014년도 | 4회 기출문제

기출문제

1. 플랫 플레이트 슬래브(plat plate slab) 구조는 기둥과 바닥판만으로 구성된 평판 구조이다. 이러한 평판 구조의 2방향 전단 보강 방법 4가지를 쓰시오. [배점 4]

① 슬래브(slab)의 두께를 증가시킨다.
② 지판 또는 주두를 설치하여 위험 단면의 면적을 증가시킨다.
③ 전단 부분을 철근으로 보강한다
④ 기둥 열부분을 스터럽으로 보강한다.

기출문제

2. 다음은 콘크리트 공사의 용어이다. 내용을 간략하게 쓰시오. [배점 4]

(1) 레이턴스 (2) 블리딩 현상

(1) 콘크리트를 부어 넣은 후 블리딩 수의 증발에 따라 그 표면에 남게 되는 미세한 물질
(2) 굳지 않은 콘크리트에서 내부의 물이 위로 떠오르는 현상

기출문제

3. 다음 그림과 같은 단순보의 E점에서의 최대 휨응력을 구하시오. [배점 3]

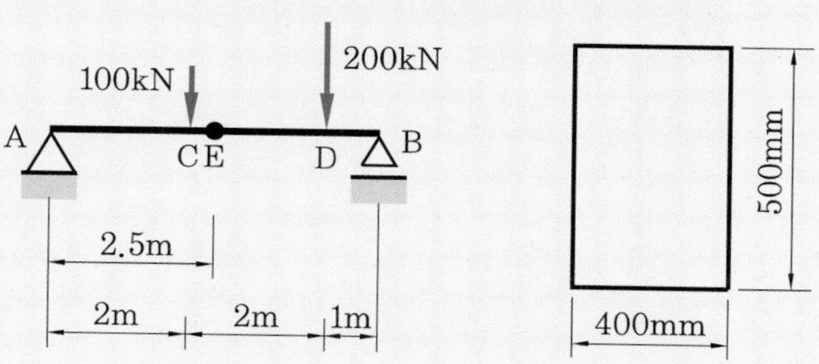

해답 (1) 반력의 계산

$\sum M_B = 0$ 에서

$R_A \times 5 - 100 \times 3 - 200 \times 1 = 0$

$\therefore R_A = \dfrac{500}{5} = 100\,\text{kN}$

$\sum V = 0$ 에서

$R_A - 100 - 200 + R_B = 0$

$\therefore R_B = 300 - 100 = 200\,\text{kN}$

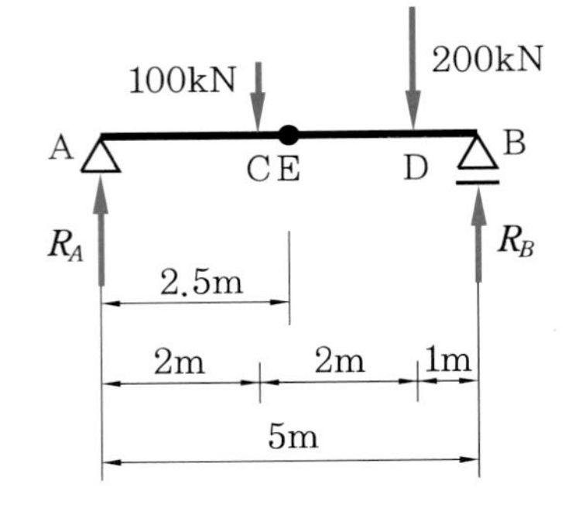

(2) 단면계수 $Z = \dfrac{bh^2}{6} = \dfrac{400 \times 500^2}{6}$

(3) M_E(E지점의 휨모멘트)$= R_A \times 2.5 - 100 \times 0.5$

$= 100 \times 2.5 - 100 \times 0.5 = 200\,\text{kN} \cdot \text{m}$

$= 200{,}000{,}000\,\text{N} \cdot \text{mm}$

(4) E지점의 휨응력 $\sigma_E = \dfrac{M_E}{Z} = \dfrac{200{,}000{,}000}{\dfrac{400 \times 500^2}{6}} = 12\,\text{N/mm}^2 = 12\,\text{MPa}$

기출문제

4. 다음은 토질의 종류에 따른 지반의 허용지내력도와 관련된 내용이다. ( ) 안에 알맞은 수치를 넣으시오. [배점 5]

(1) 장기허용지내력도

(단위 : kN/m^2)

경암반	(①)
연암반	(②)
자갈과 모래의 혼합물	(③)
모래	(④)

(2) 단기허용지내력도＝장기허용지내력도의 (   )배

해답 (1) ① 4,000 ② 2,000 ③ 200 ④ 100

(2) 1.5

기출문제

5. 철골 용접 접합에서 발생하는 결함 항목을 4가지 쓰시오. [배점 4]

해답 ① 슬래그(slag) 감싸들기
② 언더컷(undercut)
③ 오버랩(overlap)
④ 공기 구멍(blow hole)

기출문제

6. 다음 그림과 같은 H형강의 x축에 대한 단면 2차 모멘트를 구하시오. [배점 3]

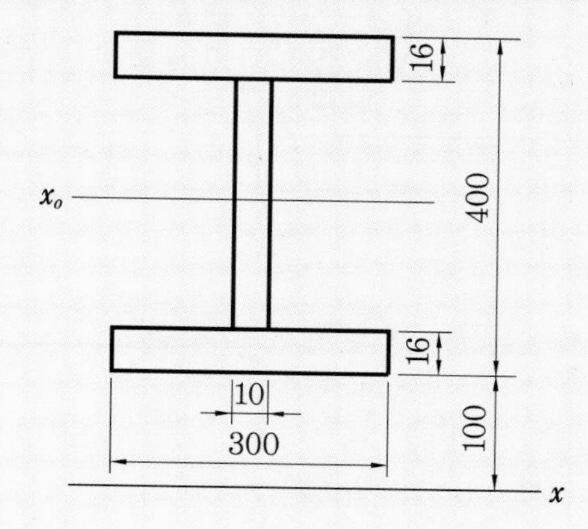

해답 산출근거

$$I_x = I_{x_0} + Ay^2 = 997,814,613.33 + 13,280 \times 300^2 = 2,193,014,613.33\,\text{mm}^4$$

해설

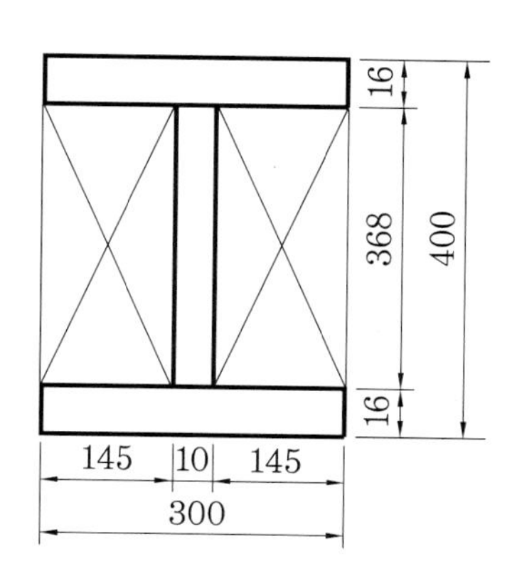

(1) 실면적

$A = 300 \times 400 - 145 \times 368 \times 2 = 13,280\,\text{mm}^2$

(2) 도심축까지의 거리

$y = 100 + 200 = 300$ mm

(3) 도심축에 대한 단면 2차 모멘트

$$I_x = I_{x_0} = \frac{300 \times 400^3}{12} - \frac{145 \times 368^3}{12} \times 2 = 997,814,613.33\,\text{mm}^4$$

참고 (1) 단면 2차 모멘트(관성 모멘트)

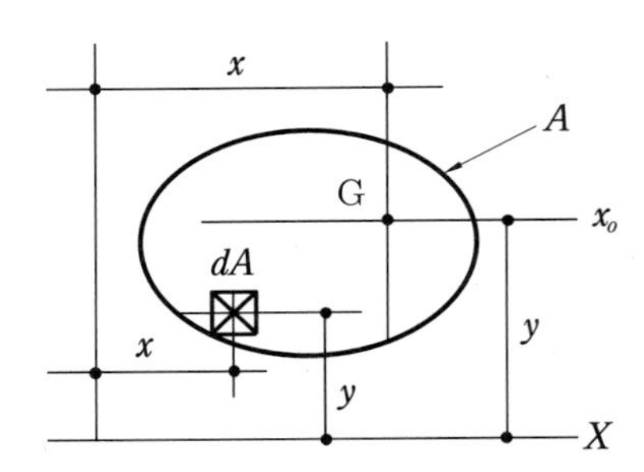

$$I_x = \int_A y^2 dA = I_{x_0} + Ay^2$$

여기서, I_x : 구하고자 하는 축에 대한 단면 2차 모멘트

I_{x_0} : 도심축에 대한 단면 2차 모멘트

A : 단면적

y : 구하고자 하는 축으로부터 도심까지의 거리

(2) 도심축에 대한 단면 2차 모멘트

직사각형	삼각형	원형
G, x, $\frac{h}{2}$, $\frac{h}{2}$ $I_x = \frac{bh^3}{12}$	G, x, $\frac{2h}{3}$, $\frac{h}{3}$ $I_x = \frac{bh^3}{36}$	G, x, $\frac{d}{2}$, $\frac{d}{2}$ $I_x = \frac{\pi d^4}{64}$
h, x, b $I_x = \frac{bh^3}{3}$	h, x, b $I_x = \frac{bh^3}{12}$	d, x $I_x = \frac{5\pi d^4}{64}$

기출문제

7. 다음 그림에서 한 층분의 물량과 거푸집량을 산출하시오. [배점 10]

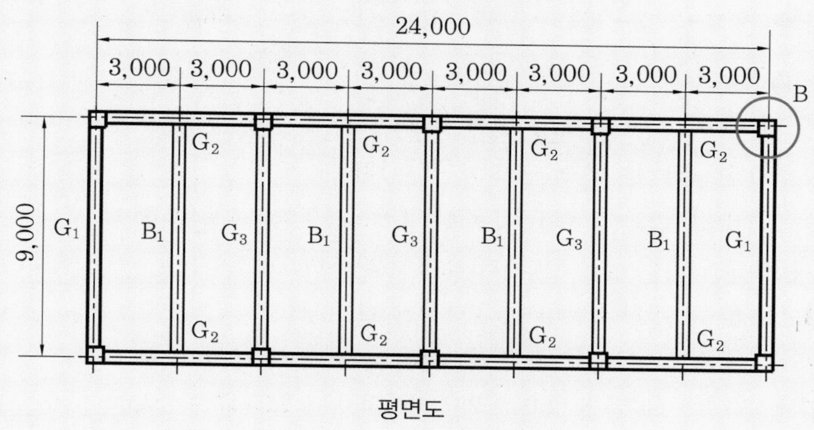

평면도

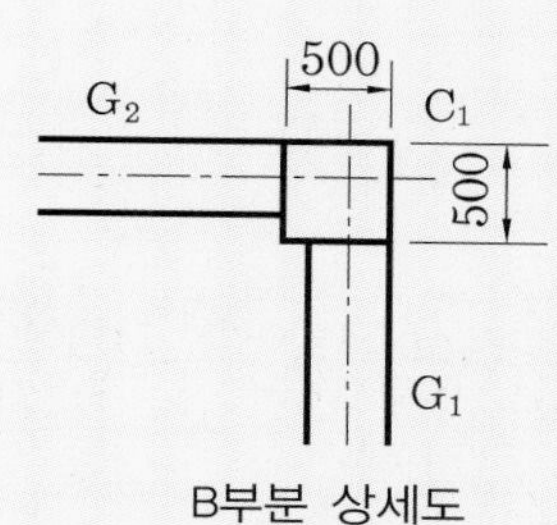

B부분 상세도

[조건]

① 부재치수(단위 : mm)
② 전기둥(C_1) : 500×500, 슬래브 두께(t) :120
③ G_1, G_2 : 400 × 600(b×D), G_3 : 400 × 700, B_1 : 300 × 600
④ 층고 : 4,000

산출근거

(1) 전체 콘크리트 물량(m^3)

(2) 거푸집량(m^2)

해답 산출근거

(1) 전체 콘크리트 물량(m^3)

$C_1 : 0.5 \times 0.5 \times (4 - 0.12) \times 10 = 9.7m^3$

$G_1 : 0.4 \times (0.6 - 0.12) \times (9 - 0.6) \times 2 = 3.23m^3$

$G_2 : 0.4 \times (0.6 - 0.12) \times \{(6 - 0.55) \times 4 + (6 - 0.5) \times 4\} = 8.41m^3$

$G_3 : 0.4 \times (0.7 - 0.12) \times (9 - 0.6) \times 3 = 5.85m^3$

$B_1 : 0.3 \times (0.6-0.12) \times (9-0.4) \times 4 = 4.95m^3$

$S_1 : (24+0.4) \times (9+0.4) \times 0.12 = 27.52m^3$

합계 : $9.7+3.23+8.41+5.85+4.95+27.52 = 59.66m^3$

(2) 거푸집량(m^2)

$C_1 : 0.5 \times 4 \times (4-0.12) \times 10 = 77.6m^2$

$G_1 : (0.6-0.12) \times 2 \times (9-0.6) = 16.13m^2$

$G_2 : (0.6-0.12) \times 2 \times (6-0.55) \times 4 + (6-0.5) \times 4 = 42.05m^2$

$G_3 : (0.7-0.12) \times 2 \times (9-0.6) \times 3 = 29.23m^2$

$B_1 : (0.6-0.12) \times 2 \times (9-0.4) \times 4 = 33.02m^2$

$S : 9.4 \times 24.4 + (9.4+24.4) \times 2 \times 0.12 = 237.47m^2$

합계 : $77.6+16.13+42.05+29.23+33.02+237.47 = 435.50m^2$

기출문제

8. 다음은 볼트 접합의 파괴 형식을 나타낸 그림이다. 그림에 알맞은 용어를 보기에서 골라 적으시오. [배점 3]

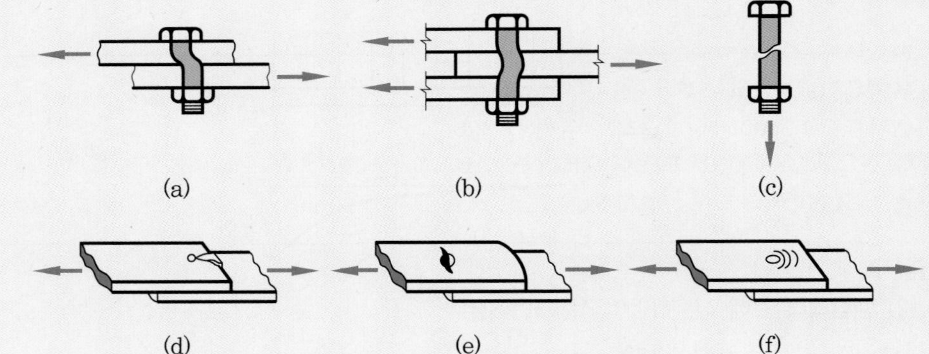

[보기]

① 측단부파괴 ② 지압파괴 ③ 인장파괴
④ 2면전단파괴 ⑤ 1면전단파괴 ⑥ 연단부파괴

해답 (a) ⑤ (b) ④
(c) ③ (d) ⑥
(e) ① (f) ②

기출문제

9. 주열식 지하 연속벽 공법의 특징 4가지를 쓰시오. [배점 4]

① 인접 건물에 근접해서 시공이 가능하다.
② 주변 지반에 대한 영향이 적다.
③ 시공 시 소음, 진동이 적다.
④ 차수성이 있다.
⑤ 지하 연속벽 공법에 비교하면 공사비가 저렴하고, 공사기간이 빠르다.

기출문제

10. 매스 콘크리트(mass concrete)에서의 수화열 발생 저감을 위한 대책 3가지를 쓰시오. [배점 3]

① 수화열 발생이 적은 시멘트 사용
② 플라이 애시 등 혼화재 사용
③ 단위 시멘트량 저감

(1) 매스 콘크리트(mass concrete) : 부재의 단면이 큰 콘크리트로서 부재 단면의 치수가 80 cm 이상이며, 수화열 발생에 의한 콘크리트 내부 최고 온도와 외기 온도의 차가 25℃ 이상인 콘크리트로서 댐 또는 두께 80 cm 이상인 지하 바닥 콘크리트 등에 해당된다.

(2) 수화열 발생 저감 대책
① 수화열 발생이 적은 시멘트 사용
② 플라이 애시 등의 혼화재 사용
③ 단위 시멘트량 저감

기출문제

11. 콘크리트 공사용 특수 거푸집에 대하여 설명하시오. [배점 3]

(1) 슬라이딩 폼(sliding form) (2) 와플 폼(waffle form) (3) 터널 폼(tunnel form)

(1) 활동 거푸집이라고도 하며, 콘크리트를 부어 넣으면서 거푸집을 수직, 수평 방향으로 이동시켜 연속 작업을 할 수 있게 된 거푸집으로 사일로, 굴뚝 등에 적합하다.

(2) 무량판 구조 또는 평판 구조에서 2방향 장선 바닥판의 구조를 만드는 특수 상자 모양의 기성재 거푸집

(3) 한 구획 전체의 벽판과 바닥판을 ㄱ자형 또는 ㄷ자형으로 견고하게 짜서 수평 이동하면서 연속적으로 시공할 수 있도록 한 거푸집

기출문제

12. **다음은 시멘트의 종류에 대한 설명이다. 각 설명에 해당하는 용어를 쓰시오.** [배점 3]

(1) 수화량 발생이 많아 조기강도가 크고, 저온에서도 강도 발휘가 크고, 강도의 저하율이 낮아지는 시멘트로서 긴급공사, 한중공사에 사용된다.

(2) 시멘트 제조 시 산화철분이 적은 백색점토와 석회석을 사용하고, 소성 시 매연이 적은 중유를 사용하여 제조하며 외장용 미장 모르타르 또는 인조석 제조 시 사용하는 시멘트

(3) 수화열 발생이 적어 경화가 느리고 수축률도 작아 매스 콘크리트, 댐공사, 방사선 차단물 등의 구조에 사용되는 시멘트

(1) 조강 포틀랜드 시멘트
(2) 백색 포틀랜드 시멘트
(3) 중용열 포틀랜드 시멘트

기출문제

13. **다음은 강재 기둥과 보의 접합부이다. 지시선 (1)~(3)의 명칭을 적으시오.** [배점 3]

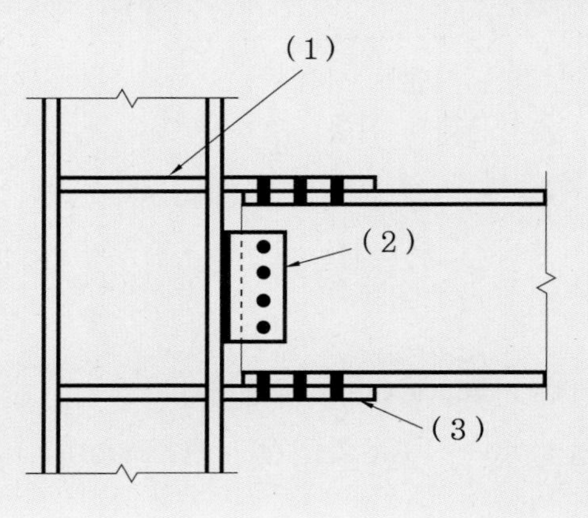

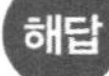
(1) 수평 스티프너 (2) 전단 플레이트 (3) 하부 플랜지 플레이트

기출문제

14. pre-stressed concrete에서 pre-tension 공법과 post-tension 공법의 차이점을 시공 순서를 바탕으로 쓰시오.
[배점 4]

해답 (1) pre-tension 공법 : 강현재를 긴장하여 콘크리트를 타설·경화한 다음 긴장을 풀어주어 완성하는 공법

(2) post-tension 공법 : 시스관을 설치하여 콘크리트를 타설·경화한 다음 관 내에 강현재를 삽입·긴장하여 고정하고 그라우팅하여 완성하는 공법

기출문제

15. 건설업의 TQC에 이용되는 도구 중 다음을 간단히 설명하시오.
[배점 4]

(1) 파레토도
(2) 특성 요인도
(3) 층별
(4) 산점도

해답 (1) 불량, 결점, 고장 등의 발생 건수를 분류 항목별로 나누어 크기 순서대로 나열해 놓은 것

(2) 결과에 원인이 어떻게 관계하고 있는가를 한눈에 알아보기 위하여 작성하는 것

(3) 집단을 구성하고 있는 많은 데이터를 어떤 특징에 따라 몇 개의 집단으로 나눈 것

(4) 서로 대응하는 두 개의 짝으로 된 데이터를 그래프 용지 위에 점으로 나타낸 그림

기출문제

16. 다음 데이터를 이용하여 네트워크(network) 공정표를 작성하고, 각 작업의 여유시간을 계산하시오.
[배점 10]

<table>
<tr><th>작업명</th><th>선행작업</th><th>작업일수</th><th>비고</th></tr>
<tr><td>A</td><td>없음</td><td>5</td><td rowspan="6">EST LST LFT EFT
i 작업명 작업일수 j
로 일정 및 작업을 표시하고, 주공정선은 굵은 선으로 표시한다. 또한 여유시간 계산 시는 각 작업의 실제적인 의미의 여유시간으로 계산한다. (더미의 여유시간은 고려하지 않을 것)</td></tr>
<tr><td>B</td><td>없음</td><td>2</td></tr>
<tr><td>C</td><td>없음</td><td>4</td></tr>
<tr><td>D</td><td>A, B, C</td><td>4</td></tr>
<tr><td>E</td><td>A, B, C</td><td>3</td></tr>
<tr><td>F</td><td>A, B, C</td><td>2</td></tr>
</table>

(1) 네트워크 공정표

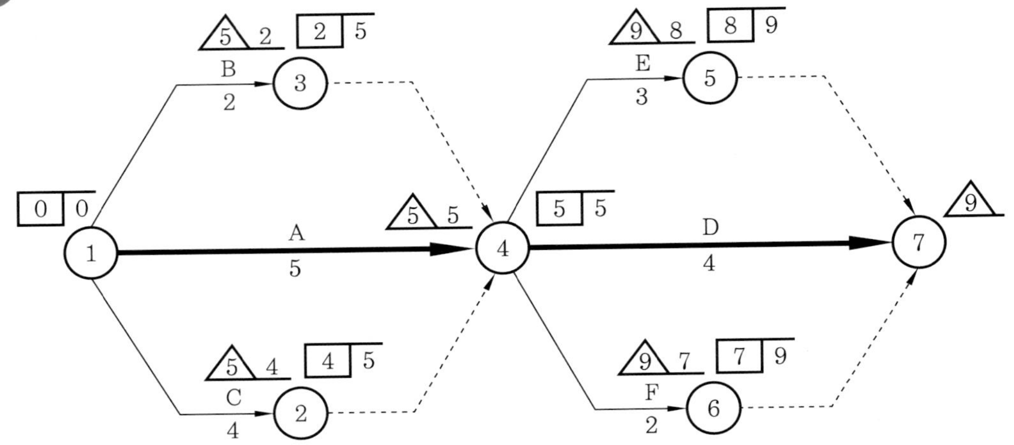

(2) 여유시간

작업	EST	EFT	LST	LFT	TF	FF	DF	CP
A	0	5	0	5	0	0	0	*
B	0	2	3	5	3	3	0	
C	0	4	1	5	1	1	0	
D	5	9	5	9	0	0	0	*
E	5	8	6	9	1	1	0	
F	5	7	7	9	2	2	0	

기출문제

17. 벽타일 붙이기 시공 순서를 쓰시오. [배점 4]

바탕처리 → (①) → (②) → (③) → (④)

① 타일 나누기 ② 벽타일 붙이기 ③ 치장 줄눈 ④ 보양

기출문제

18. VE의 사고방식 4가지를 쓰시오. [배점 4]

① 고정관념 제거 ② 기능 분석 ③ 사용자 중심의 사고 ④ 조직적 노력

기출문제

19. 다음 토공사 계측기에 해당하는 설명을 보기에서 고르시오. [배점 6]

(1) tilt meter (2) inclino meter (3) strain gauge
(4) piezo meter (5) load cell (6) extension meter

[보기]

① 인접 구조물 기울기 측정 ② 지중의 수평변위 측정
③ 흙막이 부재에 작용하는 응력 측정 ④ 굴착에 따른 간극 수압 측정
⑤ 하중 측정 기구 ⑥ 지중 수직변위 측정

 (1) ① (2) ② (3) ③ (4) ④ (5) ⑤ (6) ⑥

기출문제

20. 커튼월 공사에서 구조체의 층간 변위, 커튼월의 열팽창, 변위 등을 해결하는 긴결 방법 3가지를 기술하시오. [배점 3]

 ① 슬라이딩 방식 ② 고정 방식 ③ 회전 방식

기출문제

21. BOT(Build Operate Transfer contract) 방식을 설명하시오. [배점 2]

해답 BOT 방식은 수급자가 사회간접자본의 프로젝트(project)에 대하여 자금조달, 건설, 운영을 하여 투자자금을 회수한 후 소유권을 발주자에게 인도하는 방식이다.

기출문제

22. 조적조(벽돌, 블록, 돌)를 바탕으로 하는 지상부 건축물의 외부 벽면의 방수 공법의 종류를 3가지 쓰시오. [배점 3]

 ① 치장 줄눈을 방수적으로 시공 ② 표면 수밀재 붙임 ③ 표면 방수 처리

기출문제

23. 샌드 드레인(sand drain) 공법의 목적을 설명하고 방법을 쓰시오. [배점 4]

(1) 목적 : 연약한 점토층의 수분을 배제하여 지반의 경화 개량을 도모하는 공법

(2) 방법 : 철관을 지중에 박고 철관 내에 모래를 넣어 모래 말뚝을 형성한 다음, 지표면에서 성토 또는 기타의 하중을 실어서 점토질 지반을 압밀하여 수분을 모래 말뚝을 통하여 배수시킨다.

기출문제

24. 다음 그림과 같은 철근콘크리트 보에서 최외단 인장철근의 순인장변형률(ε_t)을 산정하고, 지배단면을 구분하시오.(단, $A_s = 1,927\,\text{mm}^2$, $f_{ck} = 24\text{MPa}$, $f_y = 400\text{MPa}$, $E_s = 2 \times 10^5\text{MPa}$) [배점 4]

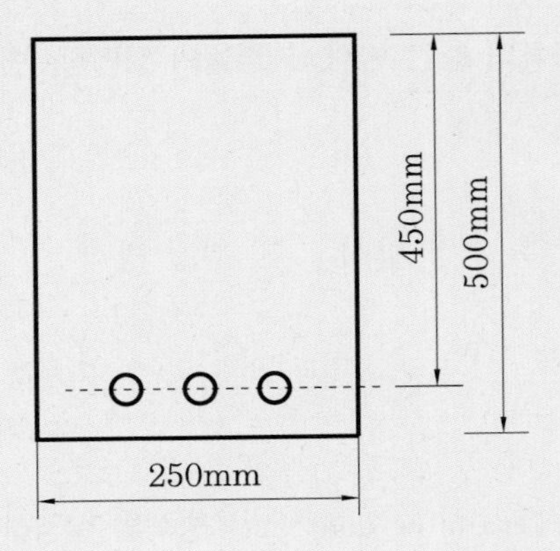

(1) 순인장변형률(ε_t)

① 응력블록깊이 : $a = \dfrac{1,927 \times 400}{0.85 \times 24 \times 250} = 151.14\text{mm}$

② 중립축거리 : $C = \dfrac{a}{\beta_1} = \dfrac{151.14}{0.85} = 177.81\text{mm}$

③ 순인장변형률 : $\varepsilon_t = \dfrac{450 - 177.81}{177.81} \times 0.003 = 0.00459$

$\therefore\ \varepsilon_t = 0.0046$

(2) 지배단면의 구분

$f_y = 400\text{ MPa}$이고 $0.002 < \varepsilon_t = 0.0046 < 0.005$ 이므로

$\therefore$ 변화구간단면

2015년도 | 1회 기출문제

기출문제

1. 다음 그림과 같이 등분포하중이 작용하는 단순보에서 A점으로부터 최대 휨모멘트가 발생되는 위치까지의 거리(x)를 구하시오. [배점 3]

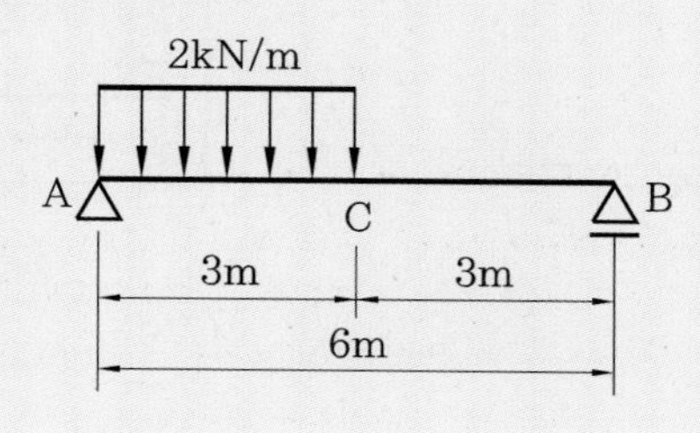

해답 (1) 반력

$\sum M_B = 0$에서

$R_A \times 6 - 6 \times 4.5 = 0$

$\therefore R_A = 4.5\,\text{kN}$

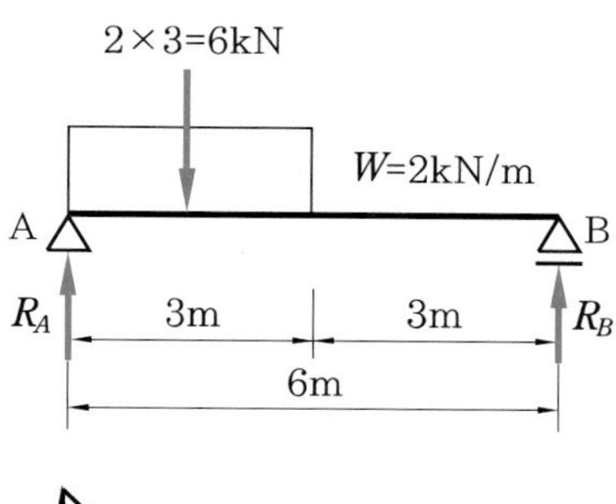

(2) 전단력이 0인 지점

전단력이 0인 지점에서 최대 휨모멘트가 발생한다.

$S_x = 0$에서

$S_x = R_A - 2 \times x = 0$

$\therefore x = \dfrac{4.5}{2} = 2.25\,\text{m}$

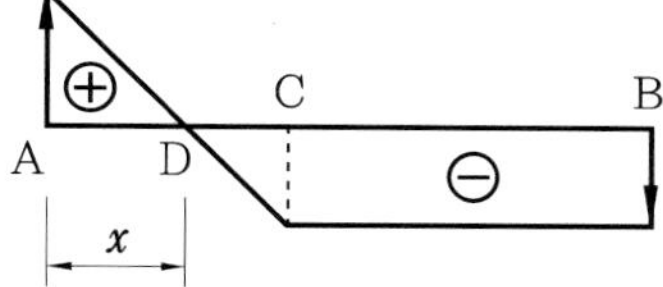

참고 **최대 휨모멘트**

$$M_{\max} = 4.5 \times 2.25 - 2 \times 2.25 \times \frac{2.25}{2}$$

$$= 5.0625\,\text{kN} \cdot \text{m}$$

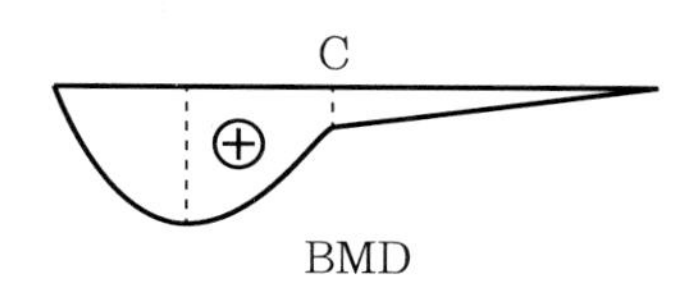

기출문제

2. 다음 도면을 보고 물량 산출을 하시오. (단, 벽돌 규격은 190×90×57, 할증률 5%이다.) [배점 6]

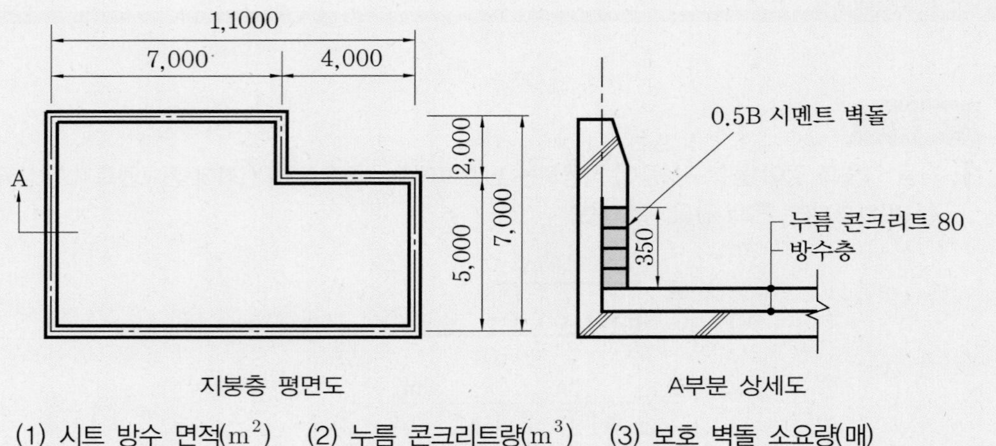

(1) 시트 방수 면적(m^2) (2) 누름 콘크리트량(m^3) (3) 보호 벽돌 소요량(매)

해답 (1) 시트 방수 면적

$(7\times7)+(4\times5)+(11+7)\times2\times0.43=84.48\text{m}^2$

(2) 누름 콘크리트량

$\{(7\times7)+(4\times5)\}\times0.08=5.52\,\text{m}^3$

(3) 보호 벽돌 소요량

$\{(11-0.09)+(7-0.09)\}\times2\times0.35\times75\times1.05=982$매

기출문제

3. 다음 보기는 타일공사에서 압착공법의 단점을 정리한 것이다. 이러한 단점을 보완하여 만든 공법의 명칭을 쓰시오. [배점 2]

[보기]

① open time 시간이 길어지면 접착성 결여
② 붙임용 모르타르에 의한 수축성에 의한 균열
③ 타일의 좌우상하의 두께 편차에 의한 타일의 탈락
④ 백화 현상 발생 가능

해답 개량압착공법

기출문제

4. 다음은 철골조 기둥 공사의 작업 흐름도이다. ㉮~㉳에 알맞은 내용을 보기에서 고르시오.

[배점 6]

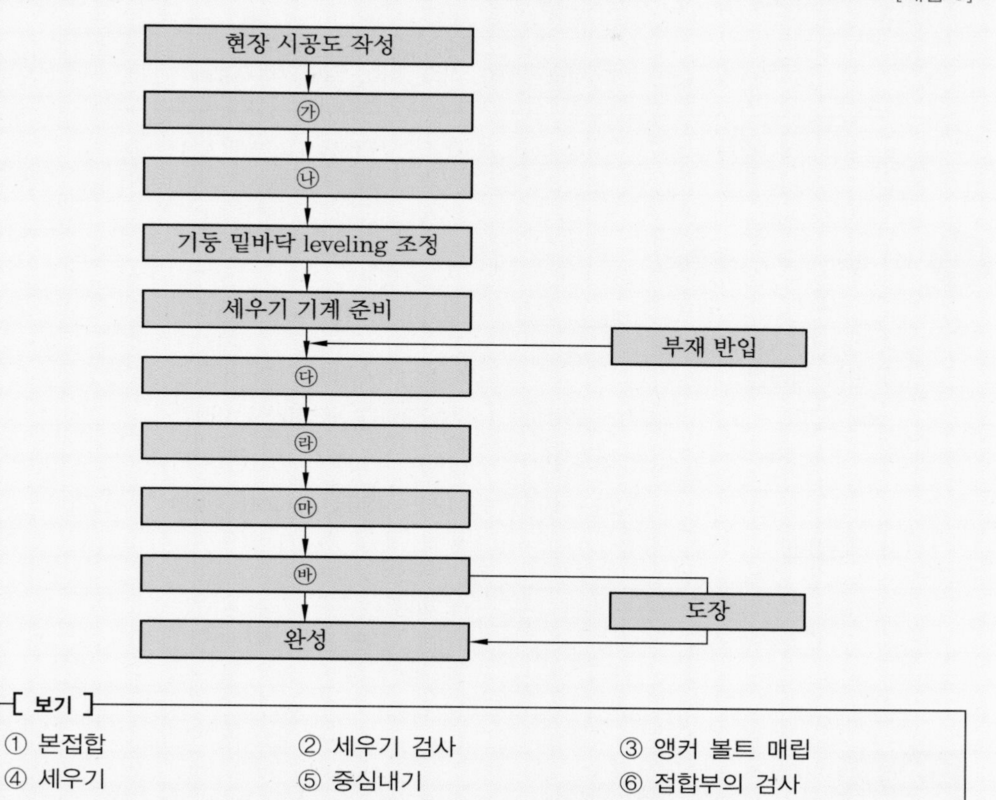

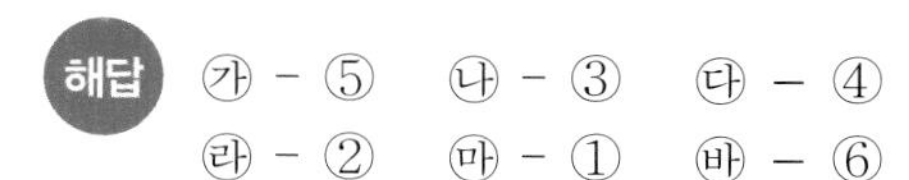

[보기]

① 본접합 ② 세우기 검사 ③ 앵커 볼트 매립
④ 세우기 ⑤ 중심내기 ⑥ 접합부의 검사

해답 ㉮ - ⑤ ㉯ - ③ ㉰ - ④
㉱ - ② ㉲ - ① ㉳ - ⑥

기출문제

5. 지하 토공사에서 흙막이 벽을 지지하는 버팀대(strut)가 일시적으로 설치하는 가설 버팀대가 아니라 영구적으로 사용되는 가설재로서 굴토 중에는 토압을 지지하고 슬래브 타설 후에는 수직하중을 지지하는 영구 구조물 흙막이 버팀대의 명칭을 쓰시오. [배점 2]

해답 SPS(Strut as Permanent System)

기출문제

6. **다음의 DATA는 철근의 인장강도(N/mm^2)의 시험 결과이다. 이 DATA를 이용하여 평균치($\overline{x}$), 편차 제곱합(S), 표본분산(S^2)을 구하시오.** [배점 6]

DATA 450, 490, 460, 540, 460, 510, 520, 490, 490

(1) 평균치(표본산술평균 : $\overline{x}$)　(2) 편차 제곱합(S)　(3) 표본분산(S^2)

해답 (1) 평균치(표본산술평균)

$$\overline{x} = \frac{\Sigma x_i}{n} = \frac{4,410}{9} = 490$$

(2) 편차 제곱합

$$S = \Sigma(x_i - \overline{x})^2 = (450-490)^2 + (490-490)^2 + (460-490)^2 + (540-490)^2 + (460-490)^2 + (510-490)^2 + (520-490)^2 + (490-490)^2 + (490-490)^2 = 7,200$$

(3) 표본분산

$$S^2 = \frac{S}{n-1} = \frac{\Sigma(x_i - \overline{x})^2}{n-1} = \frac{7,200}{9-1} = 900$$

기출문제

7. **다음은 거푸집 공사에서의 건축공사 표준시방서 규정에 관한 내용이다. 이에 알맞은 답을 쓰시오.** [배점 4]

(1) 기초·보옆·기둥·벽 등의 측면은 콘크리트의 압축강도(N/mm^2)가 어느 정도 이상일 때 해체할 수 있는가?

(2) 다음의 빈칸을 채우시오.

시멘트의 종류 / 평균기온	조강포틀랜드 시멘트	보통포틀랜드 시멘트 고로슬래그 시멘트(1종) 플라이애시 시멘트(1종) 포틀랜드포졸란 시멘트(A종)	고로슬래그 시멘트(2종) 플라이애시 시멘트(2종) 포틀랜드포졸란 시멘트 (B종)
20℃ 이상	2일	3일	4일
20℃ 미만 10℃ 이상	(①)	(②)	6일

(1) 5 MPa(N/mm^2) 이상
(2) ① 3일 ② 4일

기출문제

8. 다음은 가설공사에서의 강관파이프 비계에 대한 내용이다. 빈칸을 채우시오. [배점 3]

(1) 기둥·띠장·버팀대 및 가새를 수직·수평·경사방향 등으로 이음 고정시킬 때 사용하는 클램프에는 (①)와 (②)가 있다.

(2) 지반에 접촉이 되는 파이프 기둥의 미끄러짐을 방지하기 위해 지반에 고정시키는 철물로는 (③)가 있다.

해답 ① 고정형 클램프 ② 자유형 클램프 ③ 베이스 플레이트

기출문제

9. 탄소강의 응력-변형률 곡선에서 ( ) 안에 해당하는 영역(①~④)과 주요 용어(ⓐ~ⓕ)를 쓰시오. [배점 3]

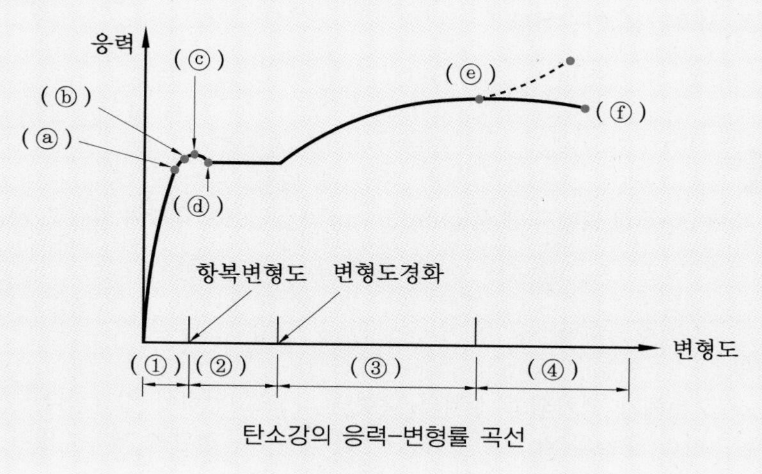

탄소강의 응력-변형률 곡선

해답 ① 탄성영역 ② 소성영역 ③ 변형도경화 영역 ④ 파괴영역
ⓐ 비례한계점 ⓑ 탄성한계점 ⓒ 상항복점 ⓓ 하항복점
ⓔ 인장강도점(최대강도점) ⓕ 파괴강도점

기출문제

10. 가설공사에서의 조적조쌓기 시 기준이 되는 세로 규준틀의 설치 위치 2가지와 세로 규준틀에 기입할 사항 4가지를 쓰시오. [배점 3]

(1) 설치 위치

① 건물의 모서리·구석 ② 벽이 길 때 중앙부

(2) 기입할 사항

① 벽돌·블록의 줄눈 ② 나무벽돌의 위치
③ 볼트의 위치 ④ 창문틀의 위치

기출문제

11. 부동침하의 방지를 위한 대책 4가지를 쓰시오. [배점 4]

① 건물의 하중을 고르게 분포시킨다.
② 건물의 길이는 짧게 한다.
③ 건물의 강성을 증대시킨다.
④ 기초 상호간을 긴결한다.

기출문제

12. 대형 시스템 거푸집 중에서 갱 폼(gang form)의 장단점에 대하여 각각 2가지씩 쓰시오. [배점 4]

(1) 장점

① 조립·분해가 생략되고 설치와 탈형만 하므로 인력이 절감된다.
② 콘크리트 줄눈의 감소로 마감 단순화 및 비용 절감을 할 수 있다.

(2) 단점

① 대형 양중 장비의 필요성
② 초기 투자비 과다

기출문제

13. 철골조에서 칼럼 쇼트닝(column shortening)에 대하여 기술하시오. [배점 2]

철골 구조의 고층 건물에서 내외부 기둥 구조가 다른 경우 또는 철골 기둥의 재질과 강도가 서로 다른 경우 발생하는 기둥의 축소 변위

기출문제

14. 다음 설명에 해당하는 용어를 쓰시오. [배점 2]

(1) 시멘트에 대한 물의 중량비

(2) 아스팔트를 침으로 눌러 관입하는 양에 따라서 아스팔트의 견고성을 판단하는 시험

(1) 물시멘트비 (2) 침입도

기출문제

15. 도면과 같은 주근의 철근량을 산출하시오. (단, 층고는 3.6 m, 주근의 이음 길이는 $25d$로 하고, 철근의 중량은 D22는 3.04 kg/m, D19는 2.25 kg/m, D10은 0.56 kg/m로 한다.) [배점 4]

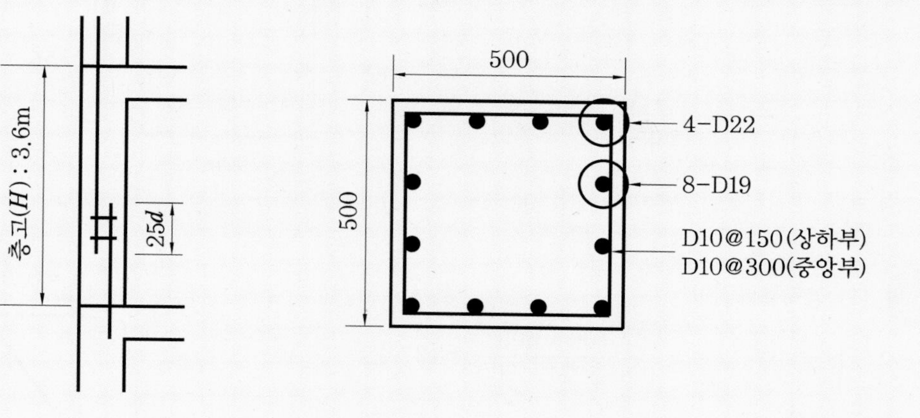

해답
① D22 : $(3.6+25\times0.022)\times4\times3.04=50.46$ kg
② D19 : $(3.6+25\times0.019)\times8\times2.25=73.35$ kg
③ 총합계 : $50.46+73.35=123.81$ kg

기출문제

16. 다음은 VE(Value Engineering) 기법에 대한 내용이다. 간략하게 답하시오. [배점 6]

(1) VE의 정의 (2) 사고방식 4가지 (3) 적용 단계

(1) VE의 정의 : 기능을 유지 또는 향상시키면서 LCC(생애주기비용)를 최소화하여 가치를 극대화하는 기법

(2) 사고방식 4가지

① 고정관념 제거 ② 기능 중심 접근

③ 사용자 중심 사고 ④ 조직적 노력

(3) 적용 단계

① 기획 단계 ② 설계 단계

기출문제

17. 다음 그림과 같이 단순보의 중앙지점에 집중하중이 작용하는 경우 휨에 대한 강도감소계수를 구하시오. (단, $E_s = 2 \times 10^5$ MPa, $f_{ck} = 24$ MPa, $f_y = 400$ MPa, $A_s = 2{,}100$ mm^2) [배점 4]

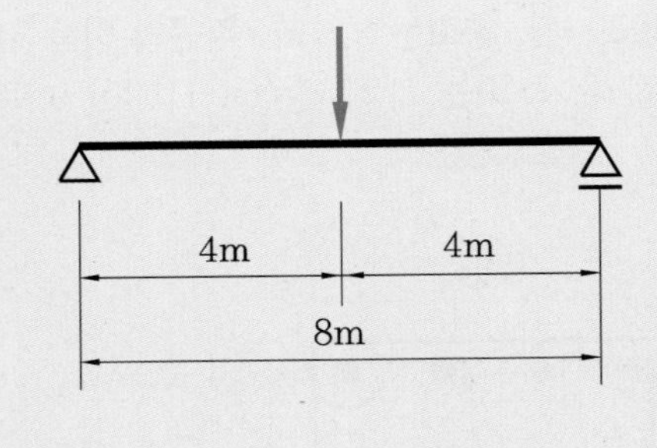

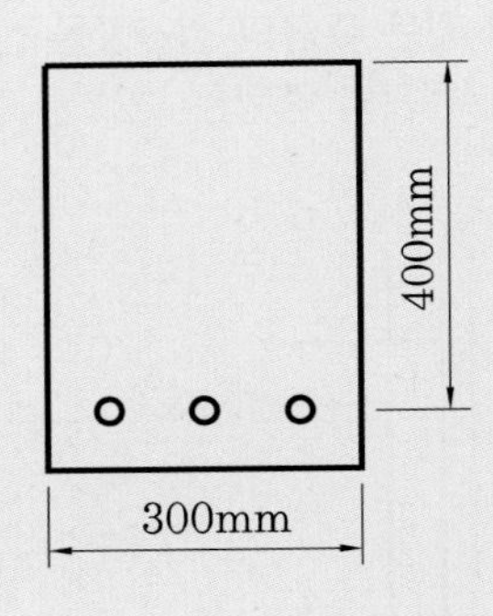

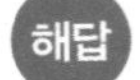

(1) 응력블록깊이

$$a = \frac{A_s f_y}{0.85 f_{ck} b} = \frac{2{,}100 \times 400}{0.85 \times 24 \times 300} = 137.25$$

(2) 응력중심간거리

$f_{ck} = 24$ MPa ≤ 28 MPa이므로 $\beta_1 = 0.85$

$a = \beta_1 C$에서 $C = \dfrac{a}{\beta_1} = \dfrac{137.25}{0.85} = 161.47$ mm

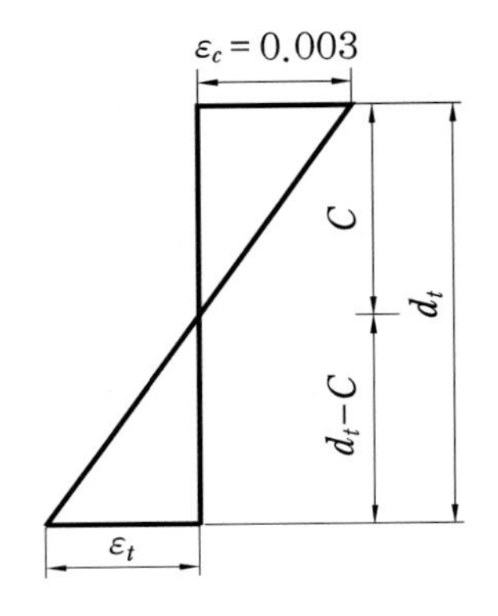

(3) 인장철근의 변형량

$$\varepsilon_t = \frac{\varepsilon_c \times (d_t - C)}{C} = \frac{0.003 \times (400 - 161.47)}{161.47} = 0.00443$$

(4) 인장철근의 변형률에 따른 단면의 구분

$0.002 < \varepsilon_t = 0.00443 < 0.005$

∴ 변화구간단면

(5) 휨에 대한 단면의 강도감소계수

$$\phi = 0.65 + (\varepsilon_t - 0.002) \times \frac{200}{3} = 0.65 + (0.00443 - 0.002) \times \frac{200}{3} = 0.812$$

기출문제

18. 기존 구조물의 기초를 보강 또는 신설하는 공법을 언더피닝 공법(underpinning method)이라 한다. 이 공법의 종류 3가지를 쓰시오. [배점 3]

① 덧기둥지지 공법 ② 내압판 방식 ③ 2중 널말뚝 방식

기출문제

19. 기성 콘크리트 말뚝을 사용한 기초 공사에 사용 가능한 무소음·무진동 공법 3가지를 쓰시오. [배점 3]

① 프리보링 공법
② 프리보링 병용 타격 공법
③ 수사식 공법

기출문제

20. 흙의 전단강도식을 쓰고 각 기호가 나타내는 의미를 쓰시오. [배점 3]

전단강도 $\tau = C + \sigma \tan\phi$

여기서, C : 점착력, σ : 파괴면에 수직인 힘, $\tan\phi$: 마찰계수, ϕ : 내부 마찰각

기출문제

21. 다음 데이터를 이용하여 네트워크(network) 공정표를 작성하고, 각 작업의 여유시간을 계산하시오. [배점 8]

<table>
<tr><th>작업명</th><th>선행작업</th><th>작업일수</th><th>비고</th></tr>
<tr><td>A</td><td>없음</td><td>5</td><td rowspan="6">EST LST / LFT EFT
i —작업명/작업일수→ j
로 일정 및 작업을 표시하고, 주공정선은 굵은 선으로 표시한다. 또한 여유시간 계산 시는 각 작업의 실제적인 의미의 여유시간으로 계산한다. (더미의 여유시간은 고려하지 않을 것)</td></tr>
<tr><td>B</td><td>없음</td><td>2</td></tr>
<tr><td>C</td><td>없음</td><td>4</td></tr>
<tr><td>D</td><td>A, B, C</td><td>4</td></tr>
<tr><td>E</td><td>A, B, C</td><td>3</td></tr>
<tr><td>F</td><td>A, B, C</td><td>2</td></tr>
</table>

해답 (1) 네트워크 공정표

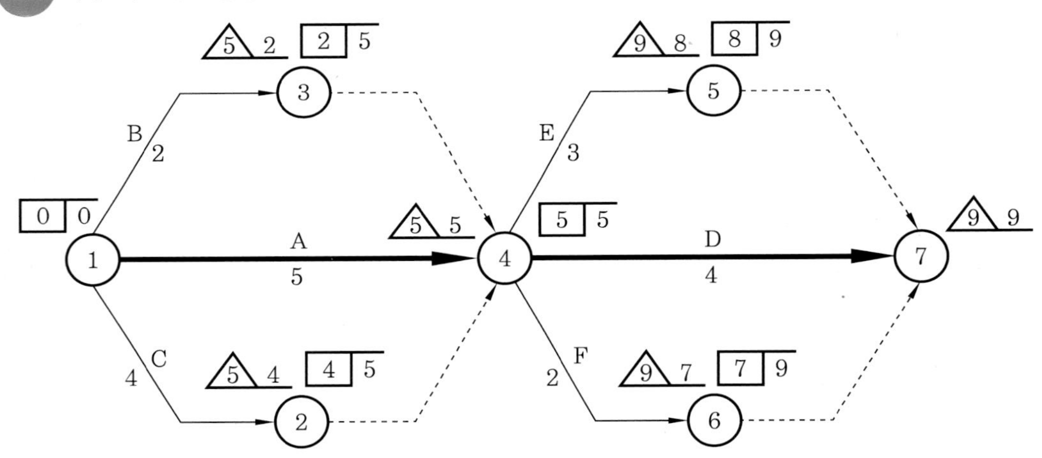

(2) 여유시간

작업	EST	EFT	LST	LFT	TF	FF	DF	CP
A	0	5	0	5	0	0	0	*
B	0	2	3	5	3	3	0	
C	0	4	1	5	1	1	0	
D	5	9	5	9	0	0	0	*
E	5	8	6	9	1	1	0	
F	5	7	7	9	2	2	0	

기출문제

22. 다음 그림과 같은 보에서 스터럽(stirrup)이 부담하는 전단력 $V_S = 250\,\text{kN}$일 경우 수직 스터럽의 간격을 구하시오. (단, 스트럽의 설계기준항복강도 $f_{yt} = 400\,\text{MPa}$, 전단철근의 단면적 D13 $a_1 = 127\,\text{mm}^2$이다.)

[배점 2]

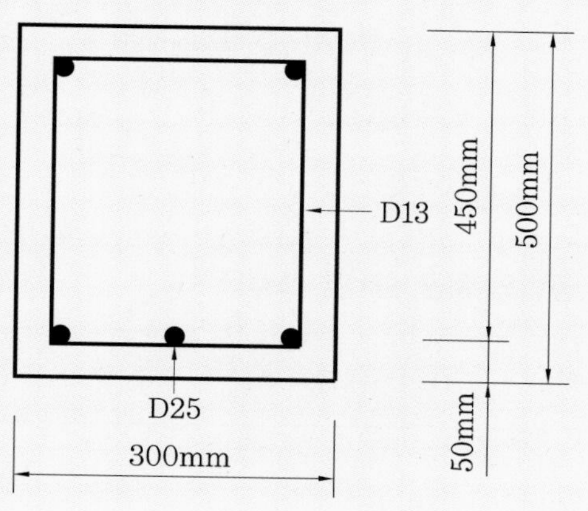

해답 $V_S = \dfrac{A_v \cdot f_{yt} \cdot d}{S}$에서

$$S = \frac{A_v \cdot f_{yt} \cdot d}{V_S} = \frac{127 \times 2 \times 400 \times 450}{250{,}000} = 182.88\,\text{mm}$$

해설 전단보강철근이 부담하는 전단강도

$$V_S = \frac{A_v \cdot f_{yt} \cdot d}{S}$$

여기서, A_v : 스트럽 단면적, S : 스트럽 간격, f_{yt} : 스트럽 항복강도, d: 유효춤

기출문제

23. 콘크리트 타설 시 발생하는 측압과 관련된 콘크리트 헤드(concrete head)에 대하여 간략하게 쓰시오.

[배점 2]

해답 타설된 콘크리트 윗면으로부터 최대 측압까지의 거리

기출문제

24. 목재의 방부 처리 방법 4가지를 쓰시오. [배점 4]

① 목재 방부제 칠　　② 표면탄화
③ 침지법　　④ 침지·가압 주입법

기출문제

25. 시트(sheet) 방수 공법의 시공 순서를 쓰시오. [배점 3]

바탕처리 → (①) → 접착제칠 → (②) → (③)

① 프라이머칠　② 시트 붙이기　③ 마무리

기출문제

26. 금속 공사에 이용되는 철물이 뜻하는 용어 (1)~(4)에 해당하는 설명을 보기에서 골라 번호로 쓰시오. [배점 4]

[보기]
① 철선을 꼬아 만든 철망
② 얇은 철판에 각종 모양을 도려낸 것
③ 벽·기둥의 모서리에 대어 미장 바름을 보호하는 철물
④ 테라조 현장 갈기의 줄눈에 쓰이는 것
⑤ 얇은 철판에 자름금을 내어 당겨 늘린 것
⑥ 연강 철선을 직교시켜 전기 용접한 것
⑦ 천장·벽 등의 이음새를 감추고 누르는 것

(1) 와이어 라스　　(2) 메탈 라스
(3) 와이어 메시　　(4) 펀칭 메탈

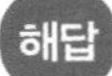

(1) ①　(2) ⑤　(3) ⑥　(4) ②

기출문제

27. 다음 그림과 같은 장방형 단면에서의 각 축에 대한 단면 2차 모멘트의 비 I_x/I_y를 구하시오.

[배점 4]

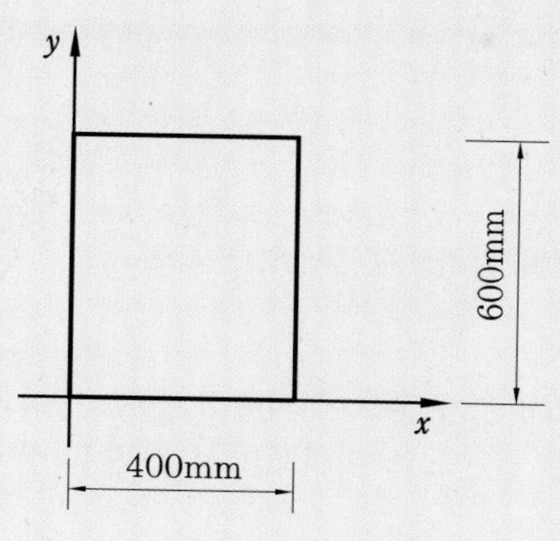

$$I_x = \frac{bh^3}{12} + Ay^2 = \frac{400 \times 600^3}{12} + 400 \times 600 \times 300^2 = 21,612 \times 10^6\,\text{mm}^4$$

$$I_y = \frac{600 \times 400^3}{12} + 600 \times 400 \times 200^2 = 12,800 \times 10^6\,\text{mm}^4$$

$$\therefore I_x/I_y = 2.25$$

해설

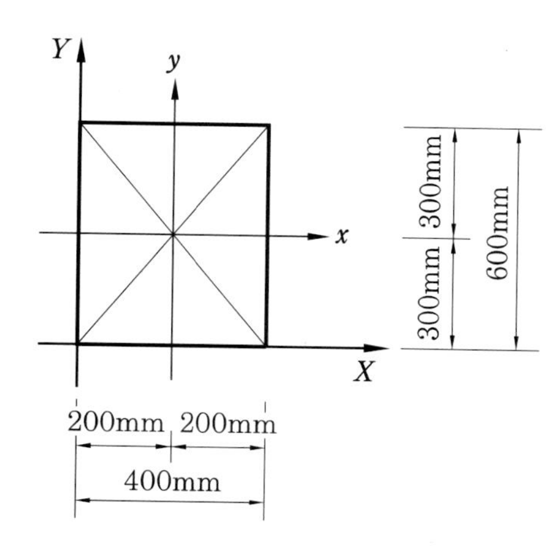

2015

2015년도 | 2회 기출문제

기출문제

1. 온도 조절 철근이란 무엇을 말하는지 간단히 쓰시오. [배점 2]

온도 조절 철근은 콘크리트가 온도에 의해서 수축·팽창되어 균열이 발생되는 것을 막아주기 위해 설치하는 철근으로 바닥판에서 장변 방향으로 배근한다.

기출문제

2. 옥상 8층 아스팔트 방수 공사의 표준 시공 순서를 쓰시오. [배점 4]

(1) 1층 (2) 2층 (3) 3층 (4) 4층
(5) 5층 (6) 6층 (7) 7층 (8) 8층

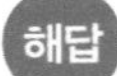

(1) 아스팔트 프라이머 (2) 아스팔트
(3) 아스팔트 펠트 (4) 아스팔트
(5) 아스팔트 루핑 (6) 아스팔트
(7) 아스팔트 루핑 (8) 아스팔트

기출문제

3. 강구조의 기둥과 보의 접합에서 전단접합과 강접합을 구분하여 간단히 도식을 그리고 설명하시오. [배점 4]

(1) 전단접합

① 전단접합은 보에서 발생하는 휨모멘트를 기둥에 전달하지 않고 전단력만 전달하는 것으로 설계하는 방식이다.

② 기둥에 플레이트를 용접하고 형강보의 웨브 플레이트(web plate)를 고력볼트로 연결하는 방식으로서 플레이트 접합·T접합·엔드플레이트 접합 등의 방식이 있다.

(2) 강접합

① 강접합은 보에서 발생하는 전단력과 휨모멘트를 동시에 전달하는 것으로 설계하는 방식이다.

② 기둥에 상·하부 플랜지와 웨브 플레이트를 고력볼트나 용접으로 강접합하는 방식으로 완전용접접합·용접접합과 고력볼트접합의 병용이며 스플릿티 모멘트 접합, 엔드플레이트모멘트 접합 등이 있다.

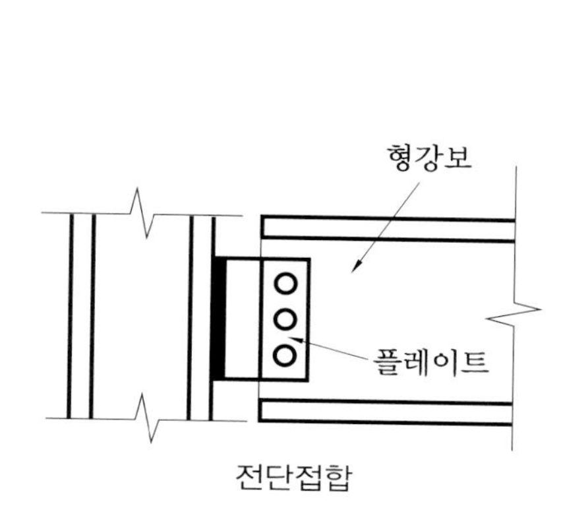

전단접합

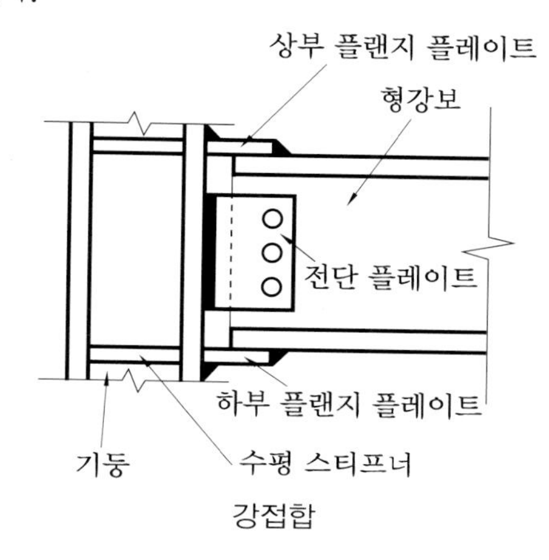

강접합

기출문제

4. 다음은 특수 거푸집에 관련된 용어이다. 간략하게 답하시오. [배점 4]

(1) 슬립 폼(slip form)

(2) 트래블링 폼(traveling form)

해답 (1) 슬립 폼(slip form) : 콘크리트 타설 시 이음 부분 없이 연속 시공 가능한 거푸집으로서 구조물의 단면 형상에 변화가 있는 수직으로 연속된 전망탑, 급수탑 등의 연속된 구조물의 콘크리트 타설 시공에 이용된다.

(2) 트래블링 폼(traveling form) : 높낮이를 조절하면서 트래블러 또는 수평 이동 가능한 구조체를 만들어 수평 이동하면서 콘크리트를 연속 타설할 수 있도록 하는 거푸집

기출문제

5. 다음은 콘크리트 제작에 필요한 용어이다. 간략하게 기술하시오. [배점 4]

(1) 슬럼프 플로 테스트(slump flow test)

(2) 조립률

(1) 슬럼프 플로 테스트 : 굳지 않은 콘크리트의 유동성을 측정하는 시험으로서 평판 위에 슬럼프 콘을 설치하여 굳지 않는 콘크리트를 채워 슬럼프 콘을 들어서 콘크리트가 퍼질 때의 직경을 측정하는 시험

(2) 조립률 : 콘크리트에 사용되는 골재의 입도를 측정하는 시험으로서 10개의 체로 체가름 시험하여 체에 남는 잔류 시료의 중량의 합을 100으로 나눈 값

$$\text{조립률} = \frac{\text{각 체에 남는 양의 누계율}}{100}$$

기출문제

6. 다음 데이터를 이용하여 표준 네트워크 공정표를 작성하고, 3일 공기 단축된 네트워크 공정표와 총공사비를 산출하시오. [배점 10]

activity	정상(normal)		특급(crash)		비용구배
	공기(time)	공비(cost)	공기(time)	공비(cost)	
A(0 → 1)	3	20,000	2	26,000	6,000
B(0 → 2)	7	40,000	5	50,000	5,000
C(1 → 2)	5	45,000	3	59,000	7,000
D(1 → 4)	8	50,000	7	60,000	10,000
E(2 → 3)	5	35,000	4	44,000	9,000
F(2 → 4)	4	15,000	3	20,000	5,000
G(3 → 5)	3	15,000	3	15,000	–
H(4 → 5)	7	60,000	7	60,000	–
계		280,000		334,000	

(단, ① network 공정표 작성은 화살표 network로 한다.

② 주공정선(critical path)은 굵은 선으로 표시한다.

③ 각 결합점에는 다음과 같이 표시한다.

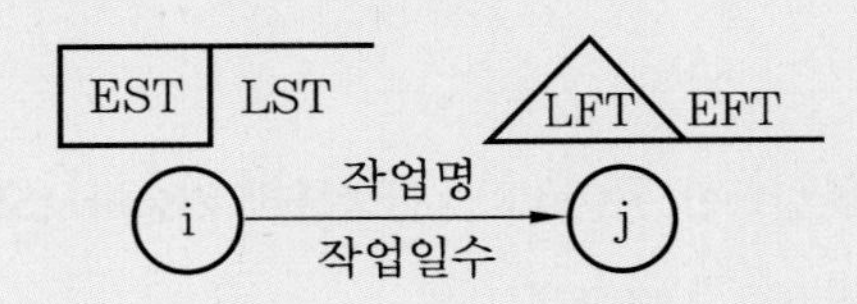

④ 공기 단축 Network 공정표에는 EST | LST LFT EFT **는 표시하지 않는다.**

해답 (1) 표준 네트워크 공정표

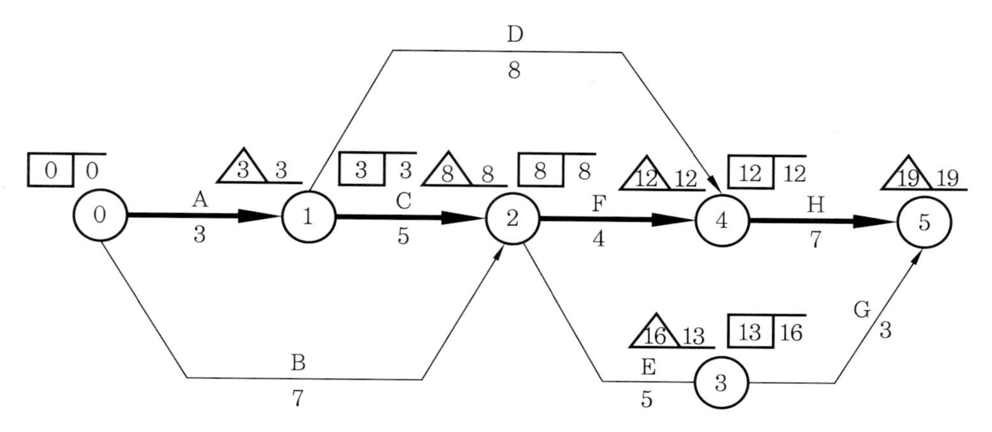

(2) 3일 공기 단축된 네트워크 공정표

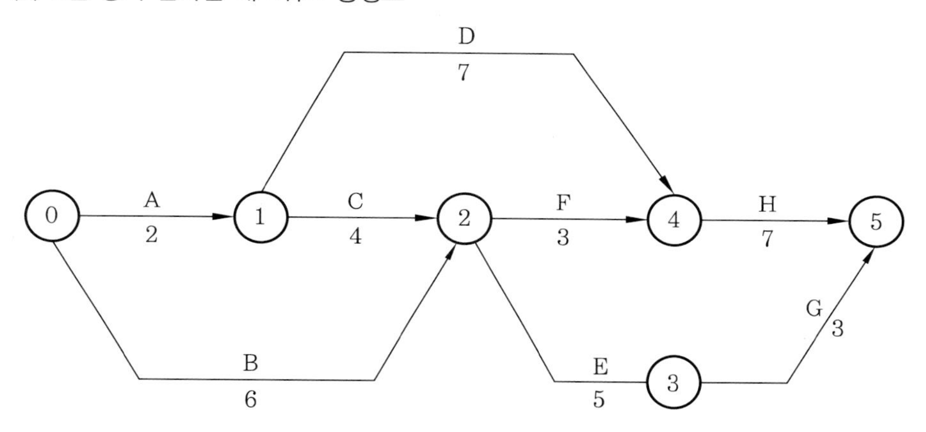

(3) 3일 공기 단축된 총공사비 산출

① 추가공사비

A 작업 1일 단축 6,000원

B 작업 1일 단축 5,000원

C 작업 1일 단축 7,000원

D 작업 1일 단축 10,000원

F 작업 1일 단축 5,000원

② 총공사비

=표준공기 시 총공사비+추가공사비=280,000원+33,000원

=313,000원

기출문제

7. 다음 그림과 같은 인장재의 순단면적(A_n)을 구하시오. (단, 구멍의 지름은 22 mm이고, 판의 두께는 10 mm이다.)

[배점 4]

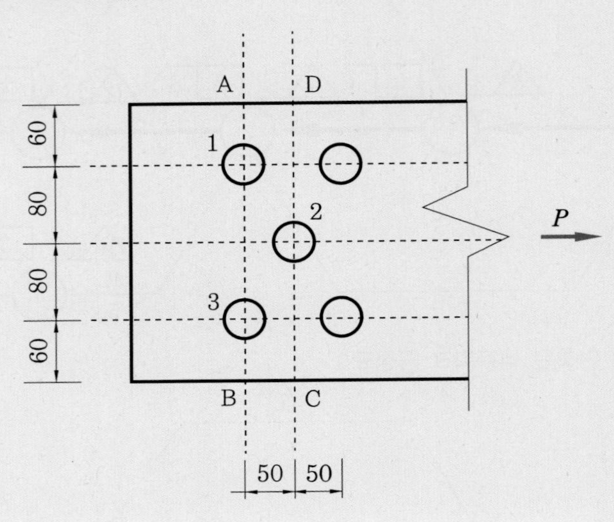

해답 (1) 파단선 A–1–3–B

$$A_n = A_g - ndt = 280 \times 10 - 2 \times 22 \times 10 = 2360\,\text{mm}^2$$

(2) 파단선 A–1–2–3–B

$$A_n = A_g - ndt + \Sigma \frac{S^2}{4g} \cdot t$$

$$= 280 \times 10 - 3 \times 22 \times 10 + \frac{50^2}{4 \times 80} \times 10 + \frac{50^2}{4 \times 80} \times 10 = 2{,}296.25\,\text{mm}^2$$

(3) 파단선 A–1–2–C

$$A_n = A_g - ndt + \Sigma \frac{S^2}{4g} \cdot t$$

$$= 280 \times 10 - 2 \times 22 \times 10 + \frac{50^2}{4 \times 80} \times 10 = 2{,}438.13\,\text{mm}^2$$

(4) 파단선 D–2–3–B

$$A_n = A_g - ndt + \Sigma \frac{S^2}{4g} \cdot t$$

$$= 280 \times 10 - 2 \times 22 \times 10 + \frac{50^2}{4 \times 80} \times 10 = 2{,}438.13\,\text{mm}^2$$

$\therefore A_n = 2{,}296.25\,\text{mm}^2$

기출문제

8. 다음 그림과 같은 원형 단면에서 원에 내접하는 직사각형의 폭×높이$=b \times h(2b)$인 경우의 단면계수 Z를 지름 D의 함수로 산출하시오. [배점 4]

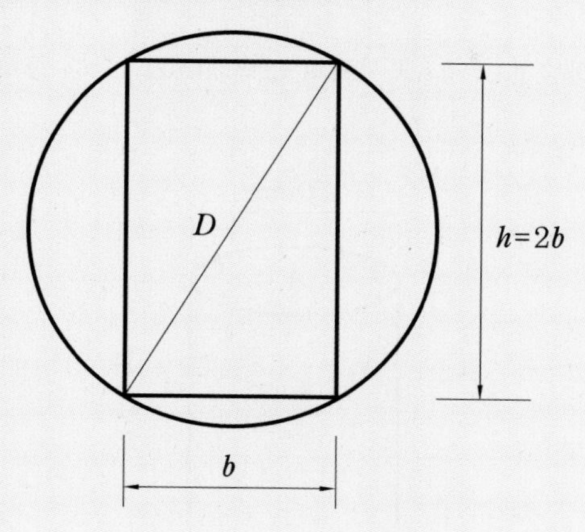

해답 (1) b의 계산

$D^2 = b^2 + (2b)^2$에서 $D = \sqrt{b^2 + 4b^2} = \sqrt{5b^2} = \sqrt{5}\,b$

$\therefore b = \dfrac{D}{\sqrt{5}}$

(2) 단면계수 $Z = \dfrac{bh^2}{6} = \dfrac{b \times (2b)^2}{6} = \dfrac{4b^3}{6} = \dfrac{4 \times \left(\dfrac{D}{\sqrt{5}}\right)^3}{6} = 0.06D^3$

참고 단면계수 $Z = \dfrac{bh^2}{6}$

여기서, b : 보의 너비, h : 보의 수직높이

기출문제

9. 재령 28일 표준공시체 $\phi 150 \times 300\,\mathrm{mm}$의 압축강도 시험 결과 $400\,\mathrm{kN}$의 하중에서 파괴될 때 압축강도 f_c를 구하시오. [배점 3]

해답 $f_c = \dfrac{N}{A} = \dfrac{400 \times 10^3}{\dfrac{\pi \times 150^2}{4}} = 22.64\,\mathrm{N/mm^2(MPa)}$

해설 (1) 콘크리트의 압축강도

$$f_c = \frac{N}{A} = \frac{N}{\frac{\pi d^2}{4}}$$

여기서, N : 압축하중(N), A : 공시체의 단면적(mm^2), d : 공시체의 지름

(2) 공시체의 크기

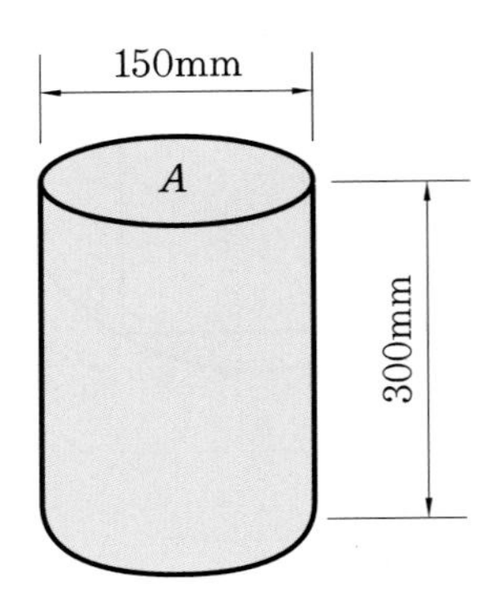

기출문제

10. 다음 그림과 같은 라멘 구조에서 A점의 전달모멘트의 값을 구하시오. (단, I는 일정하다.)

[배점 4]

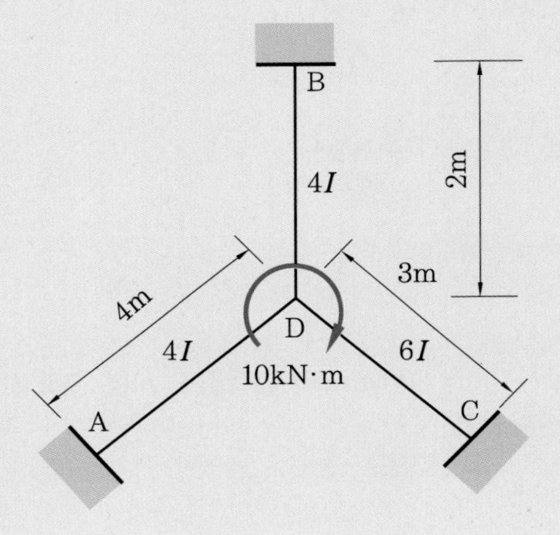

해답 (1) 강도 $K_{DA} = \frac{4I}{4} = I$ $K_{DB} = \frac{4I}{2} = 2I$ $K_{DC} = \frac{6I}{3} = 2I$

(2) 강비 $k_{DA} = \frac{I}{I} = 1$ $k_{DB} = \frac{2I}{I} = 2$ $k_{DC} = \frac{2I}{I} = 2$

(3) 분배율 $f_{DA} = \dfrac{1}{1+2+2} = \dfrac{1}{5} = 0.2$

(4) 분배모멘트 $M_{DA} = 0.2 \times 10 = 2\,\text{kN} \cdot \text{m}$

(5) 전달모멘트 $M_{AD} = 2 \times \dfrac{1}{2} = 1\,\text{kN} \cdot \text{m}$

기출문제

11. 표준형 벽돌 1,000장으로 1.5B 두께로 쌓을 수 있는 벽면적은? (단, 할증률은 고려하지 않는다.) [배점 2]

벽면적 $= \dfrac{1,000}{224} = 4.46\,\text{m}^2$

기출문제

12. 철골 기둥의 양단지지 상태가 일단 자유, 타단 고정의 상태이고 부재의 길이가 3 m인 압축력을 받는 철골 구조의 탄성좌굴하중을 구하시오. (단, 단면 2차 모멘트 $I = 79.8 \times 10^4\,\text{mm}^4$, 탄성계수 $E = 210,000\,\text{N/mm}^2$) [배점 4]

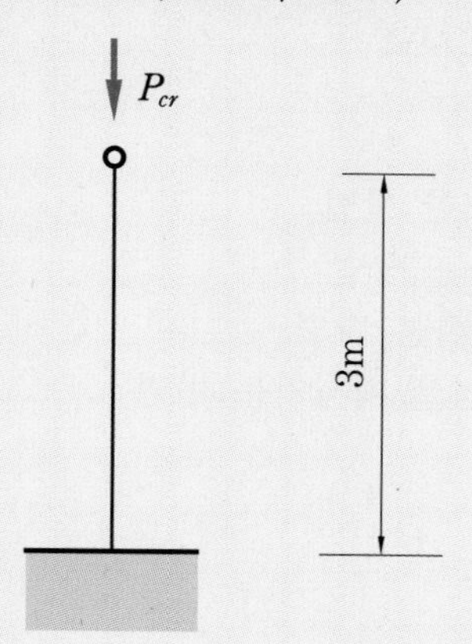

해답

$$P_{cr} = \frac{\pi^2 \cdot E \cdot I}{(2L)^2} = \frac{\pi^2 \times 210,000 \times 79.8 \times 10^4}{(2 \times 3,000)^2}$$
$$= 45,943\,\text{N} = 45.94\,\text{kN}$$

기출문제

13. 지내력 시험 방법 2가지를 쓰시오. [배점 2]

평판 재하 시험, 말뚝 재하 시험

기출문제

14. 다음은 함수량 변화와 관련된 내용이다. (　) 안에 알맞은 용어를 쓰시오. [배점 2]

(1) 액성상태(질컥한 상태)에서 소성상태(끈기가 있는 상태)로 변화할 때 함수비 : (①)

(2) 소성상태(끈기가 있는 상태)에서 반고체상태(끈기가 없는 상태)로 변화할 때 함수비 : (②)

해답 ① 액성한계　② 소성한계

기출문제

15. 파이프 구조에서 파이프 절단면 단부는 녹막이를 고려하여 밀폐하여야 하는데, 이때 실시하는 밀폐 방법 3가지를 쓰시오. [배점 3]

① 스피닝(spinning)에 의한 방법
② 가열하여 구형으로 하는 방법
③ 원판 반구형판을 용접하는 방법
④ 관 끝을 압착하여 용접 밀폐시키는 방법

기출문제

16. 조적조 벽체에서 물이 새는 원인 4가지를 쓰시오. [배점 4]

① 사춤 모르타르 불충분
② 조적법이 불완전하게 되었을 때
③ 치장 줄눈의 불완전 시공
④ 이질재 접촉부

⑤ 채양, 기타 돌출 부위의 물이 괴는 부분에 접속되는 조적벽
⑥ 물흘림, 물끊기 및 빗물막이의 불완전

기출문제

17. 운반트럭의 중량이 6 t이고 비중이 0.58, 체적이 360,000재(才 : 사이)인 목재의 운반 대수를 구하시오. (단, 6 t 트럭의 적재가능 중량은 6 t이고, 체적은 $8.3\ m^3$이며, 대수는 정수로 표기한다.)
[배점 4]

해답 (1) 목재의 체적(m^3) : $360,000 \div 300 = 1,200 m^3$

(2) 목재의 중량(ton) : $1200\,m^3 \times 0.58 = 696\,t$

(3) 6 t 트럭 1대당 적재량 : 6t 또는 $8.3 \times 0.58 = 4.81t$
∴ 6 t 트럭의 최대 적재량 4.81t

(4) 운반대수 : $696t \div 4.81t = 144.69$
∴ 145 대

기출문제

18. 슬러리 월(slurry wall) 공법에 적용되는 가이드 월(guide wall)을 스케치하고 설치 목적 2가지를 쓰시오.
[배점 4]

해답 (1) 가이드 월(guide wall)의 스케치

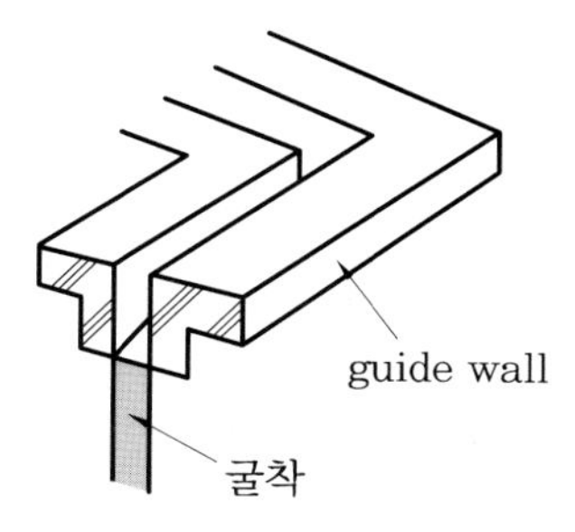

(2) 가이드 월(guide wall)의 설치 목적
① 굴삭기 설치 및 운전에 의한 표토층 붕괴 방지
② end pipe 설치, 철근망 삽입, 트레미관 설치 시 지지대 및 받침대 역할

기출문제

19. 토질에 관련된 다음 용어에 대하여 간략하게 설명하시오. [배점 4]

(1) 압밀

(2) 예민비

(1) 압밀 : 외력에 의해 간극 내의 물이 빠져 흙 입자의 사이가 좁아지는 현상

(2) 예민비 : 진흙의 자연 시료는 어느 정도의 강도가 있으나, 그 함수율을 변화시키지 않고 이기면 약하게 되는 성질이 있는데 그 정도를 나타낸 것이다.

$$\text{예민비} = \frac{\text{자연 시료의 강도}}{\text{이긴 시료의 강도}}$$

기출문제

20. 다음 그림과 같은 철근콘크리트 직사각형 단면의 보에 즉시처짐(순간처짐)이 2 cm 발생하였다. 36개월의 지속하중이 작용할 경우 총처짐량을 구하시오. (단, D13 단면적은 126.7 mm^2이고, 시간 경과에 따른 계수 ξ는 다음 표를 참조한다.) [배점 4]

지속하중의 재하기간에 따른 계수

기간 (개월)	1	3	6	12	18	24	36	48	60 이상
ξ	0.5	1.0	1.2	1.4	1.6	1.7	1.8	1.9	2.0

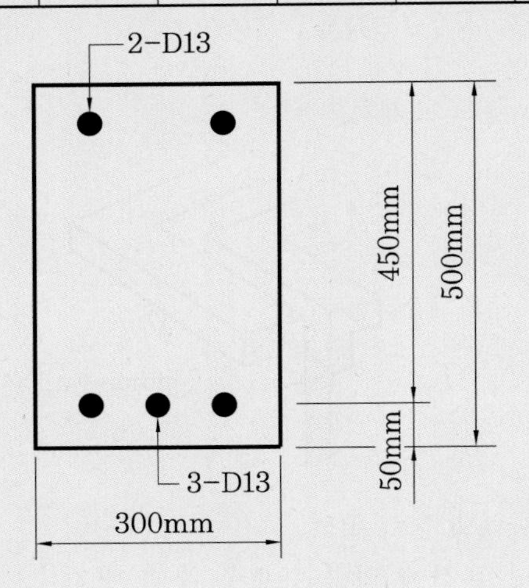

해답 (1) 압축철근비

$$\rho' = \frac{A'_s}{bd} = \frac{2 \times 126.7}{300 \times 450} = 0.00187$$

(2) 장기처짐계수

$$\lambda_\Delta = \frac{\xi}{1+50\rho'} = \frac{1.8}{1+50 \times 0.00187} = 1.646$$

(3) 장기처짐 = 탄성처짐 × $\lambda_\Delta = 2 \times 1.646 = 3.292\,\text{cm}$

(4) 총처짐 = 탄성처짐 + 장기처짐 $= 2 + 3.292 = 5.292\,\text{cm}$

해설 (1) 탄성처짐

하중이 작용하자마자 발생하는 즉시처짐(순간처짐)

(2) 장기처짐

지속하중에 의한 건조수축이나 크리프(creep)에 의한 시간의 경과에 따라 진행되는 처짐

① 장기처짐 = 지속하중에 의한 탄성처짐 × λ_Δ

② 장기처짐계수 $\lambda_\Delta = \frac{\xi}{1+50\rho'}$

여기서, ξ : 재하기간에 따른 계수

ρ' : 압축철근비$\left(= \frac{A_s'}{bd}\right)$

기출문제

21. 히스토그램(histogram)의 작성 순서를 보기에서 골라 번호로 쓰시오. [배점 2]

[보기]

① 히스토그램을 규격값과 대조하여 안정상태인지 검토한다.
② 히스토그램을 작성한다.
③ 도수 분포율을 구한다.
④ 데이터에서 최솟값과 최댓값을 구하여 전 범위를 구한다.
⑤ 구간폭을 정한다.
⑥ 데이터를 수집한다.

해답 ⑥–④–⑤–③–②–①

기출문제

22. 다음과 같은 조건하에 있는 백호(back hoe)의 시간당 작업량을 구하시오. [배점 4]

[조건]

C_m : 1분, q : $0.3\,\text{m}^3$, L : 1.3, E : 90%, k : 0.8

해답 백호(back hoe) $Q = \dfrac{3{,}600 \times q \times f \times E \times k}{C_m}[\text{m}^3/\text{hr}]$

$$= \frac{3{,}600 \times 0.3 \times \dfrac{1}{1.3} \times 0.9 \times 0.8}{60} = 9.969\,\text{m}^3/\text{hr}$$

$\therefore\ 9.97\,\text{m}^3/\text{hr}$

기출문제

23. 입찰방식 중 대안입찰방식에 대하여 간략하게 설명하시오. [배점 3]

대안입찰방식은 입찰 시 도급자가 제시한 기본설계에 대해서 대체가 가능한 공법에 대하여 동등 이상의 기능과 품질을 확보하며 공사기간을 초과하지 않는 범위 이내에서 공사비를 절감할 수 있는 공법을 제안하여 입찰하는 방식이다.

기출문제

24. 다음은 특수 유리에 관한 용어이다. 이에 대하여 간략하게 답하시오. [배점 4]

(1) 접합 유리(합판 유리)

(2) Low-E(Low-Emissivity) 유리

(1) 접합 유리(합판 유리) : 두 장의 판유리 사이에 합성수지 필름을 넣어 고압으로 밀착시켜 만든 안전 유리이다.

(2) Low-E 유리 : 복층 유리 공간의 외측에 얇은 금속막을 붙여 외부의 열선을 차단하고, 실내에서 열선을 막아주는 에너지 절약형 유리이다.

기출문제

25. 가설공사에서의 수평규준틀의 설치 목적 2가지를 쓰시오. [배점 2]

① 건물의 각부 위치를 정하기 위해서
② 땅파기 너비와 깊이를 정하기 위해서

기출문제

26. 콘크리트의 건조수축에 의한 표면균열을 막기 위해서 적당한 간격으로 단면의 두께를 얇게 하여 균열을 모아 없애는 방식의 줄눈으로서 벽이나 바닥 등에 이용되는 줄눈의 명칭을 쓰시오. [배점 2]

조절 줄눈(control joint)

기출문제

27. 접합부의 용접 결함 중에서 슬래그 혼입(감싸들기)의 원인 2가지와 방지 대책 2가지를 쓰시오. [배점 4]

(1) 원인
① 용접 전층의 잔류 슬래그가 다음 용착 금속 내에 잔류되는 경우
② 용접 조작이 부적당한 경우

(2) 방지 대책
① 작업 전 용접 바탕면 청소를 철저히 한다.
② 용접 작업 시 슬래그가 혼입되지 않도록 한다.

기출문제

28. 철골공사의 절단 가공에서 절단 방법의 종류를 3가지 쓰시오. [배점 3]

① 전단 ② 톱절단 ③ 가스절단 ④ 전기절단

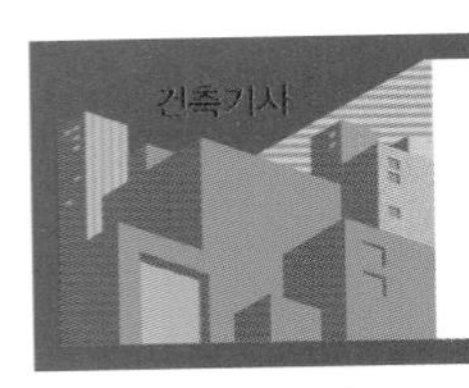

2015년도 | 4회 기출문제

기출문제

1. 다음 조건에 의해 용접기호를 도식화하시오. [배점 2]

[조건]
① 모살 용접
② 현장 용접
③ 필릿치수 5 mm
④ 필릿길이 60 mm
⑤ 필릿간격 150 mm

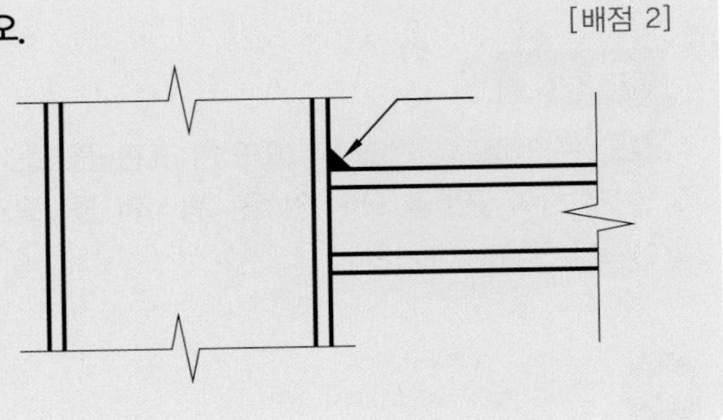

해답

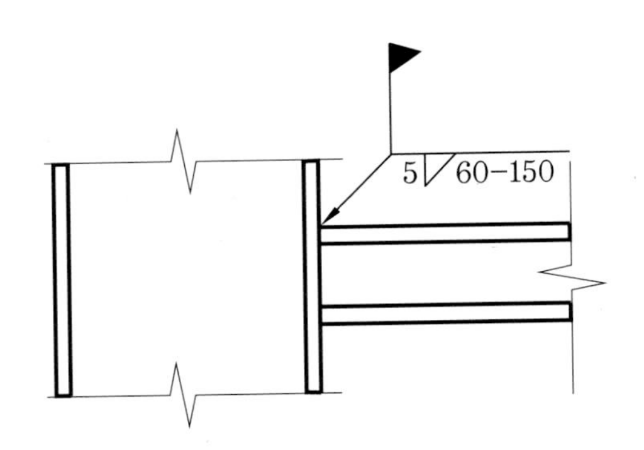

참고 (1) 맞댄 용접

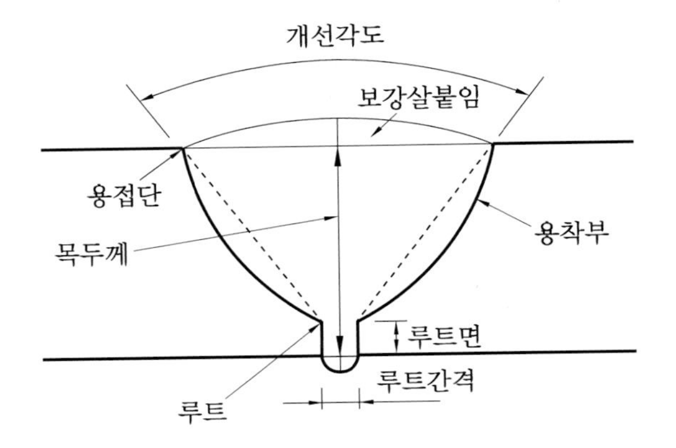

(2) 모살 용접(fillet welding)

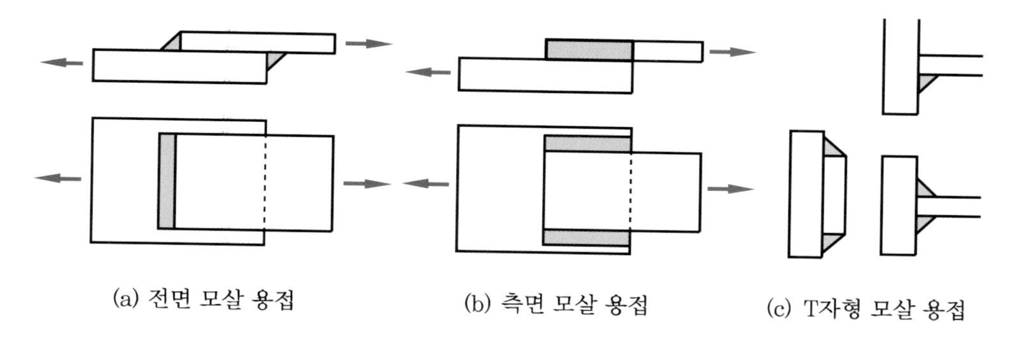

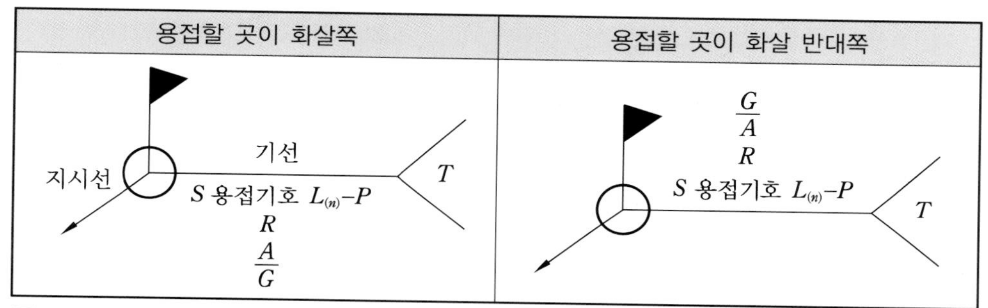

㈜ S : 용접 사이즈, R : 루트 간격, A : 개선각, T : 특기사항 기록
－: 표면 모양, G : 용접부 처리 방법, L : 용접 길이, P : 용접 간격, ▶ : 현장 용접

기출문제

2. 다음 그림과 같은 철근콘크리트 보에 등분포하중이 작용하는 경우 다음 물음에 답하시오. (단, 철근콘크리트의 단위용적중량 25 kN/m^3, f_{ck} = 20 MPa, f_y = 300 MPa) [배점 6]

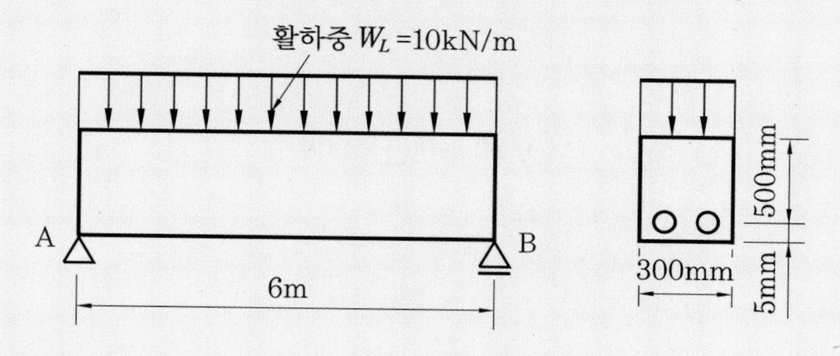

(1) 전단위험단면에서의 소요전단강도(계수전단강도)를 구하시오.

(2) 경간(span)에서 스터럽(stirrup)이 배치되지 않는 구간을 구하시오.

해답 (1) 계수전단강도

① 계수강도(소요강도)

$W_u = 1.2\,W_D + 1.6\,W_L$

$= 1.2 \times 0.3 \times 0.55 \times 1 \times 25 + 1.6 \times 10 = 20.95\,\text{kN/m}$

② A점의 계수전단강도

$V_u = \dfrac{W_u \times l}{2} = \dfrac{20.95 \times 6}{2} = 62.85\,\text{kN}$

③ 위험단면위치(A점으로부터 유효깊이 d만큼 떨어진 위치)의 계수전단강도

$62.85 : 3 = x : 2.5$

$3x = 62.85 \times 2.5$

$x = \dfrac{62.85 \times 2.5}{3} = 52.38$

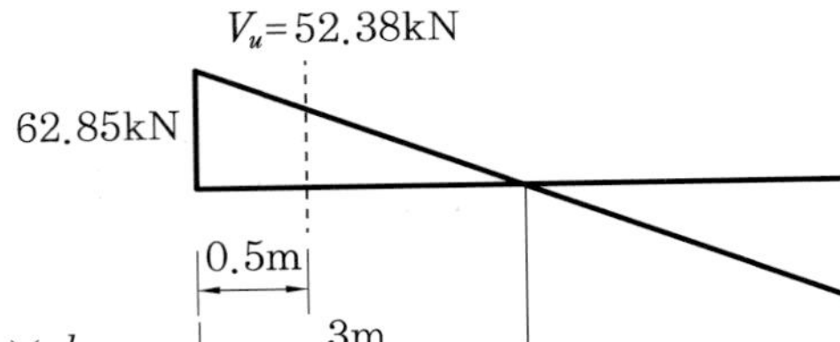

∴ 위험단면위치 $V_u = 52.38\,\text{kN}$

위험단면위치 $V_u = \dfrac{W_u \times l}{2} - W_u \times d$

$= \dfrac{20.95 \times 6}{2} - 20.95 \times 0.5$

$= 52.38\,\text{kN}$

(2) 전단보강철근이 필요없는 구간

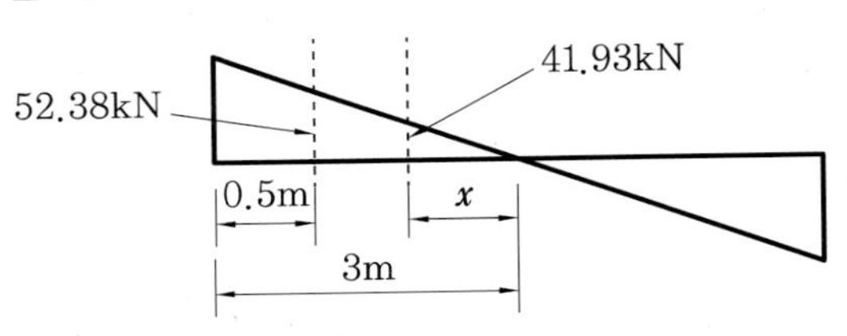

$V_u \le \dfrac{1}{2}\phi V_c$인 경우 전단보강근이 필요 없다.

$= \dfrac{1}{2} \cdot \phi \cdot \dfrac{1}{6} \cdot \lambda\sqrt{f_{ck}} \cdot b_w \cdot d$

$= \dfrac{1}{2} \times 0.75 \times \dfrac{1}{6} \times 1 \times \sqrt{20} \times 300 \times 500$

$= 41{,}926.27\,\text{N} = 41.93\,\text{kN}$

스터럽이 필요 없는 구간

$52.38 : 2.5 = 41.93 : x$

$x = \dfrac{2.5 \times 41.93}{52.38} = 2.0\,\text{m}$

∴ 중앙점으로부터 2.0 m 구간은 전단보강이 필요 없다.

기출문제

3. 다음 설명이 뜻하는 콘크리트 명칭을 쓰시오. [배점 3]

(1) 콘크리트면에 미장 등을 하지 않고, 직접 노출시켜 마무리한 콘크리트

(2) 부재 단면 치수가 80 cm 이상, 콘크리트 내·외부의 온도차가 25℃ 이상으로 예상되는 콘크리트

(3) 건축 구조물이 20층 이상이면서 기둥 크기를 적게 하도록 콘크리트 강도를 높게 하는 구조물에 사용되는 콘크리트로서 보통 설계기준강도가 40 MPa 이상인 콘크리트

해답 (1) 노출 콘크리트 (2) 매스 콘크리트 (3) 고강도 콘크리트

기출문제

4. 알칼리 골재 반응의 정의를 간략하게 쓰고, 방지 대책 3가지를 쓰시오. [배점 5]

해답 (1) 알칼리 골재 반응의 정의

시멘트의 알칼리 성분과 골재의 실리카 광물이 반응을 일으켜 팽창 균열을 발생시키는 반응

(2) 방지 대책

① 저알칼리 시멘트를 사용한다.
② 양질의 골재를 사용한다.
③ AE제·포졸란재 등의 혼화재료를 사용한다.

기출문제

5. 다음 용도에 알맞은 측정기 항목을 보기에서 골라 번호를 쓰시오. [배점 4]

(1) 토압 측정기
(2) 흙막이벽 휨변형 측정기
(3) 간극수압 측정계
(4) 흙막이벽의 수평 변위 측정기

[보기]

① strain gauge
② inclinometer
③ piezometer
④ earth pressure meter

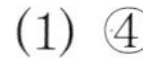

해답 (1) ④ (2) ① (3) ③ (4) ②

2015

기출문제

6. **보통 중량 골재를 사용한 콘크리트($m_c = 2,300\ \mathrm{kg/m^3}$)의 설계기준강도 $f_{ck} = 28\ \mathrm{MPa}$이고 철근의 탄성계수 $E_s = 2.0 \times 10^5\ \mathrm{MPa}$일 때 콘크리트의 탄성계수와 탄성계수비를 구하시오.** [배점 2]

해답 (1) 콘크리트의 탄성계수

$f_{ck} = 28 \leq 40\,\mathrm{MPa}$이므로 $\Delta f = 4\,\mathrm{MPa}$

$E_c = 8,500\sqrt[3]{28+4} = 26,985.82\,\mathrm{MPa}$

(2) 탄성계수비

$$n = \frac{E_s}{E_c} = \frac{2 \times 10^5}{26,985.82} = 7.41$$

해설 **콘크리트의 탄성계수(E_c)**

보통 중량 골재를 사용한 콘크리트($m_c = 2,300\mathrm{kg/m^3}$)

$E_c = 8500\sqrt[3]{f_{cu}}\,[\mathrm{MPa}]$

여기서, f_{cu} : 재령 28일에서 콘크리트 평균압축강도(MPa)

$f_{cu} = f_{ck} + \Delta f\,[\mathrm{MPa}]$

여기서, f_{ck} : 콘크리트의 설계기준 압축강도(MPa)

Δf : $f_{ck} \leq 40\,\mathrm{MPa}$일 때 4MPa

$f_{ck} \geq 60\,\mathrm{MPa}$일 때 6MPa

$40\,\mathrm{MP} < f_{ck} < 60\,\mathrm{MPa}$일 때 직선 보간

기출문제

7. **품질관리계획서 제출 시 작성 항목 4가지를 쓰시오.** [배점 4]

① 건설공사정보 ② 품질방침 및 목표
③ 현장조직관리 ④ 문서관리

해설 (1) 품질관리계획 등의 수립대상공사

① 감독 권한 대행 등 건설사업관리대상인 건설공사로서 총공사비가 500억 이상인 건설공사

② 다중이용건축물의 건설공사로서 연면적 $30,000\,\mathrm{m^2}$ 이상인 건축물의 건설공사

③ 해당 건설공사의 계약에 품질관리계획을 수립하도록 되어 있는 품질공사

(2) 품질관리계획서 작성 내용

① 건설공사정보　　② 품질방침 및 목표
③ 현장조직관리　　④ 문서관리
⑤ 기록관리　　⑥ 자원관리
⑦ 설계관리

기출문제

8. 콘크리트의 크리프(creep) 현상에 대하여 간략하게 쓰시오. [배점 3]

해답 하중의 증가 없이 시간의 경과에 따라 지속적으로 변형되는 현상

기출문제

9. 어떤 골재의 비중이 2.65이고, 단위 용적 중량이 1,800 kg/m^{3}일 때 이 골재의 실적률을 구하시오. [배점 3]

해답 $\text{실적률} = \dfrac{\text{단위 용적 중량}}{\text{비중}} = \dfrac{1.8}{2.65} \times 100 = 67.92\%$

참고 **골재의 실적률과 공극률**

① 실적률 : 골재를 어떤 용기 속에 채워 넣었을 때 그 용기 내에 골재가 차지하는 실용적의 백분율

② 공극률 : 골재의 단위 용적 중 공극의 비율을 백분율로 나타낸 것

$$\text{공극률} = \left(1 - \dfrac{\text{단위 용적 중량}}{\text{비중} \times 0.999}\right) \times 100$$

기출문제

10. 가설공사에서 잭 서포트(Jack support)의 정의와 설치 위치 2곳을 쓰시오. [배점 4]

해답 (1) 정의 : 상층 슬래브 위에 초과하중이 있거나, 콘크리트 타설 시 지주 제거 후 중량물이 있는 경우 높이 조절이 가능한 잭을 설치한 서포트

(2) 설치 위치

① 보의 중앙 부분

② 공사차량통로의 하부, 또는 장비 진입 바닥판 하부

기출문제

11. 흩어진 상태의 흙 $10\,m^3$를 이용하여 $10\,m^2$의 면적에 다짐상태로 50 cm 두께를 터돋우기할 때 시공 완료된 후 흩어진 상태로 남은 흙량을 산출하시오. (단, 이 흙의 $L=1.2$이고, $C=0.9$이다.) [배점 4]

해답 (1) 다짐상태의 토량을 흩어진 상태의 토량으로 환산

$$10\times0.5\times\frac{L}{C}=10\times0.5\times\frac{1.2}{0.9}=6.67\,m^3$$

(2) 흩어진 상태로 남은 양

$$10\,m^3-6.67\,m^3=3.33\,m^3$$

기출문제

12. 철근 콘크리트의 기초판의 크기가 $3\,m\times4\,m$일 때 단변 방향으로의 소요 전체 철근량이 $2{,}400\,mm^2$일 때 유효폭 내에 배근하여야 할 철근량을 구하시오. [배점 4]

해답 유효폭 내에 배치되는 철근량＝단변 방향의 전체 철근량 $\times\frac{2}{\beta+1}$

$$=2{,}400\times\frac{2}{\left(\frac{4}{3}+1\right)}=2{,}057.14\,mm^2$$

참고 **2방향 직사각형 기초판의 각 방향 철근 배치**

① 장변 방향으로의 철근은 폭 전체에 균등하게 배치한다.

② 단변 방향으로의 철근은 다음 식에서 산출한 철근량을 유효폭 내에 균등하게 배치하고, 나머지 철근량을 유효폭 이외의 부분에 균등하게 배치한다.

A_s(유효폭 내에 배치되는 철근량)＝단변 방향의 전체 철근량 $\times\frac{2}{\beta+1}$

여기서, $\beta=\frac{L}{S}$ (S : 단변, L : 장변)

기출문제

13. 다음과 같은 조건에서 인장 접합부의 사용성 한계상태 설계법에 의한 마찰접합의 설계미끄럼강도를 구하시오. [배점 4]

[조건]

① 전단과 지압에 대한 검토는 생략한다.
② 강재의 재질은 SM275
③ 미끄럼 계수 $\mu = 0.5$
④ 고력볼트는 M22(F10T)
⑤ 설계볼트장력 $T_o = 200\,\text{kN}$
(표준 구멍, 마찰면을 블라스트 후 페인트를 칠하지 않고, 필러를 사용하지 않는다.)

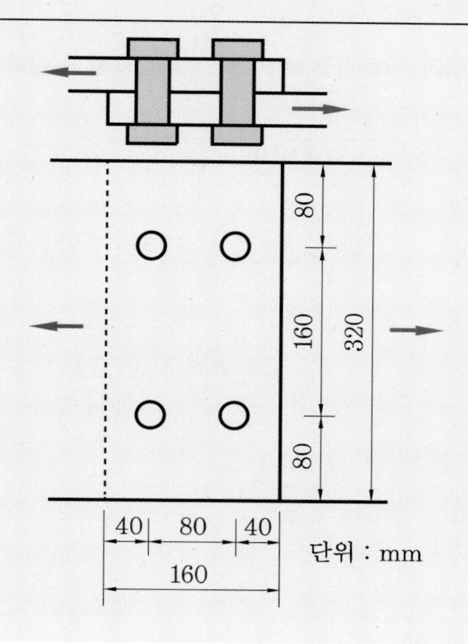

해답 (1) $\phi R_n = \phi \mu h_f T_o N_s = 1 \times 0.5 \times 1 \times 200 \times 1 = 100\,\text{kN}$

(2) 고력볼트 4개에 대한 설계미끄럼강도 $= 100\,\text{kN} \times 4 = 400\,\text{kN}$

참고 **고력볼트의 마찰접합에 의한 설계미끄럼강도**

$\phi R_n = \phi \mu h_f T_o N_s$

여기서, ϕ : 미끄럼저감계수
(표준 $\phi = 1.0$, 대형 구멍 $\phi = 0.85$, 장슬롯 구멍 $\phi = 0.75$)
μ : 미끄럼계수(블라스트 후 페인트하지 않은 경우 0.5)
h_f : 구멍의 종류에 따른 계수값(필러를 사용하지 않은 경우 : 1.0, 접합되는 재료 사이에 2개 이상의 필러가 있는 경우 : 0.85)
T_o : 설계볼트장력(kN)
N_s : 전단면의 수(1면 전단 : 1개, 2면 전단 : 2개)

2015

기출문제

14. 경화된 콘크리트의 비파괴강도시험 방법의 명칭 3가지를 쓰시오. [배점 3]

해답

① 반발경도법 : 슈미트 해머법, CTS 장비 사용법
② 초음파법 : 초음파 탐사법, 초음파 속도법
③ 조합법 : 반발경도법과 초음파법 병행 실시

기출문제

15. 다음 데이터를 참조하여 네트워크(network) 공정표를 작성하고, 각 작업의 여유시간을 계산하시오. [배점 10]

작업명	작업일수	선행작업	비고
A	3	없음	단, 크리티컬 패스는 굵은 선으로 표시하고, 결합점에서는 다음과 같이 표시한다.
B	4	없음	
C	7	없음	EST LST / LFT EFT / (i) 작업명 → (j) 작업일수
D	6	A, B	
E	7	B	
F	4	D	
G	5	D,E	
H	6	C, F, G	
I	7	F, G	

해답

(1) 네트워크 공정표

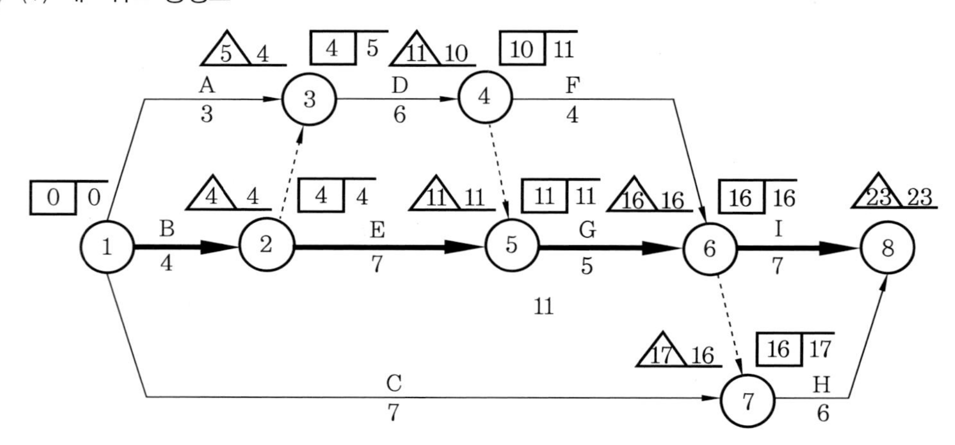

(2) 여유시간 산정

작업명	TF	FF	DF	CP
A	2	1	1	
B	0	0	0	*
C	10	9	1	
D	1	0	1	
E	0	0	0	*
F	2	2	0	
G	0	0	0	
H	1	1	0	
I	0	0	0	*

기출문제

16. VE(Value Engineering)의 기본 공식과 이에 대한 용어를 쓰시오. [배점 4]

해답 $V=\dfrac{F}{C}$ 여기서, V : value(가치), F : function(기능), C : cost(비용)

기출문제

17. 바닥 미장 면적이 1,000 m^2일 때, 1일 10인 작업 시 작업소요일을 구하시오. (단, 다음과 같은 셈을 기준으로 계산한다.) [배점 3]

구분	단위	수량
미장공	인	0.05

해답 (1) 시공면적에 필요한 인부수 $= 1{,}000\,m^2 \times 0.05$인$/m^2 = 50$인

(2) 작업소요일 $=\dfrac{50\text{인}}{10\text{인}}=5$일

해설 (1) 전체 시공면적에 필요한 인부수 = 시공면적 × m^2당 인부수

(2) 작업소요일 $=\dfrac{\text{전체 시공면적에 필요한 인부수}}{\text{1일 작업 인부수}}$

2015

기출문제

18. remicon(25−21−180)은 ready mixed concrete의 규격에 대한 수치이다. 3가지의 수치가 뜻하는 의미를 간단히 쓰시오. [배점 4]

해답 ① 굵은 골재의 최대 치수−25 mm
② 호칭 강도−21 MPa(N/mm^2)
③ 슬럼프값−180 mm

기출문제

19. 조적조의 벽돌벽에 발생되는 백화 현상의 방지 대책 4가지를 쓰시오. [배점 4]

해답 ① 빗물이 스며드는 것을 방지한다.
② 양질의 벽돌 및 모르타르를 사용한다.
③ 줄눈을 방수제에 혼입한다.
④ 벽돌 벽면에 방수재료를 칠한다.

참고 **백화 현상**

(1) 정의

벽돌 벽면에 빗물이 스며들어 벽돌과 모르타르의 알칼리 성분이 반응하여 흰가루가 돋는 현상

(2) 방지 대책

① 빗물이 스며드는 것을 방지한다.
② 양질의 벽돌이나 모르타르를 사용한다.
③ 줄눈에 방수제를 혼입한다.
④ 벽면에 방수재료를 칠한다.

기출문제

20. 공사계약 방식에서 BTO(Build Transfer Operate) 방식에 대하여 간략하게 설명하시오. [배점 3]

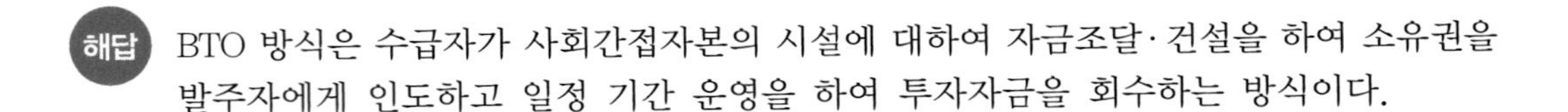

해답 BTO 방식은 수급자가 사회간접자본의 시설에 대하여 자금조달·건설을 하여 소유권을 발주자에게 인도하고 일정 기간 운영을 하여 투자자금을 회수하는 방식이다.

기출문제

21. 다음은 철골공사에 사용되는 용어에 대한 설명이다. 각 설명에 해당하는 용어를 쓰시오. [배점 3]

(1) 철골 부재 용접 시 이음 및 접합 부위의 용접선이 교차되어 재용접된 부위가 열영향을 받아 취약해지기 때문에 모재에 부채꼴 모양의 모따기를 한 것

(2) 철골 기둥의 이음부를 가공하여 상하부 기둥 밀착을 좋게 하여 축력의 25 %까지 하부 기둥 밀착면에 직접 전달시키는 이음 방법

(3) blow hole, crater 등의 용접 결함이 생기기 쉬운 용접 bead의 시작과 끝 지점에 용접을 하기 위해 용접 접합하는 모재의 양단에 부착하는 보조 강판

해답 (1) 스캘럽(scallop) (2) 메탈 터치(metal touch) (3) 엔드 탭(end tap)

기출문제

22. TQC에 이용되는 도구명 4가지를 쓰시오. [배점 4]

① 파레토도 ② 특성요인도 ③ 산점도 ④ 히스토그램
⑤ 층별 ⑥ 체크시트 ⑦ 관리도

기출문제

23. 강재의 종류 중 SM275에서 SM과 275의 의미를 간략하게 쓰시오. [배점 2]

(1) SM : 용접구조용 압연강재 (2) 275 : 항복강도 275 N/mm^2(MPa)

기출문제

24. (   ) 안에 알맞은 용어를 써 넣으시오. [배점 4]

철골공사에 있어서 내화피복 공법을 분류하면 습식 공법, (①), (②)이 있으며, 습식 내화피복 공법의 종류에는 (③), (④), 미장 공법 등이 있다.

① 건식 공법 ② 합성 공법
③ 타설 공법 ④ 뿜칠 공법

기출문제

25. 철골 시공에서 용접 결함을 4가지 쓰시오. [배점 4]

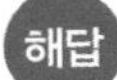

① 슬래그 감싸들기 ② 언더컷
③ 오버랩 ④ 공기 구멍(블로 홀)
⑤ 크랙 ⑥ 피트
⑦ 크레이터 ⑧ 위핑 홀

기출문제

26. 다음 재료에 대한 할증률 값을 쓰시오. [배점 4]

(1) 강판, 단열재 : (①)%
(2) 시멘트 벽돌 : (②)%
(3) 붉은 벽돌, 이형 철근, 타일 : (③)%
(4) 유리 : (④)%

① 10 ② 5 ③ 3 ④ 1

해설 **할증률**

① 30% : 원석(마름돌용)
② 20% : 졸대
③ 10% : 강판, 판재(목재), 단열재
④ 8% : 시스관(P·S)
⑤ 7% : 대형 형강
⑥ 5% : 원형 철근, 일반 볼트, 강관, 소형 형강, 봉강, 경량 형강, 각 파이프, 리벳, 각재(목재), 텍스, 석고보드, 비닐계 타일, 시멘트 벽돌, 기와
⑦ 4% : 시멘트 블록
⑧ 3% : 이형 철근, 고장력 볼트, 타일, 테라코타, 붉은 벽돌, 내화 벽돌
⑨ 1% : 유리

건축기사

2016년도 | 1회 기출문제

기출문제

1. 기성콘크리트 말뚝 설치 시 말뚝 중심간격은 말뚝 지름의 몇 배 이상 또는 몇 mm 이상인가?

[배점 4]

(1) 2.5배 이상　　　　(2) 750 mm 이상

기출문제

2. 콘크리트에 사용되는 혼화재로 전기로에서 페로실리콘(FeSi) 등을 제조할 때 발생되는 폐가스 중에 포함되어 있는 SiO_2를 집진기로 모아 얻어지는 초미립자의 명칭을 쓰시오. [배점 2]

실리카 퓸(silica hume)

기출문제

3. 다음 그림과 같은 용접부의 설계강도를 구하시오. (단, 강도감소계수 $\phi = 0.75$, 사용 강재(SM275)의 항복강도 $F_y = 275\,\text{N/mm}^2$, 용접재(KS D 7004 연강용 피복 아크 용접봉)의 인장강도 $F_{uw} = 420\,\text{N/mm}^2$)

[배점 4]

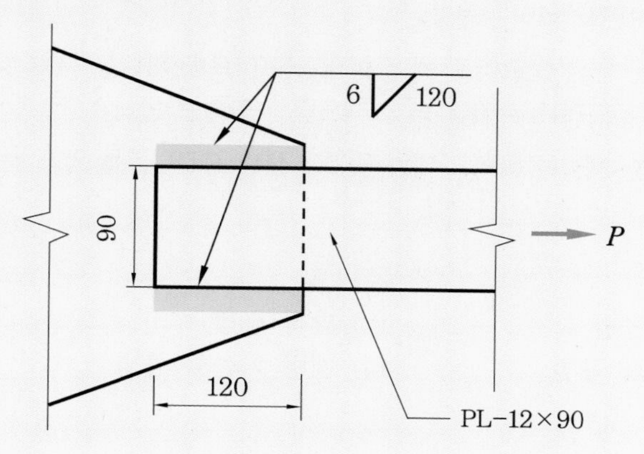

해답 용접부의 설계강도$= \phi \times F_w \times a \times (l-2S) \times 2$

$= 0.75 \times 0.6 \times 420 \times 0.7 \times 6 \times (120-2\times 6) \times 2$

$= 171,460.8\,\text{N} = 171.5\,\text{kN}$

참고 **모살용접의 설계강도**

① 강도감소계수 $\phi = 0.75$

② 용접부의 공칭강도 F_w

$F_w = 0.6F_{uw}$

여기서, F_{uw} : 용접재의 인장강도

③ 용접유효면적

$A_w = a \times l_e$

여기서, a : 목두께, l_e : 유효용접길이

④ 목두께

$a = 0.7S$

여기서, S : 모살 사이즈

⑤ 유효용접길이

$l_e = l - 2S$

여기서, l : 용접길이

⑥ 모살용접의 설계강도 $\phi R_n = \phi F_w A_w$

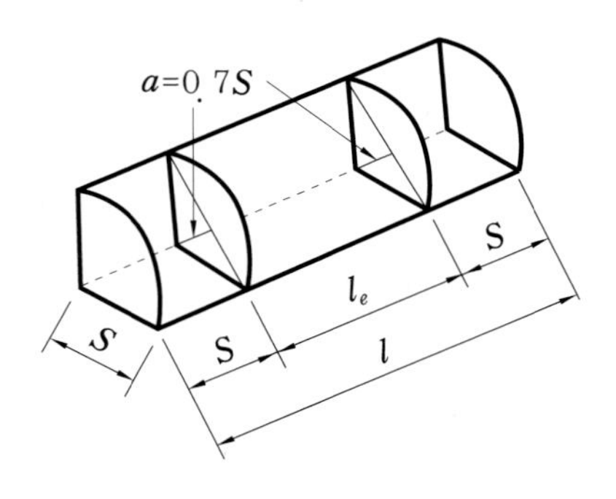

기출문제

4. 다음 설명에 해당하는 타일 붙임 공법의 명칭을 쓰시오. [배점 4]

(1) 가장 오래된 타일 붙이기 방법으로 타일 뒷면에 붙임 모르타르를 얹어 바탕 모르타르에 누르듯이 하여 1매씩 붙이는 방법

(2) 평평하게 만든 바탕 모르타르 위에 붙임 모르타르를 바르고 그 위에 타일을 두드려 누르거나 비벼 넣으면서 붙이는 방법

(3) 평평하게 만든 바탕 모르타르 위에 붙임 모르타르를 바르고 타일 뒷면에 붙임 모르타르를 얇게 발라 두드려 누르거나 비벼 넣으면서 붙이는 방법

(4) 바탕면에 초벌·재벌을 바르고 타일 뒷면에 붙임 모르타르를 얇게 바름하여 붙여 대는 공법

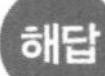

(1) 떠붙임 공법　　(2) 압착 공법

(3) 개량 압착 공법　　(4) 개량 떠붙임 공법

기출문제

5. LCC(Life Cycle Cost : 생애 주기 비용)의 내용을 간략하게 쓰시오. [배점 2]

해답 건물이 탄생해서 소멸될 때까지 소요되는 모든 비용, 즉, 건물의 기획·설계·시공·유지관리·철거 등에 필요한 모든 비용

기출문제

6. 다음 그림과 같이 겔버보의 힌지 지점에 집중하중이 작용하는 경우 전단력도(SFD)와 휨모멘트도(BMD)를 작도하고, 최대전단력과 최대휨모멘트 값을 구하시오. [배점 4]

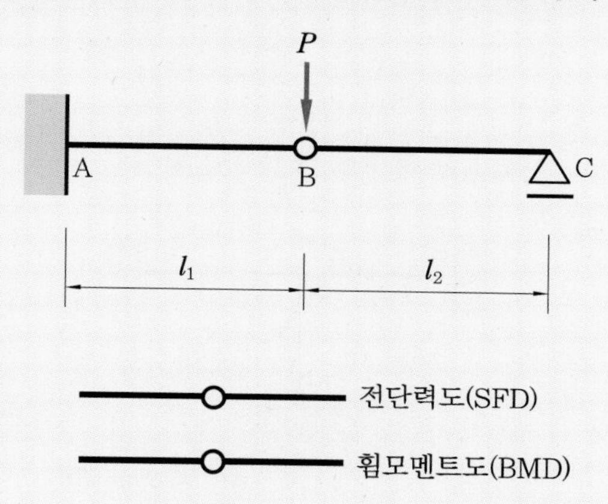

해답 (1)

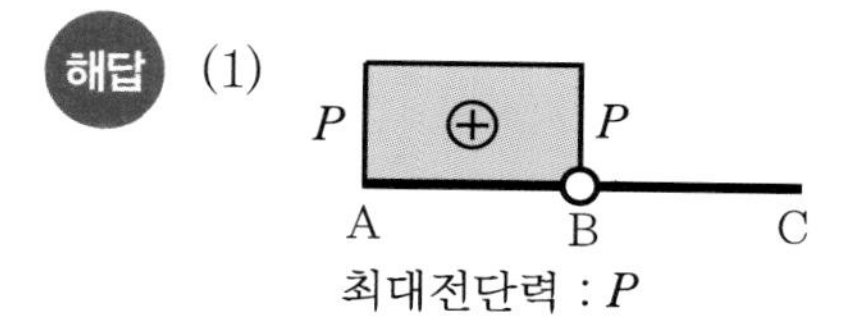

최대전단력 : P

(2)

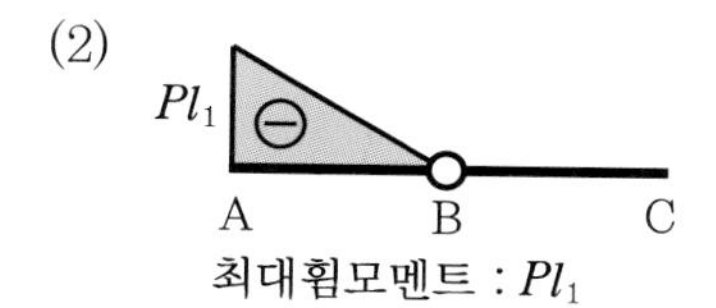

최대휨모멘트 : Pl_1

기출문제

7. precast 공법은 규격화된 부재를 공장에서 생산하여 현장에서 조립시공하는 공법을 말한다. precast 공법의 생산방식에 따른 분류 중 건물의 형태가 결정된 후 부재를 규격화하여 공장에서 생산하여 현장에서 조립시공하는 공법의 명칭을 쓰시오. [배점 2]

해답 close system

참고 **precast 공법**

① 공장에서 규격화된 부재를 생산하여 현장에서 조립시공하는 공법이다.

② PC의 생산방식에 따른 분류

㈎ open system : 건물의 형태가 정해지지 않은 상태에서 규격화된 부재를 생산하는 방식

㈏ close system : 건물의 형태가 결정된 후 공장에서 규격화된 부재를 생산하여 현장에서 조립시공하는 공법

기출문제

8. 다음 그림과 같은 구조물에서 OA 부재와 OD 부재의 모멘트 분배법에 의한 분배율을 구하시오.

[배점 4]

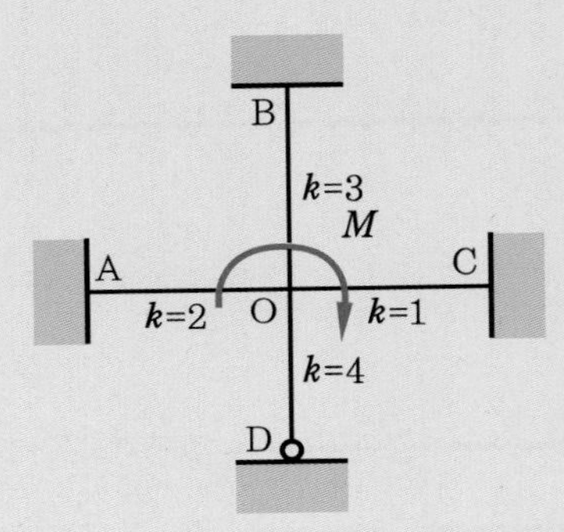

해답 (1) $f_{OA} = \dfrac{2}{2+3+1+\dfrac{3}{4}\times 4} = 0.22$

(2) $f_{OD} = \dfrac{\dfrac{3}{4}\times 4}{2+3+1+\dfrac{3}{4}\times 4} = 0.33$

분배율 $= \dfrac{\text{구하고자 하는 부재의 강비}}{\text{강비의 총합}}$

※ 고정단이 아니라 힌지의 경우는 $\dfrac{3}{4}k$로 한다.

기출문제

9. 터파기 할 자연상태의 토량이 $12,000\,m^3(L=1.25)$, 이 중 $5,000\,m^3$를 되메우기하고 나머지를 8t 트럭으로 운반하는 경우 8t 트럭에 적재할 수 있는 적재 토량과 8t 트럭의 총 운반대수를 각각 구하시오. (단, 토량은 암반이고 암반의 단위용적중량은 $1,800\,kg/m^3$이다.)

[배점 4]

(1) 8t 트럭에 적재할 수 있는 흙의 체적

(2) 8t 트럭의 총운반대수

해답 (1) 8t 트럭 1대의 적재 운반량 $= \dfrac{\text{트럭 적재 가능 중량}}{\text{암반의 단위용적중량}} = \dfrac{8\,t}{1.8\,t/m^3} = 4.44\,m^3$

(2) 8t 트럭의 총운반대수 $= \dfrac{(12,000-5,000)\times 1.25}{4.44} = 1,970.72$

∴ 1,971대

해설 (1) 토량 변환 계수

① $L = \dfrac{\text{흩어진 상태의 토량}}{\text{자연상태의 토량}}$

② $C = \dfrac{\text{다져진 상태의 토량}}{\text{자연상태의 토량}}$

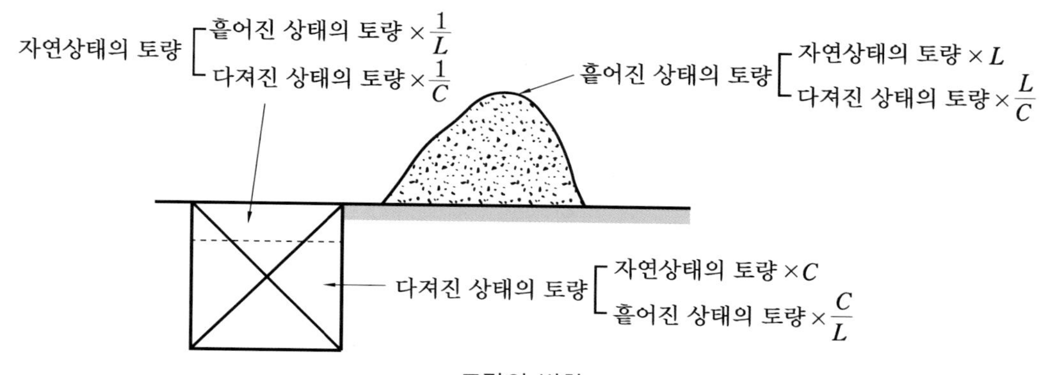

토량의 변화

(2) 토량 환산 계수표

구하는 Q / 기준이 되는 q	자연상태의 토량	흩어진 상태의 토량	다져진 후의 토량
자연상태의 토량	1	L	C
흩어진 상태의 토량	$\dfrac{1}{L}$	1	$\dfrac{C}{L}$

기출문제

10. 다음 그림과 같은 보의 단면에서 휨균열을 제어하기 위한 인장철근의 최대간격을 구하고 단면에 배근된 인장철근의 적합 여부를 판단하시오. (단, $f_y = 400$ MPa이고, 사용철근의 응력은 $f_s = \frac{2}{3} f_y$의 근사식을 적용하며, 피복두께는 40 mm로 한다.) [배점 4]

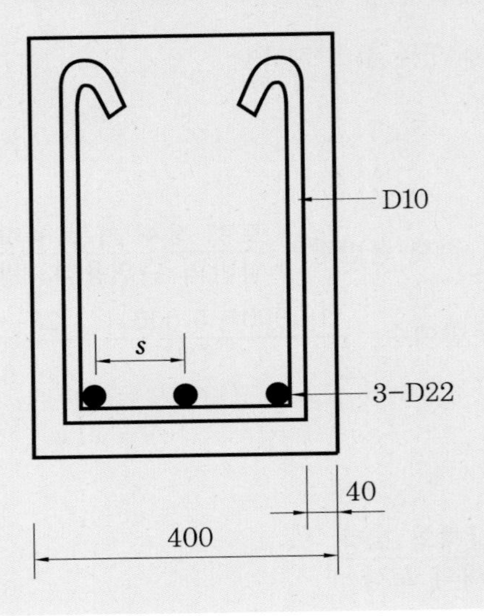

해답 (1) 순피복 두께 C_c

$C_c = 40 + 10 = 50\text{mm}$

(2) 최외측인장철근의 응력 f_s

$f_s = \frac{2}{3} f_y = \frac{2}{3} \times 400 = 267\text{MPa}$

(3) 인장철근의 최대간격 s : 다음 중 작은 값

① $s = 375 \times \frac{210}{267} - 2.5 \times 50 = 169.94\text{mm}$

② $s = 300 \times \frac{210}{267} = 235.96\text{mm}$

$\therefore s_{\max} = 169.94\text{mm}$

(4) 도면상 인장철근의 중심간격

$400 - (40 + 10) \times 2 - 22 = 278$

$\therefore \frac{278}{2} = 139\text{mm}$

(5) 간격 s의 적합 여부

$139 \leq s_{\max} = 169.94$

∴ 적합

참고 보 및 1방향 슬래브의 휨철근 배치 규정

콘크리트의 인장연단에서 가장 가까이 배치되는 철근의 중심간격 s는 다음 중 작은 값 이하이다.

$S = 375\left(\frac{210}{f_s}\right) - 2.5\,C_c \qquad S = 300\left(\frac{210}{f_s}\right)$

여기서, C_c : 인장철근이나 인장재의 표면과 콘크리트 표면 사이의 최소두께

f_s : 사용하중 상태에서 인장연단에서 가장 가까이 위치한 철근의 응력

(f_s는 근사값 $\frac{2}{3}f_y$를 쓸 수 있다.)

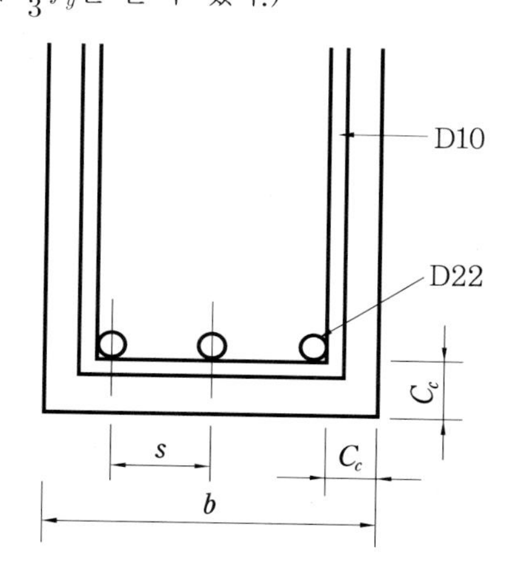

기출문제

11. 다음 데이터를 보고 표준 네트워크 공정표를 작성하고, 7일 공기 단축한 상태의 네트워크 공정표를 작성하시오.

[배점 10]

작업명	작업일수	선행작업	비용구배(천원)	비고
A(①→②)	2	없음	50	(1) 결합점 위에는 다음과 같이 표시한다. EST LST / LFT EFT i → j (작업명 / 공사일수) (2) 공기 단축은 작업일수의 1/2을 초과할 수 없다.
B(①→③)	3	없음	40	
C(①→④)	4	없음	30	
D(②→⑤)	5	A, B, C	20	
E(②→⑥)	6	A, B, C	10	
F(③→⑤)	4	B, C	15	
G(④→⑥)	3	C	23	
H(⑤→⑦)	6	D, F	37	
I(⑥→⑦)	7	E, G	45	

해답 (1) 표준 네트워크 공정표

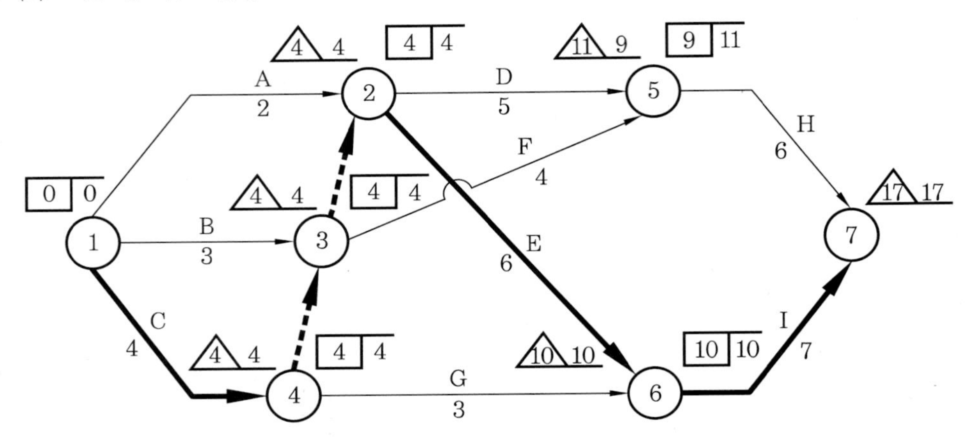

(2) 7일 공기 단축한 네트워크 공정표

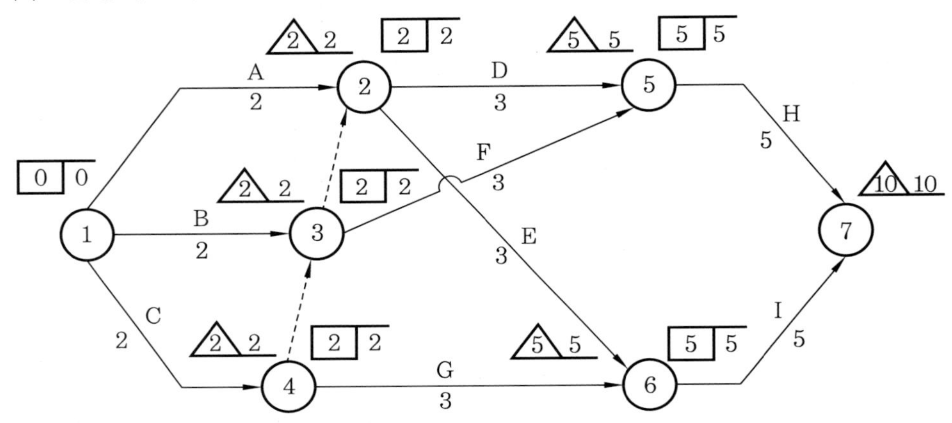

기출문제

12. 프리팩트 콘크리트 말뚝의 종류를 3가지 쓰시오. [배점 3]

① CIP ② PIP ③ MIP

해설 **프리팩트 파일(prepacked pile)**

(1) CIP 말뚝(cast in place pile) : 어스 오거(earth auger)로 굴착 후 철근을 조립하고 주입관을 설치한 다음 자갈을 채우고 주입관을 통해 모르타르를 주입하여 형성하는 제자리 콘크리트 말뚝

※ 시공 순서

① 오거로 굴착 ② 철근 조립 ③ 모르타르 주입관 설치

④ 자갈 다져 넣기　　　⑤ 모르타르 주입

(2) PIP 말뚝(packed in place pile) : 스크루 오거(screw auger)로 소정의 깊이까지 굴착 후 오거를 끌어올리면서 오거 파이프 선단을 통해 콘크리트를 분출하여 형성하는 콘크리트 말뚝

(3) MIP 말뚝(mixed in place pile) : 파이프 회전봉의 선단에 커터(cutter)를 장치하여 흙을 뒤섞으며 지중으로 파들어간 다음, 다시 회전시켜 빼내 타설된 콘크리트 윗면으로부터 최대 측압까지의 거리에 해당하는 콘크리트

기출문제

13. 커튼월(curtain wall) 공사에서 커튼월의 구조 형식에 의한 분류 2가지와 조립 형식에 의한 분류 2가지를 쓰시오. [배점 4]

해답

(1) 구조 형식에 의한 분류

① mullion 방식　② 패널 방식

(2) 조립 형식에 의한 분류

① 녹다운 방식　② 유닛 방식

참고 커튼월(curtain wall) : 공장에서 생산된 부재를 현장에서 조립하여 구성하는 외벽

(1) 재료에 의한 분류

① 금속 커튼월

㈎ 알루미늄　㈏ 강판　㈐ 스테인리스 스틸

② PC 커튼월(프리캐스트 커튼월)

㈎ GPC(붙임돌 선부착 공법)

㈏ TPC(타일 선부착 공법)

㈐ concrete

③ 복합 커튼월(금속 커튼월과 PC 커튼월 병용) : 섬유 보강 콘크리트·플라스틱·석재

(2) 외관 형태별 구분

① mullion : 수직 기둥 사이에 sash·spandrel panel을 끼우는 방식

② spandrel : 수평선을 강조하는 창과 spandel의 조합

③ grid : 수직·수평의 격자형 외관을 노출시키는 방식

④ sheath : 구조체가 외부에 나타나지 않게 sash panel로 은폐시키고 panel 안에서 끼워지는 방식

2016

(3) 구조 형식에 의한 분류

① mullion(방립) 방식 : 스테인리스 각 파이프를 구조체에 부착하고 fastener를 이용하여 외벽판을 붙이는 방식

② panel 방식

(가) 층간 패널 방식 : 층 높이 정도의 대형 패널 부재를 구조체에 부착하여 벽면을 구성하는 방식

(나) 기둥·보 패널 방식 : 기둥·보형 패널·새시(sash)를 개별로 구조체에 부착하는 공법

(다) 징두리벽 패널 방식 : 징두리벽 패널과 새시(sash)를 구조체에 붙여 대는 공법

③ cover 방식(준 커튼월 방식) : 층간 중 징두리벽을 구조체로 하여 나머지 구간에 패널 또는 sash를 구성하는 형식

(4) 조립 형식에 의한 분류

① 녹다운 방식(knock down system : stick system) : 공장에서 가공 부재를 반입하여 구성 부재를 현장에서 조립 설치하는 방법

② 유닛 방식(unit system) : 공장에서 커튼월 구성 부재를 완전 조립하여 현장에서 부착만 하는 공법

기출문제

14. 다음은 콘크리트의 혼화제 및 콘크리트의 믹서기에 관련된 용어이다. 이 용어에 대한 내용을 간략하게 쓰시오. [배점 4]

(1) 감수제

(2) AE 감수제

(3) 센트럴 믹스트 콘크리트

(4) 쉬링크 믹스트 콘크리트

(1) 감수제 : 공기 연행을 하지 않고 시멘트 입자의 반발 분산 작용에 의해 콘크리트의 워커빌리티를 향상시키고, 단위수량을 감소시키는 혼화제

(2) AE 감수제 : 공기 연행과 감수 작용을 동시에 작용하여 단위수량을 감소시키며 내동해성을 개선시키는 효과도 있다.

(3) 센트럴 믹스트 콘크리트 : 고정 믹서로 비빔이 완료된 콘크리트를 트럭 믹서로 비비면서 현장까지 운반하는 것

(4) 쉬링크 믹스트 콘크리트 : 고정 믹서에서 어느 정도 비벼서 운반 도중 완전히 비비면서 운반하는 방식

기출문제

15. 다음 그림과 같은 단철근 직사각형 보에서 $f_{ck}=27\,\text{MPa}$, $f_y=300\,\text{MPa}$일 때 보의 균형철근비와 최대철근량을 구하시오. [배점 3]

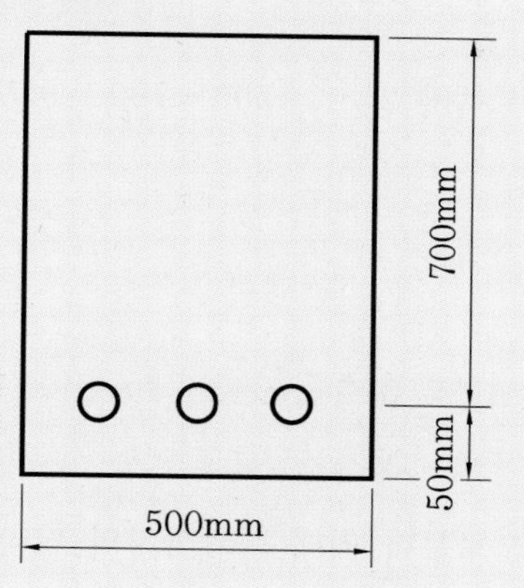

해답 (1) 균형철근비

$$\rho_b=\frac{0.85f_{ck}\beta_1}{f_y}\times\frac{600}{600+f_y}=\frac{0.85\times27\times0.85}{300}\times\frac{600}{600+300}=0.04335$$

(2) ① 최대철근비($\rho_{\max}$)(SD400 이하인 경우)

$$=\frac{0.85f_{ck}\beta_1}{f_y}\times\frac{0.003}{0.003+0.004}=\frac{0.85\times27\times0.85}{300}\times\frac{0.003}{0.003+0.004}=0.02786$$

② 최대철근량($A_{s,\max}$)

$$=\rho_{\max}\cdot b\cdot d=0.02786\times500\times700=9{,}751\text{mm}^2$$

해설 (1) β_1의 값

$f_{ck}=27\,\text{MPa}<28\,\text{MPa}\rightarrow\beta_1=0.85$

$f_{ck}>28\,\text{MPa}$일 때 $\beta_1=0.85-0.007\times(f_{ck}-28)\geq0.65$

(2) 균형철근비 ρ_b

$$\rho_b=\frac{0.85\cdot f_{ck}\cdot\beta_1}{f_y}\cdot\frac{600}{600+f_y}$$

여기서, f_{ck} : 콘크리트의 설계기준강도

f_y : 인장철근의 항복강도

β_1 : 응력블록깊이의 계수값

(3) 최대철근비 $\rho_{\max}$

$\rho=0.85\beta_1\dfrac{f_{ck}}{f_y}\cdot\dfrac{\varepsilon_c}{\varepsilon_c+\varepsilon_t}$에서 ε_t는 최소허용인장변형률 $\varepsilon_{tmin}=0.004$를 적용하면

$\rho_{\max}$의 값은 다음과 같다.

$$\rho_{\max} = 0.85\beta_1 \frac{f_{ck}}{f_y} \times \frac{\varepsilon_c}{\varepsilon_c + 0.004} = \frac{0.85 \times 0.85 \times 27}{300} \times \frac{0.003}{0.003 + 0.004} = 0.02786$$

(4) 최대철근량

$$A_{s,\max} = \rho_{\max} \cdot b \cdot d = 0.02786 \times 500 \times 700 = 9,751\,\text{mm}^2$$

기출문제

16. **콘크리트의 측압에서 콘크리트 헤드(concrete head)에 대해 간략히 쓰시오.** [배점 2]

해답 타설된 콘크리트 윗면으로부터 최대 측압까지의 거리

기출문제

17. **철근 이음 방법을 3가지 쓰시오.** [배점 3]

해답 ① 겹친 이음 ② 용접 이음
③ 가스 압접 ④ 슬래브 충진 이음
⑤ 나사형 이음

기출문제

18. **새로운 계약 방식의 용어에 대한 물음에 답하시오.** [배점 4]

(1) 사회간접자본(SOC)의 민자유치에 따른 계약 방식 중 Build Operate Transfer 계약 방식에 대하여 간략하게 쓰시오.

(2) 대규모 공사의 입찰 방식에서 partnering 방식에 대하여 간략하게 쓰시오.

해답 (1) 수급자가 사회간접자본의 프로젝트(project)에 대하여 자금조달·건설·운영을 하여 투자자금을 회수한 후 소유권을 발주자에게 인도하는 방식

(2) 발주자와 수급자가 한 팀이 되어 공동으로 프로젝트(project)를 집행 및 관리하는 방식

기출문제

19. 샌드 드레인(sand drain) 공법의 목적을 설명하고 방법을 쓰시오. [배점 4]

(1) 목적 : 연약한 점토층의 수분을 배제하여 지반의 개량을 도모하는 공법

(2) 방법 : 철관을 지중에 박고 철관 내에 모래를 넣어 모래 말뚝을 형성한 다음, 지표면에서 성토 또는 기타의 하중을 실어서 점토질 지반을 압밀하여 수분을 모래 말뚝을 통하여 배수시킨다.

기출문제

20. 프리스트레스트 콘크리트에 이용되는 긴장재의 종류를 3가지 쓰시오. [배점 3]

① PC 강선
② PC 강연선
③ PC 강봉
④ 피아노선

기출문제

21. 건축물에 사용되는 콘크리트 충전 강관(CFT : Concrete Filled steel Tube) 구조를 설명하고 장단점을 각각 2가지씩 쓰시오. [배점 6]

(1) CFT : 강관이나 각관에 콘크리트를 채워 고층 건물의 기둥, 교각의 기둥 및 파일로 사용되는 구조를 말한다.

(2) 장점

① 강관 또는 각관에 콘크리트를 채워 세장비가 작아 좌굴의 위험이 적고 강성이 커 단면 축소가 가능하다.

② 초고층 건물의 내진 성능이 뛰어나며, 거푸집이 불필요하고, 공기 단축이 가능하다.

(3) 단점

① 내화 피복이 필요하다.

② 콘크리트의 충전 여부 확인이 곤란하다.

기출문제

22. 콘크리트용 골재로서의 요구 품질을 4가지 쓰시오. [배점 4]

① 청정·견고하고 내구성이 있는 것
② 알 모양은 둥글고 표면은 다소 거칠 것
③ 입도가 적당하고, 유기 불순물이 포함되지 않는 것
④ 골재의 강도는 콘크리트 중의 경화된 모르타르 강도 이상일 것

기출문제

23. 사질지반의 밀도를 측정하는 시험 중 하나인 표준 관입 시험은 타격 횟수 수치에 따라 사질지반 또는 점토지반의 밀도를 측정할 수 있다. 이에 다음 표는 타격 횟수에 따른 사질지반의 밀도를 표현한 내용이다. 빈칸에 알맞은 내용을 쓰시오. [배점 4]

타격 횟수(N)	모래 밀도
50회 이상	(1)
30~50회	밀실한 지반
10~30회	보통 모래
4~10회	(2)
0~4회	아주 느슨한 모래

(1) 매우 밀실한 지반　　(2) 연약한 지반

표준 관입 시험(standard penetration test)

(1) 정의 : 로드의 선단에 스플릿 스푼 샘플러를 부착하여 75 cm 높이에서 63.5 kg 추로 타격하여 샘플러가 30 cm 관입할 때 타격 횟수 수치를 구하는 방법이다.

(2) N값과 흙의 상대밀도

사질지반 N값	상대밀도
50회 이상	매우 밀실한 지반
30~50회	밀실한 지반
10~30회	보통 지반
4~10회	연약한 지반
0~4회	대단히 연약한 지반(아주 느슨한 모래)

기출문제

24. 건설현장에서 가설건축물 축조 시 제출하여야 하는 서류 3가지를 쓰시오. [배점 3]

① 가설건축물 위치가 표시된 배치도
② 규격·출입구 및 창문의 위치가 표시된 가설건축물 평면도
③ 타인 소유의 대지인 경우 대지 사용 승낙서

기출문제

25. 목재의 난연 처리 공법 3가지를 쓰시오. [배점 3]

① 방화제 침투 공법(주입 공법)
② 방화제 피복 공법(피복 공법)
③ 방화도료칠 공법

목재의 내화 공법
① 난연 처리(방화제 침투, 방화제 피복, 방화도료칠)
② 표면 처리
③ 대단면화

기출문제

26. 지반 조사법 중 보링에 대한 설명이다. 알맞은 용어를 쓰시오. [배점 3]
(1) 비교적 연약한 토지에 수압을 이용하여 탐사하는 방식
(2) 경질층을 깊이 파는 데 이용되는 방식
(3) 지층의 변화를 연속적으로 비교적 정확히 알고자 할 때 사용하는 방식

(1) 수세식 보링
(2) 충격식 보링
(3) 회전식 보링

기출문제

27. 수평 버팀대식 흙막이에 작용하는 응력이 다음 그림과 같을 때 ①~③에 알맞은 용어를 보기에서 골라 기호로 쓰시오. [배점 3]

[보기]

(가) 수동 토압　(나) 정지 토압　(다) 주동 토압
(라) 버팀대의 하중　(마) 버팀대의 반력　(바) 지하 수압

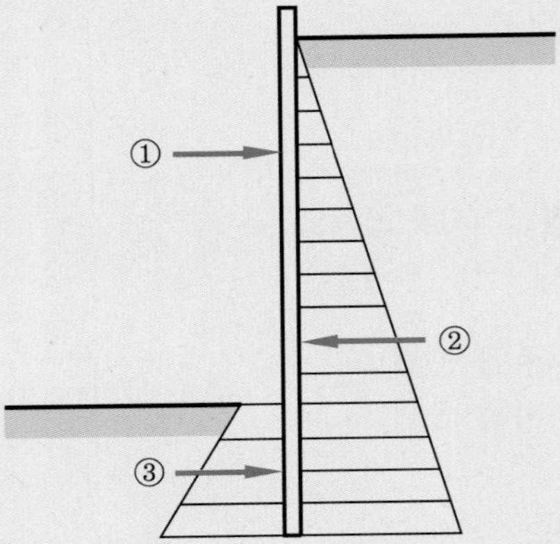

①
②
③

해답 ① (마)　② (다)　③ (가)

2016년도 | 2회 기출문제

기출문제

1. 건축공사에서 벽단열 공법 중 부위별 공법의 종류를 쓰시오. [배점 3]

① 내측 단열 공법 ② 외측 단열 공법 ③ 중 단열 공법

기출문제

2. 다음 그림과 같이 구조물에 하중이 작용하는 경우 부재력 C를 구하시오. (단 인장은 +, 압축은 −) [배점 2]

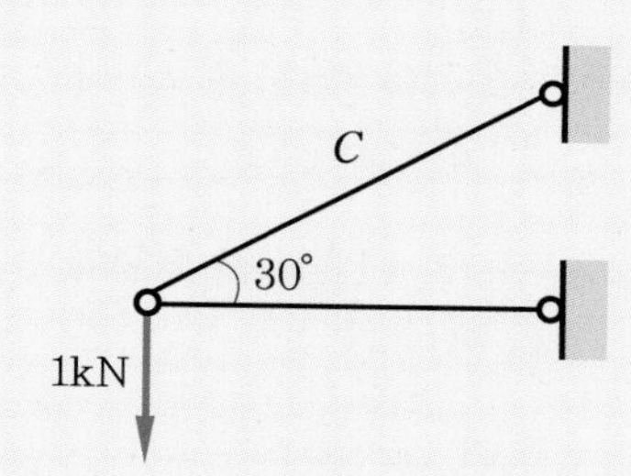

$\sum V = 0$에서 $C \cdot \sin 30^\circ - 1\,\text{kN} = 0$

$$C \times \frac{1}{2} - 1\,\text{kN} = 0$$

$C = 2\,\text{kN}$ (인장재)

① 부재를 인장재로 가정한다. 절점에서 밖으로 향하게 한다.

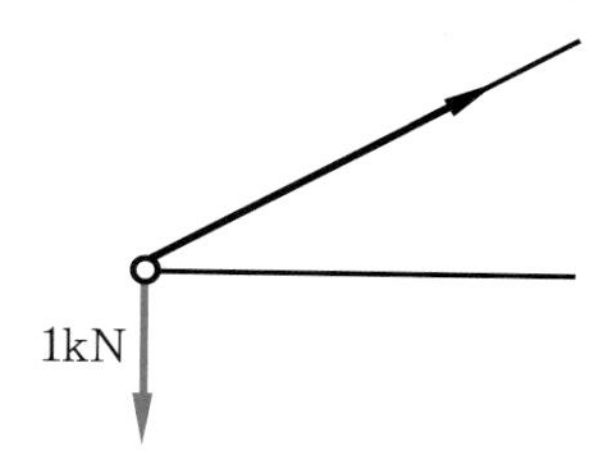

② 부재력을 수직재, 수평재로 분해한다.

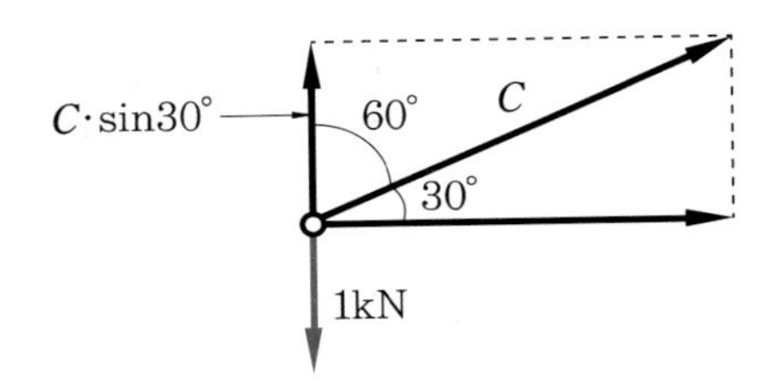

③ 힘의 평형 조건식에 의해서 부재력을 구한다.

$\sum V = 0$에서 $C \cdot \sin 30^\circ - 1\text{kN} = 0$

$C \times \frac{1}{2} - 1\text{kN} = 0$

$C = 2\text{kN}$(인장재)

기출문제

3. 히스토그램(histogram)의 작성 순서를 보기에서 골라 번호로 쓰시오. [배점 2]

[보기]

① 히스토그램을 규격값과 대조하여 안정상태인지 검토한다.
② 히스토그램을 작성한다.
③ 도수 분포율을 구한다.
④ 데이터에서 최솟값과 최댓값을 구하여 전 범위를 구한다.
⑤ 구간폭을 정한다.
⑥ 데이터를 수집한다.

해답 ⑥-④-⑤-③-②-①

기출문제

4. 6 t 트럭으로 운반할 목재의 양이 30,000재일 때 목재의 운반 트럭의 대수를 구하시오. (단, 목재의 비중은 0.8, 6 t 트럭의 적재 가능 중량은 6t, 부피는 9.5m^3이다.) [배점 4]

해답 ① 재(材)를 m^3으로 환산

$30{,}000 \div 300 = 100\,\text{m}^3$

② 전체 목재의 중량

$100\,\text{m}^3 \times 0.8\,\text{t/m}^3 = 80\,\text{t}$

③ 6 t 트럭 한 대의 적재량 : 다음 중 작은 값

- 6 t 이하
- $9.5\,m^3 \times 0.8\,t/m^3 = 7.6\,t$ 이하

④ 운반대수

$80\,t \div 6\,t = 13.3$

∴ 14대

참고 ① 목재 1사이 : 1치 × 1치 × 12자 = $0.00324\,m^3$

② 목재 $1m^3$ ≒ 300재(사이)

기출문제

5. 다음은 철근콘크리트 단순보의 그림이다. 아래 조건을 고려하여 최대 휨모멘트와 균열모멘트를 구하고 균열 발생 여부를 판정하시오. [배점 4]

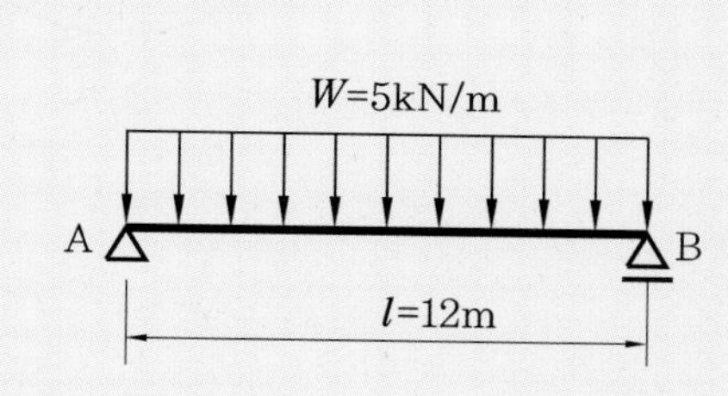

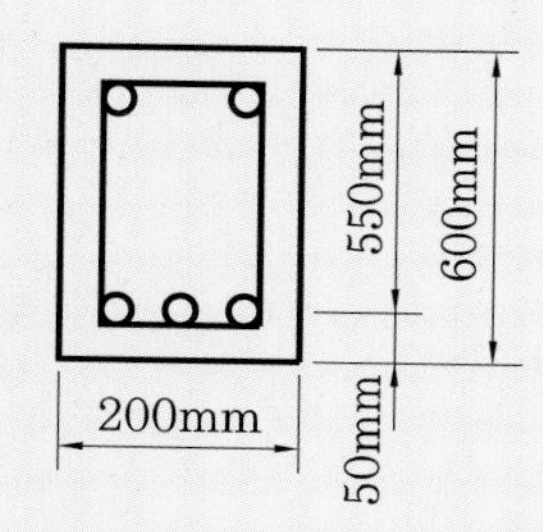

[조건]

① 경간(span) : 12 m	② 보통중량콘크리트 사용
③ W=5 kN/m(자중 포함)	④ $f_{ck} = 24$MPa, $f_y = 400$MPa

해답 (1) 최대 휨모멘트

$$M_{max} = \frac{wl^2}{8} = \frac{5 \times 12^2}{8} = 90\,kN \cdot m$$

(2) 균열모멘트

$$M_{cr} = \frac{f_r \cdot I_g}{y_t} = \frac{0.63\lambda\sqrt{f_{ck}} \cdot I_g}{y_t} = 0.63\lambda\sqrt{f_{ck}} \cdot z$$

$$= 0.63 \times 1 \times \sqrt{24} \times \frac{200 \times 600^2}{6} = 37{,}036{,}284.9\,N \cdot mm = 37.04\,kN \cdot m$$

2016

(3) 균열 발생 여부

$M_{\max} = 90 > M_{cr} = 37.04$

∴ 균열이 발생함

해설 (1) 단순보의 반력, 전단력, 휨모멘트

① 반력

$$R_A = R_B = \frac{wl}{2}$$

② 전단력

$$S_x = R_A - w \cdot x$$

$$S_A = \frac{wl}{2}$$

$$S_c = 0$$

$$S_B = \frac{wl}{2}$$

③ 휨모멘트

$$M_A = 0$$

$$M_C = R_A \times \frac{l}{2} - w \times \frac{l}{2} \times \frac{l}{4} = \frac{wl^2}{8}$$

$$M_B = 0$$

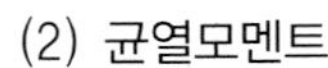

(2) 균열모멘트

$$M_{cr} = \frac{f_r \cdot I_g}{y_t}$$

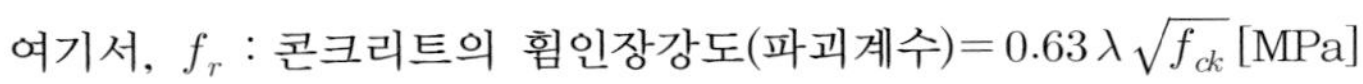

여기서, f_r : 콘크리트의 휨인장강도(파괴계수) $= 0.63\lambda\sqrt{f_{ck}}$ [MPa]

y_t : 철근을 무시한 총단면적의 중립축에서 인장축 끝선까지의 거리

I_g : 철근의 단면적을 무시한 총단면에 대한 I

기출문제

6. 콘크리트 펌프에서 실린더 안지름 18 cm, 스트로크 길이 1m, 스트로크수 24회/분, 효율 100 %인 조건으로 휴식시간 없이 계속 콘크리트를 펌핑할 때 원활한 공사 시공을 위한 7 m³ 레미콘 트럭의 배차시간 간격(분)을 구하시오. [배점 4]

해답 1분당 토출량 $= \frac{\pi \times 0.18^2}{4} \times 1\,\text{m} \times 24\text{회}/\text{분} = 0.61\,\text{m}^3/\text{분}$

∴ 레미콘 트럭의 배차시간 간격(분) $= \frac{7}{0.61} = 11.48$분

기출문제

7. **주어진 데이터에 의하여 표준 네트워크, 표준 공기 시 총공사비, 4일 공기 단축된 총공사비를 산출하시오.**

[배점 10]

작업 기호	선행 작업	표준(normal)		급속(crash)		비고
		공기(일)	공비(원)	공기(일)	공비(원)	
A	없음	5	170,000	4	210,000	단축된 공정표에서 주공정선은 굵은 선으로 표시하고, 각 결합점에서는 다음과 같이 표시한다. (단, 정상공기는 답지에 표시하지 않고, 시험지 여백을 이용할 것)
B	없음	18	300,000	13	450,000	
C	없음	16	320,000	12	480,000	
D	A	8	200,000	6	260,000	EST LST / LFT EFT / i → j 작업명 작업일수
E	A	7	110,000	6	140,000	
F	A	6	120,000	4	200,000	
G	D, E, F	7	150,000	5	220,000	

해답 (1) 표준 네트워크 공정표

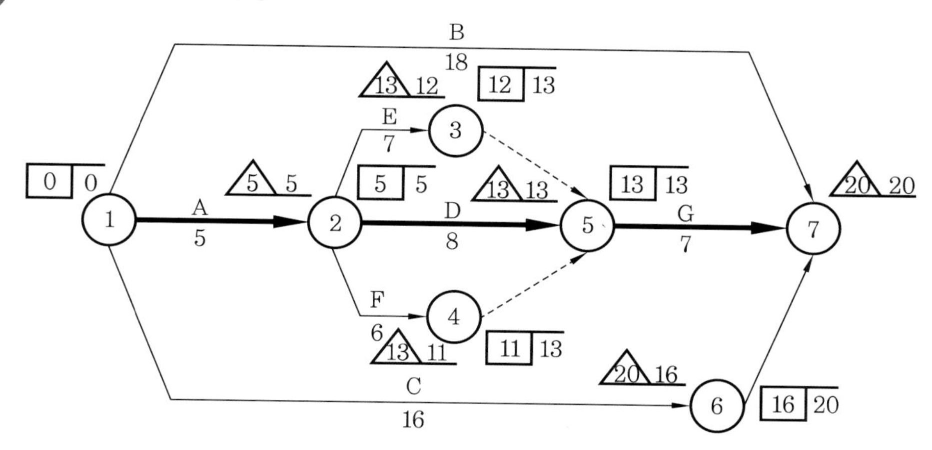

(2) 표준 공기 시 총공사비

= 170,000 + 300,000 + 320,000 + 200,000 + 110,000 + 120,000 + 150,000

= 1,370,000원

(3) 4일 공기 단축 시의 총공사비 = 표준공사비 + 추가공사비

= 1,370,000 + 30,000(D작업) + 35,000(G작업)

+ 65,000(G작업 · B작업) + 70,000(A작업 · B작업)

= 1,570,000원

2016

기출문제

8. 연약한 점토지반의 개량 공법 2가지를 제시하고 그 중 1가지를 선택하여 간략하게 설명하시오. [배점 4]

해답 치환 공법과 프리 로딩(pre loading) 공법이 있으며, 이 중 치환 공법은 연약한 점토지반을 제거한 후 양질의 사질토로 치환하여 지내력을 증대시키는 공법이다.

기출문제

9. 역타설 공법(top-down method)의 장점을 4가지 쓰시오. [배점 4]

해답 ① 지하 구조물과 지상 구조물을 동시에 시공하므로 공기 단축을 할 수 있다.
② 인접 구조물을 보호해 주는 안정한 공법이다.
③ 도심지에서 소음, 분진, 진동 등의 공해 피해를 줄인다.
④ 시공된 슬래브를 작업 공간으로 이용할 수 있는 전천후 공법이다.

기출문제

10. 다음 평면도에 평규준틀과 귀규준틀의 위치를 도시하고, 개수를 쓰시오. [배점 4]

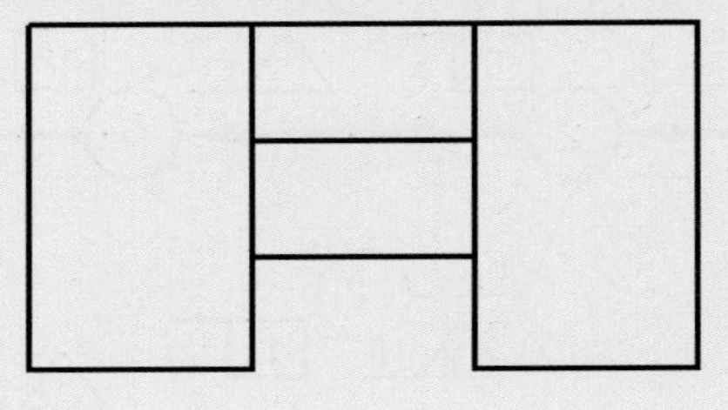

해답 (1) 평귀준틀과 귀규준틀의 위치 도시

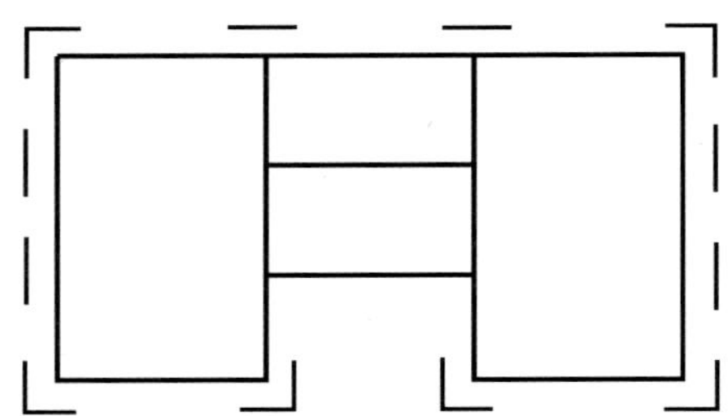

(2) 개소수
① 평규준틀 : 6개 ② 귀규준틀 : 6개

기출문제

11. 다음은 건축공사 표준시방서에 규정된 철근과 철근의 순간격에 대한 내용이다. (   ) 안에 알맞은 수치를 쓰시오. [배점 2]

철근과 철근의 순간격(다음 중 큰 값)
(1) 굵은 골재 최대 치수의 (①)배 이상
(2) (②)mm 이상
(3) 이형철근 공칭직경의 1.5배 이상

 ① $\frac{4}{3}$ ② 25

기출문제

12. 콘크리트 공사에서 대규모 공사 또는 고층부와 저층부가 만나는 부분의 경우 구조체의 일부를 남겨두고 콘크리트를 타설 후 초기의 건조수축이 이루어진 후 나머지 구조체를 타설하여 설치되는 줄눈의 명칭을 쓰시오. [배점 3]

 지연 줄눈(delay joint)

기출문제

13. 철골구조의 습식 내화피복 공법 3가지를 쓰시오. [배점 3]

 ① 미장 공법 ② 타설 공법 ③ 뿜칠 공법

기출문제

14. 목재면 바니시칠 공정의 작업 순서를 보기에서 골라 번호로 쓰시오. [배점 4]

[보기]
① 색올림 ② 왁스 문지름
③ 바탕 처리 ④ 눈먹임

해답 ③-④-①-②

기출문제

15. 건축물과 지반 사이의 기초 부분에 지진력을 작게 하기 위해서 적층고무·미끄럼받이(강구) 등을 설치하는 구조의 명칭을 쓰시오. [배점 4]

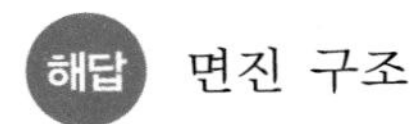

해답 면진 구조

기출문제

16. 다음 그림과 같이 기둥에 축하중이 작용하는 경우, 압축응력, 길이방향 변형률, 탄성계수를 구하시오. [배점 3]

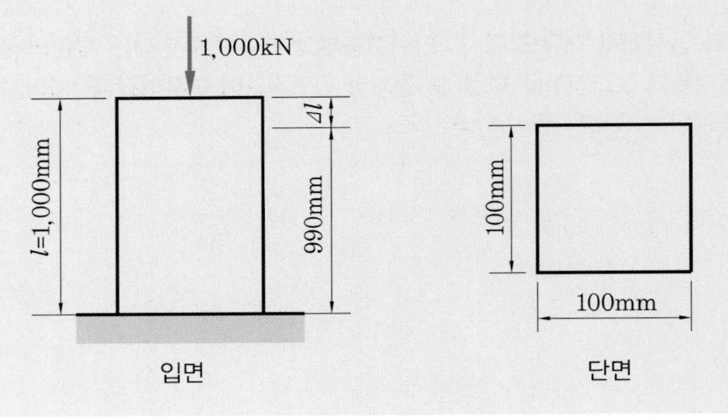

해답 (1) 압축응력

$$\sigma_c = \frac{N}{A} = \frac{1,000 \times 1,000}{100 \times 100} = 100\,\text{N/mm}^2$$

(2) 변형률

$$\varepsilon = \frac{\Delta l}{l} = \frac{10}{1000} = 0.01$$

(3) 탄성계수

$$E = \frac{\sigma_c}{\varepsilon} = \frac{100}{0.01} = 10,000\,\text{N/mm}^2$$

해설 (1) 압축응력

$\sigma_c = \dfrac{N}{A}$ 여기서, A : 단면적, N : 수직하중

(2) 변형률

$\varepsilon = \dfrac{\Delta l}{l}$ 여기서, l : 길이, Δl : 변형량

(3) 탄성계수

$E = \dfrac{\sigma_c}{\varepsilon}$ 여기서, ε : 변형률, σ : 압축응력

기출문제

17. 커튼월(curtain wall) 공사의 실물 모형 시험(mock-up test)에서 성능 시험 항목 4가지를 쓰시오.

[배점 4]

해답 ① 수밀 시험
② 내풍압 시험
③ 기밀 시험
④ 층간변위 추종성 시험

기출문제

18. 건축공사 표준시방서에 의한 방수층 표기 중 최초의 알파벳이 의미하는 방수의 명칭을 쓰시오.

[배점 4]

(1) A　　(2) M
(3) S　　(4) L

해답 (1) A : 아스팔트 방수층
(2) M : 개량 아스팔트 시트 방수층
(3) S : 시트 방수층
(4) L : 도막 방수층

참고 방수층의 종류 구분 약어

① A : Asphalt(아스팔트 방수층)

예 A-Mineral Surfaced Spot : 아스팔트 시공에 모래가 붙은 루핑지를 노출형으로 부분 접합

② M : Modified Asphalt(개량 아스팔트 시트 방수층)

예 M-PrT(Modified Asphalt-protected Thermal insulated) : 개량 아스팔트 방수층 보행이 필요한 바탕과 방수층에 단열재가 있는 방수

③ S : Sheet(시트 방수층 : 합성고분자 방수층)

예 S-PlM(Sheet Plastic Mechanical fastened) : 플라스틱 시트 방수를 바탕에 기계적으로 고정시키는 공법

④ L : Liquid(도막 방수층)

예 L-UrF(Liquid-Uretane Fully bonded) : 우레탄 도막 방수 전면 부착 공법

기출문제

19. 주어진 색을 내는 콘크리트용 착색제를 보기에서 골라 번호를 쓰시오. [배점 4]

[보기]

① 군청　② 카본 블랙
③ 크롬산바륨　④ 산화크롬
⑤ 이산화망간　⑥ 산화제2철

(1) 초록색 – (　　)　(2) 빨간색 – (　　)
(3) 노란색 – (　　)　(4) 갈색 – (　　)

해답 (1) ④ (2) ⑥ (3) ③ (4) ⑤

기출문제

20. 다음은 철골 용접에 대한 용어이다. 간략하게 설명하시오. [배점 4]

(1) 엔드탭(end tap)

(2) 스캘럽(scallop)

해답 (1) 엔드탭(end tap)

용접 시 시점이나 종점에 아크(arc)가 불안정하여 용접 결함이 생길 수 있으므로 시점이나 종점에 개선 모양에 맞추어 덧대는 철판

(2) 스캘럽(scallop)

용접선이 교차되어 접합부에 결함이 생기는 것을 피하기 위해 접합부의 부재를 부채꼴로 모따기하는 방식

기출문제

21. **토량 $600\,m^3$를 2대의 불도저로 작업하려 한다. 삽날 용량이 $0.6\,m^3$, 토량환산계수가 0.7, 작업 효율이 0.9이며 1회 사이클 시간이 10분일 때 작업을 완료할 수 있는 시간을 구하시오.**

[배점 4]

해답 불도저의 시간당 작업률 $Q = \dfrac{60 \times q \times f \times E}{C_m} = \dfrac{60 \times 0.6 \times 0.7 \times 0.9}{10} = 2.27\,m^3$

$\therefore$ 작업완료시간 $= \dfrac{600}{2 \times 2.27} = 132.16$시간

기출문제

22. **콘크리트 공사용 거푸집에 대하여 설명하시오.**

[배점 2]

(1) 슬라이딩 폼(sliding form)

(2) 터널 폼(tunnel form)

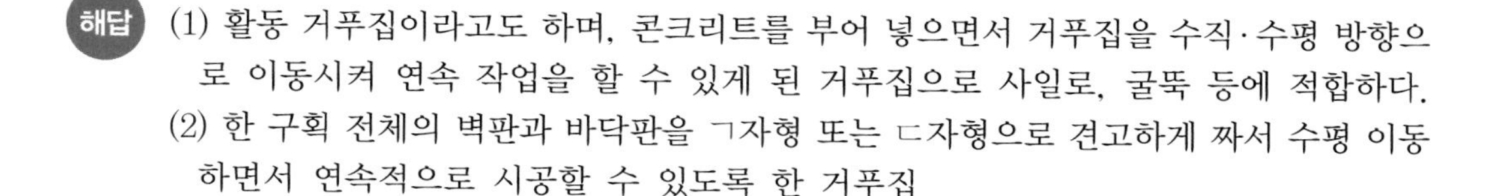

해답 (1) 활동 거푸집이라고도 하며, 콘크리트를 부어 넣으면서 거푸집을 수직·수평 방향으로 이동시켜 연속 작업을 할 수 있게 된 거푸집으로 사일로, 굴뚝 등에 적합하다.

(2) 한 구획 전체의 벽판과 바닥판을 ㄱ자형 또는 ㄷ자형으로 견고하게 짜서 수평 이동하면서 연속적으로 시공할 수 있도록 한 거푸집

기출문제

23. **폴리머 시멘트 콘크리트에 대한 특성 4가지를 보통 시멘트 콘크리트와 비교하여 간략하게 쓰시오.**

[배점 4]

해답 ① 폴리머를 사용하므로 시공연도 증진

② 내수성 증가

③ 내화성 저하

④ 내약품성 저하

참고 **플라스틱 콘크리트(plastic concrete)**

(1) 폴리머 콘크리트(PC)
① 액상의 합성수지+골재
② 용도 : 맨홀, FRP 패널, 인조대리석 조제

(2) 폴리머 시멘트 콘크리트(polymer modified concrete)
① 시멘트+시멘트 혼화용 폴리머+골재
② 용도 : 바닥 미장

(3) 폴리머 함침 콘크리트(polymer impregnated concrete)
① 경화된 콘크리트의 공극에 폴리머를 가압하여 침투
② 용도 : 도로 포장, 지붕 방수 등

기출문제

24. **다음은 건축공사 표준시방서에 규정된 한중기 콘크리트에 관한 내용이다. 다음 (　) 안에 적절한 숫자를 적으시오.** [배점 4]

(1) 한중기 콘크리트는 동해의 피해를 입지 않도록 초기 양생 기간 동안에는 압축강도 (①) MPa 이상이 되도록 보양해야 한다.

(2) 한중기 콘크리트의 물시멘트비(w/c)는 (②)% 이하로 하여야 하며, 단위 수량은 가급적 적게 해야 한다.

해답 ① 5　　② 60

기출문제

25. **금속재 바탕 처리 방법 중 화학적 방법 3가지를 쓰시오.** [배점 3]

해답 ① 용제에 의한 방법　② 인산 녹막이 피막법　③ 워시프라이머법

해설 **금속재의 바탕 처리** : 녹, 먼지, 기타 오염 제거

(1) 기계적 방법
① 수동식 : 메망치·주걱·와이어 브러시·연마지
② 동력식 : 동력을 이용하는 방식 예 전동 와이어 브러시
③ 분사식 : 모래 등을 분사하는 방식

④ 산소 아세틸렌 불꽃으로 제거하는 방식

(2) 화학적 방법

① 용제에 의한 방법 : 시너·솔벤트 등
② 알칼리에 의한 방법
③ 산처리 방법
④ 인산 녹막이 피막법(파커라이징법, 본더라이징법)
⑤ 워시 프라이머법(방청도료)

기출문제

26. 다음 그림의 단순보에 등분포하중이 작용하는 경우 최대처짐(mm)을 구하시오. [배점 4]

[조건]

① 단순보의 구조 H형강 철골보 $H-500\times200\times10\times16$(SS275)
② 탄성계수 $E=210{,}000\,\mathrm{MPa}$
③ 단면 2차 모멘트 $I=4{,}870\,\mathrm{cm}^4$
④ 탄성단면계수 $S_x=2{,}590\,\mathrm{cm}^3$
⑤ $l=6\,\mathrm{m}$
⑥ 고정하중 : 10 kN/m, 활하중 : 15 kN/m

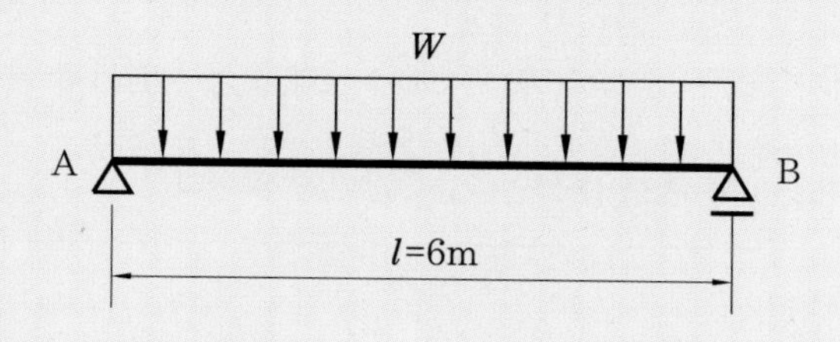

해답 (1) 하중 조합

$$W=1.0\,W_D+1.0\,W_L=1.0\times10+1.0\times15=25\,\mathrm{kN/m}=25\,\mathrm{N/mm}$$

(2) 최대처짐

$$y_{\max}=\frac{5}{384}\times\frac{25\times6{,}000^4}{210{,}000\times4{,}870\times10^4}=41.25\,\mathrm{mm}$$

해설 (1) 하중 조합

처짐을 계산하므로 사용성하중을 고려하여 하중증가계수를 1.0으로 한다.

$$W=1.0\,W_D+1.0\,W_L$$

여기서, W_D : 고정하중, W_L : 활하중

(2) 보의 최대처짐

$$y_{\max} = \frac{5Wl^4}{384EI}$$

여기서, W: 하중 조합에 의한 하중

E: 탄성계수

I : 단면 2차 모멘트$\left(\frac{bh^3}{12}\right)$

L : 부재의 길이

기출문제

27. 통합 공정 관리(EVMS : Earned Value Management System) 용어를 설명한 것 중 맞는 것을 보기에서 선택하여 번호로 쓰시오. [배점 3]

[보기]

① 프로젝트의 모든 작업 내용을 계층적으로 분류한 것으로 가계도와 유사한 형성을 나타낸다.
② 성과 측정 시점까지 투입 예정된 공사비
③ 공사 착수일로부터 추정 준공일까지의 실투입비에 대한 추정치
④ 성과 측정 시점까지 지불은 공사비(BCWP)에서 성과 측정 시점까지 투입 예정된 공사비를 제외한 비용
⑤ 성과 측정 시점까지 실제로 투입된 금액
⑥ 성과 측점 시점까지 지불된 공사비(BCWP)에서 성과 측정 시점까지 실제로 투입된 금액을 제외한 비용
⑦ 공정, 공사비 통합, 성과 측정 분석의 기본 단위를 말한다.

(1) CA(Cost Account)

(2) CV(Cost Variance)

(3) ACWP(Actual Cost for Work Performed)

(1) ⑦ (2) ⑥ (3) ⑤

2016년도 | 4회 기출문제

기출문제

1. 다음 그림과 같은 철근콘크리트 복근보에서 즉시처짐이 20 mm일 때 5년 후(60개월) 예상되는 장기처짐을 포함한 총처짐량을 구하시오. (단, 지속하중에 의한 시간경과계수 ξ는 아래 표와 같다.)

[배점 4]

기간(개월)	1	3	6	12	18	24	36	48	60
ξ	0.5	1.0	1.2	1.4	1.6	1.7	1.8	1.9	2.0

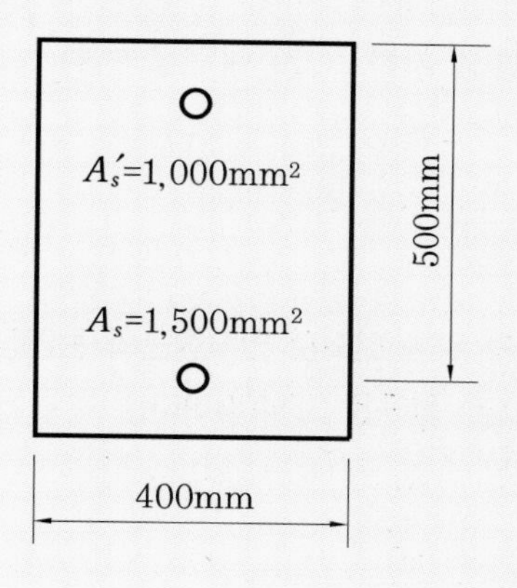

해답 ① 압축철근비 $\rho' = \dfrac{A_s{}'}{bd} = \dfrac{1,000}{400 \times 500} = 0.005$

② $\lambda_\Delta = \dfrac{\xi}{1+50\rho'} = \dfrac{2}{1+50 \times 0.005} = 1.6$

③ 장기처짐 = 탄성처짐 × λ_Δ = $20 \times 1.6 = 32\,\text{mm}$

④ 총처짐 = 탄성처짐 + 장기처짐 = $20 + 32 = 52\,\text{mm}$

해설 (1) 탄성처짐

하중이 작용하자마자 발생하는 즉시처짐을 말한다. 단순보에 등분포하중이 작용할 때 탄성처짐 y는 다음과 같다.

$$y = \frac{5wl^4}{384EI}$$

(2) 장기처짐

콘크리트의 건조수축과 크리프의 영향으로 인하여 시간의 경과와 더불어 발생되는 처짐을 말한다.

장기처짐=탄성처짐× λ_{Δ}

$$\lambda_{\Delta} = \frac{\xi}{1+50\rho'}$$

여기서, ξ : 지속하중의 재하기간에 따른 계수, ρ' : 압축철근비$\left(=\frac{A_s'}{bd}\right)$

기출문제

2. 콘크리트 타설 시 현장 가수로 인한 문제점을 4가지 쓰시오. [배점 4]

 ① 강도 저하 ② 수밀성 저하 ③ 내구성 저하 ④ 재료 분리

기출문제

3. 휨부재의 공칭강도를 구하기 위한 최외단 인장철근의 순인장변형률 $\varepsilon_t=0.004$일 경우 강도감소계수는 얼마인가? (단, 철근은 SD400이다.) [배점 2]

 $0.65+(0.004-0.002)\times\dfrac{0.2}{0.003}=0.78$

 (1) 단면의 구분(휨모멘트나 축력을 받는 부재 또는 휨모멘트와 축력을 동시에 받는 부재)

<table>
<tr><th rowspan="2">구분
조건</th><th colspan="4">지배단면의 구분
(압축연단 콘크리트의 변형률이 극한 변형률 0.003에 도달할 때)</th></tr>
<tr><th colspan="2">압축지배단면</th><th>변화구간단면</th><th>인장지배단면</th></tr>
<tr><td rowspan="2">순인장변형률(ε_t) 조건</td><td colspan="2" rowspan="2">$\varepsilon_t \le \varepsilon_y$</td><td>SD400 이하
$\varepsilon_y < \varepsilon_t < 0.005$</td><td>SD400 이하
$0.005 \le \varepsilon_t$</td></tr>
<tr><td>SD400 초과
$\varepsilon_y < \varepsilon_t < 2.5\varepsilon_y$</td><td>SD400 초과
$2.5\varepsilon_y \le \varepsilon_t$</td></tr>
<tr><td rowspan="2">강도감소계수(ϕ)</td><td>나선 철근 이외의 부재</td><td>0.65</td><td>0.65~0.85</td><td rowspan="2">0.85</td></tr>
<tr><td>나선 철근의 부재</td><td>0.7</td><td>0.7~0.85</td></tr>
</table>

(2) 순인장변형률 ε_t 의 계산

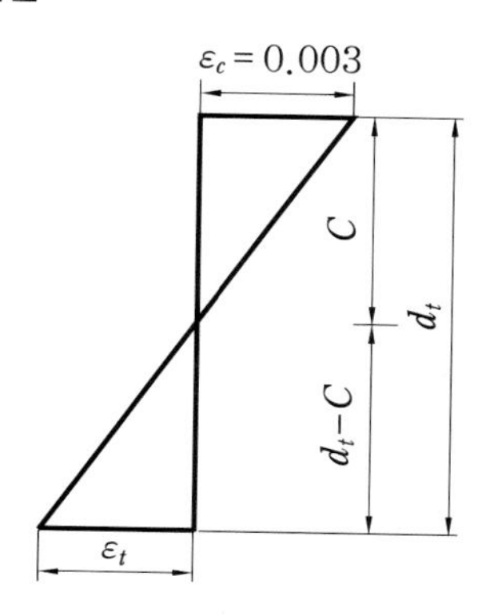

(3) 휨부재의 변화구간의 강도감소계수(SD400 이하인 경우)

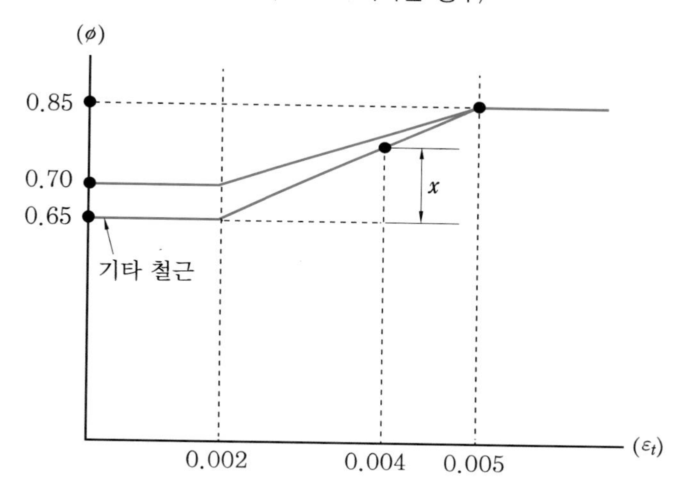

기출문제

4. 콘크리트 공사에서 매스 콘크리트(mass concrete)의 시공 시 발생하는 온도 균열을 방지할 수 있는 기본적인 대책 3가지를 쓰시오. [배점 3]

해답 ① 수화열 발생이 적은 시멘트 사용
② pre-cooling 방법 사용
③ 단위 시멘트량 감소

기출문제

5. 다음 보기는 지하 연속벽(slurry wall) 공법에 대한 설명이다. ( ) 안에 알맞은 용어를 쓰시오. [배점 3]

[보기]

슬러리 월(slurry wall) 공법은 가이드 월(guide wall)을 설치한 후 (①)을 투입하고 굴삭용 기계로 굴착한 다음 지상에 조립해 놓은 (②)을 일으켜 세워 설치한 후 (③)를 타설하여 지중에 연속벽체를 설치하는 공법이다.

해답 ① 안정액
② 철근망
③ 콘크리트

해설 슬러리 월 공법(slurry wall method) : 횡경막벽 공법(diaphragm wall method) 또는 격막벽 공법이라고도 하며 벤토나이트 슬러리의 안정액을 사용하여 지반을 굴착한 다음 철근망을 삽입하여 콘크리트를 타설하고 지중에 지하 연속벽을 구성하는 공법이다.

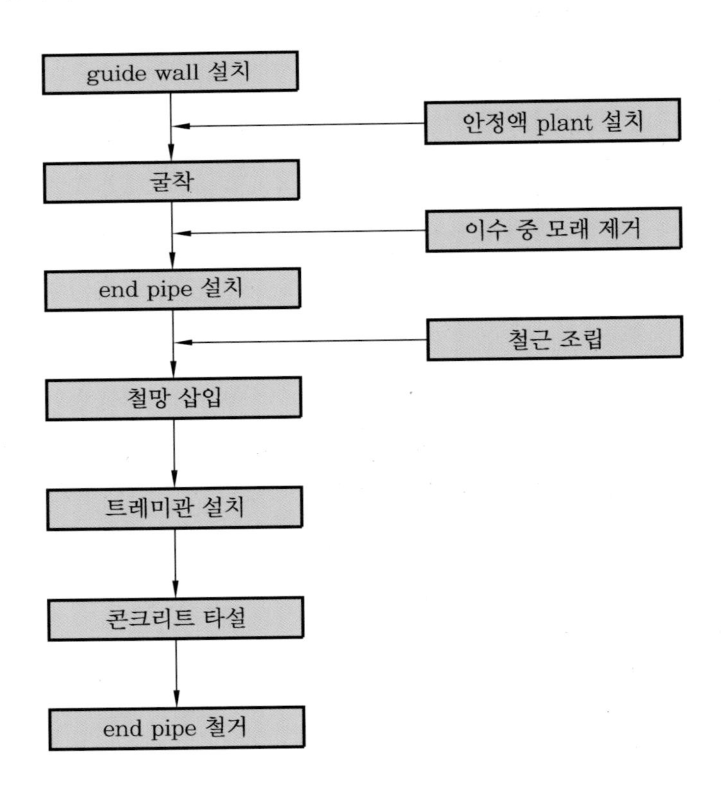

기출문제

6. 금속재료 중 철부의 녹막이 도료 2가지를 쓰시오. [배점 2]

해답 ① 광명단 페인트 ② 유성 페인트

기출문제

7. 기준점(bench mark)의 내용을 간략하게 쓰시오. [배점 2]

해답 공사 중 건축물 높이의 기준이 되는 점으로서 인근 건물이나 벽돌담 등의 0.5~1 m 지점에 설치한다.

기출문제

8. 다음 보기의 용접부의 검사 항목을 (1) 용접 작업 착수 전, (2) 용접 작업 중, (3) 용접 작업 완료 후 검사 항목으로 구분하여 번호로 쓰시오. [배점 3]

[보기]

① 밑면 따내기	② 아크 전압
③ 청소 상태	④ 홈의 각도 및 간격치수
⑤ 용접 속도	⑥ 부재의 밀착
⑦ 필릿(fillet)의 크기	⑧ 균열(crack) 및 언더컷(undercut)의 유무

(1) ③, ④, ⑥ (2) ①, ②, ⑤ (3) ⑦, ⑧

(1) 용어 설명

① 밑면 따내기(뒷면 따내기) : 맞댐 용접에서 양면 용접인 경우 뒷면도 따내기 하는 방식

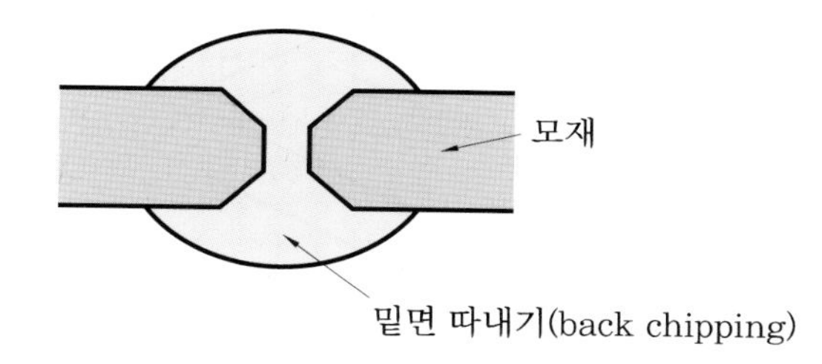

② 필릿(fillet) 용접 : 모살 용접
③ 언더컷(undercut) : 용착금속이 채워지지 않고 홈으로 남게 된 부분
④ 크랙(crack) : 용접부에 생긴 균열

(2) 맞댐 용접 각부 명칭

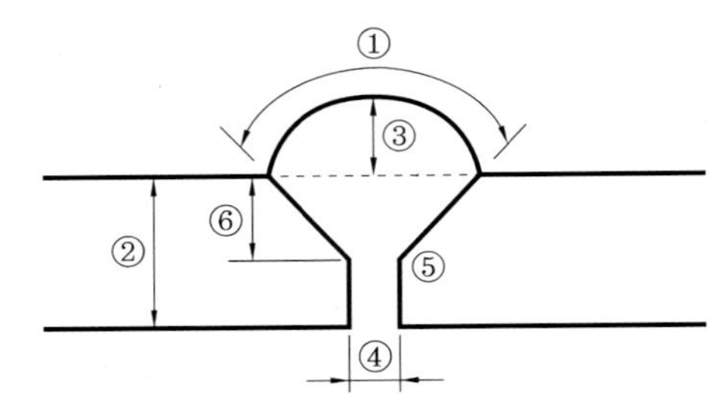

① groove (앞벌림 홈 : 개선 각도)
② 목 두께 또는 유효 단면
③ 보강 붙임
④ root의 간격
⑤ root면
⑥ 개선 깊이

기출문제

9. 다음 용어에 대해 간략하게 설명하시오. [배점 6]

(1) 덱 플레이트(deck plate)
(2) 트러스보에서의 거싯 플레이트(gusset plate)
(3) 덱 플레이트 시공에서의 시어 커넥터(shear connector)

해답 (1) 철판에 골을 내어 접어서 형강보 위에 설치하여 철근을 배근하고 콘크리트를 타설하는 무지주 골철판
(2) 트러스 보에서 현재에 수직재와 사재를 연결하기 위해 덧대주는 철판
(3) 합성보에서 철골보와 덱 플레이트 철근 콘크리트 바닥판을 연결 고정시키는 전단 연결재

참고 **덱 플레이트 및 시어 커넥터**

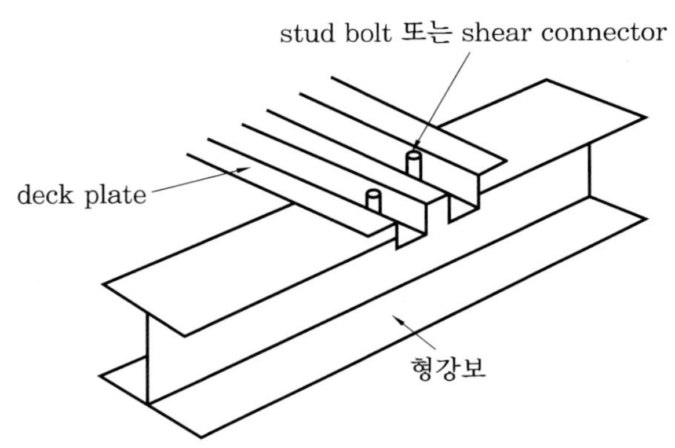

기출문제

10. 다음은 사회간접자본(SOC) 시설의 계약 방식이다. 이 용어에 대한 내용을 간략하게 쓰시오.

[배점 4]

(1) BOT(Build Operate Transfer) 방식

(2) 파트너링(partnering) 방식

(1) 수급자가 사회간접자본(SOC)의 시설에 대하여 자금조달·건설·운영을 하여 투자자금을 회수한 후 소유권을 발주자에게 인도하는 방식

(2) 발주자와 수급자가 한 팀이 되어 프로젝트를 집행 관리하는 방식

기출문제

11. 제자리 콘크리트 말뚝 중 관입 공법이 적용되는 종류 3가지를 쓰시오. [배점 3]

① 콤프레솔 파일 ② 페데스털 파일 ③ 레이몬드 파일

제자리 콘크리트 말뚝의 종류

(1) 관입 공법

① 콤프레솔 파일 ② 페데스털 파일 ③ 레이몬드 파일
④ 심플렉스 파일 ⑤ 프랭키 파일

(2) 굴착 공법

① 베노트 공법 ② 어스 드릴 공법 ③ 리버스 서큘레이션 공법
④ 프리팩트 파일 공법 ⑤ 이코스 공법 ⑥ BH 공법

기출문제

12. 세로 규준틀에 기입해야 할 사항 4가지를 쓰시오. [배점 4]

① 벽돌·블록의 줄눈
② 나무벽돌 위치
③ 볼트 위치
④ 창문틀 위치

기출문제

13. 혼합 시멘트 중 플라이 애시 시멘트의 특징 3가지를 쓰시오. [배점 3]

① 워커빌리티가 좋아지고 블리딩 및 재료 분리가 감소한다.
② 수밀성 증대
③ 초기 강도가 작고 장기 강도는 크다.
④ 발열량이 적다.

기출문제

14. 다음은 콘크리트 외관부 균열 보수 공법에 대한 용어이다. 각각의 용어에 대하여 간략하게 쓰시오. [배점 4]

(1) 표면 처리 공법
(2) 주입 공법

(1) 폭 0.2 mm 이하의 미세한 균열 부위에 퍼티 마감 적용
(2) 0.5 mm 이상의 큰 폭의 균열에 에폭시 수지 또는 폴리머 시멘트 모르타르를 주입하는 방식

(1) 균열 검사 방법
① 육안 검사
㈎ crack gauge에 의한 측정
㈏ 루페(현미경)에 의한 측정
㈐ contact gauge에 의한 측정
② 비파괴 검사
㈎ 초음파 검사
㈏ X선, γ선 투과법
③ core 검사 : 균열의 길이, 깊이 등의 정확한 확인이 가능하다.

(2) 균열부 보수
① 외관 보수
㈎ 표면 처리 공법 : 폭 0.2 mm 이하의 미세한 균열에 퍼티 마감을 적용
㈏ 충진법 : 0.5 mm 이상의 큰 폭의 균열 보수에 이용(유연성 에폭시, 폴리머 시멘트 모르타르를 주입)

② 구조 보강

㈎ 주입 공법 : 에폭시 수지계·시멘트 슬러지 등을 사용

㈏ 강재 보강 공법 : 강재를 사용하여 휨인장 및 전단 보강

㈐ 유리 섬유 sheet 보강

기출문제

15. 데이터를 이용하여 정상 공기를 산출한 결과 지정 공기보다 3일이 지연되는 결과이었다. 공기를 조정하여 3일의 공기를 단축한 네트워크 공정표를 작성하고 아울러 총공사금액을 산출하시오. [배점 10]

작업 기호	선행 작업	정상(normal) 공기(일)	정상(normal) 공비(원)	특급(crash) 공기(일)	특급(crash) 공비(원)	비용구배 (cost slope) (원/일)	비고
A	없음	3	7,000	3	7,000	–	단축된 공정표에서 CP는 굵은 선으로 표시하고, 각 결합점에서는 다음과 같이 표시한다. (단, 정상 공기는 답지에 표시하지 않고, 시험지 여백을 이용할 것)
B	A	5	5,000	3	7,000	1,000	
C	A	6	9,000	4	12,000	1,500	
D	A	7	6,000	4	15,000	3,000	
E	B	4	8,000	3	8,500	500	
F	B	10	15,000	6	19,000	1,000	ET LT / 작업명 작업일수 → (j) → 작업명 작업일수
G	C, E	8	6,000	5	12,000	2,000	
H	D	9	10,000	7	18,000	4,000	
I	F, G, H	2	3,000	2	3,000	–	

해답 (1) 네트워크 공정표

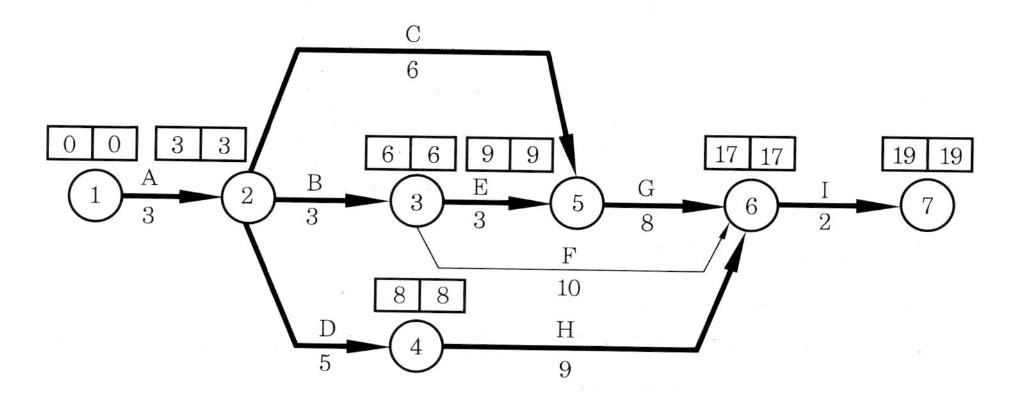

(2) 총공사금액 = 표준공사비 + 추가공사비
= 69,000원 + (E작업)500원 + (B작업)1,000원 × 2
+ (D작업)3,000원 × 2 = 77,500원

기출문제

16. 건축물 내부(천장 및 벽) 마감재로 주로 사용되는 석고보드의 장점과 단점을 2가지씩 쓰시오. [배점 4]

(1) 장점
① 방화·단열·방음 성능이 우수하다.
② 가공이 용이하고 시공이 간편하다.

(2) 단점
① 습기에 약하다.
② 파손의 우려가 크고, 재사용이 어렵다.

기출문제

17. 다음 조건으로 요구하는 물량을 산출하시오. (단, $L=1.3$, $C=0.9$) [배점 6]

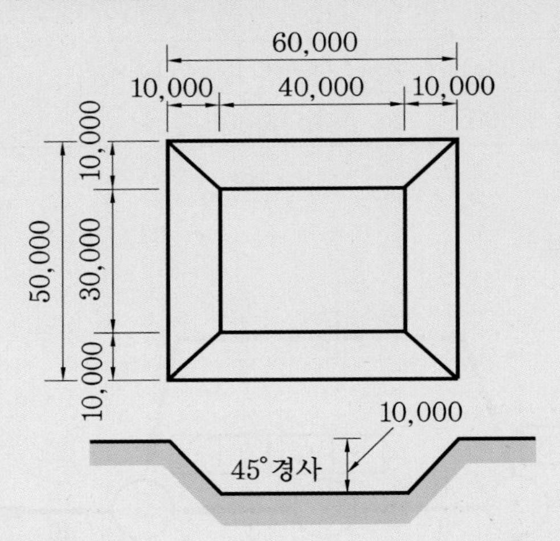

(1) 터파기량을 산출하시오.

(2) 운반 대수를 산출하시오. (단, 운반 대수 1대의 적재량은 12 m^3)

(3) 5,000 m^3의 면적을 가진 성토장에 성토하여 다짐할 때 표고는 몇 m인지 구하시오. (단, 비탈면은 수직으로 가정한다.)

해답 (1) 터파기량 $V=\frac{h}{6}\{(2a+a')b+(2a'+a)b'\}$

$$=\frac{10}{6}\times\{(2\times 60+40)\times 50+(2\times 40+60)\times 30\}$$

$$=20333.33\text{m}^3$$

(2) 운반 대수 $N=\frac{20333.33\times 1.3}{12}=2,202.78=2,203$대

(3) 표고 $h=\frac{20333.33\times 0.9}{5,000}=3.66\text{m}$

기출문제

18. 목재의 방부 처리 공법의 종류를 3가지 쓰시오. [배점 3]

① 나무 방부제칠
② 표면 탄화법
③ 침지·가압 주입법

기출문제

19. 습식 타일 공법이 탈락(박리)되는 이유 4가지를 쓰시오. [배점 4]

① 동결융해
② open time을 지키지 않은 경우
③ 줄눈 시공불량
④ 보양 불량

기출문제

20. 보통 포틀랜드 시멘트에서 소성과정에 의한 주요 화합물 4가지를 쓰고, 이 중 28일 이후 장기강도에 관여하는 화합물을 쓰시오 [배점 5]

(1) 주요 화합물

① 규산삼석회(C_3S)

② 규산이석회(C_2S)
③ 알루민산삼석회(C_3A)
④ 철알루민산사석회(C_4AF)

(2) 28일 이후 장기강도에 관여하는 화합물 : 규산이석회(C_2S)

기출문제

21. 목재의 섬유포화점에 대하여 설명하고, 함수율 증감에 따른 강도 변화에 대하여 간략하게 쓰시오. [배점 4]

(1) 섬유포화점

(2) 함수율 증감에 따른 강도 변화

해답 (1) 섬유포화점 : 생목재를 건조시킬 때 세포공 속의 유리수는 빠져나가고 세포벽 속의 세포수만이 남아 있는 상태로 함수율은 30% 정도이다.

(2) 함수율 증감에 따른 강도 변화 : 생목재에서 함수율이 감소함에 따라 섬유포화점까지는 강도의 변함이 없으나 섬유포화점 이하에서는 강도가 증가한다.

기출문제

22. 고력볼트 접합에서는 설계볼트장력과 미끄럼 계수의 확보가 보장되어야 한다. 이에 따른 다음 시공관리 시 주의사항에 대하여 쓰시오. [배점 4]

(1) 설계볼트장력과 표준볼트장력

(2) 마찰면의 처리

(1) 설계볼트장력과 표준볼트장력

① 설계볼트장력은 고력볼트의 인장강도의 0.7배에 고력볼트의 유효단면적을 곱한 값으로 계산되어 정해지며 전단강도 계산 시 필요하다.

② 장력의 풀림을 고려하여 표준볼트장력은 설계볼트장력의 1.1배를 고려하는 값으로 조임시공을 하여야 한다.

(2) 마찰면의 처리

강재의 마찰면은 고력볼트 주변은 정리하고, 고력볼트 중심으로 지름의 2배 이상 범위의 흑피(millscale)를 숏블라스트 또는 샌드블라스트로 제거하며 도료, 기름, 오물 등이 없어야 한다.

기출문제

23. 다음 그림과 같은 단순보에서 최대전단응력을 구하시오. [배점 3]

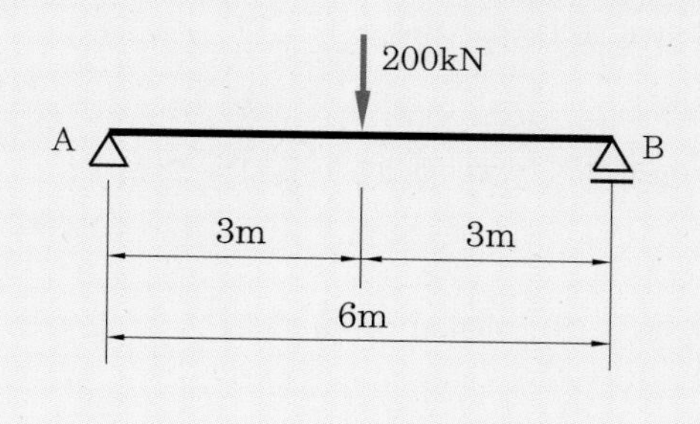

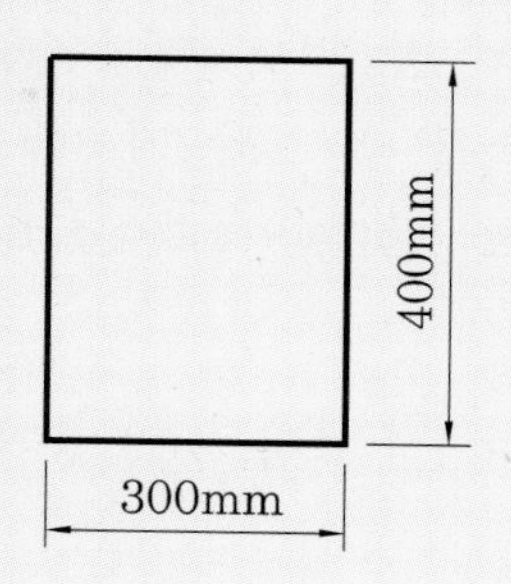

해답 ① 최대전단력 $S_{max} = R_A = \frac{P}{2} = \frac{200}{2} = 100\,\text{kN} = 100,000\,\text{N}$

② 최대전단응력 $\tau_{max} = \frac{3}{2} \times \frac{S}{A} = \frac{3}{2} \times \frac{100,000}{300 \times 400} = 1.25\,\text{N/mm}^2$

해설 **단순보의 응력**

① 반력 : $R_A = R_B = \frac{P}{2}$

② 전단력

$S_{A \sim C} = R_A = \frac{P}{2}$

$S_{C \sim B} = R_A - P = \frac{P}{2} - P = -\frac{P}{2}$

③ 휨모멘트

$M_A = 0$

$M_C = R_A \times \frac{L}{2} = \frac{P}{2} \times \frac{L}{2} = \frac{PL}{4}$

$M_B = 0$

④ 최대전단응력

$\tau_{max} = \frac{3}{2} \times \frac{S}{A}$

여기서, S : 전단력, A : 단면적

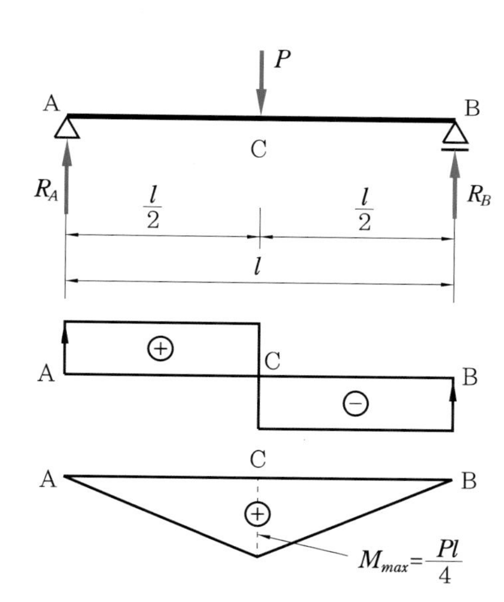

2016

기출문제

24. 다음은 지반 조사법 중 보링에 대한 설명이다. 알맞은 용어를 쓰시오. [배점 3]

(1) 비교적 연약한 토지에 수압을 이용하여 탐사하는 방식

(2) 경질층을 깊이 파는 데 이용되는 방식

(3) 지층의 변화를 연속적으로 비교적 정확히 알고자 할 때 사용하는 방식

(1) 수세식 보링 (2) 충격식 보링 (3) 회전식 보링

기출문제

25. 목공사의 마무리 중 모접기(면접기)의 종류를 3가지 쓰시오. [배점 3]

① 실모 ② 둥근모 ③ 쌍사모 ④ 게눈모
⑤ 큰모 ⑥ 평골모 ⑦ 실오리모

기출문제

26. 목재의 접합에서 목재 이음과 맞춤에 대하여 간략하게 쓰시오. [배점 4]

(1) 이음

(2) 맞춤

(1) 목재를 길이 방향으로 접합하는 것
(2) 목재와 목재를 직각 방향으로 접합하는 것

해설 **목재의 접합**

① 이음 : 목재를 길이 방향으로 접합하는 것
② 맞춤 : 목재와 목재를 직각 방향으로 접합하는 것
③ 쪽매 : 널재를 평행 방향으로 접합하는 것

2017년도 | 1회 기출문제

기출문제

1. 다음 조건을 고려하여 철근콘크리트 벽체의 설계축하중을 구하시오. [배점 4]

[조건]
- $\phi = 0.65$
- 벽두께 $h = 300\,\text{mm}$
- 유효길이 $l_e = 3{,}200\,\text{mm}$
- $f_{ck} = 30\,\text{MPa}$
- 유효길이계수 $k = 0.8$
- 벽체의 유효수평길이 $b_e = 2{,}000\,\text{mm}$

해답

$$\phi P_{nw} = 0.55\phi f_{ck} A_g \left[1 - \left(\frac{k \cdot l_e}{32h}\right)^2\right]$$

$$= 0.55 \times 0.65 \times 30 \times 300 \times 2{,}000 \times \left[1 - \left(\frac{0.8 \times 3200}{32 \times 300}\right)^2\right] = 5{,}977{,}400\,\text{N} = 5{,}977\,\text{kN}$$

기출문제

2. 다음 데이터를 이용하여 네트워크 공정표를 작성하시오. [배점 10]

작업명	작업일수	선행작업	비고
A	5	없음	주공정선은 굵은 선으로 표시한다. 각 결합점 일정 계산은 PERT 기법에 의거 다음과 같이 계산한다. (단, 결합점 번호는 반드시 기입한다.)
B	2	없음	
C	4	없음	
D	5	A, B, C	
E	3	A, B, C	
F	2	A, B, C	
G	4	D, E	
H	5	D, E, F	
I	4	D, F	

ET | LT

작업명 ─ (i) → 작업명

공사일수 　 작업일수

해답

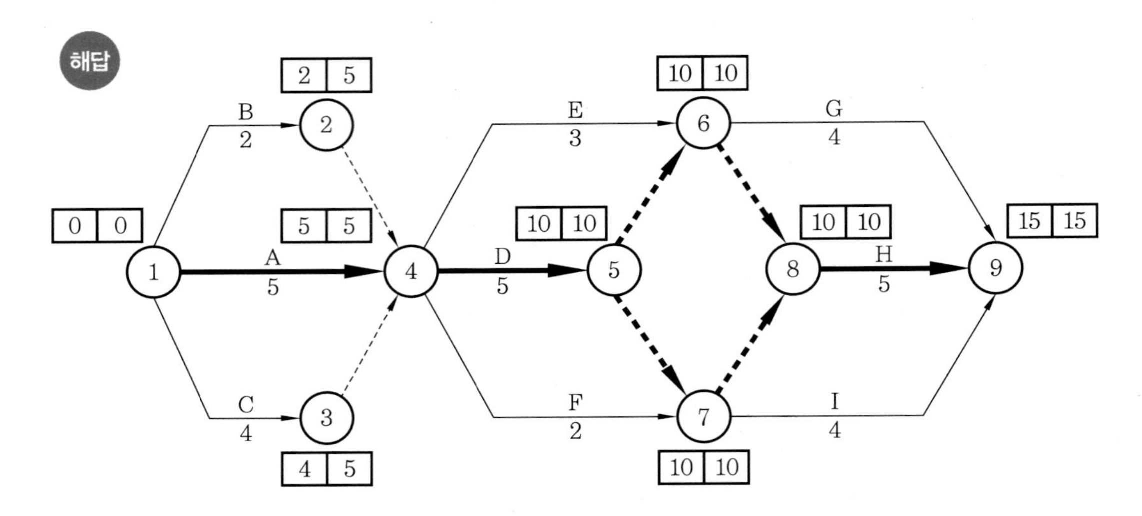

기출문제

3. **통합 공정 관리(EVMS)에서 분류 체계 종류 중 WBS(Work Breakdown Structure)에 관하여 간략하게 쓰시오.** [배점 2]

해답 프로젝트(project)의 작업을 공사 종류별로 구분하여 최소단위로 세분화시킨 분류 체계

기출문제

4. **BOT(Build Operate Transfer) 계약 방식에 대하여 설명하시오.** [배점 3]

해답 수급자가 사회간접자본의 프로젝트(project)에 대하여 자금조달 · 건설 · 운영을 하여 투자자금을 회수한 후 소유권을 발주자에게 인도하는 방식

기출문제

5. **조적조의 벽돌 쌓기 방식에서 영식 쌓기 방식에 대하여 간단히 설명하시오.** [배점 3]

해답 한 켜는 길이 쌓기, 다음 한 켜는 마구리 쌓기로 하고 모서리·교차부에는 반절 또는 이오 토막을 사용하여 쌓는 방식으로서 가장 튼튼한 쌓기 방식이므로 내력벽쌓기에 많이 사용된다.

벽돌조의 쌓기 형식에 따른 분류

① 영식 쌓기 : 한 켜는 마구리 쌓기, 다음 켜는 길이 쌓기로 하고 모서리 벽 끝에 이오 토막 또는 반절을 쓴다. 가장 튼튼한 구조이다.

② 화란식 쌓기 : 영식 쌓기와 같고 모서리벽 끝에 칠오 토막을 쓴다.

③ 프랑스식 쌓기(불식 쌓기) : 매 켜에 길이 쌓기와 마구리 쌓기가 번갈아 나온다.

④ 미식 쌓기 : 5켜까지 길이 쌓기로 하고, 그 위 1켜는 마구리 쌓기로 하여 본 벽돌벽에 물려 쌓는다.

⑤ 마구리 쌓기 : 원형 굴뚝, 사일로(silo) 등에 쓰이고, 벽두께 1.0B 이상 쌓기에 쓰인다.

⑥ 길이 쌓기 : 0.5B 두께의 칸막이벽에 쓰인다.

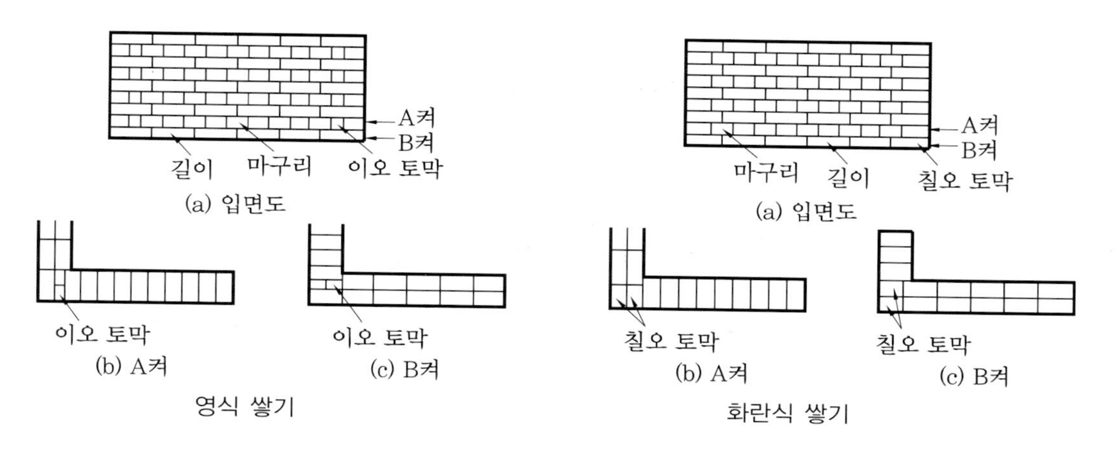

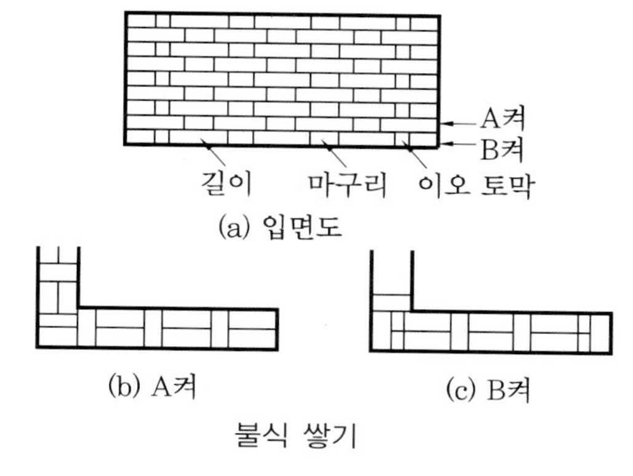

기출문제

6. 강재의 한계상태설계법에서 $H-400\times200\times8\times13$(fillet의 반지름 $r=16\text{mm}$)인 부재의 flange와 web의 판폭두께비를 구분하여 구하시오. [배점 6]

(1) flange의 판폭두께비(λ_f)　　(2) web의 판폭두께비(λ_w)

해답 (1) flange의 판폭두께비

$$\lambda_f = \frac{\frac{B}{2}}{t_f} = \frac{\frac{200}{2}}{13} = 7.69$$

(2) web의 판폭두께비

$$\lambda_w = \frac{h}{t_w} = \frac{400-(13+16)\times 2}{8} = 42.75$$

기출문제

7. 강도한계상태에 따른 단순 인장접합부의 고력볼트의 설계전단강도를 구하시오. (단, 강재의 재질은 SM275, 고력볼트 F10T-M22(나사부가 전단면에 포함되어 있지 않음), 공칭전단강도 $F_{nv} = 500\text{N/mm}^2$) [배점 6]

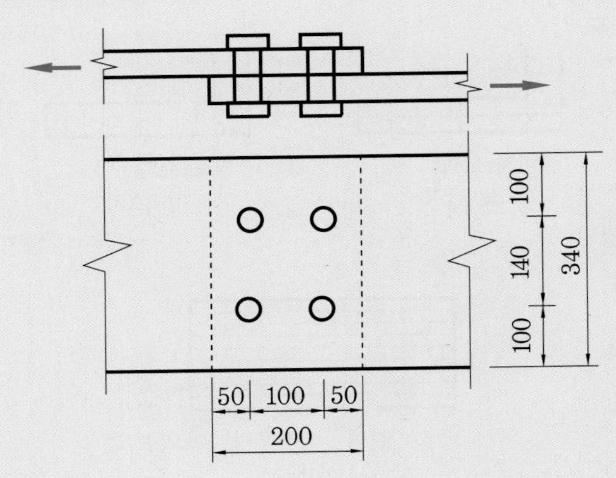

해답 고력볼트의 설계전단강도(1면 전단)

$$\phi R_n = \phi n_b F_{nv} A_b N_s = 0.75 \times 4 \times 500 \times \frac{\pi \times 22^2}{4} \times 1.0 = 570,199\text{N} = 570.20\,\text{kN}$$

해설 **고력볼트의 단순 인장접합부에서의 지압 접합부의 설계강도**

(1) 볼트의 설계전단강도

$\phi R_n = \phi n_b F_{nv} A_b N_s$

여기서, ϕ : 강도저감계수(0.75), n_b : 인장력 볼트의 개수

F_{nv} : 공칭전단강도(N/mm²), A_b : 볼트의 공칭단면적(mm²)

N_s : 1면 전단=1.0, 2면 전단=2.0

(2) 볼트 구멍의 설계지압강도

$\phi R_n = \phi 1.2 L_c t F_u \le \phi 2.4 d_t F_u$

(단, 장슬롯 구멍에 수직방향의 지압력을 받는 경우가 아닌 경우로서, 사용하중상태에서 볼트 구멍의 변형이 설계에 고려될 경우)

여기서, ϕ : 강도저감계수(0.75)

L_c : 하중방향순간격

t : 피접합재의 두께(mm)

F_u : 피접합재의 공칭인장강도(N/mm²)

d_t : 고력볼트의 공칭직경

기출문제

8. 강도설계법에서 인장철근 D22(공칭지름 $d_b = 22.2$)를 정착시키는 데 소요되는 기본정착길이를 구하시오. (단, $f_{ck} = 30\,\text{MPa}$, $f_y = 400\,\text{MPa}$이고, 경량콘크리트 계수 $\lambda = 1$이다.)

[배점 4]

해답 $l_{db} = \dfrac{0.6 d_b f_y}{\lambda \sqrt{f_{ck}}} = \dfrac{0.6 \times 22.2 \times 400}{1 \times \sqrt{30}} = 972.76\text{mm}$

해설 **철근의 정착**

(1) 인장이형철근의 정착

① 묻힘길이에 의한 정착(D35 이하의 철근의 경우)

(가) 기본정착길이$(l_{db}) = \dfrac{0.6 d_b f_y}{\lambda \sqrt{f_{ck}}}$

(나) 정착길이(l_d) = 기본정착길이(l_{db}) × 보정계수 $\ge$ 300mm

여기서, d_b : 정착철근의 공칭지름

② 표준 갈고리에 의한 정착

(가) 기본정착길이 $l_{hb} = \dfrac{0.24 \beta d_b f_y}{\lambda \sqrt{f_{ck}}}$

(나) 정착길이(l_{dh}) = 기본정착길이(l_{hb}) × 보정계수 $\ge 8d_b \ge$ 150mm

여기서, β : 철근의 표면처리계수

(2) 압축이형철근의 정착

(가) 기본정착길이$(l_{db}) = \dfrac{0.25 d_b f_y}{\lambda \sqrt{f_{ck}}} \ge 0.043 d_b f_y$

(나) 정착길이(l_d) = 기본정착길이(l_{db}) × 보정계수 $\ge$ 200 mm

기출문제

9. 다음 설명에 해당하는 콘크리트의 종류를 쓰시오. [배점 3]

(1) 콘크리트 제작 시 골재는 전혀 사용하지 않고 물, 시멘트, 발포제만으로 만든 경량 콘크리트

(2) 콘크리트 타설 후 mat, vacuum pump 등을 이용하여 콘크리트 속에 잔류해 있는 잉여수 및 기포 등을 제거함을 목적으로 하는 콘크리트

(3) 거푸집 안에 미리 굵은 골재를 채워 넣은 후 그 공극 속으로 특수한 모르타르를 주입하여 만든 콘크리트

해답 (1) 서모콘(thermocon) (2) 진공 콘크리트 (3) 프리팩트 콘크리트

기출문제

10. 다음의 표는 건축공사 표준시방서에 의한 기준으로서 거푸집널 존치기간 중 평균기온이 10℃ 이상인 경우 콘크리트의 압축강도 시험을 하지 않고 거푸집을 떼어낼 수 있는 콘크리트 재령일을 나타낸 표이다. 빈칸에 알맞은 일수를 쓰시오. [배점 4]

시멘트의 종류 / 평균기온	조강포틀랜드 시멘트	보통포틀랜드 시멘트 고로슬래그 시멘트(1종)	고로슬래그 시멘트(2종) 포틀랜드포졸란 시멘트(B종)
20℃ 이상	(①)	(③)	4일
20℃ 미만 10℃ 이상	(②)	4일	(④)

해답 ① 2일 ② 3일 ③ 3일 ④ 6일

해설 (1) 거푸집 및 동바리의 해체(건설공사 표준시방서)

부재		콘크리트 압축강도
기초, 보, 기둥, 벽 등의 측면		5 MPa 이상
슬래브 및 보의 밑면, 아치 내면	단층구조인 경우	설계기준강도의 2/3배 이상 또한, 최소 14 MPa 이상
	다층구조인 경우	설계기준압축강도 이상 (필러 동바리 구조를 이용할 경우는 구조계산에 의해 기간을 단축할 수 있음. 단, 이 경우라도 최소강도는 14 MPa 이상으로 함)

(2) 콘크리트의 압축강도를 시험하지 않을 경우(기초, 보엽, 기둥, 벽 등의 측벽)

시멘트의 종류 / 평균기온	조강포틀랜드 시멘트	보통포틀랜드 시멘트 고로슬래그 시멘트(1종) 플라이애시 시멘트(1종) 포틀랜드포졸란 시멘트(A종)	고로슬래그 시멘트(2종) 플라이애시 시멘트(2종) 포틀랜드포졸란 시멘트(B종)
20℃ 이상	2일	3일	4일
10℃ 이상 20℃ 미만	3일	4일	6일

기출문제

11. 기준점(bench mark)의 설치 시 주의사항을 3가지 쓰시오. [배점 3]

해답 ① 바라보기 좋고 공사에 지장이 없는 곳에 설치한다.
② 공사 기간 중 이동될 염려가 없는 인근 건물, 벽돌담 등에 설치한다.
③ 2개소 이상 여러 곳에 설치한다.
④ 지반면에서 0.5~1 m 위에 표시한다.

기출문제

12. AE제에 의해 생성되는 연행공기(entrained air)의 목적을 4가지 쓰시오. [배점 4]

해답 ① 시공연도 증진
② 단위수량 감소
③ 수밀성 증대
④ 발열량 감소

기출문제

13. 콘크리트 구조물의 균열 발생 시 보강 방법 3가지를 쓰시오. [배점 3]

해답 주입 공법, 강재 보강 공법, 유리 섬유 sheet 보강 공법

2017

균열부 보수

(1) 외관 보수

① 표면 처리 공법 : 폭 0.2 mm 이하의 미세한 균열에 적용

② 충진법 : 폭 0.5 mm 이상의 큰 폭의 균열 보수에 이용(유연성 에폭시, 폴리머 시멘트 모르타르를 주입)

(2) 구조 보강

① 주입 공법 : 에폭시 수지계·시멘트 슬러지 등을 사용

② 강재 보강 공법 : 강재를 사용하여 휨인장 및 전단 보강

③ 유리 섬유 sheet 보강

기출문제

14. 강판의 용접방식에서 자주 사용되는 맞댐 용접(groove welding)과 모살 용접(fillet welding)을 구분하여 개략적으로 도시하고 간략하게 설명하시오. [배점 3]

(1) 맞댐 용접(groove welding) : 강판을 서로 맞대어 용접하는 방식

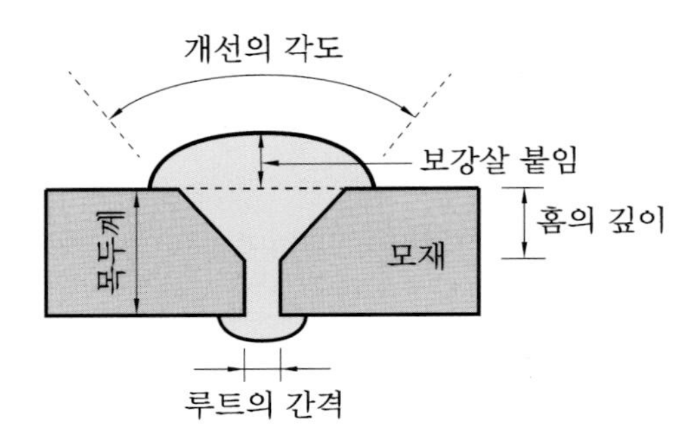

(2) 모살 용접(fillet welding) : 강판을 직각으로 용접하는 방식

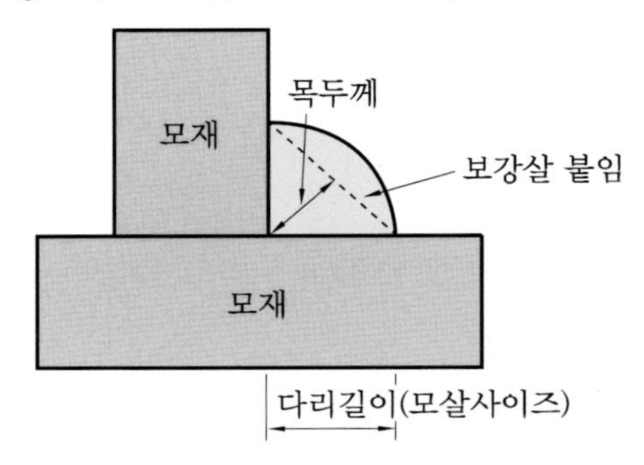

기출문제

15. 콘크리트 공사에서 시멘트의 헛 응결(false set)에 대하여 간략하게 쓰시오. [배점 4]

해답 시멘트에 물을 가하면 수화반응을 하면서 10분에서 20분 사이에 급격히 응결이 발생하였다가 다시 서서히 응결이 진행되어 간다. 이때 급격한 응결이 발생할 때의 응결을 헛 응결(이상 응결)이라 한다.

해설 **시멘트 응결과 경화**

① 응결(setting) : 시멘트에 물을 가했을 때 수화반응에 따라 유동성과 점성을 잃으면서 굳어져 가는 현상

② 경화(hardening) : 응결의 과정에서 시멘트 입자 사이가 치밀하게 채워지면서 기계적 강도가 증가하는 현상

기출문제

16. 흙막이 널말뚝 시공 시 보일링 파괴 현상의 방지 대책 3가지를 쓰시오. [배점 3]

(1) 굳은 지층까지 밑둥넣기를 한다.
(2) 웰 포인트로 지하수위를 낮춘다.
(3) 약액 주입 등으로 굴착 저면의 지수 등을 한다.

기출문제

17. 보기는 지하실 바깥벽 방수 공사 공정이다. 시공 순서대로 나열하시오. [배점 4]

[보기]

① 바닥 방수층 시공	② 잡석 다짐
③ 벽콘크리트 타설	④ 밑창 콘크리트 타설
⑤ 보호 누름 시공	⑥ 외벽 방수층 시공
⑦ 바닥 콘크리트 타설	⑧ 되메우기

②–④–①–⑦–③–⑥–⑤–⑧

기출문제

18. 형강보에 철근콘크리트 바닥판을 연결하는 시어 커넥터(shear connector)에 사용되는 볼트의 명칭을 쓰시오. [배점 3]

스터드 볼트

기출문제

19. 다음은 커튼월(curtain wall) 공사의 조립 방식에 대한 설명이다. 이에 알맞은 용어를 보기에서 선택하여 번호를 쓰시오. [배점 3]

(1) 공장에서 커튼월 부재 창호·유리·패널을 생산 조립하여 현장에서 커튼월 부재를 부착하는 방식으로 커튼월 생산자에 대한 의존도가 높아 현장에서의 융통성을 발휘하기 어렵다.

(2) 창호·유리·패널 등을 공장에서 생산하여 현장에서 조립 시공하는 방식으로 현장 상황에 맞추어 시공이 가능하며, 공사 기간 조절이 가능하다.

(3) 창호를 패널 트러스에 연결할 수 있도록 하여 커튼월 전체를 유리 창호로 구성하는 방식으로 창호·유리·패널을 개별 발주하며 재료의 이용 효율이 높아 경제적 시스템 구성이 가능하다.

[보기]

① knock down 방식 ② window wall 방식 ③ unit wall 방식

(1) ③ (2) ① (3) ②

기출문제

20. 용접 결함의 종류 중 과대 전류에 의해 발생하는 결함을 보기에서 모두 골라 번호로 쓰시오. [배점 4]

[보기]

① 언더컷 ② 슬래그 감싸들기 ③ 오버랩
④ 블로 홀 ⑤ 피트 ⑥ 크랙
⑦ 피시아이 ⑧ 크레이터 ⑨ 용입 부족

해답 ①, ⑥, ⑧

기출문제

21. 품질관리 7가지 도구 중 특성요인도(생선뼈 그림)에 대하여 간략하게 쓰시오. [배점 3]

해답 품질 결과에 대하여 어떠한 원인이 연관되는지를 나타내는 원인 파악 그림

참고 **특성요인도(생선뼈 그림)**

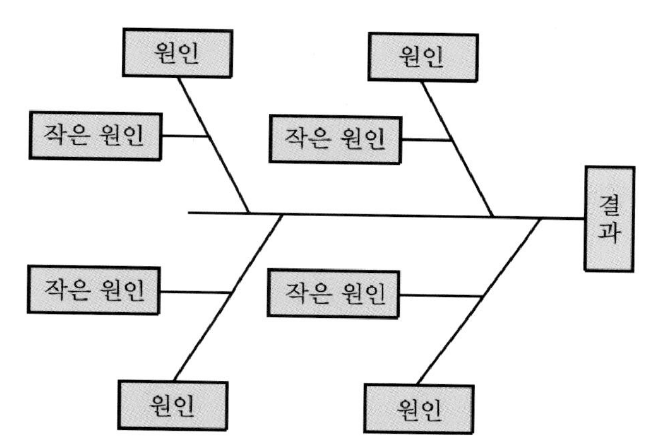

기출문제

22. 다음 조건으로 콘크리트 1m^3를 생산하는 데 필요한 시멘트, 모래, 자갈의 중량을 산출하시오. [배점 4]

[조건]

① 단위 수량 : 160kg/m^3
② 물시멘트 비 : 50 %
③ 잔골재율 : 40 %
④ 시멘트 비중 : 3.15
⑤ 잔골재 비중 : 2.5
⑥ 굵은 골재 비중 : 2.6
⑦ 공기량 : 1 %

해답 (1) 시멘트 중량 = $\dfrac{160}{0.5} = 320\text{kg}$

(2) 모래의 중량

① 시멘트의 체적 $= \dfrac{320}{3.15 \times 1{,}000} = 0.102\text{m}^3$

② 물의 체적 $= 160\text{kg} = 0.16\text{m}^3$

③ 공기의 체적 $= 1\text{m}^3 \times \dfrac{1}{100} = 0.01\text{m}^3$

④ 전골재의 체적 = 1m^3 − 시멘트의 체적 − 물의 체적 − 공기의 체적

$= 1 - 0.102 - 0.16 - 0.01 = 0.728\text{m}^3$

⑤ 모래의 체적 = 전골재의 체적 × 잔골재율 $= 0.728 \times 0.4 = 0.2912\text{m}^3$

⑥ 모래의 중량 = 모래의 체적 × 비중 $= 0.2912 \times 2.5 \times 1{,}000 = 728\text{kg}$

(3) 자갈의 중량

① 자갈의 체적 = 전골재의 체적 − 모래의 체적 $= 0.728 - 0.2912 = 0.4368\text{m}^3$

② 자갈의 중량 $= 0.4368 \times 2.6 \times 1{,}000 = 1{,}135.68\text{kg}$

기출문제

23. PERT 기법에 의한 기대시간(T_e)을 구하시오. [배점 4]

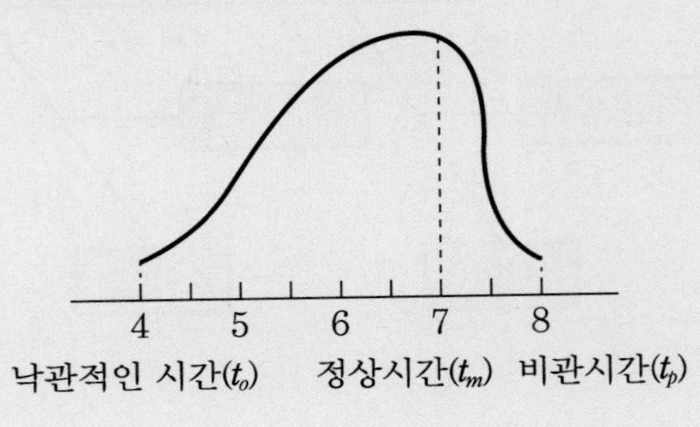

해답 기대시간 $T_e = \dfrac{t_o + 4t_m + t_p}{6} = \dfrac{4 + 4 \times 7 + 8}{6} = 6.67$

기출문제

24. 일반 흙의 되메우기 시 다음 물음에 답하시오. [배점 4]

(1) 일반 흙은 되메우기 시 몇 cm마다 다짐하는가?

(2) 일반 흙의 되메우기 시 다짐 밀도는 몇 % 이상인가?

해답 (1) 30 cm (2) 95 %

기출문제

25. 건설 현장에서 분체상 물질(흙, 모래, 석회 등)을 야적하는 경우 비산 먼지의 발생을 방지하기 위한 조치사항 3가지를 쓰시오. [배점 3]

① 높이 1.8 m 이상의 방진벽을 설치한다.
② 비산 먼지를 발생하는 야적물을 1일 이상 보관 시 방진덮개로 덮어야 한다.
③ 비산 먼지 발생을 억제하기 위해 살수시설을 설치해야 한다.

기출문제

26. 철근콘크리트 구조의 휨 부재에서 압축철근을 설치하는 이유 3가지를 쓰시오. [배점 3]

① 건조수축이나 크리프 변형에 의한 장기 처짐 감소
② 연성 증가
③ 늑근 또는 대근의 전단 철근 설치 용이

2017년도 | 2회 기출문제

기출문제

1. 다음과 같은 조건에서 용접유효길이(l_e)를 구하시오. [배점 3]

[조건]

① 사용강재 : SM275
② 항복강도 $F_y = 275\text{N/mm}^2$
③ 용접재의 인장강도(KS D 7004 연강용 피복 아크 용접봉) $F_{uw} = 420\text{N/mm}^2$
④ 모살 용접의 용접재의 공칭강도 $F_w = 0.6F_{uw}$
⑤ 고정하중 $P_D = 20\text{kN}$
⑥ 활하중 $P_L = 30\text{kN}$
⑦ 필릿치수 $S = 5\text{mm}$

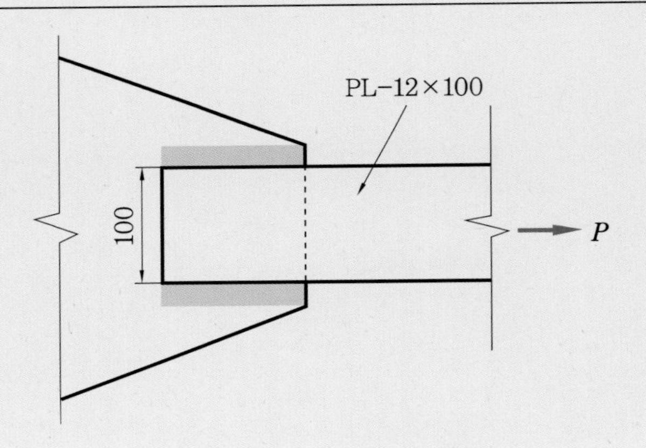

해답 (1) 계수하중

$$P_u = 1.2P_D + 1.6P_L$$
$$= 1.2 \times 20 + 1.6 \times 30 = 72\text{kN} = 72 \times 10^3\text{N}$$

(2) 용접유효길이(l_e)

$$l_e = \frac{P_u}{\phi F_w a} = \frac{72 \times 10^3}{0.75 \times 0.6 \times 420 \times 0.7 \times 5} = 108.84\text{mm}$$

해설 (1) 모살 용접의 설계강도 ϕR_n

여기서, ϕ : 저감계수(0.75)

$R_n = F_w A_w$

F_w : 용접부의 공칭강도(N/mm^2)$= 0.6F_{uw}$

예 모살용접으로서 용접선에 평행한 전단을 받는 경우 공칭강도

A_w : 용접유효면적(mm^2)$= al_e$

(2) 계수하중

$P_u = 1.2P_D + 1.6P_L$, $P_u = 1.4P_D$

여기서, P_D : 고정하중, P_L : 활하중

기출문제

2. 다음 측정기의 용도를 쓰시오. [배점 4]

(1) Washington meter

(2) Piezo meter

(3) earth pressure meter

(4) dispenser

(1) 공기 측정 (2) 간극 수압 측정

(3) 토압 측정 (4) AE제의 계량

기출문제

3. 철골 내화피복의 각 공법에 대한 피복 재료의 종류를 2가지씩 쓰시오. [배점 3]

(1) 타설공법

(2) 미장공법

(3) 조적공법

(1) ① 콘크리트 ② 경량 콘크리트

(2) ① 모르타르 ② 펄라이트 모르타르

(3) ① 벽돌 ② ALC 블록

기출문제

4. 유리 공사에서 특수 유리인 복층 유리(pair glass)와 배강도 유리에 대하여 간략하게 쓰시오. [배점 4]

(1) 복층 유리 : 유리 사이를 6 mm 정도 띄어 건조공기를 밀봉하여 만든 것으로서 단열·결로 방지·방음용으로 사용한다.
(2) 배강도 유리 : 일반 유리의 표면을 가열하여 표면을 급랭시키면 강화 유리이고 표면을 서랭시키면 배강도 유리이다. 강화 유리는 일반 유리 강도의 3~4배 정도이고, 배강도 유리는 2~3배 정도이다.

기출문제

5. 기초의 부동침하 방지를 위한 대책 4가지를 쓰시오. [배점 4]

① 건물의 하중을 고르게 분포한다.
② 건물의 길이는 짧게 한다.
③ 건물의 강성을 증대시킨다.
④ 기초 상호간을 긴결한다.

기출문제

6. SOC(사회간접자본)의 민자 유치에 따른 계약 방식 중 BTL(Build Transfer Lease)에 대하여 간략하게 쓰시오. [배점 2]

SOC 시설을 민간이 건설하여 정부에 기부 체납하고 국가의 소유로 하는 대신 민간 사업자에게 임대료를 지불하는 방식

SOC(사회간접자본)의 민자 유치에 따른 계약 방식 및 내용
① BOO(Build Operate Own) 방식 : 수급자가 SOC의 프로젝트(project)에 대하여 자금조달과 건설을 하여 소유권을 이전받아 운영하는 방식
② BOT(Build Operate Transfer) 방식 : 수급자가 사회간접자본의 프로젝트(project)에 대하여 자금조달·건설·운영을 하여 투자자금을 회수한 후 소유권을 발주자에게 인도하는 방식
③ BTO(Build Transfer Operate) : 수급자가 사회간접자본의 프로젝트(project)에 대하여 자금조달·건설을 하여 소유권을 발주자에게 인도하고, 일정 기간 운영을 하여 투자

자금을 회수하는 방식

④ BTL(Build Transfer Lease) : 민간이 건설하여 정부에 기부 체납하고 정부 소유로 하는 대신 민간사업자에게 임대료를 지불하는 방식

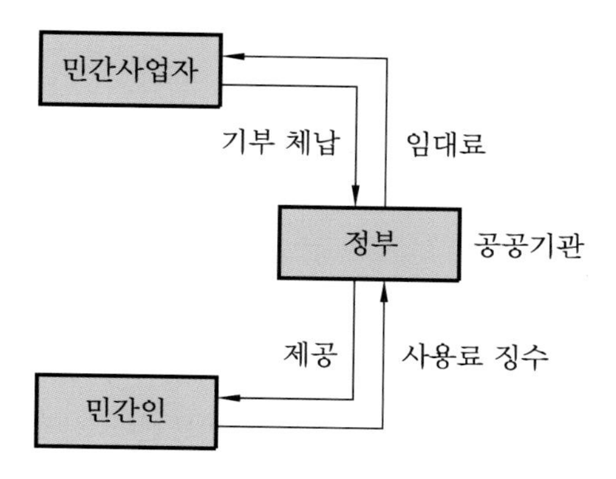

기출문제

7. 다음 용어에 대하여 간략하게 쓰시오. [배점 4]

(1) 인트레인드 에어　　　(2) 인트랩트 에어

(1) AE제 첨가 시 독립된 미세한 기포

(2) 일반 콘크리트에 자연적으로 그 속에 상호 연속된 기포가 1~2% 정도 함유하는 것

기출문제

8. 다음 그림과 같은 독립기초에서 2방향 뚫림전단(2way punching shear) 응력을 계산하는 경우 검토해야 할 저항면적(mm^2)을 구하시오. [배점 4]

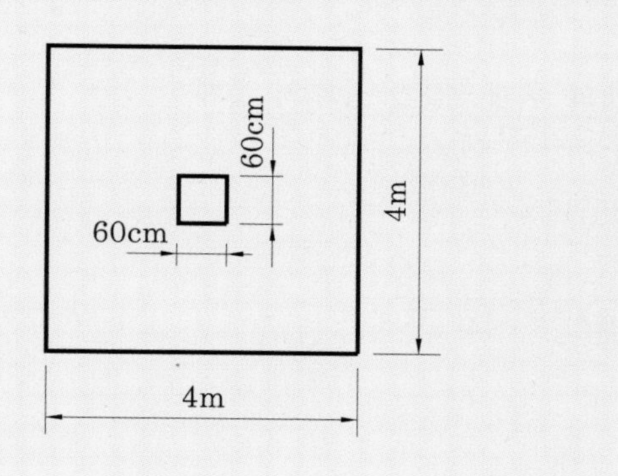

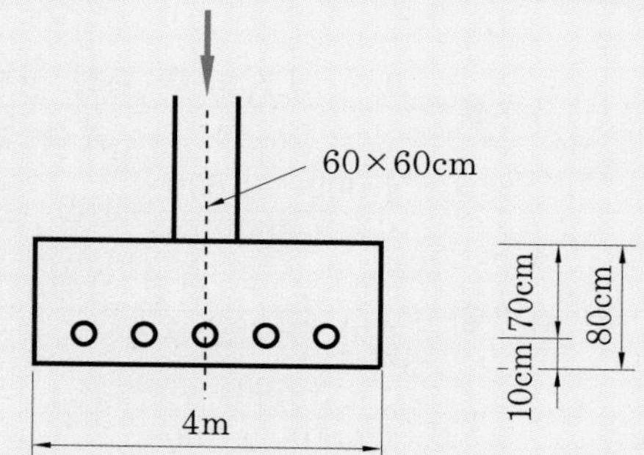

 (1) 위험 단면 둘레길이

$b_0 = 4 \times (600 + 700) = 5{,}200\text{mm}$

(2) 저항면적

$A = b_0 \times d = 5{,}200 \times 700 = 3{,}640{,}000\text{mm}^2$

기출문제

9. 포틀랜드 시멘트의 종류 5가지를 쓰시오. [배점 5]

 ① 보통 포틀랜드 시멘트 ② 중용열 포틀랜드 시멘트
③ 조강 포틀랜드 시멘트 ④ 백색 포틀랜드 시멘트
⑤ 저열 포틀랜드 시멘트

기출문제

10. 다음 자료를 참조하여 골재의 흡수율, 진비중(진밀도), 표건비중, 겉보기 비중을 순서대로 구하시오. [배점 4]

[조건]

① 물의 밀도 : 1g/cm^3
② 골재의 수중 중량 : 2,500 g
③ 골재의 표면 건조 내부 포수 중량 : 4,000 g
④ 골재의 절대건조 중량 : 3,600 g

(1) 흡수율 (2) 진비중
(3) 표건비중 (4) 겉보기 비중

 (1) 흡수율 $= \dfrac{\text{표면 건조 내부 포화 상태의 무게} - \text{절건 상태의 무게}}{\text{절건 상태의 무게}}$

$= \dfrac{4{,}000 - 3{,}600}{3{,}600} \times 100 = 11.11\%$

(2) 진비중 $= \dfrac{\text{절건 상태의 무게}}{\text{절건 상태의 무게} - \text{수중에서의 시료 무게}}$

$= \dfrac{3{,}600}{3{,}600 - 2{,}500} = 3.27$

(3) 표건비중 $= \dfrac{\text{표면 건조 내부 포수 상태의 무게}}{\text{표면 건조 내부 포수 상태의 무게} - \text{수중에서의 시료 무게}}$

$= \dfrac{4,000}{4,000 - 2,500} = 2.67$

(4) 겉보기 비중 $= \dfrac{\text{절건 상태의 무게}}{\text{표면 건조 내부 포수 상태의 무게} - \text{수중에서의 시료 무게}}$

$= \dfrac{3,600}{4,000 - 2,500} = 2.4$

참고 골재의 함수 상태

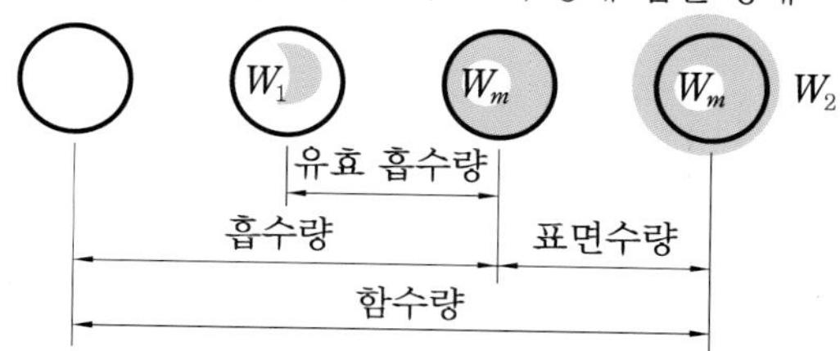

기출문제

11. 지름이 D인 원형의 단면계수가 Z_A, 한 변의 길이가 a인 정사각형의 단면계수가 Z_B일 때 $Z_A : Z_B$를 구하시오. (단, 두 단면의 면적은 동일하다.) [배점 4]

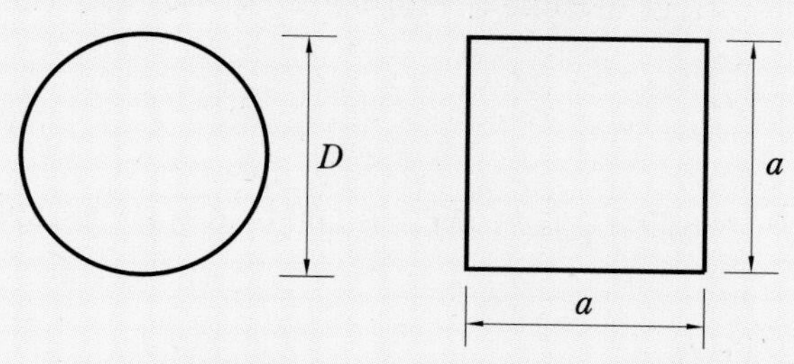

A : 원형 단면　　B : 정사각형 단면

해답 ① 면적이 같으므로 $\dfrac{\pi D^2}{4} = a^2$

$D = \sqrt{\dfrac{4a^2}{\pi}} = 1.13a$

② $Z_A = \dfrac{\pi D^3}{32} = \dfrac{\pi \times (1.13a)^3}{32} = 0.14a^3$, $Z_B = \dfrac{a^3}{6}$

③ $Z_A : Z_B = 0.14a^3 : \dfrac{a^3}{6} = 1 : 1.19$

해설

단면의 형태	단면적	단면계수
D A : 원형 단면	$\dfrac{\pi D^2}{4}$	$\dfrac{\pi D^3}{32}$
a, a B : 정사각형 단면	a^2	$\dfrac{a^3}{6}$

기출문제

12. 보통 중량 골재를 사용한 콘크리트의 탄성계수 E_c를 구하시오. (단, 설계기준 압축강도 $f_{ck} = 35\text{MPa}$) [배점 3]

$E_c = 8{,}500\sqrt[3]{f_{cu}} = 8{,}500\sqrt[3]{f_{ck} + \Delta f} = 8{,}500\sqrt[3]{35+4} = 28{,}825.3\text{MPa}$

콘크리트의 탄성계수(E_c)

$E_c = 8{,}500\sqrt[3]{f_{cu}}\,[\text{MPa}]$

여기서, f_{cu} : 재령 28일에서 콘크리트 평균압축강도(MPa)

$f_{cu} = f_{ck} + \Delta f\,[\text{MPa}]$

여기서, f_{ck} : 콘크리트의 설계기준 압축강도(MPa)

Δf : $f_{ck} \le 40\text{MPa}$일 때 4MPa

$f_{ck} \ge 60\text{MPa}$일 때 6MPa

$40\text{MP} < f_{ck} < 60\text{MPa}$일 때 직선 보간

기출문제

13. 협소한 장소에서도 톱다운 공법이 적용 가능한 이유를 쓰시오. [배점 2]

먼저 시공한 1층 바닥 슬래브를 작업공간으로 활용하므로 협소한 대지에서도 시공이 가능하다.

기출문제

14. 다음 데이터를 보고 표준 네트워크 공정표와 10일 공기 단축 네트워크 공정표를 작성하시오. [배점 12]

activity name	선행작업	duration	공기 1일 단축 비용(원)	비고
A	없음	5	10,000	(1) 공기 단축은 activity I에서 2일, activity H에서 3일, activity C에서 5일로 한다. (2) 표준 공기 시 총공사비는 1,000,000원이다.
B	없음	8	15,000	
C	없음	15	9,000	
D	A	3	공기 단축 불가	
E	A	6	25,000	
F	B, D	7	30,000	
G	B, D	9	21,000	
H	C, E	10	8,500	
I	H, F	4	9,500	
J	G	3	공기 단축 불가	
K	I, J	2	공기 단축 불가	

[조건]

① network 작성은 arrow network로 할 것
② critical path는 굵은 선으로 표시할 것
③ 각 결합점에서는 다음과 같이 표시한다.

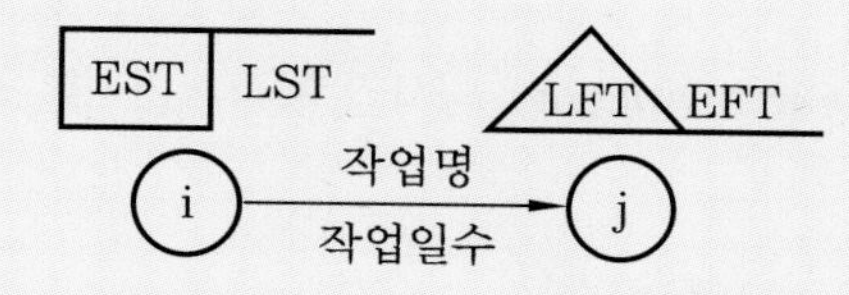

2017

해답 (1) 표준 네트워크 공정표

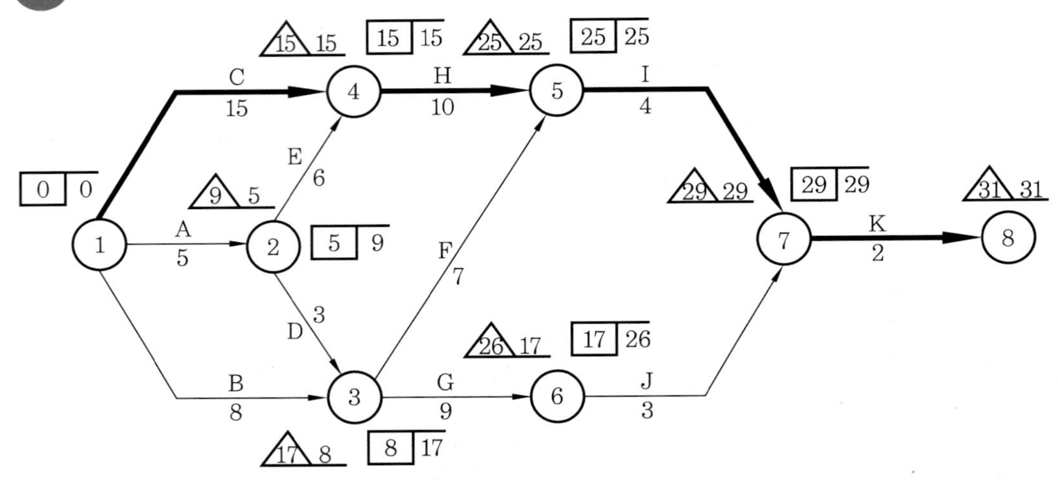

(2) 공기 단축 네트워크 공정표

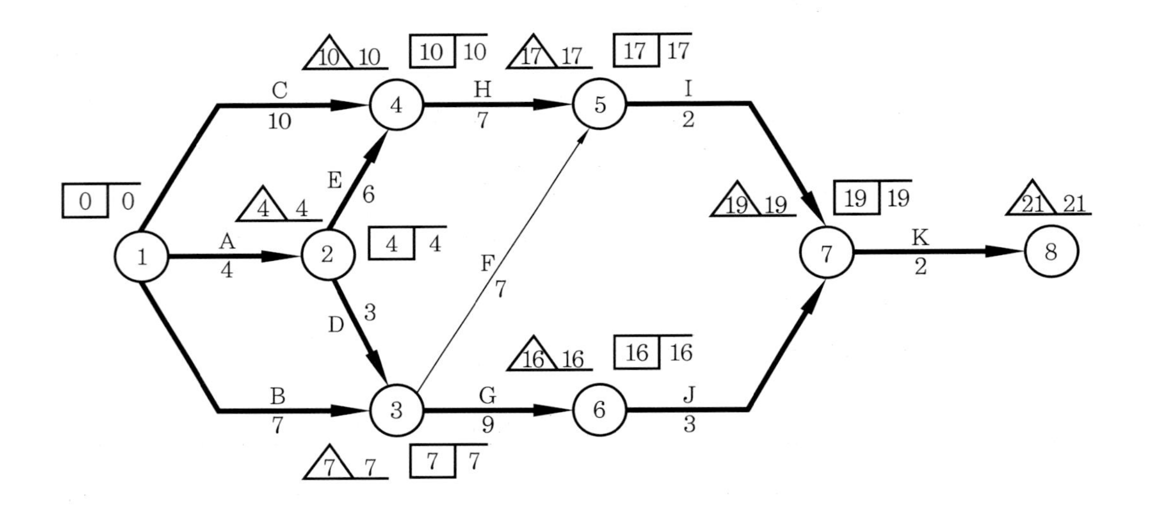

기출문제

15. 토공사에서 어스앵커(earth anchar) 공사의 특징 4가지를 쓰시오. [배점 4]

① 부분 굴착 시공이 가능하다.
② 인접 건물이 있는 경우 적용이 어렵다
③ 부정형 지반에도 적용이 가능하다.
④ 지주와 버팀대가 필요하지 않다.

기출문제

16. 터파기 공사에서 아일랜드 컷 공법에 대하여 설명하시오. [배점 3]

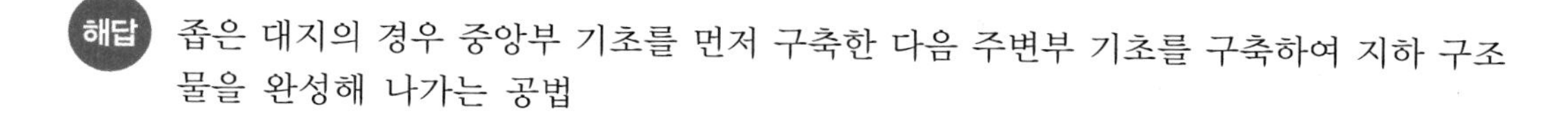
해답 좁은 대지의 경우 중앙부 기초를 먼저 구축한 다음 주변부 기초를 구축하여 지하 구조물을 완성해 나가는 공법

해설 아일랜드 컷 공법(island cut method)

① 좁은 대지의 경우 중앙부 기초를 먼저 구축한 다음 주변부 기초를 구축하여 지하 구조물을 완성해 나가는 공법

② 시공 순서 : 흙막이 설치(널말뚝 설치) → 중앙부 굴착 → 중앙부 기초 구축 → 버팀대 설치 → 주변부 굴착 → 주변부 기초 구축 → 지하 구조물 완성

기출문제

17. 시트(sheet) 방수 공법의 시공 순서를 쓰시오. [배점 3]

바탕처리 → (①) → 접착제칠 → (②) → (③)

해답 ① 프라이머칠

② 시트 붙이기

③ 마무리

기출문제

18. 타일 시공 후 타일의 박리 원인 2가지를 쓰시오. [배점 2]

해답 ① 벽체의 동결 융해

② 습윤한 장소의 건조수축에 의한 균열

③ 벽체의 균열 및 신축 줄눈 부분

④ 타일 시공 시 open time 미준수

기출문제

19. 건축시공 순서에 관한 사항 중 일반적인 공개 경쟁 입찰의 순서를 보기에서 골라 번호로 쓰시오. [배점 5]

[보기]

① 입찰 ② 현장 설명
③ 낙찰 ④ 계약
⑤ 설계도면에 의한 견적 ⑥ 입찰 등록
⑦ 입찰공고

해답 ⑦–②–⑤–⑥–①–③–④

기출문제

20. pre–stressed concrete에서 pre–tension 공법과 post–tension 공법의 차이점을 시공 순서를 바탕으로 쓰시오. [배점 4]

(1) pre–tension 공법

(2) post–tension 공법

해답 (1) pre–tension 공법 : 강현재를 긴장하여 콘트리트를 타설·경화한 다음 긴장을 풀어주어 완성하는 공법

(2) post–tension 공법 : 시스관을 설치하여 콘크리트를 타설·경화한 다음 관 내에 강현재를 삽입·긴장하여 고정하고 그라우팅하여 완성하는 공법

기출문제

21. 특명 입찰(수의 계약)의 장단점을 2가지씩 쓰시오. [배점 4]

해답 (1) 장점

① 양질의 공사를 기대할 수 있다.
② 공사 기밀 유지가 가능하다.
③ 업자 선정 사무가 간단하다.

(2) 단점

① 공사비가 높아질 우려가 있다.

② 불공평한 일이 내재하고 있다.

기출문제

22. 다음 그림은 고력볼트와 TS볼트의 도해이다. (1)~(3)의 명칭을 쓰시오. [배점 3]

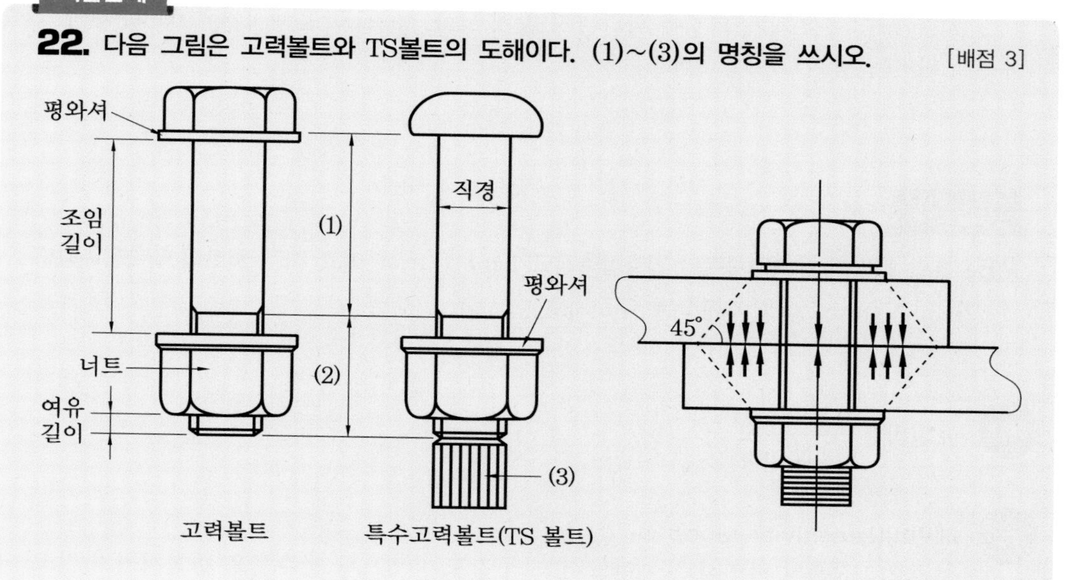

해답 (1) 축부 (2) 나사부 (3) 핀테일

기출문제

23. 토공사 장비를 선정할 때 고려사항 3가지를 쓰시오. [배점 3]

해답 ① 작업량 ② 장비의 능력
③ 지반 상태 및 작업 위치 ④ 운반로

기출문제

24. 커튼월(curtain wall) 공사에서 외관 형태별 구분 중 스팬드럴(spandrel) 방식에 대하여 간략히 쓰시오. [배점 4]

해답 수평선을 강조하는 창과 spandrel의 조합

해설 **커튼월(curtain wall)의 외관 형태별 구분**

① mullion : 수직 기둥 사이에 sash·spandrel panel을 끼우는 방식
② spandrel : 수평선을 강조하는 창과 spandel의 조합
③ grid : 수직·수평의 격자형 외관을 노출시키는 방식
④ sheath : 구조체가 외부에 나타나지 않게 sash panel로 은폐시키고 panel 안에서 끼워지는 방식

기출문제

25. **흙의 압밀에서 자연시료의 일축압축강도가 0.8N/mm^2이고 이긴 시료의 일축압축강도가 0.5N/mm^2일 때 예민비를 구하시오.** [배점 3]

해답 예민비$= \dfrac{0.8\text{N/mm}^2}{0.5\text{N/mm}^2} = 1.6$

해설 **예민비(sensitivity ratio)**

① 정의 : 진흙의 자연시료는 어느 정도의 강도가 있으나 함수율을 변화시키지 않고 이기면 약하게 되는 성질이 있다. 이 강도의 저하 정도를 나타내는 것
② 예민비 $S_t = \dfrac{\text{자연시료의 강도(불교란 시의 일축압축강도)}}{\text{이긴 시료의 강도(교란 시의 일축압축강도)}}$

기출문제

26. **철골공사에서 앵커 볼트 매입 공법의 종류 3가지를 쓰시오.** [배점 4]

① 고정 매립 공법
② 가동 매립 공법
③ 나중 매립 공법

2017년도 | 4회 기출문제

기출문제

1. 용접부위가 다음 그림과 같은 모살 용접인 경우의 설계강도(ϕR_n)를 구하시오. (단, 사용 강재는 SM275이고, 용접재(KS D 7004 연강용 피복 아크 용접봉)의 인장강도 F_{uw} $= 420\text{N/mm}^2$ 이다.

[배점 5]

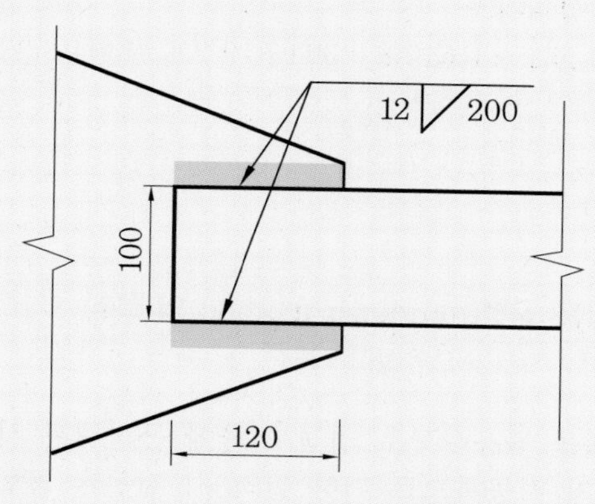

해답

$\phi = 0.75$

$F_w = 0.6F_{uw} = 0.6 \times 420 = 252\text{N/mm}^2$

$A_w = a \times l_e = (0.7 \times s) \times 2 \times (l - 2 \times s)$

$\quad = 0.7 \times 12 \times 2 \times (120 - 2 \times 12) = 1{,}612.8\text{mm}^2$

$\therefore \phi F_w A_w = 0.75 \times 252 \times 1{,}612.8 = 304{,}819.2\text{N} = 304.82\text{kN}$

해설 **모살 용접부의 설계강도**

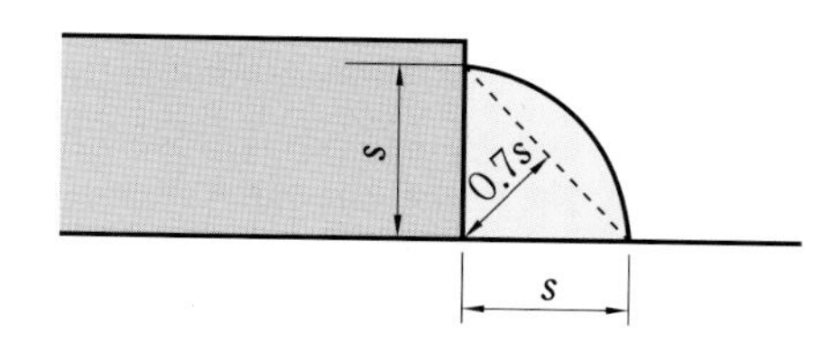

① 강도 저감계수 0.75

② 강재의 항복강도 $f_y = 275\text{N/mm}^2$, 용접재(KS D 7004 연강용 피복 아크 용접봉)의 인장강도 $F_{uw} = 420\text{N/mm}^2$

③ 용접부의 공칭강도(F_w)

$F_w = 0.6F_{uw} = 0.6 \times 420 = 252\text{N/mm}^2$

2017

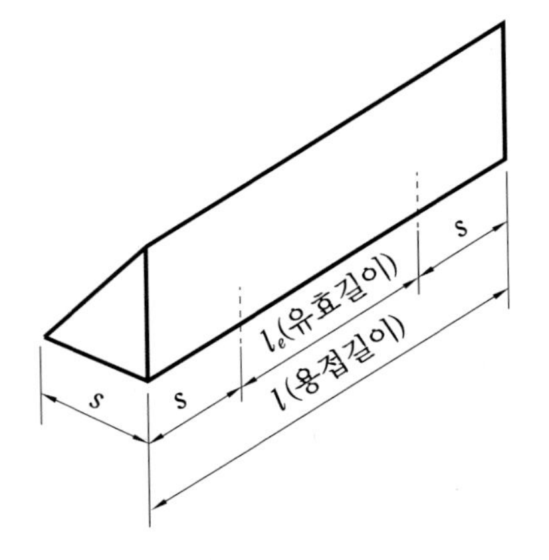

④ 목두께(a)

$a = 0.7s$ 여기서, s : 모살 사이즈

$a = 0.7 \times 12 = 8.4$

⑤ 유효용접길이(l_e)

$l_e = l - 2s = 120 - 2 \times 12 = 96$

양면이므로, $96 \times 2 = 192$

⑥ 용접유효면적(A_w)

$A_w = a \times l_e = (0.7 \times s) \times 2 \times (l - 2 \times s)$

$= 0.7 \times 12 \times 2 \times (120 - 2 \times 12)$

$= 1{,}612.8\,\text{mm}^2$

⑦ 모살 용접부의 설계강도

$\phi F_w A_w = 0.75 \times 252 \times 1{,}612.8 = 304{,}819.2\text{N} = 304.82\text{kN}$

기출문제

2. 터파기 공법에서 톱다운 공법(top down method)의 특징 3가지를 쓰시오. [배점 3]

해답 ① 슬러리 월 공법을 적용하므로 인접 건물에 근접해서 시공이 가능하다.
② 1층 바닥을 먼저 시공하므로 지하 굴착 시 전천후 공법이다.
③ 부정형의 평면에서도 시공이 가능하다.

기출문제

3. 비철금속 중 알루미늄의 장점 4가지를 쓰시오. [배점 4]

해답 ① 비중이 철의 1/3 정도로 가볍다.
② 녹슬지 않고, 사용연한이 길다.
③ 공작이 자유롭고, 빗물막이 기밀성이 유리하다.
④ 여닫음이 경쾌하다.

해설 **알루미늄의 장점**
① 가공성이 좋다.
② 열전도성이 높다.
③ 전기전도성이 우수하다

기출문제

4. 다음 그림과 같이 캔틸레버 보에 하중이 작용할 때 A점의 반력을 구하시오. [배점 4]

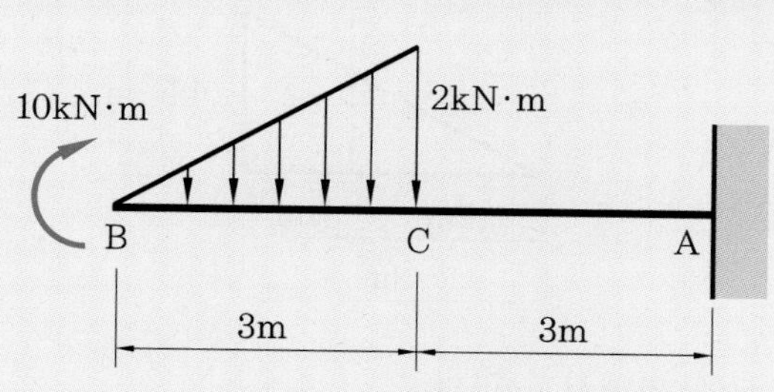

해답 (1) $\Sigma V=0$에서 $R_A-2\times3\times\dfrac{1}{2}=0$

$\therefore R_A=3\text{kN}$

(2) $\Sigma H=0$에서 $\therefore H_A=0$

(3) $\Sigma M_A=0$에서 $M_A+10-2\times3\times\dfrac{1}{2}\times(3\times\dfrac{1}{3}+3)=0$

$\therefore M_A=2\text{kN}\cdot\text{m}$

해설 **캔틸레버 보**

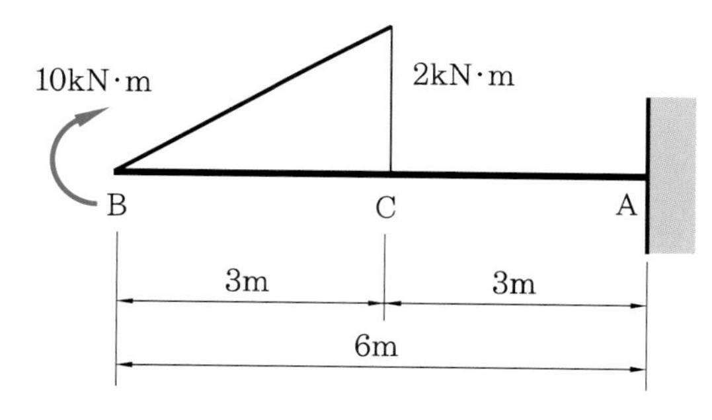

① 고정지점에 반력을 가정한다.

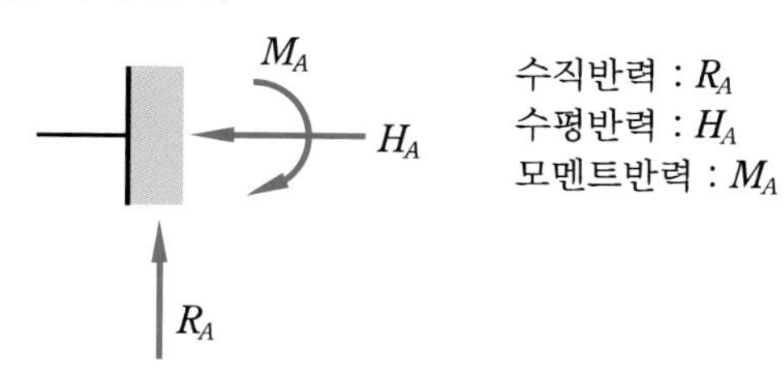

② 등변분포 하중을 집중하중으로 고친다.

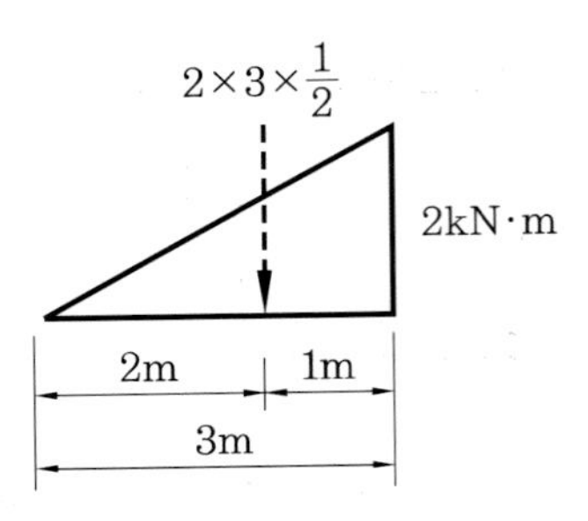

③ 힘의 평형조건식에 의해서 구한다.

수직반력 $\sum V = 0$에서

$R_A - 2 \times 3 \times \frac{1}{2} = 0$

$\therefore R_A = 3\text{kN}$

수평반력 $\sum H = 0$에서

$\therefore H_A = 0$

모멘트반력 $\sum M_A = 0$에서

$M_A + 10 - 2 \times 3 \times \frac{1}{2} \times (3 \times \frac{1}{3} + 3) = 0$

$\therefore M_A = 2\text{kN} \cdot \text{m}$

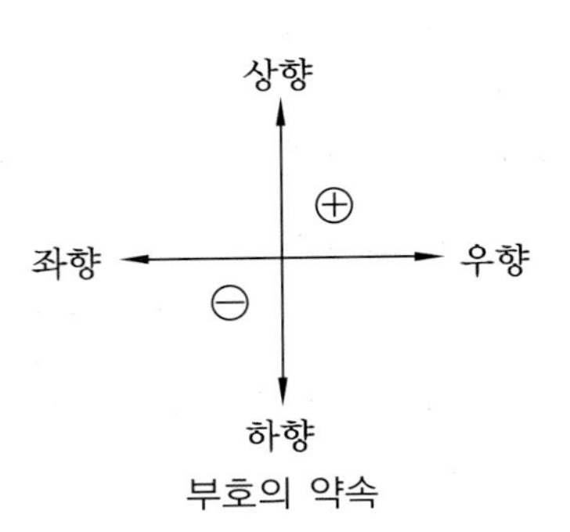

부호의 약속

기출문제

5. 다음은 거푸집에 관련된 내용이다. 이에 알맞은 용어의 명칭을 쓰시오. [배점 4]

(1) 주로 독립된 기둥 거푸집에 우물정(井)자 형태로 체결되는 긴결재로서 거푸집 외부를 구속하고 콘크리트의 측압에 대응하는 철물

(2) 철근과 거푸집의 간격을 두어 피복 두께를 유지하며 또는 철근과 철근의 간격을 유지하기 위해 설치하는 것

(3) 거푸집 탈형 시 쉽게 떼어내기 위해 합판 거푸집 표면에 바르는 것

(4) 벽 거푸집 간격을 일정하게 유지하며, 긴결해 주는 철물

해답
(1) 칼럼 밴드
(2) 스페이서(간격재)
(3) 박리제
(4) 폼 타이(긴결재)

기출문제

6. 다음은 지반조사 및 아스팔트와 관련된 내용이다. 이에 알맞은 용어를 쓰시오. [배점 4]

(1) 보링 구멍을 이용하여 로드 선단에 十형 금속제 날개를 부착하여 지중에 때려 박고 회전시켜 점토지반의 점착력을 확인하는 시험

(2) 블로운 아스팔트에 광물성·동식물섬유·광물질 가루·섬유 등을 혼입한 아스팔트

(1) 베인 테스트
(2) 아스팔트 콤파운드

기출문제

7. 철근콘크리트 공사에서 철근 이음을 하는 방법으로 가스 압접이 있는데, 가스 압접으로 이음을 할 수 없는 경우 3가지를 쓰시오. [배점 4]

① 철근의 지름의 차가 6 mm 이상인 경우
② 철근의 재질이 서로 다른 경우
③ 항복점 또는 강도가 다른 철근의 경우
④ 강우 시, 강풍 시 및 온도가 0℃ 이하인 경우

기출문제

8. 다음 콘크리트 용어에 대해 간단히 설명하시오. [배점 6]

(1) 알칼리 골재 반응

(2) 인트랩트 에어(entrapped air)

(3) 배처 플랜트(batcher plant)

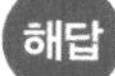

(1) 알칼리 골재 반응 : 시멘트의 알칼리 성분과 골재의 실리카 광물이 화학 반응을 일으켜 팽창 균열을 발생하는 반응

(2) 인트랩트 에어(entrapped air) : 일반 콘크리트에 자연적으로 상호 연속된 기포가 1~2% 정도 함유된 것

(3) 배처 플랜트(batcher plant) : 시멘트·골재·물 등을 자동적으로 계량 비빔하여 제조하는 설비

기출문제

9. 다음 그림과 같은 평면도에서 쌍줄 비계 면적을 구하시오. (단, $h=14\text{m}$) [배점 4]

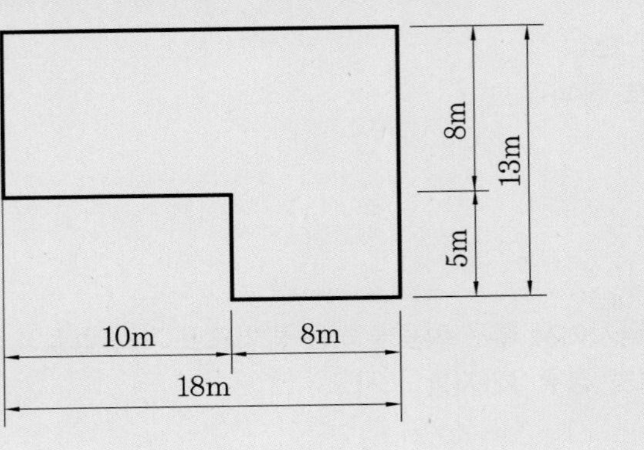

해답 $H(L+7.2)=14\times(18+13)\times2=868\text{m}^2$

기출문제

10. 기초 또는 기둥을 구성하는 CFT(Concrete Filld Tube) 구조에 대하여 간략하게 쓰시오. [배점 3]

해답 강관 내부에 콘크리트를 채워 기초 또는 기둥의 역할을 하게 하는 구조

기출문제

11. 창호공사에서 복층 유리와 강화 유리에 대하여 간략하게 쓰시오. [배점 4]

해답 (1) 복층 유리 : 유리 사이를 6 mm 정도 띄어 건조 공기를 밀봉하여 만든 것으로 단열·결로 방지·방음용으로 사용된다.

(2) 강화 유리 : 액상 유리의 표면을 급랭시키고 내부는 서랭시켜 유리 전체에 압축응력을 받게 한 유리이다.

기출문제

12. 초고층 건물의 고강도 콘크리트에서 발생할 수 있는 콘크리트 폭렬 현상에 대하여 설명하시오. [배점 3]

고강도 콘크리트는 공극이 작아서 화재 시 콘크리트 내부에 생기는 수증기가 빠져 나가지 못해 콘크리트가 터지는 현상

기출문제

13. 네트워크 공정표에 사용되는 더미(dummy)의 종류 3가지를 쓰시오. [배점 3]

① 넘버링 더미
② 로지컬 더미
③ 릴레이션십 더미

기출문제

14. 기능을 유지 또는 향상시키면서 비용을 최소화하여 가치를 극대화시키는 기법을 가치공학(value engineering)이라 한다. 이러한 가치공학의 추진 절차에 맞게 보기에서 번호를 골라 순서대로 쓰시오. [배점 4]

[보기]

① 기능 정의	② 정보 수집	③ 기능 정리
④ 아이디어 발상	⑤ 대상 선정	⑥ 제안
⑦ 기능 평가	⑧ 평가	⑨ 실시

⑤－②－①－③－⑦－④－⑧－⑥－⑨

기출문제

15. 콘크리트의 타설 시 거푸집의 측압 증가 요인 3가지를 쓰시오. [배점 3]

① 슬럼프가 클수록

② 부어넣기 속도가 빠를수록
③ 배합이 부배합일수록

기출문제

16. 용접 접합의 결함을 시험하는 비파괴 시험의 종류 3가지를 쓰시오. [배점 3]

해답 ① 외관 시험 ② 방사선 투과 시험 ③ 초음파 탐상 시험
④ 자기 탐상 시험 ⑤ 침투 탐상 시험

기출문제

17. 다음 그림은 $L-100\times100\times10$으로 된 인장재이다. 사용볼트가 M20(F10T)일 때 순단면적을 구하시오. [배점 3]

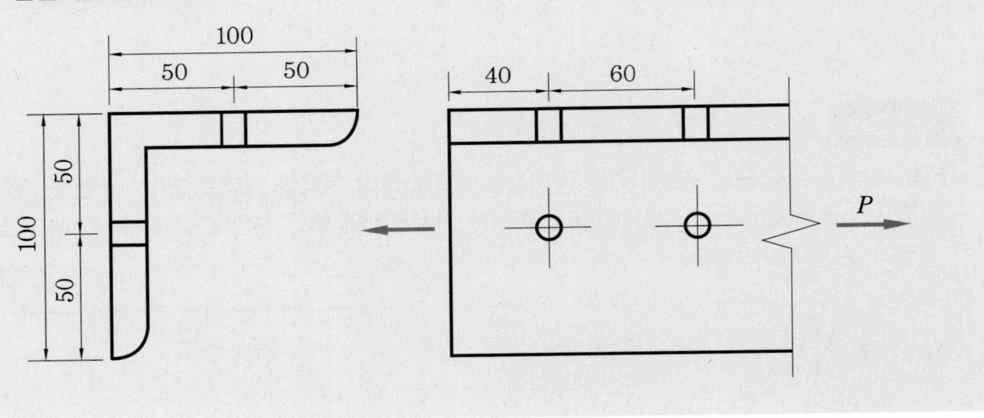

해답 $A_n = A_g - ndt$
$= (200-10)\times10 - 2\times22\times10 = 1{,}460\text{mm}^2$

해설 (1) 고력볼트의 구멍 지름(mm)
① $d < 24$일 때 구멍 지름 $d_h = d + 2.0$
② $d \geq 24$일 때 구멍 지름 $d_h = d + 3.0$

(2) 인장재의 순단면적
$A_n = A_g - ndt$
여기서, A_g: 총단면적, n: 인장력에 의한 파단선상에 있는 구멍의 수
d: 파스너(강판 또는 형강) 구멍의 지름, t : 부재의 두께(mm)

기출문제

18. **다음은 콘크리트 공사에서의 줄눈(joint)에 관한 용어이다. 이 용어에 대한 내용을 간략하게 쓰시오.** [배점 4]

(1) 콜드 조인트(cold joint)

(2) 조절 줄눈(control joint)

해답 (1) 콜드 조인트(cold joint) : 콘크리트 시공 과정 중 휴식시간 등으로 응결이 시작된 콘크리트에 새로운 콘크리트를 이어칠 때 일체화가 저해되어 생기는 줄눈

(2) 조절 줄눈 (control joint) : 바닥판, 벽 등에 콘크리트 타설 후, 타설된 콘크리트의 건조수축에 의한 표면의 균열을 막기 위해 적당한 간격으로 설치하는 줄눈

기출문제

19. **다음 그림과 같은 보에서 단면 2차 모멘트 $I_x = 720{,}000\,\mathrm{cm}^4$ 이고, 단면 2차 반경 $i_x = \dfrac{20}{\sqrt{3}}\,\mathrm{cm}$ 일 때, 단면적 $b \times h$를 구하시오. (단, 보의 너비는 60 cm 이다.)** [배점 5]

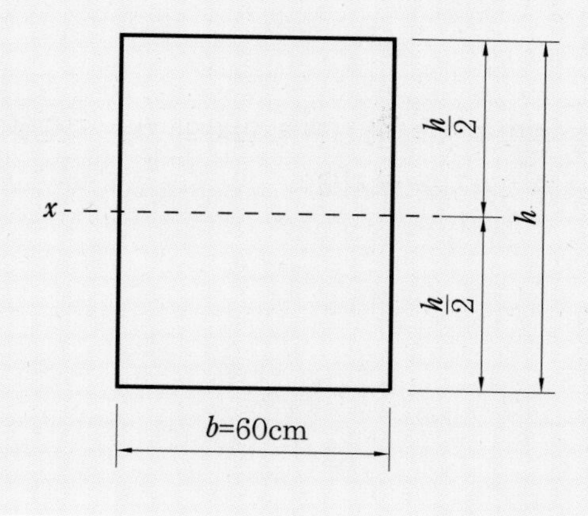

해답 ① 단면 2차 회전 반경 $i_x = \sqrt{\dfrac{I_x}{A}}$

② 단면 2차 회전 반경에서 양변에 제곱을 취하면

$$i_x^2 = \left(\sqrt{\frac{720{,}000}{A}}\right)^2 = \left(\frac{20}{\sqrt{3}}\right)^2$$

∴ 면적 $A = 5{,}400\,\mathrm{cm}^2$

③ 너비 $b = 60\mathrm{cm}$ 이므로 $h = 5{,}400 \div 60 = 90\mathrm{cm}$

기출문제

20. 콘크리트의 시험 방법 중 굳지 않은 콘크리트의 반죽질기 시험 방법의 종류 3가지를 쓰시오. [배점 3]

① 슬럼프 시험
② 플로 시험
③ 리몰딩 시험

기출문제

21. 민간이 자금을 조달하여 공공 시설물을 완성한 후 정부에 소유권을 이전시키고 정부에서 시설 임대료를 받아 자본금을 회수하는 방식을 쓰시오. [배점 2]

BTL(Build Transfer Lease) 방식

기출문제

22. 시멘트 시험 방법 중 분말도 시험은 시멘트 입자의 가는 정도를 알기 위한 시험이다. 이러한 분말도 시험의 종류 2가지를 쓰시오. [배점 4]

① 블레인(blain)법
② 체가름 시험

기출문제

23. PERT에 의한 공정관리 기법에서 낙관시간(t_o)이 4일, 정상시간(t_m)이 6일, 비관시간(t_p)이 8일인 경우 기대시간(t_e)을 구하시오. [배점 4]

해답 기대시간$(t_e) = \frac{t_o + 4t_m + t_p}{6} = \frac{4+4\times6+8}{6} = \frac{36}{6} = 6$일

기출문제

24. 다음 그림의 네트워크(network) 공정표에 따라 PERT/CPM 기법으로 일정을 계산한 네트워크 공정표를 작성하고, 여유시간 및 주공정선(critical path)과 관련된 빈칸을 채우시오. (단, 주공정선(cp)의 빈칸에는 *를 표시한다.)

[배점 8]

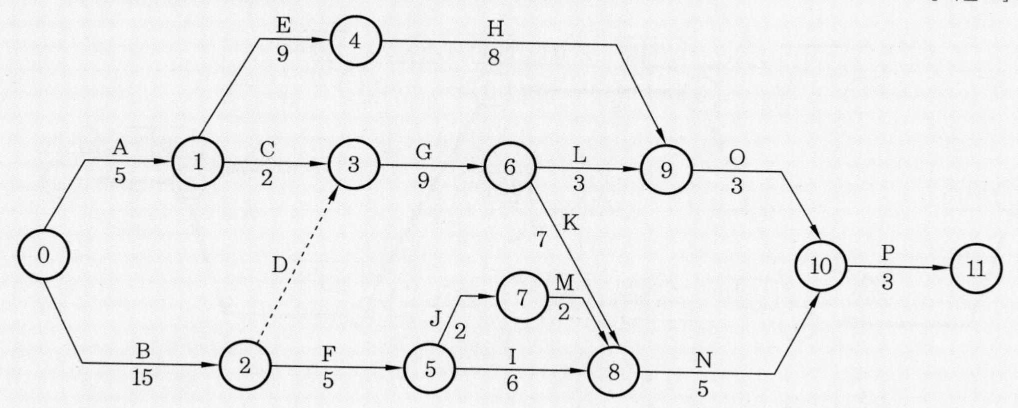

(1) 네크워크 공정표

(2) 여유시간 및 주공정선

작업명	EST	EFT	LST	LFT	TF	FF	DF	CP
A								
B								
C								
D								
E								
F								
G								
H								
I								
J								
K								
L								
M								
N								
O								
P								

(1) 네트워크 공정표

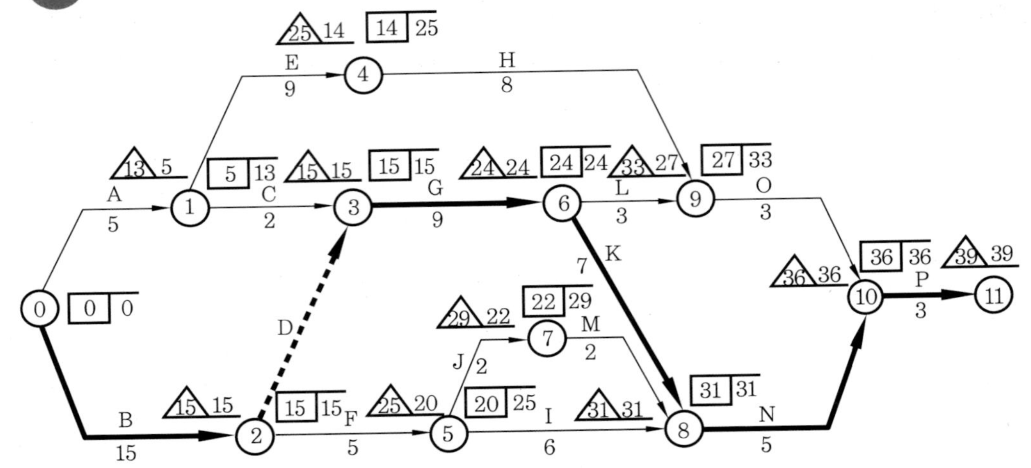

(2) 여유시간 및 주공정선

작업명	EST	EFT	LST	LFT	TF	FF	DF	CP
A	0	5	8	13	8	0	8	
B	0	15	0	15	0	0	0	*
C	5	7	13	15	8	8	0	
D	15	15	15	15	0	0	0	*
E	5	14	16	25	11	0	11	
F	15	20	20	25	5	0	5	
G	15	24	15	24	0	0	0	*
H	14	22	25	33	11	5	6	
I	20	26	25	31	5	5	0	
J	20	22	27	29	7	0	7	
K	24	31	24	31	0	0	0	*
L	24	27	30	33	6	0	6	
M	22	24	29	31	7	7	0	
N	31	36	31	36	0	0	0	*
O	27	30	33	36	6	6	0	
P	36	39	36	39	0	0	0	*

기출문제

25. 점토지반의 지반개량공법의 한 종류인 샌드 드레인 공법에 대하여 쓰시오. [배점 3]

해답 연약한 점토질 지반에 적당한 간격으로 모래말뚝을 설치하고 주변 지반을 압밀하여 점토지반의 수분을 모래말뚝을 통하여 배수하는 방식

기출문제

26. 다음은 강관틀 비계에 관한 사항이다. ( ) 안에 알맞은 답을 쓰시오. [배점 3]

(1) 가설공사에서 강관틀 비계 설치 시 벽체와의 연결에는 수직간격 (①), 수평간격 (②)마다 설치한다.

(2) 강관틀 비계의 높이는 (③) 이하로 한다.

해답 ① 6 m ② 8 m ③ 45 m

2018년도 | 1회 기출문제

기출문제

1. 기준점(bench mark)의 정의 및 설치 시 주의사항 3가지를 쓰시오. [배점 4]

(1) 정의 : 공사 중에 높이의 기준을 삼고자 설정하는 것

(2) 설치 시 주의사항

① 바라보기 좋고 공사에 지장이 없는 곳에 설치한다.
② 공사기간 중 이동될 염려가 없는 인근 건물, 벽돌담 등에 설치한다.
③ 2개소 이상 여러 곳에 설치한다.
④ 기준점 지반면에서 0.5~1 m 위에 설치한다.

기출문제

2. 아일랜드식 터파기 공법의 시공 순서에서 ( ) 안에 들어갈 내용을 쓰시오. [배점 4]

흙막이 설치 → (①) → (②) → (③) → (④) → 지하 구조물 완성

① 중앙부 굴착
② 중앙부 기초 구축
③ 버팀대 설치
④ 주변 흙파기 및 주변부 기초 건축물 축조

기출문제

3. 지반 조사 공법 중 지반천공(boring)을 하는 목적 3가지를 쓰시오. [배점 3]

① 지표하의 시료 채취

② 주상도 작성
③ 토사의 내부마찰각과 점착력 판별
④ 지하수위 측정

기출문제

4. 토공사에서 흙막이 설치 시 계측 관리에 사용되는 측정기를 3가지 쓰시오. [배점 3]

① 경사계(lnclino meter)
② 하중계(load cell)
③ 변형량 측정기(strain gauge)

기출문제

5. 기존 구조물의 기초를 보강하거나 신설하는 공법을 언더피닝 공법이라 한다. 이러한 공법을 적용하는 경우 2가지와 언더피닝 공법의 종류 2가지를 쓰시오. [배점 2]

(1) 적용하는 경우
① 기존 건물이 침하하거나 침하가 예상되는 경우
② 굴착에 의해 주변 건물의 침하가 예상되는 경우

(2) 공법의 종류
① 덧기둥 지지 공법 ② 2중 널말뚝 방식

기출문제

6. 다음 철근 용어에 대한 내용을 간략하게 쓰시오. [배점 4]

(1) 배력철근
(2) 이형철근

해답
(1) 배력철근 : 주철근에 직각으로 배치하는 철근으로서 응력 분포나 균열 방지를 목적으로 배근된다.
(2) 이형철근 : 철근과 콘크리트의 부착력을 증가시키기 위해서 철근의 표면에 마디와 리브가 있는 철근

기출문제

7. 다음은 거푸집 종류에 대한 내용이다. 이에 알맞은 용어를 쓰시오. [배점 4]

(1) 요크(york)로 유닛(unit) 거푸집을 끌어올리면서 연속해서 콘크리트를 타설해 가는 수직활동 거푸집

(2) 무량판 구조에서 2방향 장선 바닥판의 구조가 가능하도록 만든 돔(dome) 형태의 특수상자 모양의 기성재 거푸집

(3) 비계틀 또는 가동골조로 구성한 대형 시스템화 거푸집으로서 한 구간 콘크리트 타설 후 거푸집을 낮추어 수평이동하면서 콘크리트를 연속적으로 부어 나갈 수 있는 거푸집

(4) 아연도금 철판을 절곡하여 만든 거푸집으로서 절곡 철판 거푸집에 철근을 배근하고 콘크리트를 직접 시공하므로 동바리량이 감소되고 별도의 해체 작업도 필요 없는 거푸집

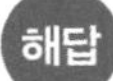
(1) 슬라이딩 폼
(2) 와플 폼
(3) 트래블링 폼
(4) 덱 플레이트

기출문제

8. 다음은 건축공사 표준시방서에서 콘크리트의 압축강도를 시험하지 않는 경우 평균기온이 10℃ 이상일 때 기초·기둥·보·벽의 측면의 거푸집을 떼어낼 수 있는 콘크리트의 재령일을 나타낸 표이다. (　) 안에 알맞은 일수를 표기하시오. [배점 4]

기초·보옆·기둥·벽의 존치시간

시멘트의 종류 / 평균기온	조강포틀랜드 시멘트	보통포틀랜드 시멘트 고로슬래그 시멘트(1종) 플라이애시 시멘트(1종) 포틀랜드포졸란 시멘트(A종)	고로슬래그 시멘트(2종) 플라이애시 시멘트(2종) 포틀랜드포졸란 시멘트(B종)
20℃ 이상	(①)	(③)	4일
20℃ 미만 10℃ 이상	(②)	4일	(④)

해답 ① 2일　② 3일　③ 3일　④ 6일

해설 **콘크리트의 압축강도를 시험하지 않는 경우(기초, 보, 기둥 벽 등의 측면)**

시멘트의 종류 / 평균기온	조강포틀랜드 시멘트	보통포틀래는 시멘트 고로슬래그 시멘트(1종) 플라이애시 시멘트(1종) 포틀랜드포졸란 시멘트(A종)	고로슬래그 시멘트(2종) 플라이애시 시멘트(2종) 포틀랜드포졸란 시멘트(B종)
20℃ 이상	2일	3일	4일
20℃ 미만 10℃ 이상	3일	4일	6일

기출문제

9. 다음 그림을 보고 줄눈의 명칭을 쓰시오. [배점 4]

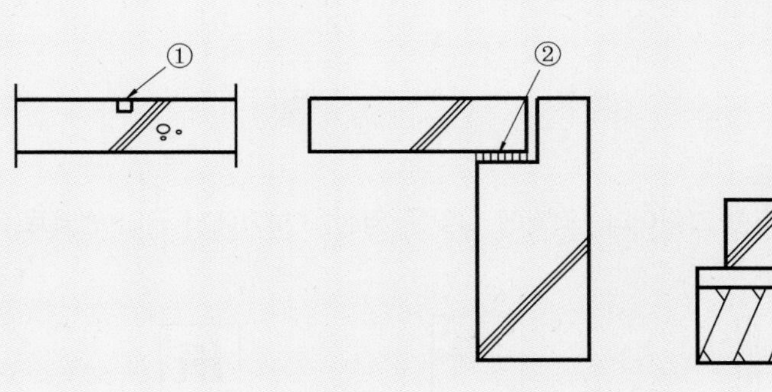

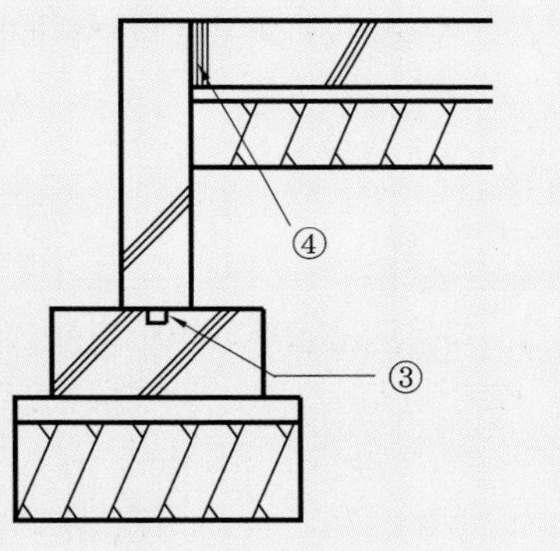

해답 ① 조절 줄눈(control joint)
② 미끄럼 줄눈(sliding joint)
③ 시공 줄눈(construction joint)
④ 신축 줄눈(expansion joint) 또는 분리 줄눈(isolation joint)

기출문제

10. 고강도 콘크리트의 화재 시 폭렬 현상에 대하여 간략하게 설명하시오. [배점 2]

해답 고강도 콘크리트는 콘크리트 속의 입자 사이가 치밀하여 화재 시 내부의 수분이 수증기로 변화하여 폭발하면서 콘크리트 표면의 일부가 떨어져 나가는 현상

참고 (1) 고강도 콘크리트(high strength concrete)

보통 중량 콘크리트가 40 MPa(N/mm^2) 이상이고, 보통 경량 콘크리트가 27 MPa (N/mm^2) 이상인 콘크리트로서 강도가 커서 초고층 건물에 주로 사용된다.

(2) 고강도 콘크리트의 폭렬 현상

고강도 콘크리트는 일반 콘크리트에 비하여 내부가 치밀하여 화재 시 고열에 공극 사이의 수분이 가열되어 고압의 수증기로 변하여 폭발하면서 콘크리트의 표면이 터져나가는 현상

(3) 문제점

초고층 건물의 고강도 콘크리트가 폭렬하여 떨어져 나가면 철근의 구조내력이 급격히 저하되어 붕괴에 이른다.

(4) 섬유보강

고강도 콘크리트에 섬유를 보강하면 화재 시 고열에 섬유가 녹아 작은 구멍이 생겨 수증기가 외부로 빠져나가 안전해진다.

기출문제

11. 다음은 철골주각부에 대한 그림이다. 각각에 알맞은 명칭을 보기에서 골라 번호로 쓰시오. [배점 6]

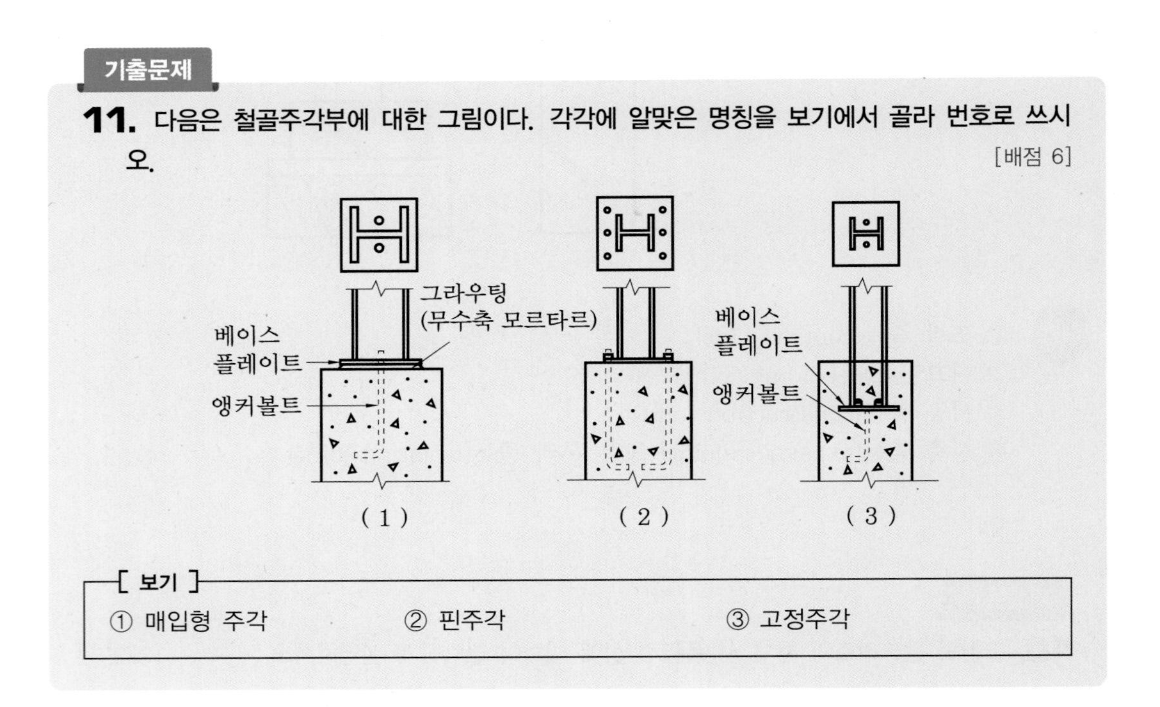

[보기]

① 매입형 주각　　② 핀주각　　③ 고정주각

해답 (1) ②　(2) ③　(3) ①

기출문제

12. 보기의 합성수지를 열경화성 및 열가소성으로 분류하여 번호로 쓰시오. [배점 4]

[보기]

① 염화비닐 수지　② 폴리에틸렌 수지　③ 페놀 수지
④ 멜라민 수지　⑤ 에폭시 수지　⑥ 아크릴 수지

(1) 열경화성 수지 : ③, ④, ⑤
(2) 열가소성 수지 : ①, ②, ⑥

기출문제

13. 다음은 금속공사에 관련된 용어이다. 이에 대한 내용을 간략하게 쓰시오. [배점 4]

(1) 펀칭 메탈(punching metal)
(2) 메탈 라스(metal lath)

(1) 펀칭 메탈(punching metal) : 얇은 철판에 각종 모양으로 도려낸 것으로서 라디에이터 커버 등에 이용된다.
(2) 메탈 라스(metal lath) : 얇은 철판에 자름금을 두어 당겨 늘려 만든 것으로서 벽이나 천장의 바름벽 바탕에 사용된다.

기출문제

14. 다음의 (　) 안에 알맞은 용어를 쓰시오. [배점 3]

콘크리트에 못을 박는 총을 드라이비트라 하고, 여기에 사용하는 못의 종류는 머리가 달린 H형과 나사로 된 T형이 있다. 이 못의 명칭은 (　　)이라 한다.

해답 드라이브 핀

기출문제

15. 공동도급(joint venture)의 운영 방식별 종류 3가지를 쓰시오. [배점 3]

① 공동이행방식
② 분담이행방식
③ 주계약자형 공동도급방식

기출문제

16. 다음 그림과 같은 독립기초(확대기초)의 2방향 전단(puncing shear)에 의한 위험단면 둘레길이(b_0)를 구하시오. (단, 위험단면의 위치는 기둥면에서 $0.75d$의 위치를 적용한다.) [배점 3]

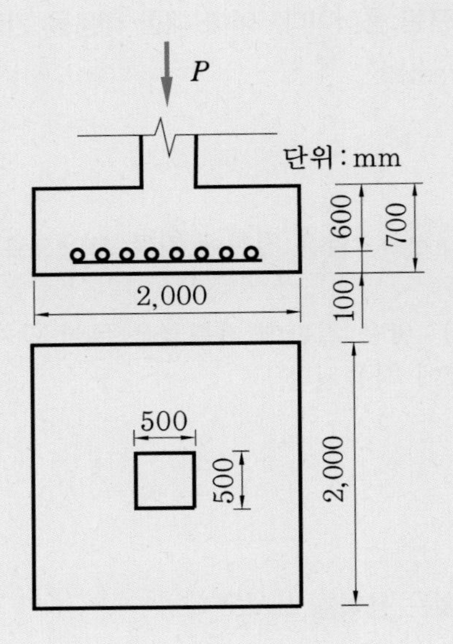

$b_0 = (0.75 \times 600 \times 2 + 500) \times 4 = 5,600\,\text{mm}$

기출문제

17. 흩어진 상태의 흙 $10\,\text{m}^3$를 이용하여 $10\,\text{m}^2$의 면적에 다짐상태로 50 cm 두께를 터돋우기 할 때 시공 완료된 후 흩어진 상태로 남은 흙량을 산출하시오. (단, 이 흙의 $L=1.2$이고 $C=0.9$이다.) [배점 3]

해답 ① 다짐상태의 토량을 흩어진 상태의 토량으로 환산

$$10 \times 0.5 \times \frac{L}{C} = 10 \times 0.5 \times \frac{1.2}{0.9} = 6.67\mathrm{m}^3$$

② 흩어진 상태로 남은 양 $= 10\mathrm{m}^3 - 6.67\mathrm{m}^3 = 3.33\mathrm{m}^3$

기출문제

18. 휨을 받는 H형강 H $-400 \times 250 \times 8 \times 14$ 형강의 폭두께비를 구하고, 국부좌굴에 대한 휨재의 단면을 구하시오. (단, 사용강재는 SN 355, 철판의 두께는 40 mm 이하, 항복강도 $f_y = 335$ MPa이고, 인장강도 $F_u = 490$ MPa이며 H형강의 fillet $r = 20$mm이다.)

[배점 5]

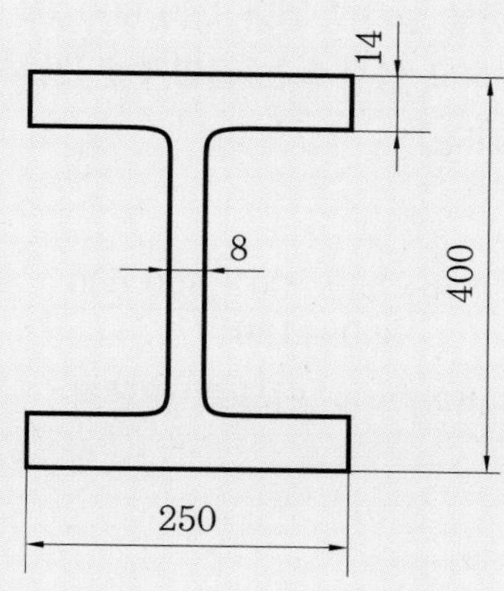

해답 (1) 강재의 재료 강도

강재 SN 355의 $F_y = 335\mathrm{MPa}$, $F_u = 490\mathrm{MPa}$

(2) 플랜지(비구속판요소)의 폭두께비 검토

$$b = \frac{b_f}{2} = \frac{250}{2} = 125\mathrm{mm}$$

$$\lambda = \frac{b}{t_f} = \frac{125}{14} = 8.93$$

$$\lambda_{pf} = 0.38\sqrt{\frac{E}{F_y}} = 0.38 \times \sqrt{\frac{210,000}{335}} = 9.51$$

$$\lambda = 8.93 < \lambda_{pf} = 9.51$$

∴ 플랜지는 콤팩트요소이다.

(3) 웨브(구속판요소)의 폭두께비 검토

$$h = H - 2 \cdot t_f = 400 - 2 \times (14 + 20) = 332\mathrm{mm}$$

$$\lambda = \frac{h}{t_w} = \frac{332}{8} = 41.5$$

$$\lambda_{pw} = 3.76\sqrt{\frac{E}{F_y}} = 3.76\sqrt{\frac{210,000}{335}} = 94.1$$

$$\lambda = 41.5 < \lambda_{pw} = 94.1$$

∴ 웨브(구속판요소)는 콤팩트요소이다.

따라서 압축판요소가 모두 콤팩트요소이므로 이 부재의 단면은 콤팩트단면이다.

기출문제

19. **블록의 압축강도가 8N/mm^2 이상으로 규정되어 있고, 블록의 규격은 $390 \times 190 \times 190\text{mm}$ 일 때, 압축강도 시험을 실시한 결과 각각 600 kN, 550 kN, 500 kN에서 파괴되었을 때 평균압축강도를 구하고 합격 또는 불합격을 판별하시오. (단, 중앙부의 구멍을 공제한 순수면적은 460cm^2 이다.)** [배점 4]

(1) 평균압축강도 $= \left(\frac{600,000 + 550,000 + 500,000}{390 \times 190}\right) \div 3 = 7.42\text{N/mm}^2$

(2) 판정 : $7.42\text{N/mm}^2 < 8\text{N/mm}^2$ 이므로 불합격

기출문제

20. **바닥 미장 시공 면적이 $1,000\text{m}^2$ 이고, 품셈기준이 다음과 같을 때 1일 10인이 작업 시 작업소요일을 구하시오.** [배점 4]

바닥 미장 품셈(m^2)

구분	단위	수량
미장공	인	0.05

해답

(1) 바닥 미장 면적 1m^2 당 소요 인부수 $= 0.05$ 인$/\text{m}^2$

(2) $1,000\text{m}^2 \times 0.05$ 인$/\text{m}^2 \div 10$ 인 $= 5$ 일

기출문제

21. 다음 그림과 같은 맞댐 용접(groove welding)에서 현장 시공하는 경우의 용접 기호를 표시하시오.

[배점 4]

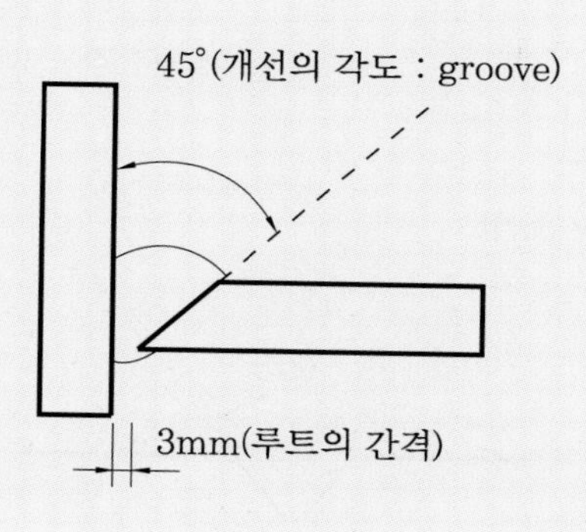

해답 용접 기호

3
45°

해설 용접 기호 설명

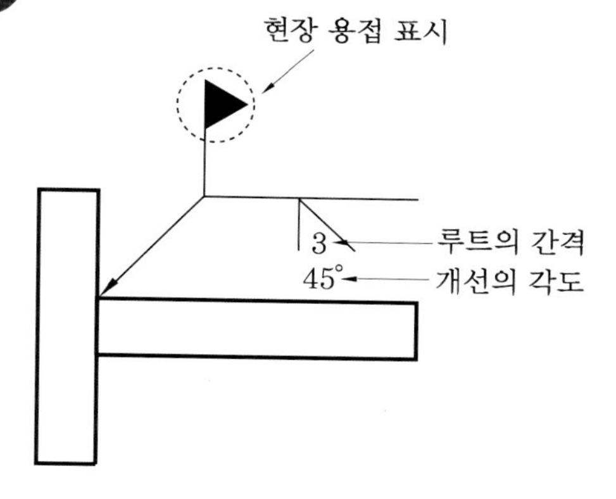

참고 **용접 표시 기호**

(1) 모살 용접(fillet welding)

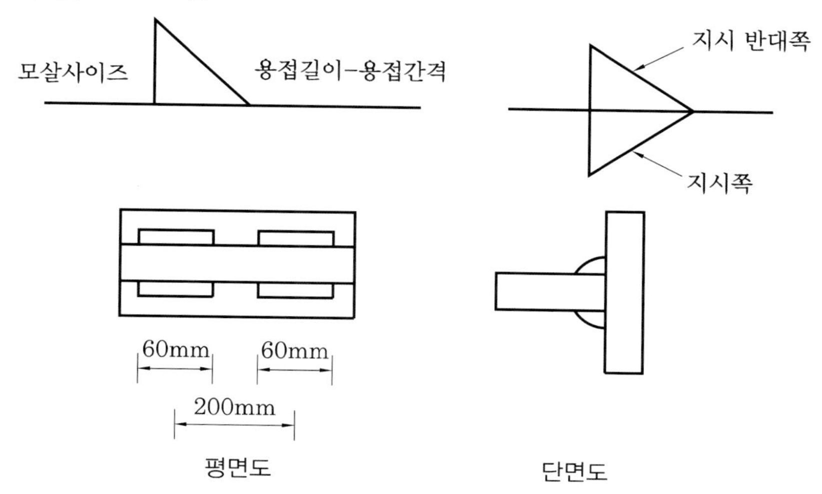

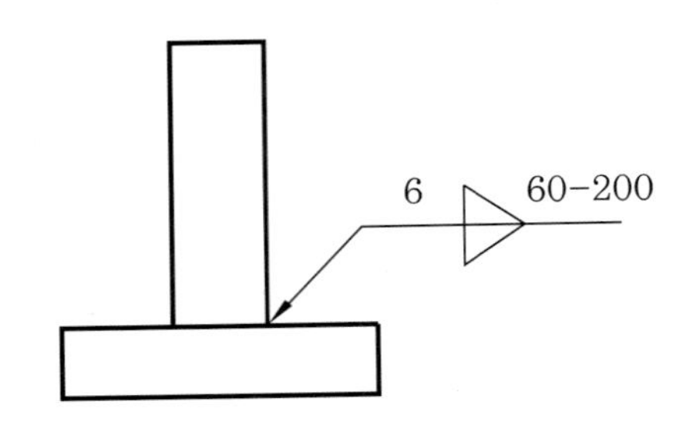

양면모살용접
모살사이즈(다리길이) : 6mm
용접길이 : 60
용접간격 : 200

(2) 맞댐 용접(groove welding)

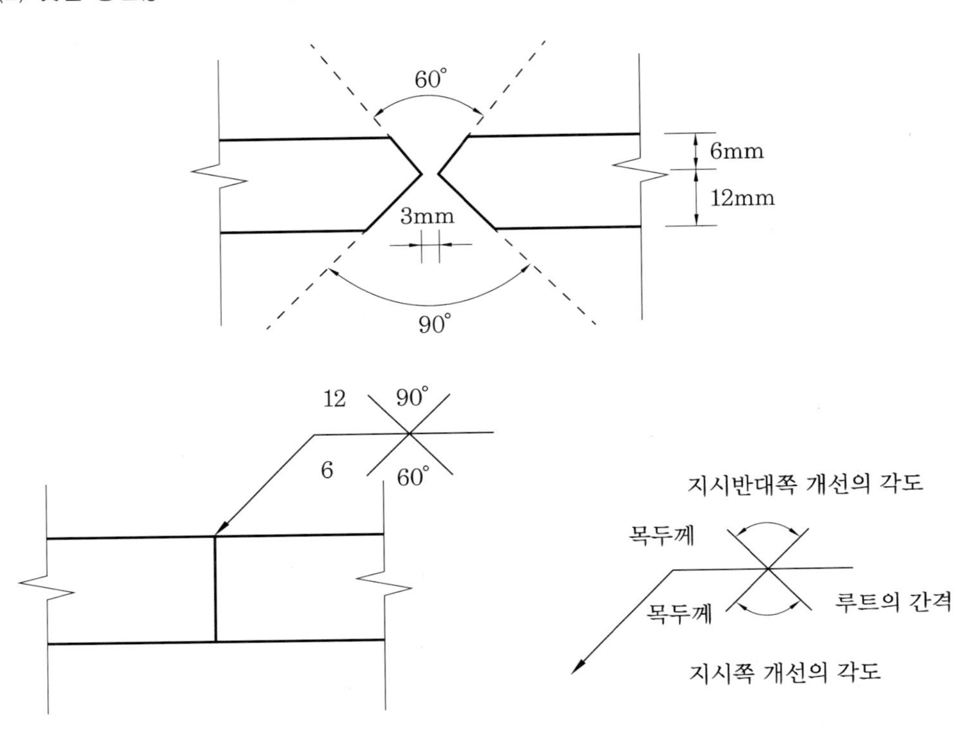

기출문제

22. 조적공사에서 벽면적 $100\,\mathrm{m}^2$에 표준형 벽돌 1.5B 쌓기 할 때 적벽돌 소요량을 산출하시오. [배점 4]

해답 $100 \times 224 \times 1.03 = 23{,}072$장

참고 (1) 벽면적 $1m^2$당 정미수량

벽돌 종류 \ 벽두께	0.5B	1.0B	1.5B	2.0B
표준형 (기본형·장려형·블록 혼용 벽돌) : $19 \times 9 \times 5.7$cm	75장	149장	224장	298장
기존형 : $21 \times 10 \times 6$cm	65장	130장	195장	260장
내화 벽돌 : $23 \times 11.4 \times 6.5$cm	59장	118장	177장	236장

(2) 벽돌의 할증률

① 벽돌·내화 벽돌 : 3%

② 시멘트 벽돌 : 5%

(3) 벽돌의 소요량

소요량(구입량, 주문량, 반입수량)은 정미수량에 할증률을 가산하여 계산한다. 단, 소수점 이하 첫째자리에서 반올림하는 것을 원칙으로 한다.

기출문제

23. 다음 그림과 같은 캔틸레버 보의 A점으로부터 우측으로 4 m 떨어진 C점의 전단력(S_C)과 휨모멘트(M_C)를 구하시오.

[배점 3]

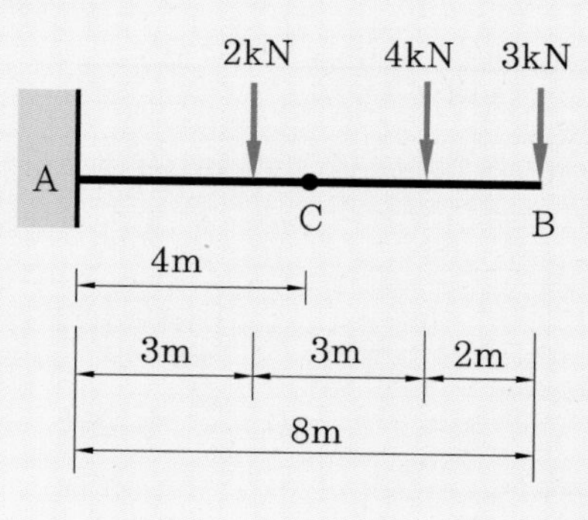

해답 (1) $S_C = -4 - 3 = -7\text{kN}$

우측을 구하여 부호를 바꾸어주면

$S_C = 7\text{kN}$

(2) $M_C = 4 \times 2 + 3 \times 4 = 20\text{kN} \cdot \text{m}$

우측을 구하여 부호를 바꾸어주면

$M_C = -20\text{kN} \cdot \text{m}$

2018

기출문제

24. 다음 그림과 같은 구조물에서 A 부재에 발생하는 부재력을 구하시오. [배점 3]

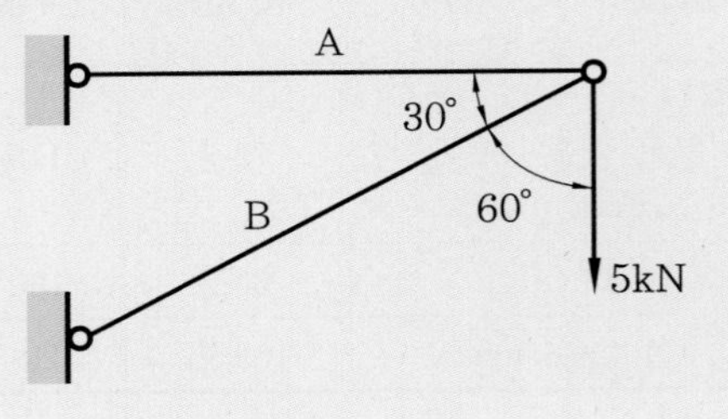

해답 ① B 부재력의 계산 : $-B \cdot \cos 60° - 5 = 0$

$\therefore B = \dfrac{-5}{\cos 60°} = -5 \times 2 = -10\text{kN}$

② A 부재력의 계산 : $-A - B \cdot \cos 30° = 0$

$A = -B \times \dfrac{\sqrt{3}}{2} = -(-10 \times \dfrac{\sqrt{3}}{2}) = 10 \times \dfrac{\sqrt{3}}{2} = 5\sqrt{3}\text{kN}$

기출문제

25. 다음 작업 리스트를 보고 네트워크(network) 공정표를 작성하고, 각 작업의 여유시간을 구하시오. [배점 10]

<table>
<tr><th>작업명</th><th>선행작업</th><th>작업일수</th><th>비고</th></tr>
<tr><td>A</td><td>없음</td><td>4</td><td rowspan="11">(1) CP는 굵은 선으로 표시하시오.
(2) 각 결합점에는 다음과 같이 표시한다.
EST LST　　LFT EFT
(3) 각 작업은 다음과 같이 표시한다.
i —작업명 / 작업일수→ j</td></tr>
<tr><td>B</td><td>A</td><td>6</td></tr>
<tr><td>C</td><td>A</td><td>5</td></tr>
<tr><td>D</td><td>A</td><td>4</td></tr>
<tr><td>E</td><td>B</td><td>3</td></tr>
<tr><td>F</td><td>B, C, D</td><td>7</td></tr>
<tr><td>G</td><td>D</td><td>8</td></tr>
<tr><td>H</td><td>E</td><td>6</td></tr>
<tr><td>I</td><td>E, F</td><td>5</td></tr>
<tr><td>J</td><td>E, F, G</td><td>8</td></tr>
<tr><td>K</td><td>H, I, J</td><td>6</td></tr>
</table>

해답 (1) 네트워크 공정표

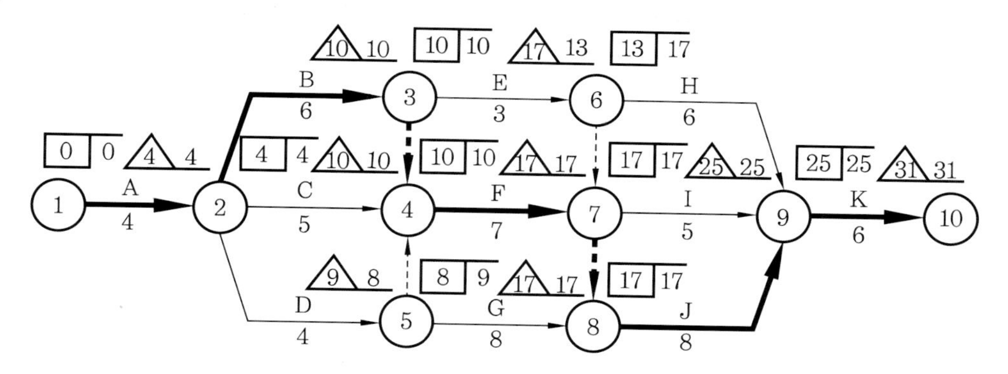

(2) 여유시간

작업명	TF	FF	DF
A	0	0	0
B	0	0	0
C	1	1	0
D	1	0	1
E	4	0	4
F	0	0	0
G	1	1	0
H	6	6	0
I	3	3	0
J	0	0	0
K	0	0	0

기출문제

26. 목재의 방부 처리 공법의 종류를 3가지 쓰시오. [배점 3]

① 나무 방부제칠
② 표면 탄화법
③ 침지·가압 주입법

2018년도 | 2회 기출문제

기출문제

1. 특기 시방서에 철근의 인장강도는 $240\,N/mm^2$ 이상으로 규정되어 있다. 건설공사 현장에 반입된 철근을 KS 규격에 의거 중앙부 지름 14 mm, 표점거리 50 mm로 가공하여 인장강도를 시험하였더니 37.2 kN, 40.57 kN, 38.15 kN에서 파괴되었다. 평균인장강도를 구하고 특기 시방서의 규정과 비교하여 합격 여부를 판정하시오. [배점 4]

해답 (1) 평균인장강도 $= \dfrac{37{,}200 + 40{,}570 + 38{,}150}{\dfrac{\pi \times 14^2}{4}} \div 3$

$= 251.01N/mm^2$

(2) 판정 : $251.01N/mm^2 > 240N/mm^2$ 이므로 합격

기출문제

2. 다음 그림과 같은 인장재의 순단면적을 구하시오. (단, 판재의 두께는 9 mm이고, 사용된 고장력 볼트는 M22이다.) [배점 4]

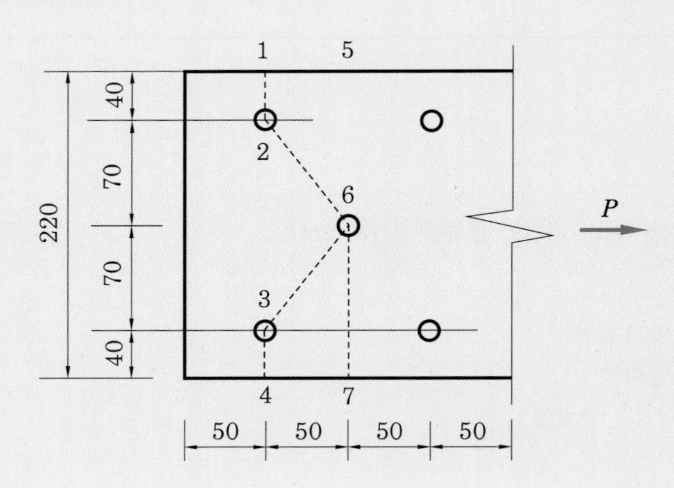

해답 (1) 표준공칭지름

M22는 지름이 22mm이므로 표준공칭지름 $d_h = 22 + 2 = 24\text{mm}$

(2) 파단선에 따른 순단면적

① 파단선 (1, 2, 3, 4)

$220 \times 9 - 24 \times 9 \times 2 = 1{,}548\text{mm}^2$

② 파단선 (1, 2, 6, 3, 4)

$$220 \times 9 - 24 \times 9 \times 3 + \frac{50^2}{4 \times 70} \times 9 + \frac{50^2}{4 \times 70} \times 9 = 1{,}492.72\text{mm}^2$$

③ 파단선 (1, 2, 6, 7)

$$220 \times 9 - 24 \times 9 \times 2 + \frac{50^2}{4 \times 70} \times 9 = 1{,}628.36\text{mm}^2$$

∴ 순단면적 A_n은 ① ,②, ③ 중 가장 작은 값

$A_n = 1492.72\text{mm}^2$

해설 (1) 표준구멍의 지름(d_h)

종류	공칭지름(d)	표준구멍의 지름(d_h)
고장력 볼트	$d < 24$	$d + 2.0$
	$d \geq 24$	$d + 3.0$
리벳	$d < 20$	$d + 1.0$
	$d \geq 20$	$d + 1.5$
일반 볼트		$d + 5.0$

(2) 순단면적(A_n)

① 정렬배치 : $A_n = A_g - nd_h t[\text{mm}^2]$

② 불규칙배치 : $A_n = A_g - nd_h t + \sum \frac{s^2}{4g} t[\text{mm}^2]$

여기서, A_g : 총단면적, n : 인장력에 의한 파단선상에 있는 구멍의 수

d_h : 표준공칭구멍 지름, t : 부재의 두께

g : 인장응력 방향 게이지 간격, s : 인장응력 직각방향 표준공칭구멍 지름 간격

2018

기출문제

3. 압축연단콘크리트의 극한 변형률 0.003에 도달할 때 최외단 인장철근의 순인장변형률 ε_t가 0.005 이상인 단면의 명칭을 쓰시오. [배점 4]

 인장지배단면

 휨모멘트나 축력 또는 휨모멘트와 축력을 받는 부재의 강도감소계수를 정하기 위한 지배단면의 구분은 다음과 같다.

압축지배단면	변화구간단면	인장지배단면
압축측 콘크리트의 극한 변형률 0.003일 때 최외단 인장철근의 순인장변형률(ε_t)이 압축지배변형률 한계 이하인 단면이다.	압축측 콘크리트의 극한 변형률 0.003일 때 최외단 인장철근의 순인장변형률(ε_t)이 압축지배변형률 한계와 인장지배변형률 한계 사이인 단면이다.	압축측 콘크리트의 극한 변형률 0.003일 때 최외단 인장철근의 순인장변형률(ε_t)이 인장지배변형률 한계 이상인 단면이다.
$\varepsilon_c=0.003$	$\varepsilon_c=0.003$	$\varepsilon_c=0.003$
순인장변형률(ε_t) $\leq$ 압축지배변형률 한계(ε_y)	$\varepsilon_y < \varepsilon_t < 0.005(f_y \leq 400\text{MPa})$ $\varepsilon_y < \varepsilon_t < 2.5f_y(f_y > 400\text{MPa})$	$f_y \leq 400\text{MPa},\ \varepsilon_t \geq 0.005$ $f_y > 400\text{MPa},\ \varepsilon_t \geq 2.5f_y$

기출문제

4. 다음은 터파기 공사에 사용되는 토공사용 기계를 설명한 것이다. 이에 알맞은 기계의 명칭을 쓰시오. [배점 4]

(1) 지하 연속벽·케이슨(잠함) 등의 좁은 곳으로서 사질지반 등의 연약지반의 수직 터파기에 이용되는 굴삭용 기계

(2) 지반면보다 높은 곳의 흙파기용 기계

 (1) 클램셸　　(2) 파워 셔블

기출문제

5. 목재의 인공 건조 방법 3가지를 쓰시오. [배점 4]

해답 ① 훈연법 ② 증기법 ③ 열풍법

해설 **목재의 인공 건조 방법**

① 훈연법 : 건조실의 중앙에서 톱밥 등을 연소시키는 방법
② 증기법 : 건조실 내에 증기를 보내는 방법
③ 열풍법 : 건조실 내에 뜨거운 열을 보내는 방법

기출문제

6. 다음 그림과 같은 독립기초에 편심하중이 작용하는 경우 최대압축응력을 구하시오.

[배점 6]

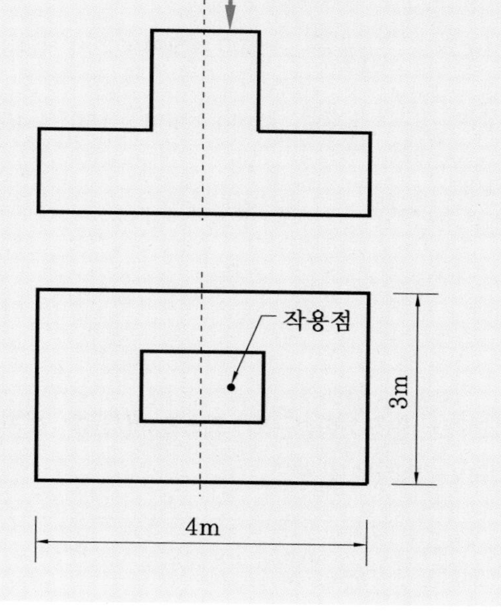

해답 최대압축응력 $\sigma = -\dfrac{N}{A} - \dfrac{N \cdot e}{Z} = -\dfrac{1,000}{3 \times 4} - \dfrac{1,000 \times 0.5^2}{\dfrac{3 \times 4^2}{6}} = -114.58\text{kN/m}^2$

해설 ① 축하중 : $\sigma = -\dfrac{N}{A}$

② 편심하중 : $\sigma = -\dfrac{N}{A} \pm \dfrac{N \cdot e}{Z}$

③ 축하중과 모멘트 하중 : $\sigma = -\dfrac{N}{A} \pm \dfrac{M}{Z}$

기출문제

7. 다음 그림과 같은 보의 단면 2차 모멘트비 I_x/I_y를 구하시오. [배점 4]

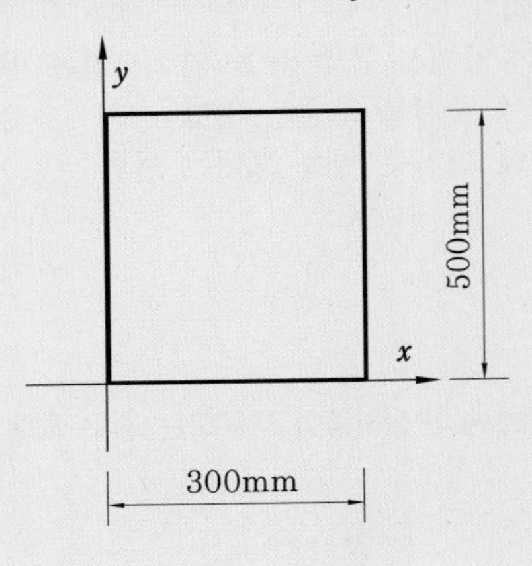

해답 ① $I_x = \frac{bh^3}{12} + Ay^2 = \frac{300 \times 500^3}{12} + 300 \times 500 \times 250^2 = 125 \times 10^8 \text{mm}^4$

② $I_y = \frac{hb^3}{12} + Ax^2 = \frac{500 \times 300^3}{12} + 500 \times 300 \times 150^2 = 45 \times 10^8 \text{mm}^4$

③ $\frac{I_x}{I_y} = \frac{125 \times 10^8}{45 \times 10^8} = 2.78$

기출문제

8. 철근콘크리트 구조에서 인장이형철근의 정착길이(l_d)를 보기의 공식으로 계산할 때 α, β, γ, λ가 의미하는 명칭을 쓰시오. [배점 4]

[보기]

$$l_d = \frac{0.9 d_b f_y}{\lambda \sqrt{f_{ck}}} \cdot \frac{\alpha \cdot \beta \cdot \gamma}{\left(\frac{c + K_{tr}}{d_b}\right)}$$

해답 ① α : 철근배근위치 계수

② β : 철근도막 계수

③ γ : 철근 또는 철선의 크기 계수

④ λ : 경량 콘크리트 계수

기출문제

9. 콘크리트 벽체의 돌출 부분만 간단히 정리하고 레디믹스트 모르타르(ready mixed mortar)에 세라믹 분말 또는 대리석 분말을 물과 혼합하여 두께 1~3 mm로 바르는 방식의 명칭을 쓰시오. [배점 3]

해답 수지미장

기출문제

10. 보강블록조에서 세로 철근의 기초보 또는 테두리보에 정착하는 정착길이와 피복두께를 쓰시오. (단, d는 세로 철근 지름이다.) [배점 4]

(1) 정착길이 : (　　) d 이상

(2) 피복두께 : (　　) mm 이상

해답 (1) 40　　(2) 20

기출문제

11. 다음 그림과 같이 철골조의 재질·단면적·길이가 같은 경우 유효좌굴길이(KL)가 큰 순서대로 번호를 쓰시오. [배점 3]

①	②	③	④

일단고정단, 타단이동단 (회전구속, 이동자유)	일단회전단, 타단이동단 (회전구속, 이동자유)	양단고정	일단고정단, 타단회전단 (회전자유, 이동구속)

(1) 유효좌굴길이(KL)

① $1L$ ② $2L$ ③ $0.5L$ ④ $0.7L$

(2) 유효좌굴길이 크기 순서 : ② → ① → ④ → ③

기출문제

12. **콘크리트 배합 시 슬럼프가 저하되는 현상을 슬럼프 손실(slump loss)이라 한다. 이 현상의 직접적 원인 2가지를 쓰시오.** [배점 4]

① 반죽 후 시간의 경과

② 서열기 공사

기출문제

13. **거푸집 공사에서 system 거푸집 중 터널 폼(tunnel form)에 대한 내용을 간략하게 쓰시오.** [배점 3]

해답 벽과 바닥판을 ㄱ자형 또는 ㄷ자형으로 짜는 거푸집으로 수평이동하면서 철근배근하고 콘크리트를 타설해 나가는 방식이며, 저층 벽식 구조의 아파트에 많이 사용된다.

기출문제

14. **철근콘크리트 공사의 철근 조립 시공 순서에 따라 보기의 번호를 나열하시오.** [배점 3]

[보기]

① 보 철근
② 기초 철근
③ 기둥 철근
④ 바닥 철근
⑤ 벽 철근

해답 ②-③-⑤-①-④

기출문제

15. 콘크리트의 각종 joint에 대하여 설명하시오. [배점 4]

(1) cold joint
(2) construction joint
(3) control joint
(4) expansion joint

(1) 콘크리트 시공 과정 중 휴식시간 등으로 응결하기 시작한 콘크리트에 새로운 콘크리트를 이어칠 때 일체화가 저해되어 생기게 되는 줄눈
(2) 콘크리트를 한 번에 계속하여 부어 나가지 못할 곳에 생기게 되는 줄눈
(3) 지반 등 안정된 위치에 있는 바닥판이 수축에 의하여 표면에 균열이 생길 수 있는데 이것을 막기 위하여 설치하는 줄눈
(4) 건축물의 온도에 의한 수축 팽창, 부동 침하 등에 의하여 발생하는 건축의 전체적인 불규칙 균열을 한 곳에 집중시키도록 설계 및 시공 시 고려되는 줄눈

기출문제

16. 조적조 벽체에서 물이 새는 원인 4가지를 쓰시오. [배점 4]

① 사춤 모르타르 불충분
② 조적법이 불완전하게 되었을 때
③ 치장 줄눈의 불완전 시공
④ 이질재 접촉부
⑤ 채양, 기타 돌출 부위의 물이 괴는 부분에 접속되는 조적벽
⑥ 물흘림, 물끊기 및 빗물막이의 불완전

기출문제

17. 도급공사에서 발주자와 시공자가 실비를 확인 정산하고 정해진 보수율에 따라 시공자에게 보수를 지급하는 방식의 명칭을 쓰시오. [배점 3]

실비정산보수가산식

기출문제

18. 다음 데이터를 이용하여 네트워크 공정표를 작성하시오. [배점 10]

작업명	작업일수	선행작업	비고
A	2	없음	EST LST, LFT EFT, ⓘ —작업명/작업일수→ ⓙ 로 일정 및 작업 표기 (주공정선은 굵은 선으로 표시한다.)
B	3	없음	
C	5	A	
D	5	A, B	
E	2	A, B	
F	3	C, D, E	
G	5	E	

해답

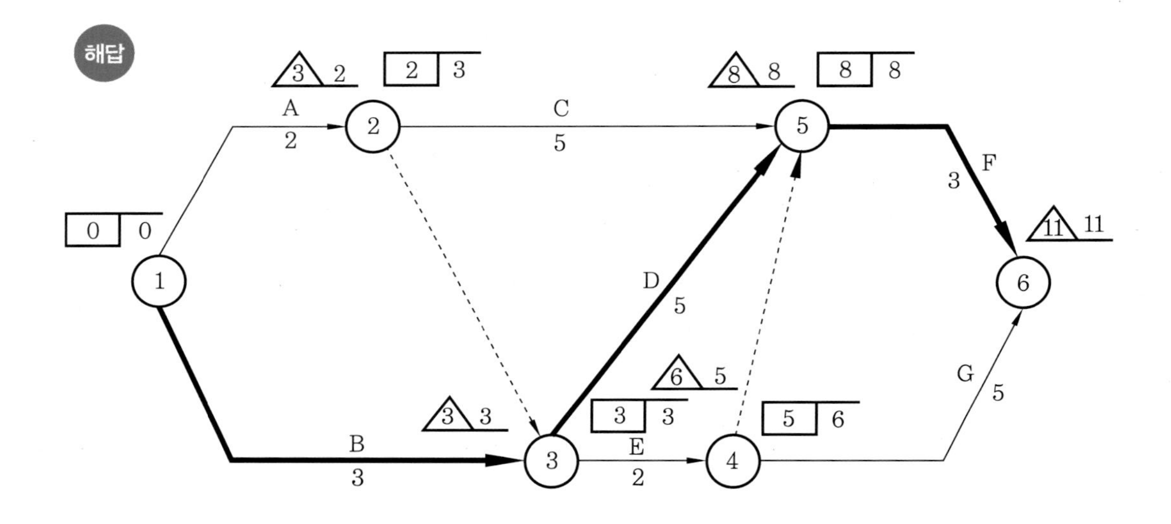

기출문제

19. 다음은 입찰에 의한 도급업자 선정 방식이다. 각각의 내용에 대하여 간략하게 설명하시오. [배점 6]

(1) 공개경쟁입찰

(2) 지명경쟁입찰

(3) 특명입찰

해답 (1) 공개경쟁입찰 : 유자격자 모두가 참가하여 입찰하는 방식
(2) 지명경쟁입찰 : 도급업자의 자본금·보유기재 및 기술능력을 고려하여 3인~7인의 시공업자를 선정하여 입찰하는 방식
(3) 특명입찰 : 가장 적합하다고 인정되는 1인을 지명하여 입찰하는 방식으로 특명에 의한 수의 계약이다.

기출문제

20. 내부 수장 공사에서 하부 바닥에서 1~1.2 m까지 널판 등으로 마감하는 벽의 명칭을 쓰시오. [배점 2]

해답 징두리벽

기출문제

21. 다음 그림과 같은 줄파기에서 흙의 단위중량이 $1,600\text{kg/m}^3$이고 흙의 할증률이 25 %일 때 터파기량과 6 t 트럭의 필요 대수를 구하시오. [배점 2]

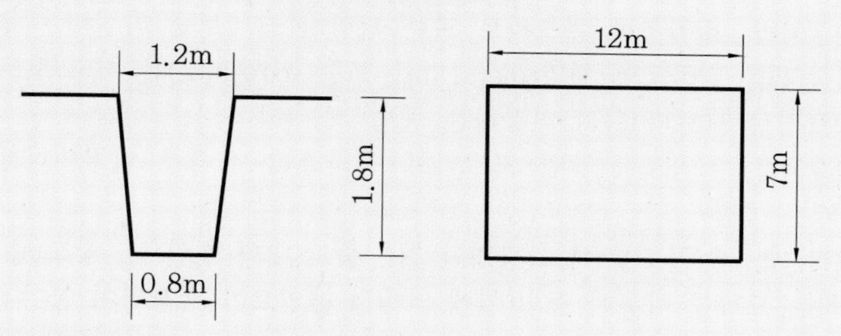

(1) 줄기초파기의 터파기량
(2) 운반대수

해답 (1) 터파기량 $v = \dfrac{a+b}{2} \times h \times l = \dfrac{1.2+0.8}{2} \times 1.8 \times (12+7) \times 2 = 68.4\text{m}^3$

(2) 운반대수 $= \dfrac{\text{잔토처리량}}{\text{운반트럭의 중량}} = \dfrac{68.4 \times 1.6 \times 1.25}{6} = 22.8$

∴ 23대

기출문제

22. 철골구조의 내화피복공법 중 습식공법에 대한 내용을 간략히 쓰고, 습식공법의 종류 3가지와 사용되는 재료를 각각 1개씩 쓰시오. [배점 4]

(1) 습식공법

(2) 습식공법의 종류 및 사용재료

해답 (1) 습식공법 : 철골구조의 내화 성능을 증가시키기 위하여 철골조 표면을 콘크리트 타설·미장·뿜칠 및 조적쌓기를 하는 방식

(2) ① 타설공법 : 콘크리트
② 미장공법 : 철망 모르타르
③ 뿜칠공법 : 암면 뿜칠

참고 (1) 내화피복공법의 구분
① 습식공법 : 타설공법, 뿜칠공법, 미장공법, 조적공법
② 건식공법(성형판붙임공법)
③ 복합공법
④ 합성공법 : 각종 재료 공법, 공법의 조합

(2) 내화피복공법의 내용
① 타설공법 : 철골조에 콘크리트 또는 경량 콘크리트를 타설하는 방법
② 미장공법 : 철골조에 철망(metal lath 또는 wire lath)을 치고 모르타르 또는 펄라이트(경량 모르타르)로 미장하는 공법
③ 뿜칠공법 : 철골조에 암면·모르타르·플라스터·실리카·알루미나계 모르타르를 뿜칠하는 공법
④ 도장공법 : 철골조를 하도(광명단 칠), 중도(내화 페인트), 상도(중도를 보호)로 마감하는 도료를 사용한 공법(열에 의해서 페인트가 팽창하여 열이 철골에 접근하는 것을 차단)
⑤ 조적공법 : 철골조에 벽돌·콘크리트 블록·경량 콘크리트 블록·돌 등으로 조적하는 공법
⑥ 성형판붙임공법(건식공법) : 철골조에 규산칼슘판·ALC판·석고보드·석면시멘트·프리캐스트 콘크리트 판을 붙여서 시공하는 공법
⑦ 복합공법 : 내화 피복 이외의 다른 성능을 가지는 공법

기출문제

23. 콘크리트의 휨강도·전단강도·인장강도·균열저항성·인성 등을 개선하기 위하여 단섬유상의 재료를 균등히 분산시켜 제조한 콘크리트를 섬유보강콘크리트라 한다. 이에 사용되는 재료의 종류를 3가지 쓰시오.

[배점 3]

해답 ① 합성섬유 ② 탄소섬유 ③ 강섬유

기출문제

24. 금속·유리·도자기·석재 등의 깨진 부분에 쓰이는 접착제의 명칭을 쓰시오. [배점 4]

해답 에폭시수지 접착제

기출문제

25. 흙의 압밀에서 예민비(sensitivity ratio) 공식을 다음과 같이 나타낼 때 ( ) 안에 알맞은 내용을 쓰고, 간단히 설명하시오.

[배점 4]

(1) 예민비$(S_t)=\dfrac{(\ ①\ )}{(\ ②\ )}$

(2) 내용 설명

(1) ① 자연 시료의 강도 ② 이긴 시료의 강도

(2) 점토의 자연 시료는 어느 정도의 강도가 있으나 함수율을 변화시키지 않고 이기면 강도가 저하되는데, 그 정도를 나타내는 것을 예민비라 한다.

2018년도 | 4회 기출문제

기출문제

1. 다음 거푸집 공사에 관련된 설명에 해당하는 용어를 쓰시오. [배점 4]

(1) 슬래브에 배근되는 철근이 거푸집에 밀착하는 것을 방지하기 위한 간격재(굄재)

(2) 벽 거푸집이 오므라드는 것을 방지하고 간격을 유지하기 위한 격리재

(3) 콘크리트에 달대와 같은 설치물을 고정하기 위하여 매입하는 철물

(4) 거푸집의 간격을 유지하며 벌어지는 것을 막는 긴장재

(1) 스페이서
(2) 세퍼레이터
(3) 인서트
(4) 폼 타이

기출문제

2. 단철근보(인장철근만 배근된 철근콘크리트보)에 하중이 작용하여 순간처짐(탄성처짐)이 5mm 발생하였다. 이때 5년 이상 지속하중이 발생할 경우 다음과 같이 장기처짐계수, 장기처짐, 총처짐을 구하시오. (단, 지속하중이 5년 이상인 경우 시간경과계수(ξ)는 2.0이다.) [배점 6]

(1) 장기처짐계수(λ_{Δ})

(2) 장기처짐

(3) 총처짐

(1) 장기처짐계수$(\lambda_{\Delta}) = \dfrac{\xi}{1+50\rho'} = \dfrac{2}{1+50\times 0} = 2$

(2) 장기처짐 $= 5\times 2 = 10\,\text{mm}$

(3) 총처짐 $= 5+10 = 15\,\text{mm}$

기출문제

3. **건축물에 사용되는 유리 중 강도가 커서 절단이 불가능하므로 주문 제작하는 유리를 주로 저층부에 사용되는 유리와 고층부에 사용되는 유리로 구분하여 적으시오.** [배점 4]

해답 (1) 저층부 주문 제작 유리 : 강화 유리
(2) 고층부 주문 제작 유리 : 배강도 유리

해설 **강화 유리와 배강도 유리**
일반 유리는 강도가 작고 파손 시 파편이 날카롭고 파편이 튀어 인체에 상해를 줄 수 있으므로 강도가 크고 파손 시 파편이 튀지 않도록 저층부에는 강화 유리, 고층부에는 배강도 유리를 사용한다.

구분	배강도 유리	강화 유리
강도	일반 유리의 2~3배 정도	일반 유리의 3~5배 정도
열처리 방식	가열된 액상의 유리를 서서히 냉각	가열된 액상의 유리를 급속 냉각
파손 형태	파손 시 유리가 이탈하지 않는다.	잘게 부스러짐
사용 부위	고층창	저층(출입문, 저층부창 등)

기출문제

4. **다음 데이터를 참조하여 네트워크(network) 공정표를 작성하고, 각 작업의 여유시간을 구하시오.** [배점 8]

작업명	작업일수	선행작업	비고
A	2	없음	네트워크 작성은 다음과 같이 표시하고, 주공정선은 굵은 선으로 표시하시오.
B	3	없음	
C	5	없음	
D	4	없음	EST / LST, LFT / EFT, (i) —작업명 / 작업일수→ (j)
E	7	A, B, C	
F	4	B, C, D	

해답 (1) 네트워크 공정표

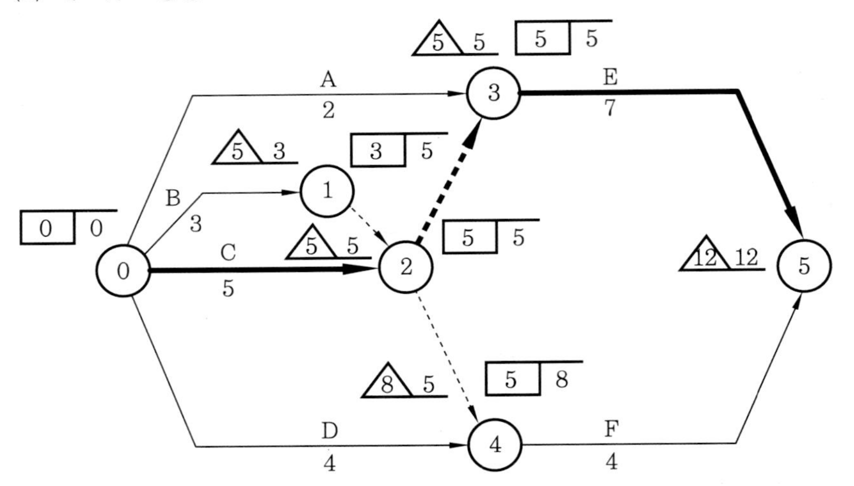

(2) 여유시간

작업명	TF	FF	DF	CP
A	3	3	0	
B	2	2	0	
C	0	0	0	*
D	4	1	3	
E	0	0	0	*
F	3	3	0	

기출문제

5. 시공계획서 제출 시 환경관리 및 친환경관리를 위해 제출해야 하는 서류 4가지를 쓰시오.

[배점 4]

① 건설폐기물의 저감 계획서
② 건설폐기물의 재활용 계획서
③ 산업부산물의 재활용 계획서
④ 작업현장 대지 및 주변 환경관리 계획서

기출문제

6. 다음 그림과 같은 트러스 구조물의 상현재(U_2), 사재(D_2), 하현재(L_2)의 부재력을 구하시오. (압축은 −, 인장은 +로 표시한다.) [배점 5]

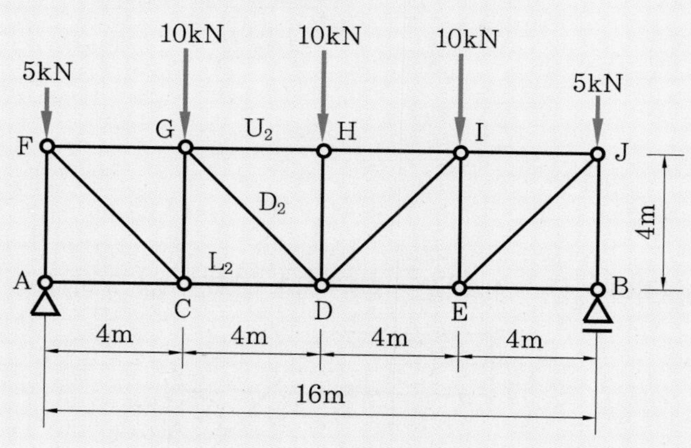

해답 (1) 반력

$$V_A = V_B = \frac{40}{2} = 20\text{kN}$$

$\therefore V_A = 20\,\text{kN}$

(2) 인장재로 가정

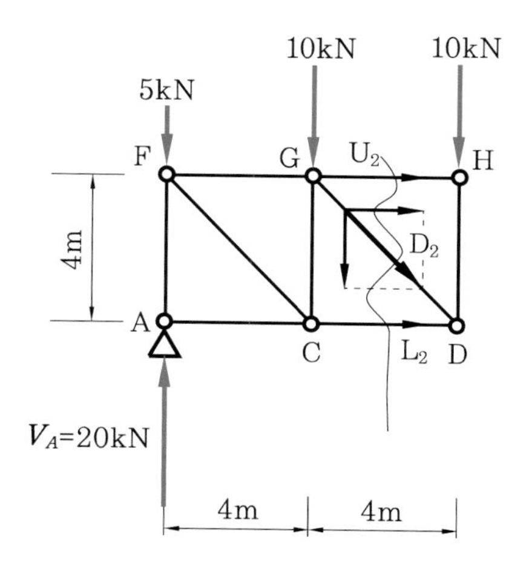

(3) U_2 부재력

$\Sigma M_D = 0$에서 $V_A \times 8 - 5 \times 8 - 10 \times 4 + U_2 \times 4 = 0$

$\therefore U_2 = -20\text{kN}$

(4) L_2 부재력

$\Sigma M_G = 0$에서 $20 \times 4 - 5 \times 4 - L_2 \times 4 = 0$

$\therefore L_2 = 15\text{kN}$

(5) D_2 부재력

$\sum V = 0$에서 $20 - 5 - 10 - D_2 \times \frac{1}{\sqrt{2}} = 0$

$\therefore D_2 = 5\sqrt{2}\,\text{kN}$

기출문제

7. 단순보의 전단력이 다음 그림과 같은 경우 최대 휨모멘트를 구하시오. [배점 4]

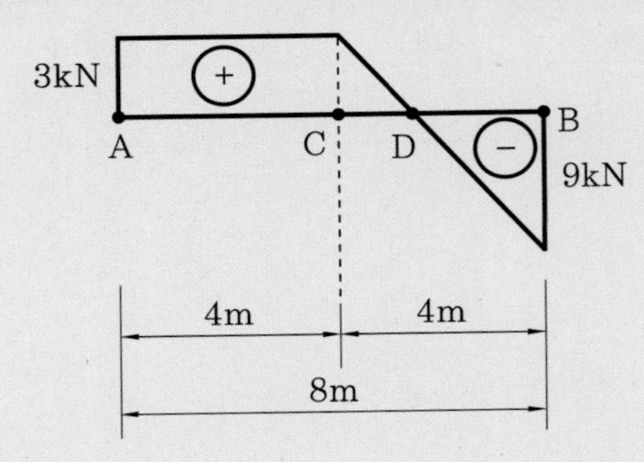

해답 ① 전단력이 0인 지점에서 최대 휨모멘트가 발생한다.

② 전단력의 면적이 그 지점의 휨모멘트이다.

③ x의 계산

$3 : x = 9 : (4 - x)$에서 $9x = 12 - 3x$

$\therefore x = 1\,\text{m}$

④ 그 지점의 휨모멘트는 전단력 면적이므로

$M_{max} = 3 \times 4 + 3 \times 1 \times \frac{1}{2} = 13.5\,\text{kN} \cdot \text{m}$ 또는 $M_{max} = 9 \times 3 \times \frac{1}{2} = 13.5\,\text{kN} \cdot \text{m}$

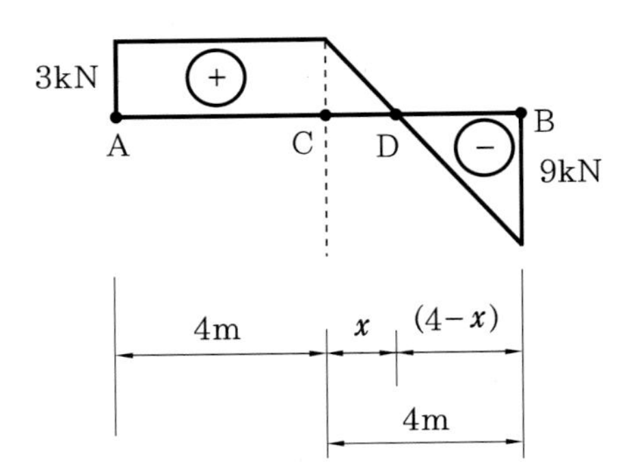

기출문제

8. 공사 계약 방식에서 공동도급(joint venture contract)의 장점 3가지를 쓰시오. [배점 3]

① 융자력 증대　② 위험 부담의 분산
③ 시공의 확실성　④ 기술의 확충 및 강화
⑤ 경험의 증대　⑥ 신용도 증대

참고 **공동도급의 단점**

① 일식도급에 비하여 경비가 증대되므로 도급자 이윤은 감소한다.
② 현장 관리 곤란
③ 상호 이해 관계 충돌

기출문제

9. 목재의 방부 처리 방법 3가지를 쓰고, 간단히 설명하시오. [배점 3]

① 나무 방부제칠 : 표면에 크레오소트 또는 콜타르를 칠하는 방법이다.
② 표면 탄화법 : 목재의 표면을 태운다.
③ 침지·가압 주입법 : 목재를 방부액 속에 담그거나 가압 주입한다.

기출문제

10. 공사 진행 방식에서 종합 건설업(Genecon)에 대하여 간략하게 기술하시오. [배점 2]

건설사에서는 건설관리를 하고 실제 시공은 전문건설업자가 시공하도록 하는 방식

기출문제

11. 커튼월의 성능 시험 항목 4가지를 쓰시오. [배점 4]

① 기밀 시험
② 내풍압 시험

③ 수밀 시험
④ 층간 변위 추종성 시험

기출문제

12. 공사비의 계산에서 적산과 견적에 대하여 간략하게 쓰시오. [배점 4]

(1) 적산 : 공사에 필요한 재료 및 품의 양, 즉 공사량을 산출하는 기술 활동
(2) 견적 : 공사량에 단가를 곱하여 공사비를 산출하는 기술 활동

기출문제

13. 조적구조에서 내력벽의 길이와 내력벽으로 둘러싸인 부분의 바닥면적의 기준에 대하여 쓰시오. [배점 3]

(1) 조적조의 내력벽의 길이
(2) 조적조의 내력벽으로 둘러싸인 부분의 바닥면적

해답

(1) 10 m 이하
(2) 80 m^2 이하

기출문제

14. 철골 공사에서 철골에 녹막이칠을 하지 않는 부분 3가지를 쓰시오. [배점 3]

① 콘크리트에 매립되는 부분
② 고력볼트 마찰 접합부의 마찰면
③ 조립에 의해 면맞춤 되는 부분
④ 밀폐되는 내면
⑤ 현장 용접을 하는 부위 및 그 곳에 인접하는 양측 100 mm 이내
⑥ 초음파 탐상 검사에 지장을 미치는 범위

기출문제

15. 다음 그림과 같은 콘크리트의 기둥이 양단 힌지로 지지되어 있을 때 약축에 대한 세장비가 150인 경우 기둥의 길이를 구하시오. [배점 3]

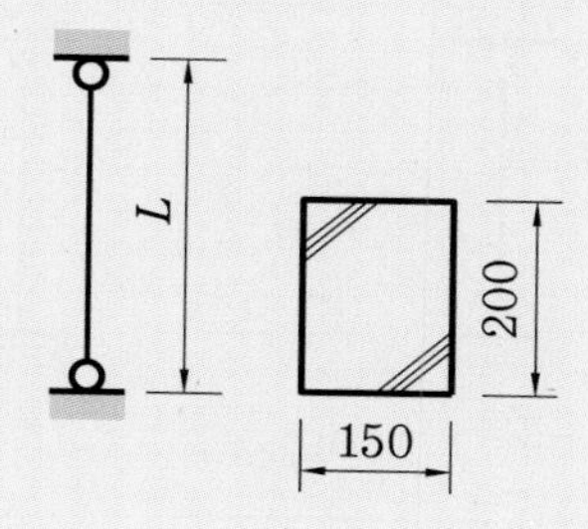

해답 (1) 약축에 대한 단면 2차 모멘트

$$I_y = \frac{hb^3}{12} = \frac{200 \times 150^3}{12} = 56,250 \times 10^3 \mathrm{mm}^4$$

(2) 최소 단면 2차 회전 반지름

$$i = \sqrt{\frac{I_{\min}}{A}} = \sqrt{\frac{56,250 \times 10^3}{150 \times 200}} = 43.30\mathrm{mm}$$

(3) 기둥의 유효길이

$KL = 1.0L$

(4) 세장비

$$\lambda = \frac{KL}{i} = \frac{1.0L}{43.30} = 150$$

$\therefore L = 6.495\,\mathrm{m}$

해설 (1) 단면 2차 모멘트

$$I_{\max} = \frac{bh^3}{12},\ I_{\min} = \frac{hb^3}{12}$$

(2) 단면 2차 회전 반지름

$$i_{\max} = \sqrt{\frac{I_{\max}}{A}},\ i_{\min} = \sqrt{\frac{I_{\min}}{A}}$$

(3) 세장비

최소 회전 반지름에 대한 기둥의 유효좌굴길이의 비

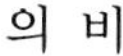

$$\lambda = \frac{KL}{i}$$

여기서, i : 최소 회전 반지름, K : 기둥의 유효길이 계수, L : 기둥의 길이

y
강축
x
h
약축
b

(4) 유효좌굴길이

일단고정 타단자유	양단힌지	일단고정 타단힌지	양단고정
L	L	L	L
$2.0L$	$1L$	$0.7L$	$0.5L$

기출문제

16. 현장 철골 세우기용 기계의 종류 3가지를 쓰시오. [배점 3]

해답 ① 가이 데릭 ② 스티프 레그 데릭 ③ 트럭 크레인

기출문제

17. 도로 포장 공사에서 폭 0.15 m, 너비 6 m, 길이 100 m의 콘크리트 도로를 6m^3의 레미콘을 이용하여 하루 8시간 작업 시 레미콘의 배차간격은 몇 분인가? [배점 3]

해답 (1) 콘크리트량 : $0.15 \times 6 \times 100 = 90\text{m}^3$

(2) 8시간 작업 시 6m^3 레미콘의 필요 대수 : $\dfrac{90}{6} = 15$대

(3) 배차간격 : $\dfrac{8 \times 60}{15} = 32$분

기출문제

18. 다음과 같은 조건에서 철근콘크리트의 체적과 중량을 구하시오. [배점 4]

(1) 보의 크기 : $300 \times 400 \times 1,000$ (단위 mm), 개수 : 150개

(2) 기둥의 크기 : $400 \times 600 \times 3,500$ (단위 mm), 개수 : 50개

(1) ① $0.3 \times 0.4 \times 1.0 \times 150 = 18\,m^3$
② $18 \times 24 = 432\,kN$
(2) ① $0.4 \times 0.6 \times 3.5 \times 50 = 42\,m^3$
② $42 \times 24 = 1{,}008\,kN$

기출문제

19. 다음 용어를 간단히 설명하시오. [배점 4]

(1) 콜드 조인트(cold joint) (2) 블리딩(bleeding)

(1) 콜드 조인트(cold joint) : 콘크리트 시공 과정 중 휴식시간 등으로 응결하기 시작한 콘크리트에 새로운 콘크리트를 이어칠 때 일체화가 저해되어 생기게 되는 줄눈
(2) 블리딩(bleeding) : 굳지 않은 콘크리트에서 내부의 물이 위로 떠오르는 현상

기출문제

20. pre-stressed concrete에서 pre-tension 공법과 post-tension 공법의 차이점을 시공 순서를 바탕으로 쓰시오. [배점 4]

(1) pre-tension 공법 (2) post-tension 공법

(1) pre-tension 공법 : 강현재를 긴장하여 콘크리트를 타설·경화한 다음 긴장을 풀어주어 완성하는 공법
(2) post-tension 공법 : 시스관을 설치하여 콘크리트를 타설·경화한 다음 관 내에 강현재를 삽입·긴장하여 고정하고 그라우팅하여 완성하는 공법

2018

기출문제

21. 시멘트의 응결시간에 영향을 미치는 요소 3가지를 설명하시오. [배점 3]

① 분말도가 높을수록 응결시간이 빠르다.
② 알루민산삼석회(CA_4)가 많을수록 응결시간이 빠르다.
③ 온도가 높거나 습도가 낮으면 응결이 빨라진다.
④ 수량이 적을수록 응결이 빠르다.

기출문제

22. 기초 공사에서 언더피닝(under pinning) 공법을 적용하는 목적을 설명하고, 공법의 종류 2가지를 쓰시오. [배점 4]

(1) 적용 목적

(2) 공법의 종류

해답 (1) 적용 목적 : 터파기에서 주변 구조물의 침하 또는 기존 건물의 침하 시 기초를 보강하기 위해 언더피닝 공법을 적용한다.

(2) 공법의 종류

① 덧기둥 지지 공법

② 2중 널말뚝 방식

기출문제

23. 콘크리트를 연속 시공할 수 있는 공법 중 수직이동하는 슬립 폼(slip form)과 수평이동하는 트래블링 폼(traveling form)에 대하여 간략하게 쓰시오. [배점 4]

해답 (1) 슬립 폼 : 주로 수직이동하면서 연속 시공하는 공법으로서 수직 수평이동하면서 연속 벽을 시공하는 공법으로서 단면 형상에 변화가 있는 곳에 사용된다.

(2) 트래블링 폼 : 수평이동이 가능한 가동골조를 설치하여 한 구간 시공 후 낮추어 가면서 이동하여 바닥 콘크리트를 타설하는 공법

기출문제

24. 철근콘크리트 구조에서 철근의 부식을 방지하기 위한 방법 4가지를 쓰시오. [배점 4]

① 물시멘트비를 작게 하여 콘크리트 내의 공극을 작게 한다.

② 콘크리트 내에 방청제를 혼입한다.

③ 콘크리트 표면에 수밀성이 높은 표면 마감을 한다.

④ 철근에 아연도금 또는 에폭시수지 코팅을 한다.

기출문제

25. 조적조(벽돌, 블록, 돌)를 바탕으로 하는 지상부 건축물의 외부 벽면의 방수 공법의 종류를 3가지 쓰시오.

[배점 3]

해답 ① 치장 줄눈을 방수적으로 시공
② 표면 수밀재 붙임
③ 표면 방수 처리

기출문제

26. 다음 그림과 같은 철근콘크리트 보에서 최외단 인장철근의 순인장변형률(ε_t)을 산정하고, 지배단면을 구분하시오.(단, $A_s = 1,927\,\text{mm}^2$, $f_{ck} = 24\text{MPa}$, $f_y = 400\text{MPa}$, $E_s = 2 \times 10^5\text{MPa}$)

[배점 4]

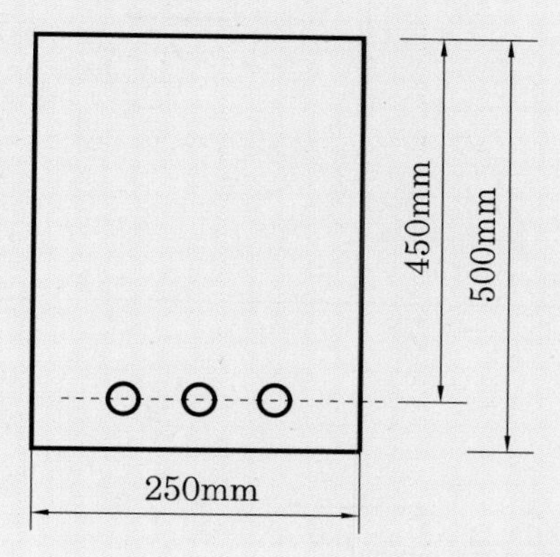

해답 (1) 순인장변형률(ε_t)

① 응력블록깊이 : $a = \dfrac{1,927 \times 400}{0.85 \times 24 \times 250} = 151.14\text{mm}$

② 중립축거리 : $C = \dfrac{a}{\beta_1} = \dfrac{151.14}{0.85} = 177.81\text{mm}$

③ 순인장변형률 : $\varepsilon_t = \dfrac{450 - 177.81}{177.81} \times 0.003 = 0.00459$

$\therefore\ \varepsilon_t = 0.0046$

(2) 지배단면의 구분

$f_y = 400\text{ MPa}$이고 $0.002 < \varepsilon_t = 0.0046 < 0.005$ 이므로

∴ 변화구간단면

2018

2019년도 | 1회 기출문제

기출문제

1. 다음 데이터를 이용하여 네트워크(network) 공정표를 작성하고 각 작업의 여유시간을 구하시오. [배점 10]

작업	선택작업	소요일수	비고
A	없음	3	단, Event 안에 번호를 기입하고 주공정선은 굵은 선으로 표시한다.
B	없음	2	
C	없음	4	
D	C	5	
E	B	2	
F	A	3	
G	A, C, E	3	
H	D, F, G	4	

비고 범례: EST, LST, LFT, EFT, i, j, 작업명, 공사일수

해답 (1) 네트워크 공정표

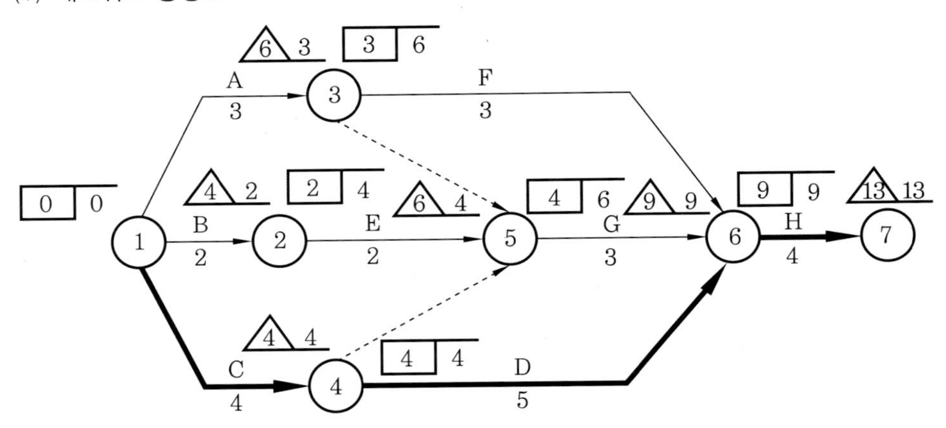

(2) 여유시간

작업명	TF	FF	DF	CP
A	3	0	3	
B	2	0	2	
C	0	0	0	*
D	0	0	0	*
E	2	0	2	
F	3	3	0	
G	2	2	0	
H	0	0	0	*

기출문제

2. 다음 표는 콘크리트의 압축강도를 시험하지 않는 경우 거푸집널의 해체시기를 나타낸 표이다. 빈칸에 알맞은 일수를 쓰시오. (단, 기초·보·기둥 및 벽의 측면의 경우) [배점 4]

평균기온 \ 시멘트의 종류	조강포틀랜드 시멘트	보통포틀랜드시멘트
20℃ 이상	(①)	(②)
20℃ 미만 10℃ 이상	(③)	(④)

해답 ① 2일 ② 3일 ③ 3일 ④ 4일

기출문제

3. 강구조 공사에서의 밀시트(mill sheet)와 용접 공사에서의 뒷댐재(back strip)에 대하여 간략하게 쓰시오. [배점 4]

(1) 밀시트(mill sheet) (2) 뒷댐재(back strip)

(1) 밀시트(mill sheet) : 철강 제품의 품질을 보장하기 위해서 제조회사가 재료의 성분, 재원 등 규격품에 대하여 발행해 주는 증명서

(2) 뒷댐재(back strip) : 맞댐 용접에서 하향 용접 시 맞댐면 루트 간격 사이로 용착금속이 흘러내려가는 것을 막기 위해 대주는 철판

기출문제

4. 어스 앵커(earth anchor) 공법에 대하여 설명하시오. [배점 3]

흙막이 후면에 구멍을 뚫고 로드를 앵커시켜 흙막이를 지지시키는 공법

기출문제

5. 큰 처짐에 의하여 손상되기 쉬운 칸막이벽이나 기타 구조물을 지지 또는 부착하지 않은 부재의 경우 다음 표에서 정한 최소 두께를 적용해야 한다. 다음 표의 (　　) 안에 알맞은 내용을 쓰시오. (단, 다음 표의 값은 보통중량콘크리트와 설계기준항복강도 400 MPa 철근을 사용한 부재에 대한 값이다.) [배점 3]

부재	최소두께 (l : 경간)
단순 지지된 1방향 슬래브	(①)
1단 연속된 보	(②)
양단 연속된 리브가 있는 1방향 슬래브	(③)

① $\frac{l}{20}$ ② $\frac{l}{18.5}$ ③ $\frac{l}{21}$

처짐을 계산하지 않는 경우의 보 또는 1방향 슬래브의 최소 두께

<table>
<tr><th rowspan="3">부재</th><th colspan="4">최소 두께(h)</th></tr>
<tr><th>단순 지지</th><th>1단 연속</th><th>양단 연속</th><th>캔틸레버</th></tr>
<tr><td colspan="4">큰 처짐에 의해 손상되기 쉬운 칸막이벽이나 기타 구조물을 지지 또는 부착하지 않은 부재</td></tr>
<tr><td>1방향 슬래브</td><td>$\frac{l}{20}$</td><td>$\frac{l}{24}$</td><td>$\frac{l}{28}$</td><td>$\frac{l}{10}$</td></tr>
<tr><td>보
리브가 있는 1방향 슬래브</td><td>$\frac{l}{16}$</td><td>$\frac{l}{18.5}$</td><td>$\frac{l}{21}$</td><td>$\frac{l}{8}$</td></tr>
</table>

이 표의 값은 보통중량콘크리트($w_c = 2{,}300\text{kg/m}^3$)와 설계기준항복강도 400 MPa 철근을 사용한 부재에 대한 값이다.

기출문제

6. 다음 조건과 같은 경우 파워 셔블(power shovel)의 1시간당 추정 굴착작업량을 산출하시오. (단, 단위를 정확히 명기해야 정답으로 인정한다.) [배점 3]

[조건]

- 버킷용량(q) : 0.8 m^3
- 작업효율(E) : 0.83
- 1회 사이클 타임(C_m) : 40s
- 토량환산계수(f) : 0.7
- 버킷계수(k) : 0.8

$$Q = \frac{3,600 \times 0.8 \times 0.7 \times 0.83 \times 0.8}{40} = 33.46\,\mathrm{m^3/hr}$$

기출문제

7. 목재의 건조 방법 중 자연 건조(천연 건조)의 장점 2가지를 쓰시오. [배점 4]

① 인공 건조에 필요한 특별한 장비가 필요 없다.
② 대량 건조가 가능하다.

기출문제

8. 화재 시 고강도 콘크리트에서 발생하는 폭렬 현상의 방지 대책을 2가지 쓰시오. [배점 4]

① 고강도 콘크리트에 섬유를 보강하여 화재 시 섬유가 녹아 작은 구멍이 생겨 수증기가 빠져나올 수 있도록 한다.
② 콘크리트 표면에 내화 도료를 칠한다.
③ 고강도 콘트리트 표면을 메탈 라스로 시공한다.

2019

기출문제

9. 커튼월(curtain wall) 공사에서 실물 모형 시험(mock-up test)의 성능 시험 4가지를 쓰시오. [배점 4]

해답 ① 수밀 시험 ② 기밀 시험 ③ 내풍압 시험 ④ 층간 변위 추종성 시험

기출문제

10. **숏크리트(shotcrete)에 관한 내용을 설명하고 장단점을 2가지씩 쓰시오.** [배점 6]

(1) 정의
모르타르를 압축공기로 분사하여 바르는 공법

(2) 장점
① 공사 기간 단축
② 가설공사비 절감
③ 노동력 절감

(3) 단점
① 뿜칠 시공 시 박락될 우려가 있다.
② 균일한 두께 시공이 어렵다.
③ 균열 발생이 크다.

기출문제

11. **콘크리트 공사에서 콘크리트의 응결 경화 시 콘크리트가 온도 상승 후 냉각되면서 발생하는 온도 균열의 방지 대책을 3가지 쓰시오.** [배점 3]

① 수화열 발생이 적은 시멘트를 사용한다.
② 포졸란재 등의 혼화재를 사용하여 수화열 발생을 적게 한다.
③ 단위 시멘트량을 적게 한다.
④ 콘크리트 시공 시 냉각공법을 적용한다.

기출문제

12. **방수공사에 사용되는 시트(sheet) 방수 공법의 장단점을 2가지씩 쓰시오.** [배점 4]

(1) 장점
① 두께가 균일하다.
② 시공이 신속하여 공기 단축이 가능하다.
③ 신축성이 있다.

(2) 단점

① 누수 시 국부적인 보수가 곤란하다.
② 시트의 이음부의 결합이 크다.
③ 온도에 민감하여 동절기, 하절기 영향이 크다.

기출문제

13. 지반 조사 방법 중 사운딩을 간략히 설명하고 탐사 방법을 2가지 쓰시오. [배점 4]

해답 ① 사운딩 : 막대 끝에 설치한 저항체를 땅속에 삽입하여 관입, 회전, 인발 등의 저항으로부터 토층의 성질을 탐지하는 것
② 탐사 방법 : vane 시험, 표준 관입 시험, 스웨덴식 사운딩 시험, 화란식 관입 시험

기출문제

14. 기초 구조를 기초와 지정으로 구분하는 경우 각각의 역할에 대해 설명하시오. [배점 4]

해답 (1) 기초 : 건물의 하중을 지반에 안전하게 전달시키는 역할을 하는 구조
(2) 지정 : 기초를 보강하거나 지반의 지지력을 증가시키는 구조

기출문제

15. 특수 고장력 볼트 중 볼트의 장력 관리를 쉽게 하기 위한 목적으로 개발된 것으로서 전용 조임기(임팩트 렌치)를 사용하여 고장력 볼트의 핀테일이 파단될 때까지 조임 시공하는 볼트의 명칭을 쓰시오. [배점 2]

해답 TS 볼트 또는 볼트축 전단형 고력볼트

기출문제

16. 유리공사와 관련된 다음 용어에 대하여 간략하게 쓰시오. [배점 4]

(1) 저방사(Low-E) 유리 (2) 접합 유리

(1) 저방사(Low-E) 유리 : 이중 유리 안쪽에 적외선 반사율이 높은 금속막 코팅을 붙여 열의 이동을 최소화하는 에너지 절약형 유리
(2) 접합 유리 : 두 장 이상의 판 사이에 합성수지 필름을 붙여 댄 것으로 합판 유리라고도 한다.

기출문제

17. **철골구조물 기둥 주위에 철근배근을 하고 콘크리트를 타설하여 일체가 되도록 한 것으로서, 초고층 구조물 하층부의 복합구조로 많이 채택되는 구조의 명칭을 쓰시오.** [배점 4]

매입형 합성기둥

해설 매입형 합성기둥 : 철골구조(H형강) 기둥 주위에 주철근과 대근을 배근하고, 콘크리트를 타설하여 초고층 구조물의 복합구조로 채택되는 구조이다.

기출문제

18. **다음 설명에 해당하는 용접접합에서의 용접결함의 용어를 쓰시오.** [배점 4]

(1) 용접봉의 피복제 용해물인 회분이 용착금속 내에 혼합된 것
(2) 용융금속이 응고할 때 방출되어야 할 가스가 남아서 생기는 용접부의 빈자리
(3) 용접금속과 모재가 융합되지 않고 겹쳐지는 것
(4) 용접금속이 홈에 채워지지 않고 가장자리가 남게 된 부분

해답 (1) 슬래그 감싸들기
(2) 블로 홀
(3) 오버랩
(4) 언더컷

기출문제

19. **알루미늄 커튼월 설치 시 알루미늄 바에서의 누수 방지를 위한 대책 4가지를 시공적 측면에서 기술하시오.** [배점 4]

① 구조체와 알루미늄 바의 접착부위에 실런트 처리한다.
② 멀리온과 트랜섬의 이음매를 실런트 처리한다.
③ 알루미늄 바와 백패널 사이를 실런트 처리한다.
④ 용도에 적합한 개스킷 또는 실런트를 사용한다.

기출문제

20. 콘크리트 경화 시 건조 수축에 의한 균열을 방지하고 슬래브·벽에서 발생하는 수평 움직임을 조절하기 위하여 설치하는 것으로서 슬래브·벽 외기에 접하는 부분의 균열이 예상되는 위치에 인위적으로 만들어 다른 부분의 균열을 억제하는 역할을 하는 줄눈의 명칭을 쓰시오.

[배점 2]

조절 줄눈(control joint)

기출문제

21. 철골부재에서 비틀림이 발생하지 않고 휨변형만 생기는 전단 중심(shear center)의 위치를 다음 그림의 형강 단면에 표시하시오.

[배점 3]

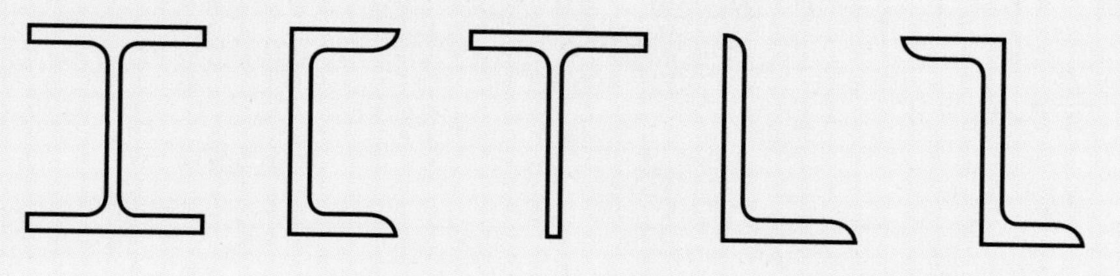

해답

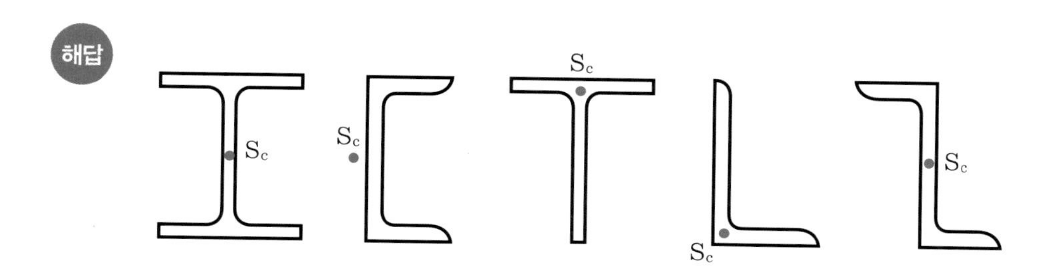

2019

기출문제

22. 다음 그림의 3힌지 라멘에서 A 지점의 수평반력을 구하시오. [배점 5]

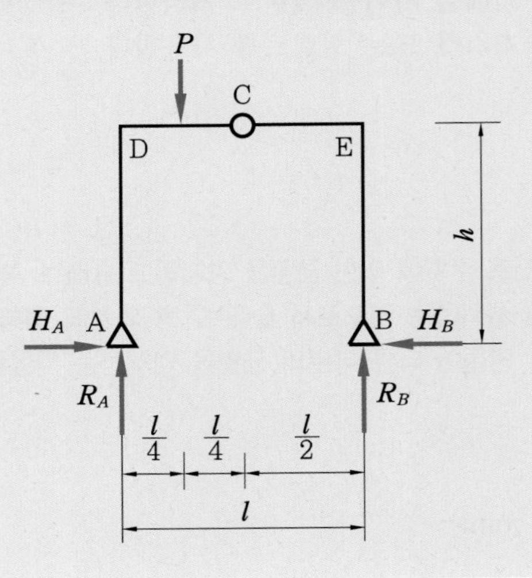

해답 $\sum M_B = 0$ 에서 $R_A \times l - P \times \frac{3l}{4} = 0$

$\therefore R_A = \frac{3P}{4}$

$\sum V = 0$ 에서 $\frac{3P}{4} - P + R_B = 0$

$-\frac{P}{4} + R_B = 0$

$\therefore R_B = \frac{P}{4}$

$\sum M_C = 0$ 에서 $R_A \times \frac{l}{2} - H_A \times h - P \times \frac{l}{4} = 0$

$\frac{3P}{4} \times \frac{l}{2} - H_A \times h - \frac{Pl}{4} = 0$

$\therefore H_A = \frac{Pl}{8h}$

기출문제

23. 콘크리트 시험 방법 중 굳지 않는 콘크리트의 시공연도(workability) 측정 시험의 종류 3가지를 쓰시오. [배점 3]

해답 ① 슬럼프 시험(slump test)
② 플로 시험(흐름 시험)
③ 리몰딩 시험

기출문제

24. 철근콘크리트의 구조에서 띠철근 기둥의 설계축강도 ϕP_n[kN]을 구하시오. (단, $f_{ck}=24\text{MPa}$, $f_y=400\text{MPa}$, 8－HD22 이고, HD 22의 단면적은 387mm^2, $\phi=0.65$ 이다.) [배점 3]

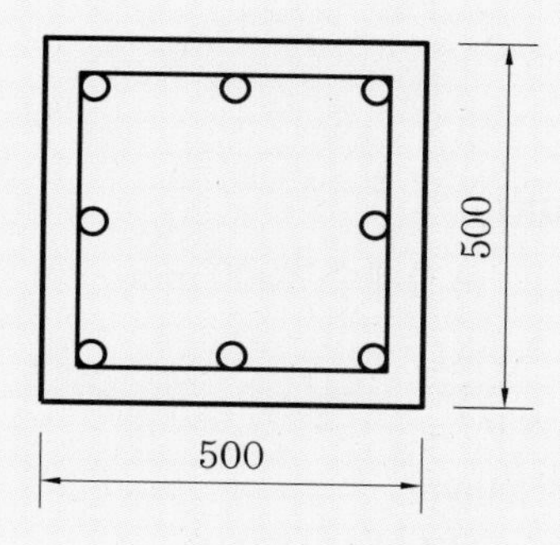

해답 띠철근 기둥의 설계축강도(ϕP_n)

$= 0.80\phi[0.85 f_{ck}(A_g - A_{st}) + f_y A_{st}]$

$= 0.8 \times 0.65 \times [0.85 \times 24 \times (500 \times 500 - 8 \times 387) + 400 \times 8 \times 387]$

$= 3{,}263{,}125.63\text{N} = 3{,}263.13\text{kN}$

기출문제

25. 건축물의 기초 부분 등에 적층고무 또는 미끄럼받이(강구) 등을 넣어서 지진에 대한 건축물의 흔들림을 감소시키는 지진의 저항 방식의 구조 명칭을 쓰시오. [배점 2]

해답 면진 구조

기출문제

26. 철근콘크리트 보의 크기가 400×700 mm이고, 부모멘트를 받는 상부 단면에 HD25 철근이 배근되어 있는 경우 철근의 인장정착길이를 구하시오. (단, $f_{ck}=25\,\text{MPa}$, $f_y=400\,\text{MPa}$이며 철근의 순간격과 피복두께는 철근지름(d_b) 이상이다. 상부 철근 보정계수는 1.3을 적용하고 도막되지 않은 철근이며, 보통중량콘크리트를 사용한다.) [배점 4]

해답

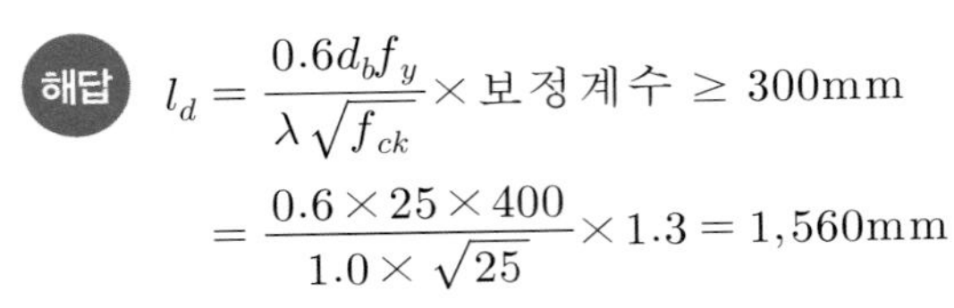

$$l_d=\frac{0.6d_bf_y}{\lambda\sqrt{f_{ck}}}\times \text{보정계수}\geq 300\text{mm}$$

$$=\frac{0.6\times25\times400}{1.0\times\sqrt{25}}\times1.3=1{,}560\text{mm}$$

$\therefore 1{,}560\text{mm}$

해설 **인장이형철근의 정착길이(l_d)**

① l_d=기본정착길이(l_{db})×보정계수≥300 mm

② 기본정착길이(l_{db})= $\dfrac{0.6d_bf_y}{\lambda\sqrt{f_{ck}}}$

여기서, d_b : 철근의 공칭지름(mm)

f_{ck} : 콘크리트의 설계기준압축강도(MPa)

f_y : 철근의 설계기준항복강도(MPa)

λ : 경량 콘크리트 계수(전체 경량 콘크리트 λ=0.75, 모래 경량 콘크리트 λ=0.85, 보통 중량 콘크리트 λ=1.0)

철근지름 조건	D19 이하의 이형철근	D22 이상의 이형철근
① 정착되거나 이어지는 철근의 순간격이 d_b 이상이고 피복두께도 d_b 이상이면서 l_d 전구간에 최소철근량 이상의 스터럽 또는 띠철근을 배치하는 경우 ② 정착되거나 이어지는 철근의 순간격이 $2d_b$ 이상인 경우	$0.8\alpha\beta$	$\alpha\beta$
기타	$1.2\alpha\beta$	

㈜ α : 철근의 위치계수

- 상부 철근(단, 상부 철근의 하부에 300 mm를 초과되게 굳지 않는 콘크리트를 치는 경우) : 1.3
- 기타 철근 : 1.0

β : 철근의 도막계수(도막되지 않은 경우 : 1.0)

2019년도 | 2회 기출문제

기출문제

1. 흙막이 공사에서 역타설공법(top-down method)의 장점 4가지를 쓰시오. [배점 4]

① 지하 구조물과 지상 구조물을 동시에 시공하므로 공기 단축을 할 수 있다.
② 인접 구조물을 보호하고 연약지반 등에서 안정한 공법이다.
③ 도심지에서 소음, 분진, 진동 등의 공해 피해를 줄인다.
④ 시공된 슬래브를 작업 공간으로 이용할 수 있는 전천후 공법이다.

기출문제

2. 다음 그림과 같이 각 부재에 대한 부재길이가 주어져 있고, 재질과 단면의 크기가 모두 같다. 지점 조건에 따른 각 부재의 유효좌굴길이를 구하시오. [배점 4]

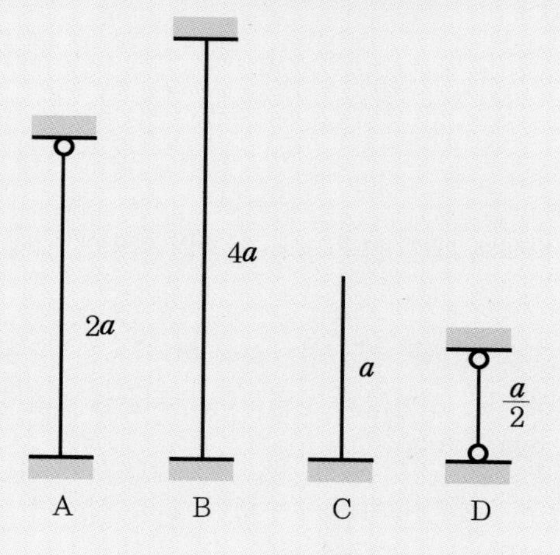

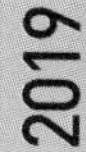

A : $l_k = 0.7l = 0.7 \times (2a) = 1.4a$

B : $l_k = 0.5l = 0.5 \times (4a) = 2.0a$

C : $l_k = 2.0l = 2.0 \times (a) = 2.0a$

D : $l_k = 1.0l = 1.0 \times \frac{a}{2} = 0.5a$

기출문제

3. 방수공법 중 시트(sheet) 방수의 단점 2가지를 쓰시오. [배점 4]

① 누수 시 국부적인 보수가 곤란하다.
② 시트 이음 부위 결함이 크다.

기출문제

4. 벽면적이 20 m^2인 칸막이벽을 표준형 벽돌 1.5B 두께로 쌓고자 한다. 이때 현장에 반입하여야 할 벽돌의 수량(소요량)을 산출하시오. (단, 줄눈의 너비는 10 mm이며, 최종 결과값에는 소수점 이하는 올림하여 정수매로 표시한다.) [배점 3]

$20 \times 224 \times 1.05 = 4,704$매

① 기본형(표준형) 1.5B 벽두께 정미량 : 224
② 할증률
- 적벽돌 : 3%
- 시멘트벽돌 : 5%

기출문제

5. 다음은 새로운 계약 방식에 대한 설명이다. 각각의 설명에 알맞은 계약 방식의 명칭을 쓰시오. [배점 4]

(1) 발주자측이 프로젝트 공사비를 부담하는 것이 아니라 민간부분 수주측이 자금을 투자하여 설계, 시공 후 일정 기간 시설물을 운영하여 투자금을 회수하고 시설물과 운영권을 무상으로 발주측에 이전하는 방식
(2) 사회간접자본(SOC) 시설을 민간부분 수주측이 설계, 시공 후 소유권을 공공부분에 먼저 이양하고, 약정기간 동안 그 시설물을 운영하여 투자금액을 회수하는 방식
(3) 사회간접자본(SOC) 시설에 대하여 민간부분이 설계, 시공 주도 후 그 시설물의 운영과 함께 소유권도 민간에 이전되는 방식
(4) 발주자는 발주 시에 설계도서를 사용하지 않고 요구 성능만을 표시하고 시공자는 요구 성능에 맞는 시공 방법, 재료 등을 자유로이 선택할 수 있게 하는 일종의 특명입찰방식

해답 (1) BOT (2) BTO
(3) BOO (4) 성능발주방식

기출문제

6. 커튼월(curtain wall) 공사 시공 시 누수 방지 대책과 관련된 다음 용어에 대하여 간략하게 쓰시오. [배점 4]

(1) 밀폐형 접합(close joint) (2) 개방형 접합(open joint)

(1) 밀폐형 접합(close joint) : 커튼월의 접합부를 seal재로 밀폐시키는 방식으로 seal재의 노후 시 빗물이 유입되는 경우 빗물의 배수구를 두어 배수하는 방식
(2) 개방형 접합(open joint) : 커튼월 이음부에 공기유입구를 두고 실외와 실내 사이에 공기층(등압공간)을 두어 빗물의 유입을 방지하는 방식

기출문제

7. 금속판 지붕공사에서 금속기와의 시공 순서를 보기의 번호로 나열하시오. [배점 3]

[보기]
① 서까래 설치(방부 처리할 것)
② 금속기와 size에 맞는 간격으로 기와걸이 미송각재 설치
③ 경량철골 설치
④ 중도리(purlin) 설치(지붕 레벨 고려)
⑤ 부식 방지를 위한 철골 용접 부위의 방청 도장 실시
⑥ 금속기와 설치

③-④-⑤-①-②-⑥

기출문제

8. 매스콘크리트의 시공에 관련된 다음 용어에 대한 내용을 간략하게 설명하시오. [배점 4]

(1) 관로식 냉각(pipe-cooling)
(2) 선행 냉각(pre-cooling)

(1) 관로식 냉각(pipe-cooling) : 매스콘크리트 타설 이전에 pipe를 설치하여 pipe 내에 냉각수, 찬 공기, 액체 질소 등을 순환시켜 온도를 낮추는 방법

(2) 선행 냉각(pre-cooling) : 시멘트는 저발열용 시멘트를 사용하고, 모래 및 자갈은 냉각수로 살수한 다음 sheet로 보호하는 공법으로 물은 냉각수를 사용하여 온도를 낮추어 수화열 발생을 적게 하여 시공하는 방법이다.

기출문제

9. 다음은 지하연속벽을 만드는 슬러리월(slurry wall) 공법에 관한 설명이다. ( ) 안에 알맞은 용어를 각각 쓰시오. [배점 3]

> 슬러리월(slurry wall) 공법은 특수 굴착기(어스오거)와 공벽붕괴방지용 (①)을 이용, 지중굴착하여 여기에 (②)을 세우고 (③)를 타설하여 연속적으로 벽체를 형성하는 지하연속벽 공법이다.

① 안정액 또는 벤토나이트용액
② 철근망
③ 콘크리트

해설 슬러리 월(slurry wall) 공법 : 어스오거로 굴착과 동시에 안정액을 채우면서 공벽의 붕괴를 방지하고 철근망을 세워 콘크리트를 타설하여 지하연속벽을 구성하는 공법이다.

기출문제

10. 기둥 축소(column shortening) 현상에 대한 다음 내용을 쓰시오. [배점 5]

(1) 발생 원인

(2) 기둥 축소 현상이 건축물에 끼치는 영향(3가지)

해답 (1) 발생 원인
① 상부하중에 의한 탄성 축소
② 크리프 변형에 의한 축소 현상
③ 건조수축에 의한 축소 현상

(2) 기둥 축소 현상이 건축물에 끼치는 영향(3가지)
① 건축물의 부동침하

② 구조체의 균열
③ 커튼월 및 창호재의 변형

기출문제

11. 철근콘크리트 구조에서 압축강도(f_{ck})가 21 MPa인 모래 경량 콘크리트의 휨파괴계수(f_r)를 구하시오. [배점 3]

해답 $f_r = 0.63\lambda\sqrt{f_{ck}} = 0.63 \times 0.85 \times \sqrt{21} = 2.45\,\text{MPa}$

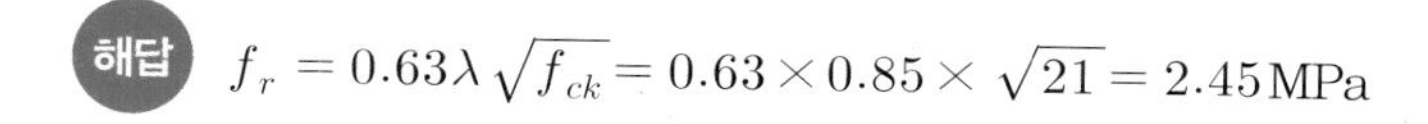

해설 (1) 휨파괴계수(f_r)

$f_r = 0.63\lambda\sqrt{f_{ck}}$ 여기서, f_{ck} : 콘크리트의 설계압축강도

(2) 경량 콘크리트계수(λ)

① 콘크리트의 쪼갬인장강도(f_{sp}) 값이 규정되어 있는 경우

$$\lambda = \frac{f_{sp}}{0.56\sqrt{f_{ck}}} \le 1.0$$

② f_{sp} 값이 규정되어 있지 않은 경우

㈎ 전체 경량 콘크리트 : $\lambda = 0.75$
㈏ 모래 경량 콘크리트 : $\lambda = 0.85$

기출문제

12. 다음 그림에서와 같이 터파기를 했을 경우, 인접 건물의 주위 지반이 침하할 수 있는 원인을 3가지 쓰시오. (단, 일반적으로 인접하는 건물보다 깊게 파는 경우) [배점 3]

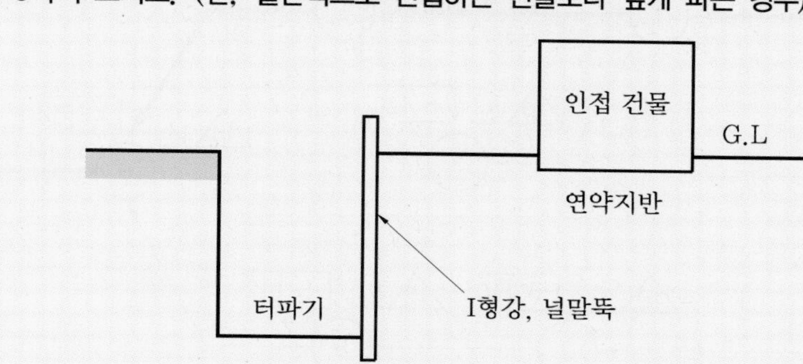

① 보일링 파괴 발생 시
② 히빙 파괴 발생 시
③ 파이핑 현상 발생 시
④ 지하수 배수에 의한 지반 이완
⑤ 널말뚝 설치 주위 지반 과대 적재

기출문제

13. 다음 데이터를 이용하여 네트워크(network) 공정표를 작성하고 각 작업의 여유시간을 구하시오. [배점 10]

작업	소요일수	선행작업	비고
A	5	없음	(1) 각 결합점은 다음 그림과 같이 표시한다. EST LST / LFT EFT i → 작업명 / 공사일수 → j (2) 주공정선은 굵은 선으로 표시한다.
B	6	없음	
C	5	A	
D	2	A, B	
E	3	A	
F	4	C, E	
G	2	D	
H	3	G, F	

해답 (1) 네트워크 공정표

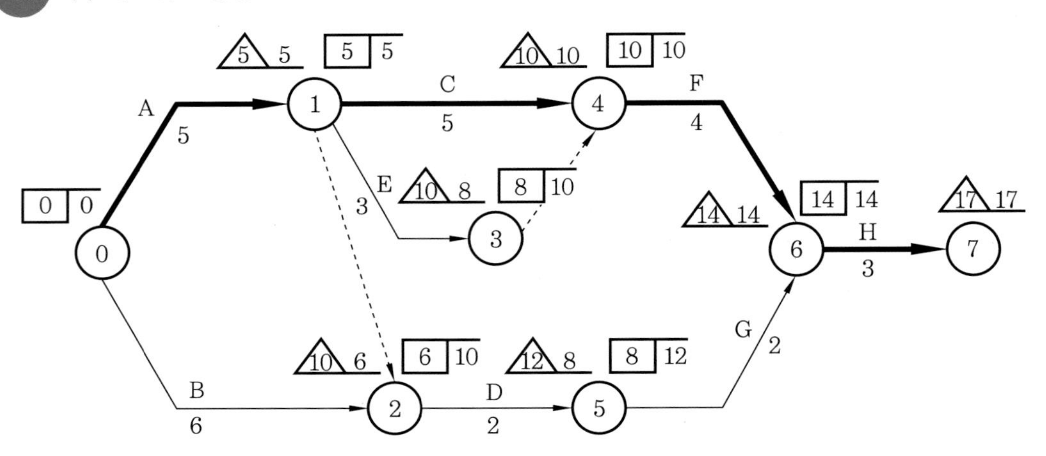

(2) 여유시간

작업명	TF	FF	DF	CP
A	0	0	0	*
B	4	0	4	
C	0	0	0	*
D	4	0	4	
E	2	2	0	
F	0	0	0	*
G	4	4	0	
H	0	0	0	*

기출문제

14. 다음 그림과 같은 단순보의 최대 휨응력을 구하시오. (단, 자중은 무시한다.) [배점 3]

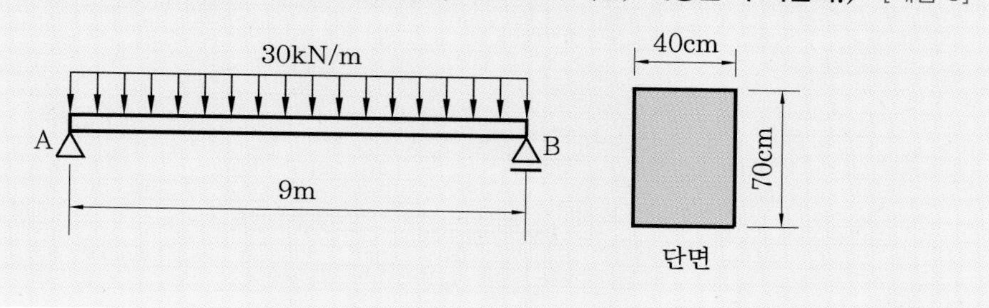

해답 (1) 단면계수

$$Z=\frac{bh^2}{6}=\frac{400\times 700^2}{6}=32,666,666\text{mm}^3$$

(2) 최대 휨모멘트

$$M_{\max}=\frac{Wl^2}{8}=\frac{30\times 9^2}{8}=303.75\text{kN}\cdot\text{m}=303.75\times 10^6\text{N}\cdot\text{mm}$$

(3) 휨 응력

$$\sigma=\frac{M}{Z}=\frac{303.75\times 10^6}{32,666,666}=9.3\text{N/mm}^2(\text{MPa})$$

기출문제

15. 다음 그림과 같은 철근콘크리트조 구조물에서 벽체와 기둥의 거푸집량을 각각 산출하시오. [배점 6]

[조건]

(1) 구조물
 ① 기둥과 벽체는 모두 철근콘크리트 구조이며 콘크리트 타설작업 시 분리 타설한다.
 ② 크기 : 5 m×8 m(외관선 기준 평면 크기임)
 ③ 높이 : 3 m
(2) 기둥 크기 : 400 mm×400 mm
(3) 벽체 두께 : 200 mm

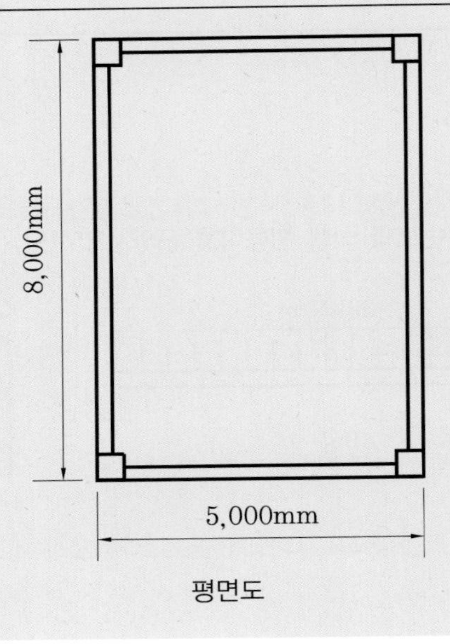

평면도

해답 (1) 벽체의 거푸집량
$(7.2\times3\times2)\times2+(4.2\times3\times2)\times2=136.8\text{m}^2$
(2) 기둥의 거푸집량
$0.4\times4\times3\times4=19.2\text{m}^2$

기출문제

16. 대형 시스템 거푸집 중에서 갱 폼(gang form)의 장단점에 대하여 각각 2가지씩 쓰시오. [배점 4]

해답 (1) 장점

① 조립, 분해가 생략되고 설치와 탈형만 하므로 인력이 절감된다.
② 콘크리트 줄눈의 감소로 마감 단순화 및 비용 절감을 할 수 있다.

(2) 단점

① 대형 양중 장비의 필요성
② 초기 투자비 과다

기출문제

17. 다음 그림과 같은 2경간 연속보의 지점반력을 구하시오. [배점 3]

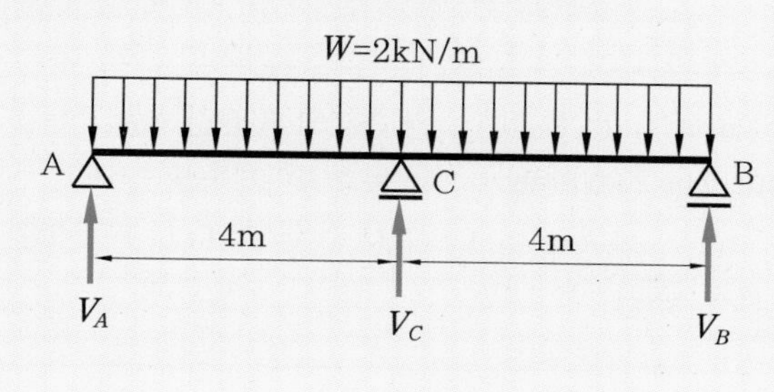

해답 (1) 반력 V_C의 계산

C점의 상부하중에 의한 처짐(δ_1)과 C점의 반력에 의한 처짐(δ_2)의 결과값이 같아야 하므로

$$\delta_1 = \frac{5W(2l)^4}{384EI},\quad \delta_2 = \frac{V_C(2l)^3}{48EI}$$

$$\frac{5W(2l)^4}{384EI} - \frac{V_C(2l)^3}{48EI} = 0 \text{에서}$$

$$V_C = \frac{5\times2\times48EI\times(2l)^4}{384EI\times(2l)^3} = 10\text{kN}$$

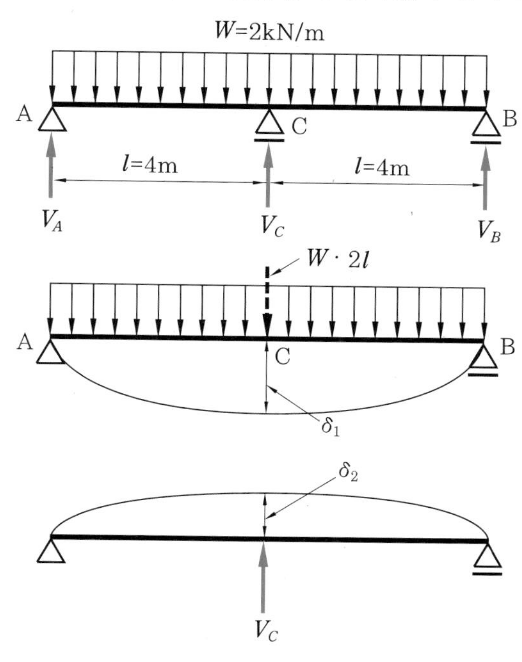

(2) 반력 V_A, V_B의 계산

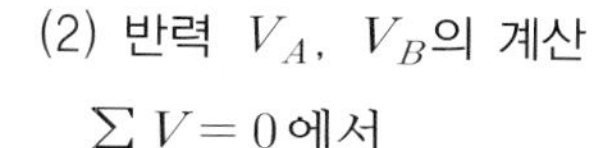

$\Sigma V = 0$에서

$V_A + V_B + V_C - W\times2l = 0$

$V_A = V_B$이므로

$V_A + V_A + 10 - 2\times(2\times4) = 0$

$2V_A = 6$

$\therefore V_A = V_B = 3\text{kN}$

기출문제

18. 한중콘크리트로 시공하는 경우 초기 동해에 대한 방지 대책 2가지를 쓰시오. [배점 4]

① 물과 골재(모래, 자갈)를 가열하여 사용한다.
② 콘크리트 타설 및 보양 시 급열 또는 단열 양생한다.

기출문제

19. 다음 보기의 설계 조건에 따라 철근콘크리트 벽체에 대한 설계축하중(ϕP_{nw})을 구하시오. [배점 4]

[조건]

- 벽체의 두께 $h = 200\text{mm}$
- 벽체의 유효수평길이 $b_e = 2{,}000\text{mm}$
- $\phi = 0.65$
- $\phi P_{nw} = 0.55\phi f_{ck} A_g \left[1 - \left(\dfrac{kl_c}{32h}\right)^2\right]$
- 벽체의 지점간 높이 $l_c = 3{,}200\text{mm}$
- 유효길이계수 $k = 0.8$
- $f_{ck} = 24\text{MPa}$, $f_y = 400\text{MPa}$

해답

$$\phi P_{nw} = 0.55\phi f_{ck} A_g \left[1 - \left(\frac{kl_c}{32h}\right)^2\right]$$

$$= 0.55 \times 0.65 \times 24 \times 2{,}000 \times 200 \times \left[1 - \left(\frac{0.8 \times 3{,}200}{32 \times 200}\right)^2\right]$$

$$= 2{,}882{,}880\text{N} = 2{,}882.88\text{kN}$$

참고 축력이 작용하는 벽체의 설계(2016 건축 구조 기준)

$P_u \leq \phi P_{nw}$

$P_{nw} = 0.45 f_{ck} A_g \left[1 - \left(\dfrac{l_c}{32h}\right)^2\right]$

여기서, P_u : 계수축력, P_{nw} : 공칭축강도, ϕ : 강도감소계수

기출문제

20. 철골공사에서 철골내화피복공법 중 습식공법의 종류 3가지를 쓰시오. [배점 3]

해답 ① 타설공법 ② 미장공법 ③ 조적공법

기출문제

21. **고력볼트 조임공사에서 T/S(Torque Shear)형 고력볼트의 시공 순서에 맞게 번호를 나열하시오.** [배점 4]

[보기]

① 레버를 잡아당겨 내측 소켓에 들어 있는 핀테일을 제거한다.
② 렌치의 스위치를 켜 외측 소켓이 회전하며 볼트를 체결한다.
③ 핀테일이 절단되었을 때 외측 소켓이 너트로부터 분리되도록 렌치를 잡아당긴다.
④ 핀테일에 내측 소켓을 끼우고 렌치를 살짝 걸어 너트에 외측 소켓이 맞춰지도록 한다.

 ④-②-③-①

기출문제

22. **다음 (　　) 안에 알맞은 내용을 쓰시오.** [배점 4]

재령 28일인 보통중량골재를 사용한 콘크리트의 탄성계수 $E_c = 8500\sqrt[3]{f_{cu}}$[MPa]로 제시하고 있으며 여기서, 재령 28일 콘크리트의 평균압축강도 $f_{cu} = f_{ck} + \Delta f$이고 f_{cu}는 f_{ck}가 40MPa 이하이면 (　①　), 60MPa 이상이면 (　②　)이며, 그 사이는 직선보간으로 구한다.

 ① 4 MPa　② 6 MPa

 **콘크리트의 탄성 계수**

보통중량골재를 사용한 콘크리트의 경우

$$E_c = 8,500\sqrt[3]{f_{cu}}\,[\text{MPa}]$$
$$= 8,500\sqrt[3]{f_{ck} + \Delta f}\,[\text{MPa}]$$

여기서, f_{ck}: 콘크리트의 설계기준압축강도(MPa)
f_{cu}: 재령 28일 콘크리트의 평균압축강도

Δf값

$f_{ck} \le$ 40MPa	40 MPa $< f_{ck} <$ 60 MPa	$f_{ck} \ge$ 60 MPa
4 MPa	직선보간	6 MPa

보통중량골재콘크리트($m_c = 2,300\text{kg/m}^3$)를 사용한 콘크리트의 탄성계수 E_c를 구하면 다음과 같다.

2019

① f_{ck}=24 MPa일 때 $E_c = 8,500\sqrt[3]{24+4} = 25,811\text{MPa}$

② f_{ck}=50 MPa일 때 $E_c = 8,500\sqrt[3]{50+5} = 32,351.1\text{MPa}$

③ f_{ck}=70 MPa일 때 $E_c = 8,500\sqrt[3]{70+6} = 32,351.1\text{MPa}$

$(60-40):(6-4) = (50-40):x$

$\therefore\ x = 1\ \text{MPa}$

50 MPa일 때, $\Delta f = 5\text{MPa}$

기출문제

23. 수중에서의 질량 1,300 g(13N)인 굵은 골재를 물속에서 채취하여 표면 건조 포화 상태의 질량이 2,000 g(20N)이고, 이 시료를 완전 건조시켰을 때 질량이 1,992 g(19.92N)일 때 흡수율을 구하시오. [배점 4]

해답

$$\text{흡수율} = \frac{\text{흡수율}}{\text{절건 상태의 질량}} \times 100$$

$$= \frac{\text{표면 건조 내부 포수 상태의 질량} - \text{절건 상태의 질량}}{\text{절건 상태의 질량}} \times 100$$

$$= \frac{2,000 - 1,992}{1,992} \times 100 = 0.4\ \%$$

기출문제

24. 다음 그림의 강재를 단면 형상 표시 방법에 따라 표시하시오. [배점 2]

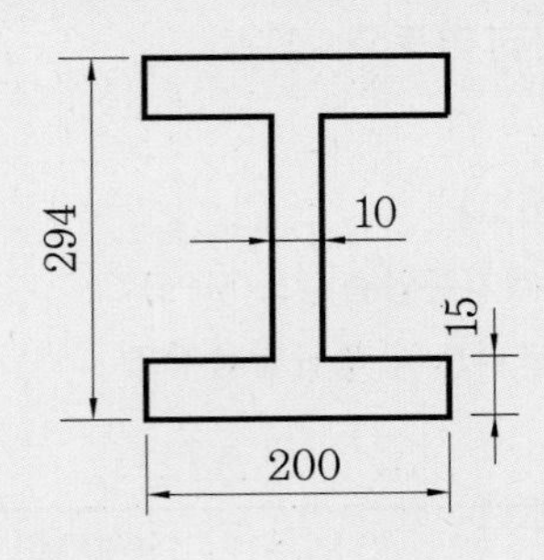

해답 $H - 294 \times 200 \times 10 \times 15$

기출문제

25. 콘크리트 알칼리 골재 반응을 방지하기 위한 대책 3가지를 쓰시오. [배점 3]

해답 ① 양질의 골재를 사용한다.
② 저알칼리 시멘트를 사용한다.
③ AE제·포졸란재 등의 혼화 재료를 사용한다.

기출문제

26. 강재의 기계적 성질에서 응력 변형도에 관련된 내용 중 항복비에 대하여 간략하게 설명하시오. [배점 2]

해답 인장강도에 대한 항복강도의 비

해설 **강재의 기계적 성질**

$$항복비 = \frac{F_y(항복강도)}{F_u(인장강도)}$$

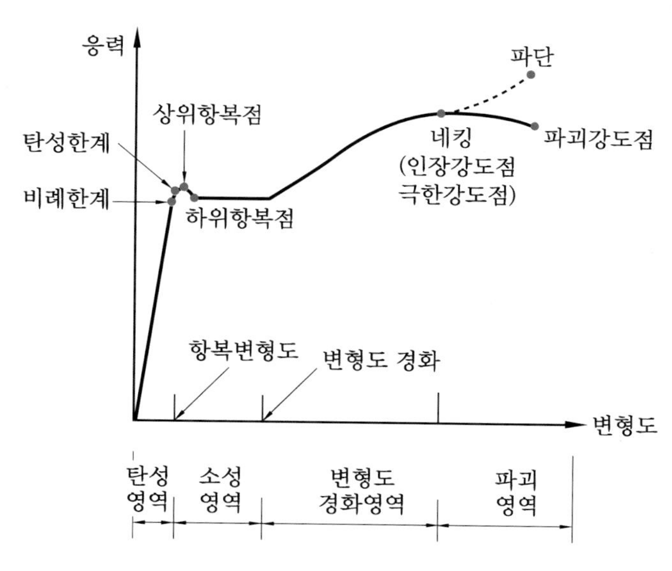

2019년도 | 4회 기출문제

기출문제

1. 지반공사에서 연약지반에 대한 개량 공법 3가지를 쓰시오. (단, 점토지반, 사질지반 등으로 구분하지 않는다.) [배점 3]

① 치환공법
② 선행재하공법
③ 약액주입공법

기출문제

2. 콘크리트에 사용되는 골재는 포함되는 물의 양에 따라 흡수량, 유효 흡수량, 표면수량, 함수량으로 구분된다. 이 중 흡수량과 함수량에 대하여 간략하게 쓰시오. [배점 4]

(1) 흡수량

(2) 함수량

(1) 흡수량 : 표면 건조, 내부 포수 상태의 골재 내에 포함되어 있는 물의 양
(2) 함수량 : 습윤 상태의 골재가 함유하는 전수량

기출문제

3. 철골공사에서 도장을 하지 않아도 되는 부분 3가지를 쓰시오. [배점 3]

① 콘크리트에 매립되는 부분
② 조립에 의해 면맞춤 되는 부분
③ 밀폐되는 내면

기출문제

4. LCC(Life Cycle Cost : **생애 주기 비용)의 내용을 간략하게 쓰시오.** [배점 2]

해답 건물이 탄생해서 소멸될 때까지의 소요되는 모든 비용, 즉 건물의 기획 · 설계 · 시공 · 유지관리 · 철거 등에 필요한 모든 비용

기출문제

5. 다음 그림과 같은 내민보의 반력, 전단력도(SFD), 휨모멘트도(BMD)를 표현하시오.

[배점 4]

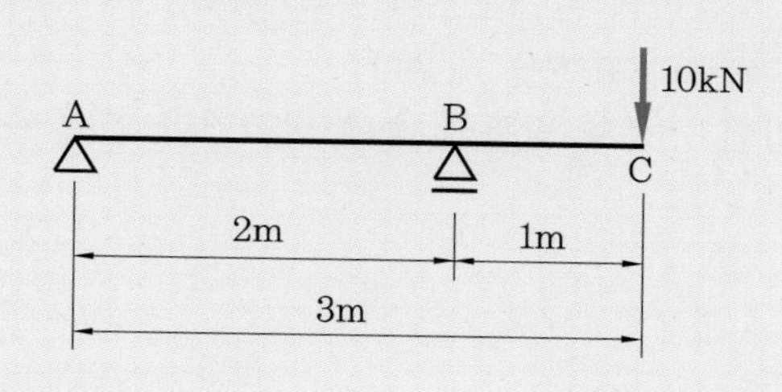

해답 (1) 반력

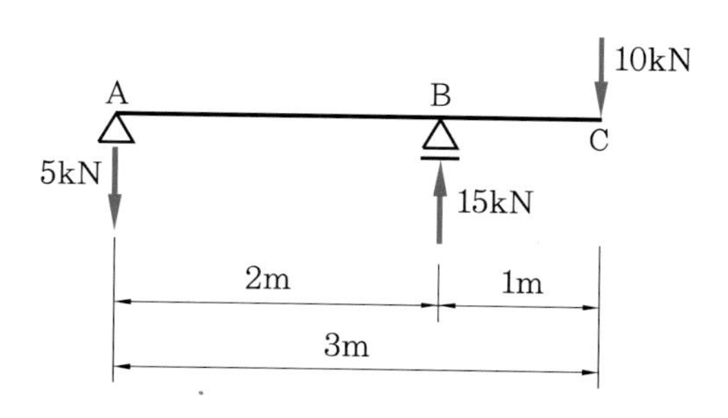

(2) 전단력도(SFD)

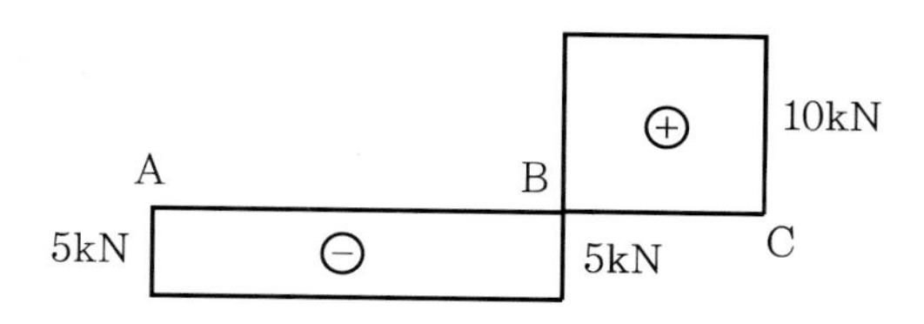

(3) 휨모멘트도

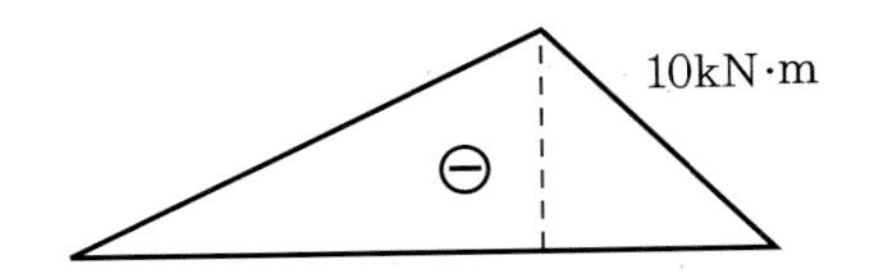

기출문제

6. 목재의 방부 처리 방법 3가지를 쓰고, 간단히 설명하시오. [배점 3]

해답 ① 나무 방부제칠 : 표면에 크레오소트 또는 콜타르를 칠하는 방법이다.
② 표면 탄화법 : 목재의 표면을 태운다.
③ 침지·가압 주입법 : 목재 방부액 속에 담그거나 가압 주입한다.

기출문제

7. 철근콘크리트 구조의 4변 고정 슬래브에서 1방향 슬래브와 2방향 슬래브를 구분하는 기준을 쓰시오. [배점 3]

해답 변장비$\lambda = \dfrac{L_y(\text{장변경간})}{L_x(\text{단변경간})}$

1방향 슬래브 : $\lambda > 2$
2방향 슬래브 : $\lambda \leq 2$

기출문제

8. remicon(25−30−180)은 ready mixed concrete의 규격에 대한 수치이다. 3가지의 수치가 뜻하는 바를 간단히 쓰시오. [배점 3]

해답 ① 굵은 골재의 최대 치수−25 mm
② 호칭 강도−30 MPa(N/mm^2)
③ 슬럼프값−180 mm

기출문제

9. 다음 데이터를 네트워크 공정표로 작성하고, 각 작업의 여유시간을 구하시오. [배점 10]

작업명	작업일수	선행작업	비고
A	5	없음	EST LST / LFT EFT / i 작업명 작업일수 j 로 표시하고 주공정선은 굵은 선으로 표시하시오.
B	3	없음	
C	2	없음	
D	2	A, B	
E	5	A, B, C	
F	4	A, C	

해답 (1) 네트워크 공정표

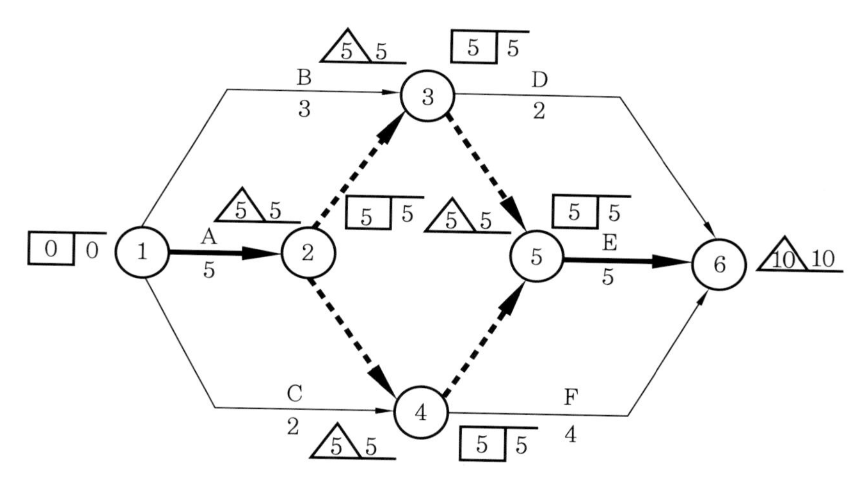

(2) 여유시간 계산

작업명	TF	FF	DF	CP
A	0	0	0	*
B	2	2	0	
C	3	3	0	
D	3	3	0	
E	0	0	0	*
F	1	1	0	

기출문제

10. 철근콘크리트 보의 부재 소요전단강도 V_u가 ϕV_C보다 큰 경우 전단보강철근을 보강해야 한다. 전단보강철근 V_S의 값이 $\frac{1}{3}\sqrt{f_{ck}}b_w d$보다 큰 경우, 즉 $V_S > \frac{1}{3}\sqrt{f_{ck}}b_w d$ 일 때 보의 유효깊이 $d = 550\,\mathrm{mm}$였다면 수직 스터럽의 최대 간격은 얼마인가? [배점 4]

해답 다음 중 작은 값

① $\frac{d}{4} = \frac{550}{4} = 137.5\,\mathrm{mm}$ 이하

② $300\,\mathrm{mm}$ 이하

∴ $137.5\,\mathrm{mm}$

해설 **전단설계**

(1) 전단설계 해석

$$V_U = 1.2\,V_D + 1.6\,V_L \le V_d = \phi V_n = \phi(V_C + V_S)$$

여기서, V_u : 소요전단강도(계수전단강도), ϕ: 강도감소계수

V_D : 고정하중에 의한 전단력, V_n : 공칭전단강도

V_L : 활하중에 의한 전단력, V_C : 콘크리트가 부담하는 전단강도

V_d : 설계전단강도, V_S : 철근이 부담하는 전단강도

(2) 전단강도

① 콘크리트가 부담하는 전단강도

$$V_C = \frac{1}{6}\lambda\sqrt{f_{ck}}\,b_w d$$

여기서, λ : 경량 콘크리트 계수(보통 중량 콘크리트 $\lambda = 1.0$)

f_{ck} : 콘크리트의 설계기준강도, b_w : 보의 너비, d : 유효깊이

② 철근이 부담하는 전단강도

$$V_S = \frac{A_v f_{yt} d}{S}$$

여기서, A_v : 전단철근의 간격(S) 거리 내의 전단철근의 전체 단면적

f_{yt} : 철근의 항복강도, d : 유효깊이, S : 전단철근의 간격

(3) 전단에 의한 위험단면 위치

① 보, 1방향 슬래브, 1방향 확대 기초는 지점에서 d만큼 떨어진 위치

② 2방향 슬래브, 2방향 확대 기초는 지점에서 $\frac{d}{2}$만큼 떨어진 위치

③ d만큼 떨어진 위치를 최대 설계 전단력으로 한다.

(4) 전단철근의 배치

구분	$V_u > \phi V_C$	$\phi V_C \geq V_u > \frac{1}{2}\phi V_C$	$V_u \leq \frac{1}{2}\phi V_C$
철근의 유무	계산상 필요한 전단 보강철근이 필요함	최소전단보강철근을 배근해야 함	전단보강근이 필요 없음
최소 철근량	$A_{v,\min} \geq 0.35\dfrac{b_w S}{f_y}$		
전단철근 간격	수직 스터럽만 사용하는 경우 $S \leq \dfrac{d}{2}, S \leq 600\text{mm}$ 단, $V_S > \dfrac{1}{3}\lambda\sqrt{f_{ck}}b_w d$인 경우 최대간격을 절반으로 감소시켜야 한다.		

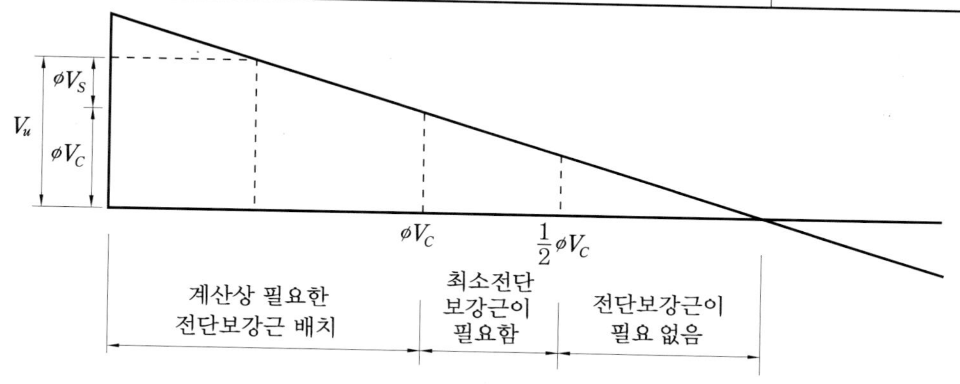

기출문제

11. 시멘트의 수산화칼슘($Ca(OH)_2$)의 성분이 대기 중의 탄산가스(CO_2)와 반응하여 탄산칼슘 상태로 벽체의 표면에 흰 결정체가 나타나는 현상의 명칭을 쓰시오. [배점 2]

해답 백화 현상

2019

기출문제

12. 공사관리 계약 방식 중 CM for fee 방식과 CM at risk 방식에 대하여 간략하게 쓰시오. [배점 4]

(1) CM for fee 방식

(2) CM at risk 방식

해답 (1) CM for fee 방식 : CM자가 발주자를 대리인으로 하여 설계자와 시공자를 관리 · 조정하고 이에 대한 보수만을 받는 형식
(2) CM at risk 방식 : CM자가 발주자와 설계자에 대하여 서비스를 제공하며, 시공을 책임지고 시공 또는 시공 관리하는 방식

참고 **공사관리 계약 방식(construction management contract)**
CM자가 발주자를 대리인으로 하여 설계자와 시공자를 조정하고 기획 · 설계 · 시공 · 유지관리 등의 업무의 전부 또는 일부를 관리하는 방식

기출문제

13. **한계상태설계법에서는 강도 한계상태와 사용성 한계상태가 있다. 이 중 사용성 한계상태 (serviceability limit state)에 대하여 간략하게 쓰시오.** [배점 3]

해답 건축물에 작용하는 최대하중에 의해 구조물의 기능이나 성능이 저하되어 구조물을 사용하기에 부적합한 상태

기출문제

14. **강재의 품질보증서 또는 시험성적서라 할 수 있는 밀시트(mill sheet)로 확인할 수 있는 사항을 2가지 쓰시오.** [배점 2]

해답 재료의 성분, 재원(강재의 크기)

기출문제

15. **이어치기 시간이란 콘크리트 비비기 시작부터 하층 콘크리트 타설 후 상층 콘크리트 타설 시작까지의 시간을 의미한다. 다음 온도에 따른 이어치기 시간을 쓰시오.** [배점 4]

(1) 25℃ 미만 : (   )분

(2) 25℃ 초과 : (   )분

해답 (1) 150
(2) 120

기출문제

16. 탄소강의 응력-변형률 곡선에서 (　　) 안에 해당하는 영역(①~④)과 주요 용어(ⓐ~ⓕ)를 쓰시오. [배점 3]

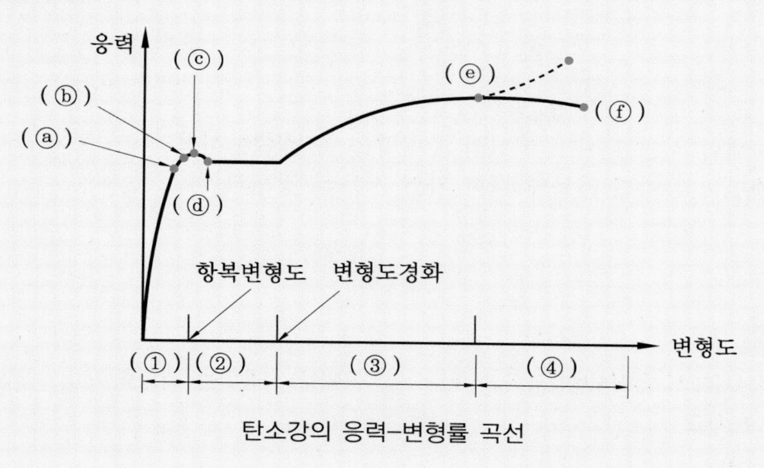

탄소강의 응력-변형률 곡선

해답

① 탄성영역　② 소성영역
③ 변형도경화 영역　④ 파괴영역
ⓐ 비례한계점　ⓑ 탄성한계점
ⓒ 상항복점　ⓓ 하항복점
ⓔ 인장강도점(최대강도점)　ⓕ 파괴강도점

기출문제

17. 다음 (1)~(4)와 관련된 시험의 명칭을 보기에서 골라 번호를 쓰시오. [배점 4]

(1) 지내력　(2) 진흙의 점착력
(3) 염분　(4) 연한 점토

[보기]
① 신 월 샘플링(thin wall sampling)　② 베인 시험(vane test)
③ 표준 관입 시험(penetration test)　④ 정량 분석 시험

해답 (1) ③　(2) ②　(3) ④　(4) ①

2019

기출문제

18. 다음 지반 조사에 관련된 용어에 대하여 간략하게 설명하시오. [배점 4]

(1) 지내력 시험

(2) 예민비

(1) 지내력 시험 : 기초 저면의 지지력을 측정하는 시험
(2) 예민비 : 이긴 시료에 대한 자연 시료의 강도의 비

기출문제

19. 기초공사에서 언더피닝(under pinning) 공법을 적용하는 이유를 쓰고, 공법의 종류 2가지를 쓰시오. [배점 4]

(1) 적용 이유

(2) 공법의 종류

(1) 적용 이유 : 터파기 공사에서 주변 구조물 또는 기존 구조물이 침하하는 경우 기초를 보강하기 위한 공법이다.

(2) 공법의 종류
① 이중 널말뚝 방식
② 덧기둥 지지 방식

기출문제

20. 철골 공사에서 용접과 관련된 다음 용어에 대하여 간략하게 쓰시오. [배점 4]

(1) 스캘럽(scallop)

(2) 엔드탭(end tap)

(1) 스캘럽(scallop) : 용접선이 교차되는 것을 피하기 위해 부재에 둔 부채꼴의 홈
(2) 엔드탭(end tap) : 용접의 시점과 종점에 용접봉의 아크(arc)가 불안정하여 용접 불량이 생기는 것을 막기 위하여 시점과 종점에 용접 모재와 같은 개선 모양의 철판을 덧대는 것으로서 용접 후 떼어낸다.

기출문제

21. 다음 그림에서 한 층분의 콘크리트 물량을 산출하시오. [배점 8]

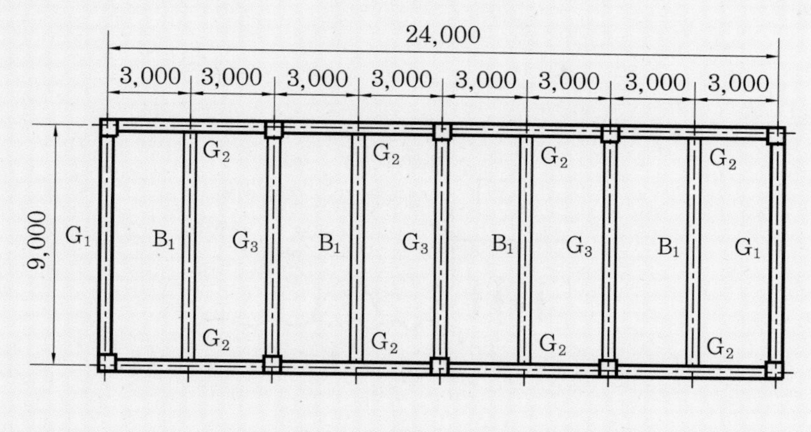

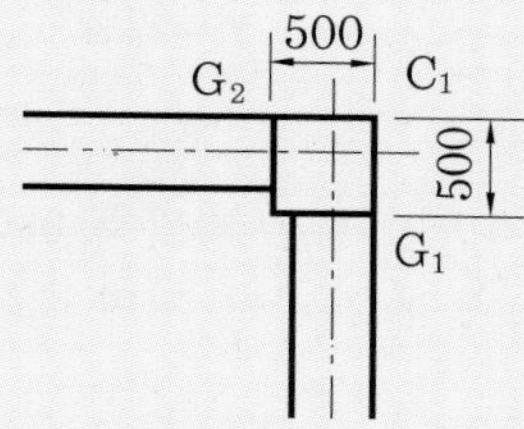

[조건]

① 기둥(C_1) :500×500

② G_1, G_2 : 400×600, G_3 : 400×700, B_1 : 300×600

③ 층고 : 3,600

해답 전체 콘크리트 물량(m^3)

- C_1 : $0.5\times0.5\times(3.6-0.12)\times10=8.7m^3$
- G_1 : $0.4\times(0.6-0.12)\times(9-0.6)\times2=3.23m^3$
- G_2 : $0.4\times(0.6-0.12)\times\{(6-0.55)\times4+(6-0.5)\times4\}=8.41m^3$
- G_3 : $0.4\times(0.7-0.12)\times(9-0.6)\times3=5.85m^3$
- B_1 : $0.3\times(0.6-0.12)\times(9-0.4)\times4=4.95m^3$
- S_1 : $(24+0.4)\times(9+0.4)\times0.12=27.52m^3$
- 합계 : $8.7+3.23+8.41+5.85+4.95+27.52=58.66$

$\therefore$ $58.66m^3$

기출문제

22. 터파기 공사 시 일어나는 히빙(heaving) 현상의 모식도를 그리고 내용 설명을 간략하게 쓰시오. [배점 5]

(1) 모식도

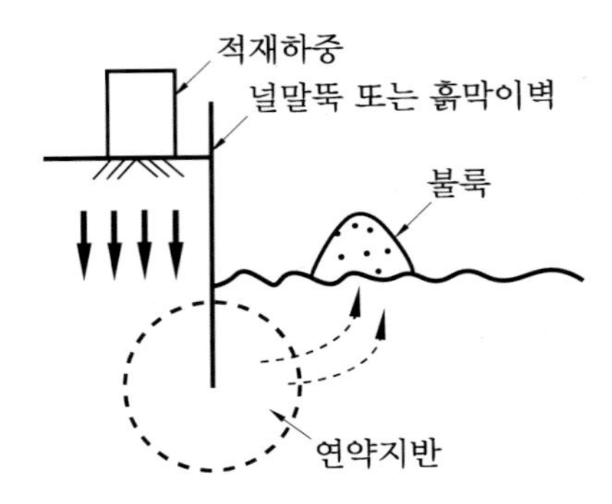

(2) 내용 설명

널말뚝 하부의 지반이 연약지반인 경우 널말뚝 바깥에 있는 흙의 중량 또는 지표면의 적재하중에 의해 견디지 못해 흙파기 저면으로 불룩해지는 현상

기출문제

23. 액세스 플로어(access floor)에 대하여 간략하게 쓰시오. [배점 4]

컴퓨터실, 전산실 등의 바닥에 배선이나 배관을 위해서 바닥으로부터 150~300 mm 정도의 높이로 설치하는 마루 바닥 구조

기출문제

24. 다음 용어를 설명하시오. [배점 4]

(1) 코너 비드 (2) 차폐용 콘크리트

(1) 코너 비드 : 기둥·벽 등의 모서리에 대어 미장바름을 보호하는 철물

(2) 차폐용 콘크리트 : 방사능을 차폐하기 위해 중정석 · 자철광 등의 중량 골재를 사용한 콘크리트로서 중량 콘크리트라고도 한다.

기출문제

25. 시스템 거푸집으로서 바닥 콘크리트를 연속적으로 타설하기 위해 거푸집널, 멍에, 장선, 서포트를 일체로 제작하여 수평 · 수직 이동이 가능한 거푸집의 명칭을 쓰시오. [배점 2]

해답 플라잉 폼(flying form) 또는 테이블 폼(table form)

기출문제

26. 방수공사에서 안방수 공법과 바깥방수 공법의 특징을 우측 보기에서 골라 번호로 표기하시오.

[배점 4]

비교 항목	안방수	바깥방수	보기
(1) 사용 환경			① 비교적 수압이 작은 얕은 지하실 ② 수압이 크게 작용하는 깊은 지하실
(2) 바탕 만들기			① 따로 만들 필요 없다. ② 따로 만들어야 한다.
(3) 공사 용이성			① 간단하다. ② 상당한 난점이 있다.
(4) 본공사 추진			① 자유롭다. ② 본공사에 선행되어야 한다.
(5) 경제성(공사비)			① 비교적 싸다. ② 비교적 고가이다.

해답

비교 항목	안방수	바깥방수	보기
(1) 사용 환경	①	②	① 비교적 수압이 작은 얕은 지하실 ② 수압이 크게 작용하는 깊은 지하실
(2) 바탕 만들기	①	②	① 따로 만들 필요 없다. ② 따로 만들어야 한다.
(3) 공사 용이성	①	②	① 간단하다. ② 상당한 난점이 있다.
(4) 본공사 추진	①	②	① 자유롭다. ② 본공사에 선행되어야 한다.
(5) 경제성(공사비)	①	②	① 비교적 싸다. ② 비교적 고가이다.

동영상

건축기사 실기

2020년 2월 20일 인쇄
2020년 2월 25일 발행

저　자 : 원유필
펴낸이 : 이정일

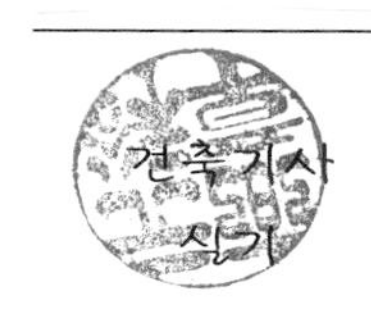

펴낸곳 : 도서출판 **일진사**
www.iljinsa.com
(우) 04317 서울시 용산구 효창원로 64길 6
전화 : 704-1616 / 팩스 : 715-3536
등록 : 제1979-000009호 (1979.4.2)

값 22,000 원

ISBN : 978-89-429-1617-7